43 iwe 650
ebf 481
03. Expl.

Hagmann
Leistungselektronik

Weitere Titel aus dem Programm Elektrotechnik

Gert Hagmann
Grundlagen der Elektrotechnik
Das bewährte Lehrbuch für Studierende der Elektrotechnik und anderer technischer Studiengänge ab 1. Semester
14., durchgesehene u. korrigierte Auflage 2009, X, 398 Seiten, 225 Abb., 4 Tab., mit Aufgaben und Lösungen, kart., € 21,95
ISBN 978-3-89104-730-9
Best. Nr. 315-01104

Gert Hagmann
Aufgabensammlung zu den Grundlagen der Elektrotechnik
Mit Lösungen und ausführlichen Lösungswegen
13., korrigierte Auflage 2009, 400 Seiten, 228 Abb., kart., € 19,95
ISBN 978-3-89104-725-5
Best. Nr. 315-01099

Rainer Kassing, Bernhard-Christoph Halstrup
Physikalische Grundlagen der elektronischen Halbleiterbauelemente
1997, IV/277 Seiten, 141 Abb., 4 Tab., kart., € 19,90
ISBN 978-3-89104-598-5
Best. Nr. 315-00949

Preisänderungen vorbehalten

Gert Hagmann

Leistungselektronik

Grundlagen und Anwendungen in der
elektrischen Antriebstechnik

Mit 209 Abbildungen, Aufgaben und Lösungen

4., korrigierte Auflage

AULA-Verlag

Prof. Dr.-Ing. Gert Hagmann
Fachbereich Elektrotechnik
Fachhochschule Münster

Bibliografische Information Der Deutschen Bibliothek
Die Deutsche Bibliothek verzeichnet diese Publikation in der Deutschen Nationalbibliografie; detaillierte bibliografische Daten sind im Internet unter *http://dnb.ddb.de* abrufbar.

4., korrigierte Auflage 2009

© 1993, 2009, AULA-Verlag GmbH, Verlag für Wissenschaft und Forschung, Wiebelsheim
www.verlagsgemeinschaft.com

Das Werk einschließlich aller seiner Teile ist urheberrechtlich geschützt. Jede Verwertung außerhalb der engen Grenzen des Urheberrechtsgesetzes ist ohne Zustimmung des Verlages unzulässig und strafbar. Dies gilt insbesondere für Vervielfältigungen auf fotomechanischem Wege (Fotokopie, Mikrokopie), Übersetzungen, Mikroverfilmungen und die Einspeicherung und Verarbeitung in elektronischen und digitalen Systemen (CD-ROM, DVD, Internet etc.).

Druck und Verarbeitung: CPI books, Ulm
Printed in Germany/Imprimé en Allemagne

ISBN 978-3-89104-732-3

Vorwort

In dem vorliegenden Band werden sowohl die Grundlagen der Leistungselektronik dargestellt als auch Anwendungen der Leistungselektronik in der elektrischen Antriebstechnik behandelt. Die Darlegungen beginnen mit Ausführungen zum Aufbau, zur Funktion und zu den Eigenschaften der eingesetzten Leistungs-Halbleiterbauelemente. Hiernach werden netzgeführte Stromrichter beschrieben. Nach Betrachtung der von diesen Schaltungen verursachten Netzrückwirkungen folgen Kapitel über Wechsel- und Drehstromsteller.

Im Anschluss daran werden selbstgeführte Stromrichter behandelt. Hier beginnen die Ausführungen mit der Beschreibung von Gleichstromstellerschaltungen. Daran schließen sich Kapitel über die verschiedenen Arten von selbstgeführten Spannungs- und Strom-Wechselrichtern an. Es folgen Abschnitte über netzparallel arbeitende selbstgeführte Stromrichter. Diese Anordnungen erlangen eine immer größere Bedeutung, da sie – bei entsprechender Steuerung – Ströme mit sinusförmiger Kurvenform aufnehmen oder abgeben, wobei gleichzeitig Netzstrom und Netzspannung in Phase sind. Daher verursachen solche Schaltungen keine unerwünschten Netzrückwirkungen. Es können aber auch beliebige andere Stromkurvenformen erzielt werden, so dass mit den betreffenden Stromrichtern jegliche Arten von Blindleistungskompensationen möglich sind.

Im Anschluss daran werden lastgeführte Wechselrichter beschrieben und hiernach die verschiedenen Ausführungen von Wechselstrom- und Gleichstromumrichtern vorgestellt und erläutert.

Die weiteren Kapitel des Buches befassen sich mit der Anwendung der Leistungselektronik in der elektrischen Antriebstechnik, dem wichtigsten Einsatzgebiet der Leistungselektronik. Dabei werden nach der Beschreibung von Gleich- und Wechselstromantrieben insbesondere Drehstromantriebe behandelt. Letztere haben sich in weiten Bereichen der elektrischen Antriebstechnik durchgesetzt und sind daher von besonderer Bedeutung. Im letzten Teil des Buches werden der elektronisch kommutierte Motor (Elektronikmotor) sowie der Schrittmotor vorgestellt und beschrieben.

Das Buch zeichnet sich durch eine klare, systematisch gegliederte Präsentation des Stoffes aus. Bei der Darbietung wird besonderer Wert darauf gelegt, dass die Leserin und der Leser schrittweise, in gut verständlicher Form in die jeweiligen Gebiete der Leistungselektronik und die dabei angewendeten Betrachtungsweisen eingeführt werden. So werden allgemeingültige Zusammenhänge zum besseren Verständnis bewusst an möglichst einfach aufgebauten Schaltungen erläutert. Die

Darlegungen werden an verschiedenen Stellen durch Aufgaben (mit vollständig angegebenen Lösungswegen) ergänzt. Aufgrund der vorliegenden Konzeption ist das Werk insbesondere als Lehrbuch zur Einführung in die Leistungselektronik und in die elektrische Antriebstechnik im Rahmen des Studiums der Elektrotechnik oder in verwandten Studiengängen geeignet. Gleichwohl kann es aber auch dem in der Praxis tätigen Ingenieur eine wertvolle Hilfe sein.

Die vorliegende vierte Auflage stellt eine korrigierte Fassung der bisherigen Ausgabe dar. Dem AULA-Verlag gilt mein Dank für die ausgezeichnete Zusammenarbeit.

Gert Hagmann

Inhalt

1 **Einführung** 1

2 **Leistungs-Halbleiterbauelemente** 2
   2.1 Einführung in die Physik der Halbleiter 2
       2.1.1 Eigenleitung 3
       2.1.2 Störstellenleitung 4
       2.1.3 Der PN-Übergang 5
           2.1.3.1 Sperrrichtung 6
           2.1.3.2 Durchlassrichtung 7
   2.2 Dioden 7
       2.2.1 Aufbau und Wirkungsweise 7
       2.2.2 Strom-Spannungs-Kennlinie 8
       2.2.3 Schaltverhalten von Dioden 9
           2.2.3.1 Einschaltvorgang 10
           2.2.3.2 Ausschaltvorgang 11
   2.3 Bipolare Leistungstransistoren 12
       2.3.1 Aufbau und Wirkungsweise 12
       2.3.2 Der Transistor als Schalter 14
           2.3.2.1 Einschaltvorgang 15
           2.3.2.2 Ausschaltvorgang 16
       2.3.3 Transistoren in Darlington-Schaltung 18
   2.4 Feldeffekt-Leistungstransistoren 19
       2.4.1 Aufbau und Wirkungsweise 19
       2.4.2 Schaltverhalten von Leistungs-Feldeffekttransistoren 22
   2.5 Bipolare Transistoren mit isoliertem Steueranschluss (IGBTs) 24
       2.5.1 Aufbau und Wirkungsweise 24
       2.5.2 Schaltverhalten 26
   2.6 Thyristoren 28
       2.6.1 Aufbau und Wirkungsweise 28
       2.6.2 Schaltverhalten von Thyristoren 30

         2.6.2.1 Kritische Stromsteilheit 30
         2.6.2.2 Kritische Spannungssteilheit 31
         2.6.2.3 Einschaltvorgang 32
         2.6.2.4 Ausschaltvorgang 33
   2.6.3 Zündung von Thyristoren – Phasenanschnittsteuerung 34
   2.6.4 Thyristorarten 37
         2.6.4.1 Zweirichtungs-Thyristoren (Triac, Diac) 38
         2.6.4.2 Asymmetrisch sperrender Thyristor (ASCR) 39
         2.6.4.3 Rückwärts leitender Thyristor 40
         2.6.4.4 Lichtgezündeter Thyristor 40
   2.6.5 Abschaltbarer Thyristor (GTO-Thyristor) 41
         2.6.5.1 Aufbau und Arbeitsweise 41
         2.6.5.2 Schaltverhalten 43
         2.6.5.3 IGCT-Thyristor 46
   2.6.6 MOS-gesteuerter Thyristor (MCT) 46
2.7 Intelligente Leistungshalbleiter (Smart-Power-Elemente) 48
2.8 Gehäuseformen von Leistungshalbleitern 49
2.9 Thermisches Verhalten von Leistungshalbleitern 51
   2.9.1 Entstehung der Verlustleistungen 51
         2.9.1.1 Ermittlung der Durchlassverluste 52
         2.9.1.2 Ermittlung der Schaltverluste 55
   2.9.2 Abführung der Verlustleistungen – thermisches Ersatz-
         schaltbild 57
   2.9.3 Kühlung 61
2.10 Schutz von Leistungshalbleitern 62
   2.10.1 Überstromschutz 62
   2.10.2 Überspannungsschutz 63
2.11 Reihen- und Parallelschaltung von Leistungshalbleitern 64
   2.11.1 Reihenschaltung 65
   2.11.2 Parallelschaltung 65

3 Netzgeführte Stromrichter 67
3.1 Zweipuls-Mittelpunktschaltung 68
   3.1.1 Ohmsche Belastung 68
   3.1.2 Glättung der Gleichspannung durch einen Kondensator 70
   3.1.3 Glättung des Gleichstromes durch eine Drosselspule 72
   3.1.4 Bauleistung des Transformators 74

	3.1.5 Die gesteuerte Schaltung 78
	3.1.6 Wechselrichterbetrieb 88
	3.1.7 Kommutierung 92
	3.1.8 Gleichspannungsänderung bei Belastung 98
	3.1.9 Steuerwinkelgrenzwert beim Wechselrichterbetrieb 102
	3.1.10 Steuerblindleistung und Verzerrungsleistung 105
	3.1.11 Kommutierungsblindleistung 111
	3.1.12 Bemessung der Induktivität der Glättungsdrossel 113
	3.1.13 Lückbetrieb 117
3.2	Zweipuls-Brückenschaltung 123
	3.2.1 Vollgesteuerte Schaltung 123
	3.2.2 Halbgesteuerte Schaltung 129
3.3	Dreipuls-Mittelpunktschaltung 135
	3.3.1 Aufbau und Betrieb bei Vollaussteuerung 135
	3.3.2 Betrieb bei Teilaussteuerung 139
	3.3.3 Berücksichtigung der Kommutierungsinduktivitäten 143
3.4	Sechspuls-Brückenschaltung 145
	3.4.1 Aufbau und Funktion 145
	3.4.2 Die halbgesteuerte Sechspuls-Brückenschaltung 151
3.5	Zwölfpuls-Schaltungen 156
3.6	Schaltungen mit verminderter Blindleistungsaufnahme 159
	3.6.1 Schaltungen mit Freilaufdiode 160
	3.6.2 Folgesteuerung 161
3.7	Netzrückwirkungen 163
	3.7.1 Grundschwingungs-Blindleistung 163
	3.7.2 Stromoberschwingungen 164
	3.7.3 Spannungsoberschwingungen 167

4 Wechsel- und Drehstromschalter und -steller 170

4.1	Wechsel- und Drehstromschalter 170
	4.1.1 Wechselstromschalter 170
	4.1.2 Drehstromschalter 173
4.2	Wechsel- und Drehstromsteller 174
	4.2.1 Wechselstromsteller mit Phasenanschnittsteuerung 174
	4.2.2 Blindleistungsverhalten des phasenanschnittgesteuerten Wechselstromstellers 178
	4.2.3 Phasenabschnittsteuerung, Sektorsteuerung 181

4.2.4 Wechselstromsteller mit Schwingungspaketsteuerung 182
4.2.5 Drehstromsteller 184

5 Selbstgeführte Stromrichter 188
5.1 Thyristor-Löschung durch Anwendung von Löschschaltungen 188
5.2 Gleichstromsteller 192
    5.2.1 Tiefsetz-Gleichstromsteller 192
    5.2.2 Hochsetz-Gleichstromsteller 197
    5.2.3 Hochsetz-Tiefsetz-Gleichstromsteller 200
    5.2.4 Umkehrung der Energierichtung 203
    5.2.5 Vierquadranten-Gleichstromsteller 204
5.3 Selbstgeführte Wechselrichter 209
    5.3.1 Spannungs-Wechselrichter 209
        5.3.1.1 Einphasiger Spannungs-Wechselrichter 210
        5.3.1.2 Dreiphasiger Spannungs-Wechselrichter 213
        5.3.1.3 Einphasiger Spannungs-Pulswechselrichter 218
        5.3.1.4 Dreiphasiger Spannungs-Pulswechselrichter 221
        5.3.1.5 Dreiphasiger Spannungs-Wechselrichter mit Dreipunktverhalten 225
    5.3.2 Strom-Wechselrichter 226
        5.3.2.1 Dreiphasiger Strom-Wechselrichter mit abschaltbaren Leistungshalbleitern 227
        5.3.2.2 Dreiphasiger Strom-Wechselrichter mit konventionellen Thyristoren 229
        5.3.2.3 Strom-Pulswechselrichter 232
5.4 Netzparallel betriebene selbstgeführte Stromrichter 234
    5.4.1 Wechselstrom-Gleichstrom-Wandler mit sinusförmigem Eingangsstrom 235
    5.4.2 Wechselstrom-Gleichstrom- und Gleichstrom-Wechselstrom-Wandler mit sinusförmigem Netzstrom 238
        5.4.2.1 Einphasiger Wechselstrom-Gleichstrom- und Gleichstrom-Wechselstrom-Wandler mit sinusförmigem Netzstrom 238
        5.4.2.2 Dreiphasiger Wechselstrom-Gleichstrom- und Gleichstrom-Wechselstrom-Wandler mit sinusförmigem Netzstrom 242
    5.4.3 Blindleistungsstromrichter 245
    5.4.4 Netzspannungsstabilisierung 248

Inhalt

6 Lastgeführte Wechselrichter 250
    6.1 Parallelschwingkreis-Wechselrichter 250
    6.2 Reihenschwingkreis-Wechselrichter 254

7 Umrichter 258
    7.1 Zwischenkreis-Wechselstromumrichter 258
        7.1.1 Wechselstromumrichter mit Gleichspannungs-Zwischenkreis (U-Umrichter) 259
        7.1.2 Wechselstromumrichter mit Gleichstrom-Zwischenkreis (I-Umrichter) 261
    7.2 Netzgeführte Direktumrichter 263
    7.3 Zwischenkreis-Gleichstromumrichter 267
        7.3.1 Durchflusswandler 267
        7.3.2 Sperrwandler 274

8 Stromrichteranwendungen in der elektrischen Antriebstechnik 278
    8.1 Gleichstromantriebe 278
        8.1.1 Schaltungsaufbau und Betriebsverhalten der fremderregten, stromrichtergespeisten Gleichstrommaschine 278
        8.1.2 Drehrichtungsumkehr mit einem Umkehrstromrichter 284
        8.1.3 Drehzahlgeregelter Gleichstromantrieb mit fremderregter Gleichstrommaschine 286
        8.1.4 Drehzahlverstellung und Drehrichtungsumkehr mit einem Vierquadranten-Gleichstromsteller 289
        8.1.5 Gleichstromantrieb mit Reihenschlussmaschine 293
    8.2 Reihenschlussmotor mit Wechselstromsteller 295
    8.3 Drehstromantriebe 296
        8.3.1 Aufbau und Arbeitsweise von Drehstrommotoren 296
            8.3.1.1 Drehstrom-Synchronmotor 297
            8.3.1.2 Drehstrom-Asynchronmotor 298
            8.3.1.3 Drehstrom-Reluktanzmotor 300
        8.3.2 Drehzahlverstellung durch Umrichter mit Spannungszwischenkreis (U-Umrichter) 300
            8.3.2.1 Kurvenform der erzeugten Spannungen und Raumzeiger-Ortskurve des magnetischen Drehflusses 301
            8.3.2.2 Spannungs-Frequenz-Kennlinien und Kennlinien-Steuerung 306

		8.3.2.3	Feldorientierte Regelung	308

- 8.3.2.3 Feldorientierte Regelung ... 308
- 8.3.2.4 Bremsbetrieb ... 311
- 8.3.2.5 Schlupfkompensation ... 313
- 8.3.2.6 Überstromschutz ... 313
- 8.3.3 Drehzahlverstellung durch Umrichter mit Stromzwischenkreis (I-Umrichter) ... 313
- 8.3.4 Stromrichtermotor ... 315
- 8.3.5 Drehzahlverstellung durch Direktumrichter ... 318
- 8.3.6 Drehzahlverstellung durch Steuerung der Ständerspannung ... 319
- 8.3.7 Die untersynchrone Stromrichterkaskade ... 321
- 8.3.8 Asynchronmaschine mit gepulstem Läuferwiderstand ... 323
- 8.3.9 Doppelt gespeiste Asynchronmaschine mit Spannungszwischenkreis-Umrichter ... 325
- 8.4 Elektronisch kommutierte Maschine (Elektronikmotor) ... 327
  - 8.4.1 Aufbau und Arbeitsweise ... 327
  - 8.4.2 Bestromung der Wicklungen ... 329
  - 8.4.3 Betriebsverhalten ... 329
  - 8.4.4 Gebersysteme ... 330
    - 8.4.4.1 Inkrementalgeber ... 331
    - 8.4.4.2 Resolver ... 332
- 8.5 Schrittmotoren ... 333
  - 8.5.1 Aufbau und Arbeitsweise ... 333
  - 8.5.2 Vollschrittbetrieb, Halbschrittbetrieb, Mikroschrittbetrieb ... 334
  - 8.5.3 Unipolare und bipolare Ansteuerung ... 335
  - 8.5.4 Strangzahlen und Polpaarzahlen von Schrittmotoren ... 336
  - 8.5.5 Ausführungsformen (Bauformen) ... 337
  - 8.5.6 Bestromung der Wicklungen ... 339
    - 8.5.6.1 Blockbestromung ... 340
    - 8.5.6.2 Sinusbestromung ... 343

Verzeichnis der wichtigsten Symbole ... 346

Literatur ... 350

Sachverzeichnis ... 351

1 Einführung

Unter **Leistungselektronik** versteht man dasjenige Teilgebiet der Elektrotechnik (bzw. der elektrischen Energietechnik), das sich mit dem Schalten, der Umformung und der Steuerung von elektrischen Größen (wie zum Beispiel Strom oder Spannung) unter Verwendung von **elektronischen** Bauelementen befasst. Diese werden hierbei in der Regel so eingesetzt, dass sie (in ruhendem Zustand) Stromkreise (bzw. Stromzweige) schließen oder öffnen, also als **elektronische Schalter** arbeiten. Die meisten dieser auch als **Stromrichterventile** bezeichneten Bauelemente – zu ihnen gehören Dioden, Transistoren, Thyristoren – sind so konzipiert, dass sie den elektrischen Strom nur in *einer* Richtung führen können. Einrichtungen, mit denen elektrische Größen (Strom, Spannung) unter Verwendung von Stromrichterventilen geschaltet, umgeformt oder gesteuert werden können, bezeichnet man auch als **Stromrichter** oder als **Stromrichterschaltungen**. Sie ermöglichen die nachstehenden Umformungen:

1. **Gleichrichten**
   Beim *Gleichrichten* wird Wechsel- oder Drehstrom in Gleichstrom umgeformt.
2. **Wechselrichten**
   Wechselrichten liegt dann vor, wenn Gleichstrom in Wechsel- oder Drehstrom umgewandelt wird.
3. **Wechselstromumrichten**
   Beim *Wechselstromumrichten* wird Wechsel- oder Drehstrom mit gegebener Spannung und Frequenz in Wechsel- oder Drehstrom mit anderer Spannung und (vielfach auch) anderer Frequenz umgeformt.
4. **Gleichstromumrichten**
   Gleichstromumrichten bedeutet die Umformung von Gleichstrom mit gegebener Spannung und Polarität in Gleichstrom mit anderer Spannung und (gelegentlich auch) anderer Polarität.

Neben diesen Umformungen gibt es noch weitere Einsatzgebiete für Stromrichterschaltungen. Beispielhaft seien hier nur die **Blindleistungskompensation** und die **aktive Oberschwingungskompensation** erwähnt.

Nachfolgend werden zunächst der Aufbau, die Funktion sowie das Verhalten der verschiedenen Stromrichterventile (Leistungs-Halbleiterbauelemente) erläutert. Daran schließt sich die Beschreibung der Stromrichterschaltungen an. Schließlich wird gezeigt, wie Stromrichter in dem wichtigsten Anwendungsbereich der Leistungselektronik, der elektrischen Antriebstechnik, eingesetzt werden.

2 Leistungs-Halbleiterbauelemente

Bei den in der Leistungselektronik verwendeten Stromrichterventilen handelt es sich um **Leistungs-Halbleiterbauelemente**. Zu ihnen gehören **Dioden, bipolare Leistungstransistoren, Feldeffekt-Leistungstransistoren, bipolare Transistoren mit isoliertem Steueranschluss, nicht abschaltbare und abschaltbare Thyristoren**. Bevor auf diese Elemente näher eingegangen wird, sollen nachfolgend zunächst einige wichtige Erläuterungen zur Physik der Halbleiter gegeben werden.

2.1 Einführung in die Physik der Halbleiter

Halbleiterstoffe – zum Beispiel Silizium oder Germanium – sind Materialien, die im periodischen System der Elemente zwischen den Metallen und den Nichtmetallen eingeordnet sind. Sowohl Silizium- als auch Germaniumatome sind vierwertig. Das bedeutet, dass die äußere Elektronenschale vier Elektronen enthält. Man bezeichnet sie als **Valenzelektronen**.

Innerhalb des Halbleitermaterials sind die Atome – wie bei den meisten Stoffen – in ganz bestimmter Weise räumlich angeordnet. Man bezeichnet diese Anordnung als **Kristallgitter** oder auch kurz als **Gitter**. So ist jedes einzelne Silizium- oder Germaniumatom im Gitter tetraederförmig von vier Nachbaratomen umgeben. In Bild 2.1 ist schematisch dargestellt, wie ein betrachtetes Atom (1) von vier Nachbaratomen (2 bis 5) umgeben ist.

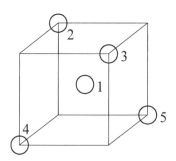

Bild 2.1 Anordnung von Silizium- oder Germaniumatomen im Gitter (schematisch).
1 betrachtetes Atom, 2 bis 5 Nachbaratome

Jedes Atom verwendet dabei jeweils ein Valenzelektron der vier Nachbaratome, um es zeitweise in seine äußere Elektronenschale einzubauen. Durch die dadurch bewirkten Bindungskräfte zwischen den Atomen werden diese im Kristallgitter zusammengehalten.

2.1.1 Eigenleitung

Bei sehr niedriger Temperatur – in der Nähe des absoluten Nullpunkts – sind alle Valenzelektronen von Halbleitern wie Silizium oder Germanium gebunden. Hier stellt das Material einen Isolator dar. Bei höherer Temperatur werden durch die dann vorhandenen Wärmebewegungen (Schwingungen) der Atome im Kristallgitter einzelne Bindungen aufgerissen. Das bedeutet, dass einzelne Valenzelektronen sich vom Atom lösen und sich frei im Material bewegen. Man bezeichnet sie als **freie Elektronen**, häufig auch nur kurz als *Elektronen*. Durch sie bekommt das Halbleitermaterial eine elektrische Leitfähigkeit.

Jedes Valenzelektron, das zu einem freien Elektron geworden ist, hinterlässt an seinem früheren Platz ein positiv geladenes Atom. Man bezeichnet es als **Loch** oder als **Defektelektron**. Es kann nun leicht ein Valenzelektron eines Nachbaratoms aufnehmen. Dadurch wird das Nachbaratom zu einem positiven Atom. Somit können sich auch Löcher fortbewegen. Die eigentliche Bewegung von Löchern ist ein ständiges Springen der Valenzelektronen von Nachbaratomen in freie Plätze, so dass scheinbar positive Ladungsträger weiterwandern. Das Halbleitermaterial bekommt durch diese Löcher eine zusätzliche Leitfähigkeit. Diese ist allerdings sehr viel geringer als die durch die freien Elektronen verursachte Leitfähigkeit.

Fließt in einem Halbleitermaterial ein elektrischer Strom, so besteht der Ladungstransport somit aus zwei Trägerbewegungen.
1. Die freien Elektronen bewegen sich *entgegengesetzt* der physikalischen Stromrichtung. Man spricht auch von **Elektronenleitung**.
2. Die Löcher bewegen sich *in* Stromrichtung. Man spricht hierbei von **Löcherleitung**.

Elektronen- und Löcherleitung bezeichnet man – zusammengefasst – als **Eigenleitung**. Die Bildung von freien Elektronen und von Löchern geschieht stets *paarweise*. Man nennt diese Erscheinung auch **thermische Generation** oder **thermische Ionisation**. Reines Halbleitermaterial enthält stets genauso viele freie Elektronen wie Löcher. Neben der thermischen Generation gibt es auch den umgekehrten Vorgang. Ein freies Elektron kann sich mit einem Loch vereinigen. Dadurch sind beide verschwunden. Einen solchen Prozess nennt man **Rekombination**.

In allen Halbleitern finden ständig Generationen und Rekombinationen statt. Im stationären Zustand verschwinden pro Zeiteinheit ebenso viele freie Elektronen und Löcher durch Rekombination wie solche Ladungsträger durch Generation erzeugt werden. Die Zahl der in einem Halbleiter vorhandenen freien Elektronen und Löcher nimmt mit der Temperatur stark zu, so dass auch die elektrische Leitfähigkeit mit steigender Temperatur deutlich größer wird.

2.1.2 Störstellenleitung

Die Leitfähigkeit von reinen Halbleitern lässt sich durch den Zusatz von Fremdstoffen – also durch den Einbau von Fremdatomen in das Kristallgitter – wesentlich vergrößern. Man bezeichnet die Fremdatome auch als **Störstellen** und deren Einbau in das Halbleiter-Kristallgitter als **Dotierung**. Dabei werden zwei Arten von Dotierungen unterschieden.

Ersetzt man beispielsweise im Kristallgitter von Silizium einen (geringen) Teil der Atome durch fünfwertige Fremdatome wie Phosphor (P), Arsen (As) oder Antimon (Sb), so werden in jeder Störstelle zur Herstellung der Bindung nur vier der vorhandenen fünf Valenzelektronen benötigt. Das „überzählige" Elektron jeder Störstelle ist nur locker am Atom gebunden und wird schon bei Raumtemperatur zu einem freien Elektron. Jedes fünfwertige Fremdatom „schenkt" also dem Halbleiter ein freies Elektron. Derartige Fremdatome heißen deshalb **Donatoratome** oder **Donatoren** (von donare, lat. schenken). Die in dieser Weise dotierten Halbleiter nennt man **N-leitend**. N steht für *negativ* und bedeutet, dass die Zahl der im Halbleitermaterial vorhandenen freien Elektronen größer ist als die Zahl der vorhandenen Löcher. Hierbei bezeichnet man die freien Elektronen – da sie in der Überzahl sind – als **Majoritätsträger** und die Löcher als **Minoritätsträger**.

Werden für die Dotierung statt fünfwertiger Fremdatome dreiwertige Fremdatome wie Bor (B), Aluminium (Al), Gallium (Ga) oder Indium (In) verwendet, so fehlt zur Herstellung der Bindung in jeder Störstelle jeweils ein Valenzelektron. Jedes dreiwertige Fremdatom liefert also dem Halbleiter ein Loch, welches somit ein Valenzelektron „annehmen" kann. Derartige Fremdatome heißen deshalb **Akzeptoratome** oder **Akzeptoren** (von accipere, lat. annehmen). Die in dieser Weise dotierten Halbleiter nennt man **P-leitend**. P steht für *positiv* und bedeutet, dass die Zahl der vorhandenen Löcher größer ist als die Zahl der vorhandenen freien Elektronen. Hier sind die Löcher die **Majoritätsträger** und die freien Elektronen die **Minoritätsträger**.

Die *Stärke* der Dotierung wird durch den **Dotierungsgrad** gekennzeichnet. Er gibt das Verhältnis der Zahl der Fremdatome zur Gesamtzahl der Atome an. Verwendet werden Dotierungsgrade von 10^{-6} bis 10^{-10}. Dabei bedeutet zum Beispiel der Wert 10^{-8}, dass jedes 10^8-te Atom ein Fremdatom ist.

2.1.3 Der PN-Übergang

Kommt eine P-leitende Halbleiterschicht mit einer N-leitenden in Berührung, so bezeichnet man den entstehenden Übergang als **PN-Übergang**. Bei der Berührung wandern (diffundieren) freie Elektronen aus dem N-Gebiet in das P-Gebiet und rekombinieren hier mit Löchern. Die Wanderung hat zur Folge, dass in der Randzone des N-Gebietes die positiven Ladungen der Störstellenatome nicht mehr durch die abgewanderten Elektronen kompensiert werden. Die Randzone lädt sich also positiv auf. In gleicher Weise diffundieren Löcher aus dem P-Gebiet in das N-Gebiet und rekombinieren hier mit freien Elektronen. Die Randzone des P-Gebietes lädt sich negativ auf. In Bild 2.2a ist der Zustand vor der Diffusion von Löchern und freien Elektronen in das jeweils benachbarte Gebiet dargestellt. Bild 2.2b zeigt den Zustand nach der Diffusion.

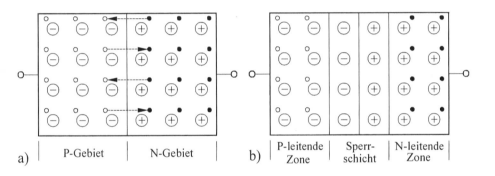

Bild 2.2 Darstellung der Vorgänge am PN-Übergang (schematisch)
a) Zustand vor der Diffusion von Löchern und freien Elektronen in das jeweils benachbarte Gebiet
b) Zustand nach der Diffusion von Löchern und freien Elektronen in das jeweils benachbarte Gebiet
⊖ dreiwertige (negative) Störstellenatome, ⊕ fünfwertige (positive) Störstellenatome
o Löcher, • freie Elektronen

Ursache für diese Diffusionsvorgänge sind die unterschiedlichen Ladungsträgerkonzentrationen in den beiden Gebieten. Die durch die Diffusionsvorgänge auf beiden Seiten des PN-Übergangs entstehenden Ladungen bauen ein elektrisches Feld auf, das vom N-Gebiet zum P-Gebiet verläuft. Es zieht alle beweglichen Ladungsträger aus dem betreffenden Bereich heraus. Dadurch entsteht auf beiden Seiten des PN-Übergangs eine dünne, nichtleitende Schicht, die als **Sperrschicht** bezeichnet wird.

Das in der Sperrschicht vorhandene elektrische Feld ist so gerichtet, dass es dem Übertritt weiterer Majoritätsträger entgegenwirkt. Das Feld erreicht schließlich eine solche Stärke, dass kaum noch Majoritätsträger den PN-Übergang passieren können. Befinden sich aber Minoritätsträger in der Sperrschicht, so werden diese durch das elektrische Feld auf die andere Seite gezogen. Dabei stellt sich ein

Gleichgewichtszustand ein, bei dem der durch Diffusion verursachte Strom der Majoritätsträger (Diffusionsstrom) und der durch das elektrische Feld verursachte Strom der Minoritätsträger (Feldstrom) sich genau gegenseitig aufheben.

Wir wollen jetzt einen PN-Übergang unter der Voraussetzung betrachten, dass er mit einer äußeren elektrischen Spannung – sowohl in Sperrrichtung als auch in Durchlassrichtung – beansprucht wird.

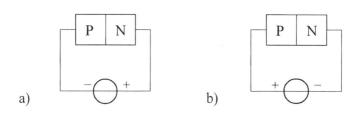

Bild 2.3 Elektrische Beanspruchung eines PN-Übergangs a) in Sperrrichtung, b) in Durchlassrichtung

2.1.3.1 Sperrrichtung

Zunächst möge die Spannung entsprechend Bild 2.3a gepolt sein. In diesem Fall wird das in der Sperrschicht vorhandene elektrische Feld verstärkt. Die beweglichen Ladungsträger werden dadurch vom Übergang abgezogen. Die Sperrschicht wird breiter, und der Übergang bleibt gesperrt. Man bezeichnet die Richtung, in der der PN-Übergang elektrisch beansprucht wird, als **Sperrrichtung**.

Allerdings sperrt der PN-Übergang nicht völlig; es fließt noch ein – wenn auch sehr geringer – Strom, der **Sperrstrom**. Er wird durch die im P-Gebiet vorhandenen freien Elektronen und durch die im N-Gebiet vorhandenen Löcher (also durch die Minoritätsträger) verursacht. Beide Ladungsträgerarten werden aufgrund der in Abschnitt 2.1.1 beschriebenen *thermischen Generation* gebildet. Werden sie in der Sperrschicht erzeugt, oder gelangen sie durch Diffusion aus den angrenzenden Gebieten in die Sperrschicht, so werden sie durch das vorhandene elektrische Feld auf die andere Seite gezogen. Da die Erzeugung der genannten Ladungsträger mit der Temperatur kräftig zunimmt, steigt auch der Sperrstrom mit der Temperatur stark an.

Der Sperrstrom ist von der Höhe der am PN-Übergang liegenden Spannung weitgehend unabhängig. Erreicht diese jedoch hohe Werte, so werden einzelne in der Sperrschicht vorhandene freie Elektronen so stark beschleunigt, dass sie beim Auftreffen auf Atome Valenzelektronen herausschlagen. Diese werden dann ebenfalls beschleunigt und stoßen wieder auf andere Atome. Die Zahl der beweglichen

Ladungsträger nimmt dadurch lawinenartig zu (**Lawineneffekt**), so dass auch der Sperrstrom stark ansteigt. Diejenige Spannung, die zu einer derartigen Zunahme des Sperrstromes führt, wird als **Durchbruchspannung** bezeichnet. Grundsätzlich darf bei einem PN-Übergang die Durchbruchspannung nicht überschritten werden, da dies infolge der dann auftretenden hohen Verlustleistung in der Regel zur Zerstörung des Halbleiters führt.

2.1.3.2 Durchlassrichtung

Die an einem PN-Übergang liegende Spannung möge jetzt entsprechend Bild 2.3b gepolt sein. Nehmen wir an, dass die Spannung von Null aus langsam gesteigert wird, so wird zunächst das in der Sperrschicht vorhandene elektrische Feld geschwächt, und die Sperrschichtdicke nimmt ab. Bei wachsender Spannung wird die Sperrschicht schließlich ganz abgebaut, und der dann fließende Strom nimmt stark zu. Der PN-Übergang ist *leitend*. Die vorliegende Richtung, in der der Übergang hierbei beansprucht wird, heißt **Durchlassrichtung**. Diejenige Spannung, die im leitenden Zustand am PN-Übergang anliegt, bezeichnet man als **Durchlassspannung**. Sie beträgt bei einem Silizium-PN-Übergang ungefähr 0,7 V.

PN-Übergänge sind für Halbleiterbauelemente von besonderer Bedeutung, da die betreffenden Bauelemente nämlich in der Regel mindestens einen PN-Übergang, meistens sogar mehrere PN-Übergänge enthalten. Nachfolgend sollen der Aufbau, die Funktion sowie das Verhalten der verschiedenen Leistungs-Halbleiterbauelemente näher betrachtet werden.

2.2 Dioden

2.2.1 Aufbau und Wirkungsweise

Ein PN-Übergang ist – wie beschrieben – in der Lage, in Sperrrichtung eine hohe Spannung aufzunehmen, ohne dass ein merklicher Strom fließt. Dagegen kann die Anordnung in Durchlassrichtung bei nur geringer anliegender Spannung einen hohen Strom führen. Der PN-Übergang stellt damit ein **elektrisches Ventil** dar, das prinzipiell nur in *einer* Richtung einen Stromfluss zulässt. Man bezeichnet die technische Ausführung eines solchen Ventils als **Diode**. Ihr Aufbau ist in Bild 2.4a schematisch dargestellt. Bild 2.4b zeigt das verwendete Schaltzeichen.

Das Halbleitermaterial hat meistens die Form einer dünnen (meist einige Zehntel Millimeter starken) kreisrunden Scheibe, in der die P-leitende und die N-leitende Schicht aneinandergrenzen. Der zum P-Gebiet führende Anschluss heißt **Anode** (A), der zum N-Gebiet führende Anschluss **Kathode** (K). Je größer der Durchmesser der Siliziumscheibe ist, umso höher ist der Strom, den die Diode in

Durchlassrichtung führen kann (ohne überlastet zu sein). Beispielsweise können Hochleistungsdioden eine Scheibendurchmesser von 100 mm (oder mehr) haben.

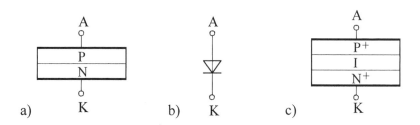

Bild 2.4 a) Aufbau einer Diode (schematisch),
(P = P-leitendes Gebiet, N = N-leitendes Gebiet, A = Anode, K = Kathode),
b) Schaltzeichen, c) Diode mit stark dotierten Randzonen und schwach dotiertem Mittelgebiet

Die Sperrfähigkeit einer Diode hängt vom *Dotierungsgrad* der Halbleiterschichten ab. Je höher der Dotierungsgrad ist, umso geringer ist die zulässige Sperrspannung (Durchbruchspannung). Das liegt daran, dass bei stark dotierten Halbleiterschichten eine geringe Sperrschichtdicke auftritt. Dadurch ergeben sich schon bei relativ niedriger Sperrspannung hohe Feldstärkewerte. Zur Erzielung hoher zulässiger Sperrspannungen sind demzufolge niedrige Dotierungsgrade erforderlich. Damit ist jedoch der Nachteil verbunden, dass der Widerstand der Halbleiterschichten für den Durchlassstrom (Bahnwiderstand) relativ groß wird.

Eine Verbesserung ergibt sich dadurch, dass Dioden mit einer Schichtenfolge nach Bild 2.4c versehen werden. Dabei befindet sich zwischen zwei stark dotierten Randzonen (P^+ und N^+) ein sehr schwach dotiertes Mittelgebiet (I). Es wird meistens N-dotiert, kann aber auch mit einer P-Dotierung versehen werden. Da die Ladungsträger in dieser Schicht zu einem erheblichen Teil von der *Eigenleitung* herrühren, spricht man von einer I-Zone. Dabei steht I für *intrinsic* (eigenleitend). Die gesamte Anordnung wird – entsprechend der Schichtenfolge – als **PIN-Diode** bezeichnet. Das schwach dotierte Mittelgebiet führt zu einer hohen Sperrfähigkeit. Im Durchlasszustand wird das Mittelgebiet von den Randzonen her mit Ladungsträgern überschwemmt und dadurch gut leitfähig.

2.2.2 Strom-Spannungs-Kennlinie

Wird eine Diode – sowohl in Durchlassrichtung als auch in Sperrrichtung – mit einer Spannung beansprucht, so erhält man zu jedem Spannungswert einen entsprechenden Stromwert. Der genaue Zusammenhang, der hierbei zwischen Spannung und Strom besteht, lässt sich durch eine **Strom-Spannungs-Kennlinie** beschreiben. Man bezeichnet sie auch als **Diodenkennlinie**.

2.2 Dioden

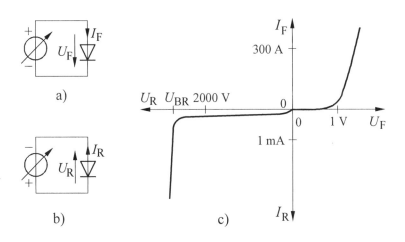

Bild 2.5 Betrieb einer Diode a) in Vorwärtsrichtung, b) in Rückwärtsrichtung.
c) Beispiel einer Diodenkennlinie

Bild 2.5a zeigt den Betrieb einer Diode in Durchlassrichtung. Man spricht hierbei auch von **Vorwärtsrichtung**. Die anliegende Spannung (Durchlassspannung) wird mit U_F (forward voltage) bezeichnet, der fließende Strom (Durchlassstrom) mit I_F (forward current). Der Verlauf der zugehörigen Strom-Spannungs-Kennlinie ist in Bild 2.5c im I. Quadranten beispielhaft dargestellt.

Bei Beanspruchung der Diode in Sperrrichtung (Rückwärtsrichtung; Bild 2.5b) werden die Sperrspannung mit U_R (reverse voltage) und der Sperrstrom mit I_R (reverse current) bezeichnet. Die zugehörige Kennlinie ist in Bild 2.5c im III. Quadranten beispielhaft angegeben. U_{BR} ist die **Durchbruchspannung** der Diode.

2.2.3 Schaltverhalten von Dioden

Wie schon erwähnt, arbeiten die in der Leistungselektronik eingesetzten Halbleiter-Bauelemente als **elektronische Schalter**. Das trifft auch für Dioden zu. Eine Diode kann *dann* als *eingeschalteter Schalter* angesehen werden, wenn sie in Durchlassrichtung einen Strom führt. Zwar tritt dann an der Diode noch ein Spannungsabfall von etwa einem Volt auf, dieser ist jedoch meistens gegenüber der in der Schaltung verwendeten Versorgungsspannung (Betriebsspannung) vernachlässigbar klein. Führt eine Diode in Durchlassrichtung dagegen *keinen* Strom (oder liegt in Sperrrichtung eine Spannung an), so hat die Diode einen sehr hohen Widerstand. Dann stellt sie einen *ausgeschalteten Schalter* dar.

2.2.3.1 Einschaltvorgang

Unter dem *Einschalten* einer Diode versteht man den Übergang vom gesperrten in den leitenden (stromführenden) Zustand. Beim Einsetzen des Stromes ist die Sperrschicht des PN-Übergangs zunächst noch nahezu frei von beweglichen Ladungsträgern und daher hochohmig. Erst nach Ablauf einer bestimmten Zeit – wenn sich genügend freie Elektronen und Löcher in Richtung PN-Übergang bewegt haben – erreicht die Diode ihre volle Leitfähigkeit.

Häufig werden Dioden mit nahezu rechteckförmigen Stromimpulsen (Stromblöcken) beansprucht. Wir wollen daher nachfolgend annehmen, dass einer Diode ein steil ansteigender Strom i_F (Bild 2.6) aufgezwungen wird. Dann nimmt die an der Diode liegende Durchlassspannung u_F einen Verlauf an, wie er prinzipiell in Bild 2.6 dargestellt ist.

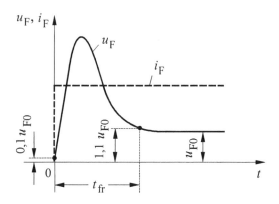

Bild 2.6 Verlauf der an einer Diode auftretenden Durchlassspannung bei einem eingeprägten, sprunghaft ansteigenden Durchlassstrom

Es kommt nach dem Einsetzen des Stromes zu einer kurzzeitigen Überhöhung der Durchlassspannung, bevor diese in die statische Durchlassspannung (u_{F0}) übergeht. Dadurch tritt während des Einschaltvorganges eine erhöhte Durchlassverlustleistung $u_F \cdot i_F$ auf. Man bezeichnet sie auch als **Einschaltverlustleistung**. Führt eine Diode Stromimpulse mit relativ hoher Frequenz, so kann es durch die Einschaltverlustleistung zu einer merklichen zusätzlichen Erwärmung kommen.

Eine wichtige, das Einschaltverhalten einer Diode kennzeichnende Größe ist die sich aus Bild 2.6 ergebende Zeit t_{fr}. Man bezeichnet sie als **Durchlasserholzeit**. Für höhere Frequenzen werden vorwiegend spezielle („schnelle") Dioden eingesetzt, die sich dadurch auszeichnen, dass sie eine niedrige Durchlasserholzeit und eine geringe Einschaltverlustleistung haben.

2.2.3.2 Ausschaltvorgang

Unter dem *Ausschalten* einer Diode versteht man den Übergang vom leitenden in den gesperrten Zustand. Zur Betrachtung der dabei auftretenden Vorgänge geben wir die in Bild 2.7a dargestellte Schaltung vor.

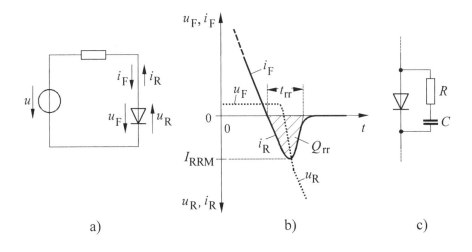

Bild 2.7 Zur Erläuterung des Ausschaltvorganges bei einer Diode.
a) Betrachtete Schaltung, b) zeitlicher Verlauf von Diodenstrom und -spannung,
c) RC-Beschaltung zum Schutz gegen Überspannungen

Die vorhandene Spannungsquelle möge eine sinusförmige Wechselspannung u liefern. Geht diese am Ende der positiven Halbschwingung auf Null zurück, so fällt der fließende Strom i_F in der Nähe des Stromnulldurchgangs etwa linear auf Null ab. Bei relativ langsamem Stromabfall haben die auf beiden Seiten des PN-Übergangs vorhandenen Minoritätsträger (Löcher im N-Gebiet und freie Elektronen im P-Gebiet) jeweils genügend Zeit zu rekombinieren, so dass eine Sperrschicht aufgebaut wird und die Diode beim Erreichen von $i_F = 0$ sperrt.

In der Regel geht der Strom jedoch so steil auf Null zurück, dass der PN-Übergang beim Erreichen von $i_F = 0$ noch mit Minoritätsträgern überschwemmt ist. Dies hat zur Folge, dass nach Bild 2.7b kurzzeitig ein Strom (i_R) in negativer Richtung fließt. Hierdurch werden die im P-Gebiet vorhandene freien Elektronen sowie die im N-Gebiet vorhandenen Löcher (Minoritätsträger) auf die jeweils andere Seite des PN-Übergangs transportiert (und somit *ausgeräumt*). Man bezeichnet i_R daher als **Ausräumstrom**. Er fällt nach Erreichen eines Höchstwertes (I_{RRM}) relativ steil auf Null ab, und die Diode ist jetzt wieder in der Lage, Sperrspannung (u_R) aufzunehmen. Die in Sperrrichtung fließende, in Bild 2.7b durch die schraffierte Fläche dargestellte Ladung Q_{rr} heißt **Ausräumladung** oder

Sperrverzögerungsladung. Die gekennzeichnete Zeit t_{rr} nennt man **Ausräumzeit** oder **Sperrverzögerungszeit**.

Der *steile* Abfall des Ausräumstromes (nach dem Überschreiten des Höchstwertes I_{RRM} – Bild 2.7b) ist von besonderer Bedeutung, da hierdurch in der stets vorhandenen Induktivität des Stromkreises eine Spannungsspitze ($L \, di_R/dt$) erzeugt wird. Zum Schutz gegen solche Überspannungen können Dioden durch eine geeignete Schaltung – beispielsweise durch eine RC-Beschaltung nach Bild 2.7c – geschützt werden.

Unmittelbar nach dem Überschreiten des Rückstromhöchstwertes I_{RRM} kommt es infolge der dann steil ansteigenden Sperrspannung u_R (Bild 2.7b) zu einer erhöhten Verlustleistung $u_R \cdot i_R$. Man bezeichnet sie als **Ausschaltverlustleistung**. Bei höheren Frequenzen kann es hierdurch zu einer merklichen zusätzlichen Erwärmung der Diode kommen. Die bei höheren Frequenzen eingesetzten speziellen („schnellen") Dioden sind so konzipiert, dass sie neben einer geringen Einschaltverlustleistung auch eine niedrige Ausräumladung (Q_{rr}) und eine geringe Ausschaltverlustleistung haben. Besonders vorteilhaft sind Dioden, die neben einer niedrigen Rückstromspitze I_{RRM} (Bild 2.7b) nach Überschreiten dieser Spitze einen *weichen* Rückstromabfall (*soft recovery*) haben.

2.3 Bipolare Leistungstransistoren

2.3.1 Aufbau und Wirkungsweise

Ein **bipolarer Transistor** ist ein Halbleiterbauelement, das drei unterschiedlich dotierte Schichten in der Reihenfolge PNP oder NPN enthält. Leistungstransistoren haben meistens eine NPN-Schichtenfolge, wobei als Grundmaterial nahezu ausschließlich Silizium verwendet wird. Ein solcher Transistor ist in Bild 2.8a schematisch dargestellt.

Die linke N-Schicht (N$^+$) ist relativ stark dotiert. Sie wird als **Emitterschicht** bezeichnet. In der Mitte befindet sich eine dünne, weniger stark P-dotierte Schicht, die **Basisschicht**. Daran schließt sich rechts eine schwach N-dotierte Schicht (N$^-$) an. Sie ist die **Kollektorschicht**. Die mit den Schichten verbundenen elektrischen Anschlüsse heißen **Emitter** (E), **Basis** (B) und **Kollektor** (C) (vergl. Bild 2.8a).

Zur Erläuterung der Wirkungsweise eines Transistors betrachten wir Bild 2.8b. Darin ist ein NPN-Transistor mit zwei Spannungsquellen verbunden, die die Spannungen U_{BE} und U_{CB} liefern. Aus der vorliegenden Polarität der Spannung U_{BE} folgt, dass der Basis-Emitter-PN-Übergang in Durchlassrichtung gepolt ist. Dadurch werden freie Elektronen vom Emitter in die Basis injiziert. Gleichzeitig wandern Löcher aus der Basis zum Emitter. Elektronen- und Löcherstrom zusammen ergeben den Emitterstrom I_E. Da der Emitter jedoch wesentlich stärker dotiert ist als die Basis, ist auch der Elektronenstrom erheblich größer als der Löcherstrom.

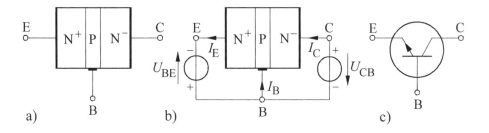

Bild 2.8 Aufbau und Arbeitsweise eines Transistors. a) Aufbau (schematisch) – N^+ = stark N-dotierter Bereich, P = P-dotierter Bereich, N^- = schwach N-dotierter Bereich, b) Schaltung zur Erläuterung der Arbeitsweise, c) Schaltzeichen eines NPN-Transistors

Die vom Emitter in die Basis injizierten freien Elektronen können in der Basisschicht nur zu einem geringen Teil mit dort vorhandenen Löchern rekombinieren und über den Basisanschluss abwandern. Die Ursache dafür liegt in der Tatsache, dass die Basisschicht sehr dünn ausgeführt wird und zudem relativ schwach dotiert ist. Die meisten der injizierten Elektronen erreichen den Kollektor und bilden zusammen mit dem Sperrstrom des in Sperrrichtung geschalteten Basis-Kollektor-PN-Übergangs den Kollektorstrom I_C. Die Höhe der anliegenden Kollektor-Basis-Spannung U_{CB} hat nur wenig Einfluss auf die Größe des Stromes I_C. Das liegt daran, dass der Kollektor nur etwa so viel Elektronen aufnimmt, wie vom Emitter in die Basis injiziert werden. Vergrößert man die Spannung U_{BE}, so nehmen I_C und I_B etwa proportional zueinander zu.

Sieht man jetzt den Basisstrom I_B als Eingangsstrom (Steuerstrom) an, so stellt die Schaltung nach Bild 2.8b eine Anordnung dar, in der sich der vergleichsweise große Kollektorstrom I_C durch den relativ kleinen Basisstrom I_B stetig einstellen (steuern) lässt. Man bezeichnet das Verhältnis des fließenden Kollektorstromes (I_C) zum fließenden Basisstrom (I_B) als **Stromverstärkung** (B) des Transistors. Es gilt also

$$B = \frac{I_C}{I_B}.$$

Da die im Transistor fließenden Ströme auf der Bewegung von Löchern *und* freien Elektronen beruhen, bezeichnet man ihn auch als **bipolaren Transistor**. Bild 2.8c zeigt das verwendete Schaltzeichen.

Zur Erzielung hoher zulässiger Sperrspannungen muss in Bild 2.8a die Kollektorschicht (N⁻) relativ breit ausgeführt und schwach dotiert werden. Das führt jedoch zu einer Erhöhung des Widerstandes der genannten Schicht. Eine Verbesserung ist dadurch möglich, dass in Bild 2.8a zwischen der Basis- und der Kollektorschicht ein sehr schwach N-dotiertes Gebiet eingefügt wird, wobei die rechts angrenzende (mit dem Kollektoranschluss C verbundene) N-Schicht dann wiederum eine starke Dotierung erhält. Auf diese Weise entsteht kollektorseitig eine Schichtenfolge, die der von hochsperrenden Leistungsdioden (PIN-Dioden) entspricht (vergl. Abschnitt 2.2.1).

2.3.2 Der Transistor als Schalter

Bei der *stetigen* Steuerung von Strömen durch Transistoren tritt in der Regel eine relativ große Kollektor-Emitter-Spannung auf. Das hat zur Folge, dass bei höheren Strömen im Transistor eine vergleichsweise große Leistung (Verlustleistung) in Wärme umgesetzt wird. Daher ist die stetige Steuerung grundsätzlich nur bei kleinen Leistungen möglich. Wird eine Schaltung jedoch so konzipiert, dass die eingesetzten Transistoren lediglich als *Schalter* arbeiten, so können auch ohne Weiteres größere Leistungen gesteuert werden. Wir wollen uns daher nachfolgend mit den Eigenschaften befassen, die ein Transistor beim Betrieb als Schalter besitzt. Dazu betrachten wir Bild 2.9a.

Hierin wollen wir die Kollektor-Emitter-Strecke des verwendeten Transistors T als (elektronischen) Schalter auffassen, durch den der Widerstand R_C an die Spannungsquelle (mit der Spannung U_B) angeschlossen werden kann. Das Schalten des Transistors lässt sich dabei durch Verstellen des eingespeisten Basisstromes I_B vornehmen.

Bild 2.9b zeigt das Kennlinienfeld $I_C = f(U_{CE})$ des verwendeten Transistors mit I_B als Parameter. In diesem Kennlinienfeld, das als **Ausgangskennlinienfeld** bezeichnet wird, ist auch die Widerstandsgerade (W) eingetragen. Sie schneidet die Abszissenachse bei der Spannung U_B und die Ordinatenachse im Punkt U_B/R_C.

Wird kein Basisstrom I_B eingespeist ($I_B = 0$), so fließt auch kein Kollektorstrom I_C – bzw. I_C ist vernachlässigbar klein. Der Transistor kann dann als *ausgeschalteter* Schalter angesehen werden. Im Kennlinienfeld (Bild 2.9b) stellt sich der Arbeitspunkt A_1 ein. An der Kollektor-Emitter-Strecke des Transistors liegt die Spannung U_B. Durch Einspeisen eines Basisstromes I_B lässt sich der Transistor einschalten. Wird I_B größer oder gleich dem sich aus Bild 2.9b ergebenden Basisstrom I_{B4} gewählt, so ist der Transistor voll (gesättigt) leitend. Im Kennlinienfeld stellt sich der Arbeitspunkt A_2 ein. Jetzt liegt nahezu die gesamte Spannung U_B am Widerstand R_C. Der Transistor ist *eingeschaltet*. Zu beachten ist jedoch, dass auch im eingeschalteten Zustand noch eine geringe Spannung U_{CE0} (Bild 2.9b) an der Kollektor-Emitter-Strecke abfällt. Das Produkt aus dieser Spannung und dem dabei fließenden Kollektorstrom I_C ergibt eine Verlustleistung, die als **Durchlass-**

verlustleistung bezeichnet wird. Da diese unvermeidlich ist, stellt ein Transistor keinen „idealen" Schalter dar. Nachfolgend wollen wir das Ein- und Ausschalten eines Transistors genauer betrachten.

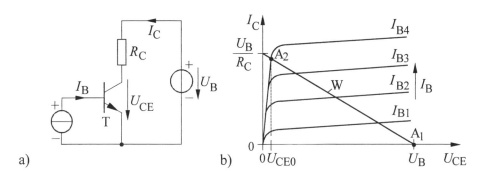

Bild 2.9 Transistor als Schalter. a) Betrachtete Schaltung,
b) Darstellung der Schaltzustände im Kennlinienfeld

2.3.2.1 Einschaltvorgang

Das *Einschalten* des Transistors T in Bild 2.9a hat in Bild 2.9b zur Folge, dass der Arbeitspunkt auf der Widerstandsgeraden W von A_1 nach A_2 wandert. Dabei ist das Produkt $U_{CE} I_C$ vorübergehend sehr groß, so dass kurzzeitig eine stark erhöhte Durchlassverlustleistung auftritt. Sie wird als **Einschaltverlustleistung** bezeichnet. Um diese möglichst niedrig zu halten, sind ein steiler Anstieg des Basisstromes und eine kurzzeitige Überhöhung dieses Stromes zweckmäßig. Hierdurch wird der Einschaltvorgang beschleunigt. Darüber hinaus kann die Einschaltverlustleistung dadurch verringert werden, dass der Anstieg des Kollektorstromes – beispielsweise durch Einschalten einer Spule mit der Induktivität L nach Bild 2.10a – verringert wird. Der aus der Diode D und dem Widerstand R bestehende Zweig dient dazu, die beim Abschalten des Transistors in der Spule auftretende Induktionsspannung zu begrenzen. Der Widerstand R hat dabei die Aufgabe, den in der Spule fließenden Strom nach dem Abschalten des Transistors schneller abzubauen.

In Bild 2.9b wandert der Arbeitspunkt beim Einschalten des Transistors nur dann auf einer *Geraden* von A_1 nach A_2, wenn in Bild 2.9a der Widerstand R_C rein ohmsch ist. Trifft das nicht zu, so ergibt sich eine von einer Geraden abweichende Kennlinie. Wichtig ist nun, dass der Arbeitspunkt beim Einschalten (und auch beim Ausschalten) stets innerhalb von Grenzen bleibt, die vom Hersteller nach Bild 2.10b durch die Darstellung des **sicheren Arbeitsbereiches** (SOA) angegeben werden (SOA = safe operating area). Sonst kann es zur Zerstörung des Transistors kommen.

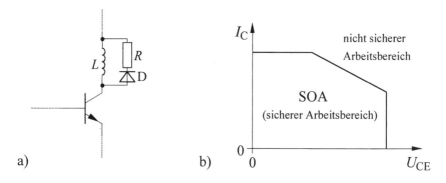

Bild 2.10 a) Begrenzung des Kollektorstromanstiegs beim Einschalten eines Transistors durch eine Spule L, b) sicherer Arbeitsbereich (SOA), (SOA = safe operating area)

2.3.2.2 Ausschaltvorgang

Das *Ausschalten* des Transistors in Bild 2.9a hat in Bild 2.9b zur Folge, dass der Arbeitspunkt auf der Widerstandsgeraden W von A_2 nach A_1 wandert. Auch dabei tritt – wie beim Einschaltvorgang – kurzzeitig eine stark erhöhte Durchlassverlustleistung auf. Sie wird als **Ausschaltverlustleistung** bezeichnet. Um diese klein zu halten, ist es zweckmäßig, den Ausschaltvorgang möglichst schnell vorzunehmen. Dazu kann die Schaltung so konzipiert werden, dass der Basisstrom vor dem Ausschalten nicht unnötig hoch ist. Man wählt dann den Basisstrom so, dass der Transistor noch gerade eben gesättigt leitend ist. Diesen Sättigungszustand nennt man **Quasisättigung**. Zur Erzielung dieses Zustandes eignet sich die Schaltung nach Bild 2.11a.

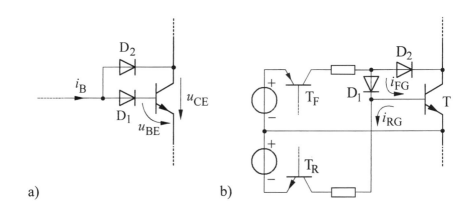

Bild 2.11 a) Ansteuerung eines Transistors mit eingefügter Antisättigungsdiode, b) Aufbau der Steuerschaltung für das Ein- und Ausschalten eines Transistors

2.3 Bipolare Transistoren

Dabei wird berücksichtigt, dass die Spannung u_{CE} beim voll gesättigt leitenden Transistor niedriger ist als die Spannung u_{BE}. Wird nun in Bild 2.11a der Strom i_B von Null aus gesteigert, so fließt i_B zunächst nur über die Diode D_1, da u_{CE} wesentlich größer ist als u_{BE}. Beim Erreichen der Quasisättigung werden u_{CE} und u_{BE} etwa gleich groß. Jetzt fließt ein Teil des Stromes i_B über die Diode D_2 und wird dem Kollektor zugeführt. Vergrößert man i_B, so nimmt der über D_2 fließende Stromanteil zu, während der über D_1 fließende Anteil nahezu konstant bleibt. Dadurch bleibt der Zustand der Quasisättigung – auch bei größeren Werten von i_B – erhalten. Man bezeichnet die Diode D_2 als **Antisättigungsdiode** und die aus D_1 und D_2 bestehende Schaltung als **Antisättigungsschaltung**. Zur Erzielung der Quasisättigung kann der Transistor aber auch durch eine entsprechende Konzeption der (den Basisstrom liefernden) Steuerschaltung so angesteuert werden, dass diese stets einen dem Kollektorstrom angepassten Basisstrom einspeist.

Neben der Realisierung des Quasisättigungszustandes kann der Übergang in den Sperrzustand bei einem Transistor dadurch beschleunigt werden, dass man beim Ausschalten kurzzeitig einen negativen Basisstrom (Rückwärts-Basisstrom) fließen lässt. Wir betrachten dazu Bild 2.11b. Darin ist T der zu schaltende Transistor. D_1 und D_2 sind Dioden, die die gleiche Aufgabe wie in Bild 2.11a erfüllen (Antisättigungsschaltung). T wird durch Ansteuern des Hilfstransistors T_F und dem dadurch fließenden *Vorwärts-Basisstrom* i_{FB} leitend geschaltet. Zum Ausschalten von T wird T_F gesperrt und danach T_R angesteuert. Dadurch fließt kurzzeitig ein *Rückwärts-Basisstrom* i_{RB}. Er räumt Ladungsträger aus der Basis-Emitter-Zone und beschleunigt somit den Ausschaltvorgang von T.

Zur weiteren Reduzierung der Ausschaltverlustleistung kann ein Transistor mit einer Beschaltung versehen werden, die beispielsweise so ausgeführt werden kann wie in Bild 2.12 dargestellt. Man spricht hierbei von einer **RCD-Beschaltung**.

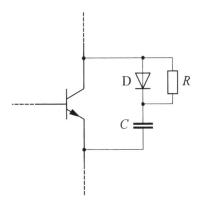

Bild 2.12 RCD-Beschaltung eines Transistors

Darin haben der Kondensator C und die Diode D die Aufgabe, den Anstieg der Kollektor-Emitter-Spannung beim Ausschalten des Transistors zu begrenzen und so die Ausschaltverlustleistung zu reduzieren. Der Widerstand R ermöglicht die Entladung des Kondensators beim nachfolgenden Einschalten. Dabei muss R so groß gewählt werden, dass der Kondensator-Entladestrom nicht zu einer unzulässig starken Belastung des Transistors führt. Die beschriebene RCD-Beschaltung sorgt aber nicht nur für die Reduzierung der Ausschaltverlustleistung, sondern schützt den Transistor gleichzeitig gegen Überspannungen.

2.3.3 Transistoren in Darlington-Schaltung

Leistungstransistoren haben eine relativ geringe Stromverstärkung. Das bedeutet, dass Transistoren für höhere Leistungen vergleichsweise große Basisströme erfordern. Daher werden vielfach Transistoren nach Bild 2.13 kombiniert.

Man bezeichnet derartige Ausführungen als **Darlington-Schaltungen**. Bild 2.13a zeigt eine *zweistufige*, Bild 2.13b eine *dreistufige* Darlington-Schaltung. Die Anordnungen werden als *integrierte Schaltungen* ausgeführt. Das heißt, dass die Transistoren *einer* Darlington-Schaltung auf *einem* Kristall und damit auch in *einem* Gehäuse untergebracht sind.

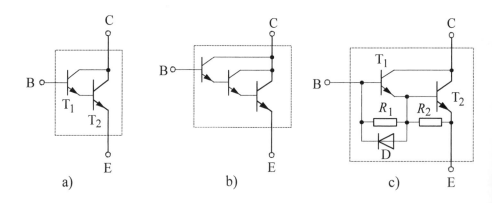

Bild 2.13 Transistoren in Darlington-Schaltung. a) zweistufige Schaltung, b) dreistufige Schaltung, c) zweistufige Schaltung mit Beschaltungselementen

Durch die Kombination von Transistoren gemäß Bild 2.13 ergibt sich der Vorteil, dass zum Ansteuern nur ein relativ geringer Eingangs-Basisstrom erforderlich ist. Demgegenüber steht der Nachteil, dass die Kollektor-Emitter-Spannung im gesättigt leitenden Zustand (also die Durchlassspannung) bei der Darlington-Schaltung ein wenig höher ist als bei einem einzelnen Transistor. Allgemein lässt sich feststellen, dass die Durchlassspannung mit steigender Stufenzahl zunimmt. Ferner haben Darlington-Schaltungen ein etwas ungünstigeres Schaltverhalten als Einzeltransistoren.

Zur weiteren Erläuterung des Verhaltens von Darlington-Schaltungen betrachten wir noch einmal eine zweistufige Ausführung nach Bild 2.13a. Hier zeigt sich, dass bei nicht angesteuertem Transistor T_1 der Kollektor-Emitter-Reststrom von T_1 in die Basis von T_2 gelangt und dort verstärkt wird. Um dies zu vermeiden, wird in der Regel eine Beschaltung eingebracht (integriert), wie dies in Bild 2.13c dargestellt ist. Dabei ist die aus den Widerständen R_1 und R_2 bestehende Kombination so dimensioniert, dass der oben genannte Kollektor-Emitter-Reststrom von T_1 zum überwiegenden Teil abgeleitet wird und nicht in die Basis von T_2 gelangt. Durch die Diode D – sie wird auch als **Speed Up Diode** bezeichnet – lässt sich erreichen, dass zur Beschleunigung des Ausschaltvorganges mit Hilfe eines *Rückwärts-Basisstromes* nicht nur der Transistor T_1 entsättigt wird, sondern auch der Transistor T_2 (vergl. Bild 2.13c).

2.4 Feldeffekt-Leistungstransistoren

2.4.1 Aufbau und Wirkungsweise

In der Leistungselektronik wird von den verschiedenen Feldeffekttransistorarten fast ausschließlich der *selbstsperrende* Typ verwendet. Daher beschränkt sich die nachfolgende Beschreibung nur auf diese Transistorart. Der Aufbau eines solchen Bauelements ist in Bild 2.14a prinzipiell dargestellt.

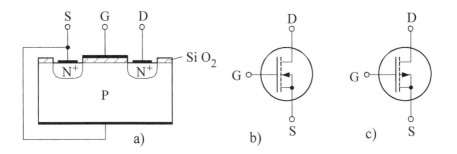

Bild 2.14 Feldeffekt-Transistor. a) Aufbau (P = P-dotierter Bereich, N^+ = stark N-dotierter Bereich), b) Schaltzeichen eines N-Kanal-Feldeffekttransistors, c) Schaltzeichen eines P-Kanal-Feldeffekttransistors (S = Source, G = Gate, D = Drain)

In dem P-dotierten Grundmaterial, dem **Substrat**, sind zwei stark N-dotierte Inseln (N^+) eindiffundiert. In der Mitte über dem Substrat befindet sich – durch eine Isolationsschicht aus Siliziumoxid (Si O_2) getrennt – eine Elektrode, deren Anschluss als **Gate** (G) (oder als Steuerelektrode) bezeichnet wird. Der mit der linken N-dotierten Insel verbundene Anschluss heißt **Source** (S) (Quelle). Dieser Punkt wird in der Regel – wie in Bild 2.14a dargestellt – mit dem Substrat verbunden. Der zur rechten N-dotierten Insel führende Anschluss heißt **Drain** (D) (Senke). Als Schaltzeichen verwendet man das in Bild 2.14b dargestellte Symbol.

Zur Erläuterung der Wirkungsweise wollen wir den betreffenden Transistor – wie in Bild 2.15 angegeben – mit Spannungen versorgen.

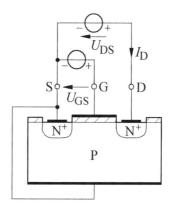

Bild 2.15 Versorgung eines Feldeffekttransistors mit Spannungen

Ist die Gate-Source-Spannung U_{GS} gleich Null, so kann kein Drainstrom I_D fließen. Das liegt daran, dass der zwischen der rechten N-Insel und dem Substrat bestehende PN-Übergang in Sperrrichtung geschaltet ist und somit einen Stromfluss verhindert. Fassen wir den Feldeffekt-Transistor als **Schalter** auf, so ist dieser ausgeschaltet.

Zum Einschalten des Transistors wird $U_{GS} > 0$ gewählt. Hierbei muss die betreffende Spannungsquelle allerdings keinen Strom liefern, da die Gate-Elektrode isoliert angeordnet ist. Das Bauelement kann also *leistungslos* geschaltet werden. Bei $U_{GS} > 0$ kommt es im Substrat unterhalb der G-Elektrode zu einer Elektronenanreicherung. Bei diesen Elektronen handelt es sich zum einen um *freie Elektronen*, die – wie in Abschnitt 2.1.1 beschrieben – in jedem Halbleiter dauernd durch **thermische Ionisation** erzeugt werden. Zum anderen kommen freie Elektronen von den benachbarten N-dotierten Inseln. Die Elektronen werden durch die positiv geladene G-Elektrode angezogen. Ist die Spannung U_{GS} hinreichend groß, so wird in einer Schicht unterhalb der G-Elektrode die Zahl der freien Elektronen größer als die Zahl der Löcher. Das bedeutet, dass hier das ursprünglich P-leitende Material durch Anlegen der Spannung U_{GS} N-leitend wird. Es entsteht ein N-leitender **Kanal**, der auch als **Inversionsschicht** bezeichnet wird und die beiden N-leitenden Inseln miteinander verbindet. Jetzt besteht eine durchgehend N-leitende Verbindung von D nach S, so dass ein Drainstrom I_D fließen kann. Das bedeutet, dass der Transistor *eingeschaltet* ist.

Da der von D nach S fließende Strom ausschließlich auf der Bewegung von Elektronen beruht (und keine Löcher beteiligt sind), spricht man auch von einem **unipolaren Transistor**. Die Erzeugung des von D nach S bestehenden leitenden Kanals wird durch das elektrische Feld verursacht, das zwischen der G-Elektrode und dem Substrat besteht. Deshalb bezeichnet man den betreffenden Transistor als **Feldeffekt-Transistor**. Vielfach wird auch die Kurzbezeichnung **MOS-FET** verwendet. MOS ist die Abkürzung für **M**etal **O**xide **S**emiconductor (Metall-Oxid-Halbleiter) und FET die Abkürzung für **F**ield **E**ffect **T**ransistor (Feldeffekt-Transistor).

Der in Bild 2.15 zwischen D und S bestehende, durch die Spannung U_{GS} verursachte leitende Kanal ist N-leitend. Daher spricht man auch von einem **N-Kanal-Feldeffekt-Transistor** (oder von einem **N-Kanal-Typ**). Werden alle Bereiche in Bild 2.15 umgekehrt dotiert, so erhält man einen **P-Kanal-Typ**. Das dann gültige Schaltzeichen zeigt Bild 2.14c. P-Kanal-MOS-FETs haben gegenüber N-Kanal-Versionen den Nachteil, dass sie einen größeren spezifischen Widerstand besitzen. Das bedeutet, dass zur Erzielung gleicher elektrischer Daten größere Abmessungen erforderlich sind.

Feldeffekttransistoren für größere Leistungen werden so konzipiert, dass der zwischen Drain (D) und Source (S) liegende Widerstand möglichst niederohmig ist und große Ströme führen kann. Das lässt sich mit einem *vertikal* aufgebauten Transistor nach Bild 2.16a erreichen. Es handelt sich auch hier um einen N-Kanal-Typ. Dargestellt sind zwei parallel liegende Transistorzellen (A und B).

Wird G gegenüber S durch Anlegen einer Spannung (Steuerspannung) positiv vorgespannt, so kommt es in den P^+-Gebieten unterhalb der G-Elektroden (an den durch Pfeile gekennzeichneten Stellen) zu einer Elektronenanreicherung. Hierdurch entsteht von D nach S eine durchgehend N-leitende Verbindung. Bei ausgeführten Elementen sind viele tausend solcher Zellen parallel geschaltet, so dass die Anordnung einen großen Strom führen kann. Hierbei ist von Bedeutung, dass Durchlasswiderstand der einzelnen Zellen einen positiven Temperaturkoeffizienten hat. Dadurch kommt es – auch bei steigender Temperatur – zwischen den Zellen zu einer gleichmäßigen Stromaufteilung.

Die Darstellung nach Bild 2.16a enthält einen direkt von S nach D geschalteten PN-Übergang. Das bedeutet, dass der betreffende Feldeffekttransistor in Rückwärtsrichtung keine Spannung aufnehmen kann, da der genannte PN-Übergang dann in Durchlassrichtung gepolt ist. Das Verhalten des Bauelements kann somit durch die in Bild 2.16b dargestellte Ersatzschaltung wiedergegeben werden. Hierin wird die vorhandene Diode auch als **Inversdiode** bezeichnet. Die mittlere N-dotierte Schicht (N⁻) in Bild 2.16a wird – je nach der erforderlichen Sperrfähigkeit – verschieden dick ausgeführt und entsprechend niedrig dotiert. Die untere stark dotierte N-Schicht (N⁺) hat die Aufgabe, im Durchlasszustand die angrenzende Schicht mit Ladungsträgern zu überschwemmen und damit den Durchlasswiderstand zu verringern.

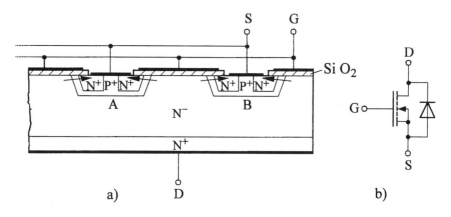

Bild 2.16 Vertikal aufgebauter Feldeffekt-Transistor mit integrierter Inversdiode. a) Prinzipieller Aufbau (N^+ = stark N-dotierter Bereich, N^- = schwach N-dotierter Bereich, P^+ = stark P-dotierter Bereich), b) Ersatzschaltung

Kennzeichnend für MOS-FETs ist die Tatsache, dass der *Durchlasswiderstand* mit steigender Sperrfähigkeit (steigender Sperrspannung) deutlich größer wird. Das liegt daran, dass in Bild 2.16a die mittlere N-dotierte Schicht (N⁻) dann breiter ausgeführt und schwächer dotiert werden muss. Allerdings kann man in die N⁻-Schicht von Bild 2.16a P-dotierte Bereiche einbringen, die von den P⁺-Gebieten (oben) ausgehend senkrecht nach unten verlaufen und einen maßgeblich verringerten Durchlasswiderstand zur Folge haben. Derartig ausgeführte Elemente werden als **CoolMOS-Transistoren** bezeichnet. Unabhängig davon sollte – zur Vermeidung von unnötig großen Durchlasswiderständen – bei der Anwendung von MOS-FETs darauf geachtet werden, dass die ausgewählten Elemente bezüglich ihrer Sperrfähigkeit nicht unnötig überdimensioniert sind. Im Übrigen ist der Durchlasswiderstand von MOS-FETs – im Gegensatz zu dem von bipolaren Transistoren – weitgehend unabhängig vom fließenden Strom.

2.4.2 Schaltverhalten von Leistungs-Feldeffekttransistoren

Zur Erläuterung des Schaltverhaltens eines Leistungs-Feldeffekttransistors betrachten wir zunächst das in Bild 2.17a angegebene (vereinfachte) Ersatzschaltbild eines derartigen Bauelements.

2.4 Feldeffekt-Leistungstransistoren

Darin sind die im Transistor vorhandenen Kapazitäten eingetragen. Es handelt sich um die Gate-Source-Kapazität C_{GS}, die Gate-Drain-Kapazität C_{GD} (sie wird auch als **Rückwirkungskapazität** oder **Miller-Kapazität** bezeichnet) und die Drain-Source-Kapazität C_{DS}. Von Bedeutung ist die Tatsache, dass die Kapazität C_{GD} stark von der Drain-Source-Spannung u_{DS} abhängig ist und bei fallender Spannung u_{DS} plötzlich (bei einem niedrigen Spannungswert) kräftig zunimmt.

Zur Untersuchung des Ablaufs des Ein- und Ausschaltvorgangs geben wir die in Bild 2.17b dargestellte Schaltung vor. R_2 sei der Innenwiderstand der zugehörigen Spannungsquelle (mit der Spannung U_G). Wir wollen die Drain-Source-Strecke des Feldeffekttransistors als (elektronischen) Schalter ansehen, durch den der Widerstand R_D an die Spannung U_B gelegt werden kann. Befindet sich der Schalter A in der angegebenen Stellung, so liegen G und S – bedingt durch den Widerstand R_1 – auf gleichem Potenzial. Folglich ist der Feldeffekttransistor ausgeschaltet.

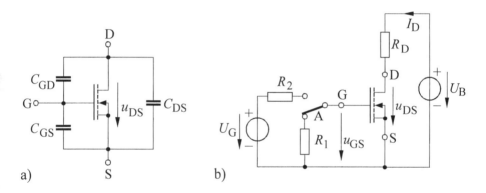

Bild 2.17 a) Vereinfachtes Ersatzschaltbild eines Feldeffekt-Leistungstransistors mit Angabe der inneren Kapazitäten, b) Einsatz eines Feldeffekt-Transistors als Schalter

Zum Einschalten wird der Schalter A umgeschaltet. Dabei ist zu beachten, dass zwischen G und S die Eingangskapazität

$$C_i = C_{GS} + C_{GD}$$

wirksam ist (vergl. Bild 2.17a). Hierdurch kann u_{GS} nicht sprunghaft ansteigen. Es vergeht zunächst eine gewisse Zeit, bis die **Einsatzspannung** erreicht ist. Das ist diejenige Spannung u_{GS}, die zum Aufbau des leitenden Kanals nötig ist. Danach setzt der Strom I_D ein, und die Spannung u_{DS} wird kleiner. Hierdurch kommt es – bedingt durch die Kapazität C_{GD} – zu einer Rückwirkung der Spannung u_{DS} auf die Eingangsspannung u_{GS} in der Weise, dass u_{DS} dem Anstieg von u_{GS} entgegenwirkt und so den Einschaltvorgang zusätzlich verzögert. Das gilt insbesondere dann, wenn die Kapazität C_{GD} durch die kleiner gewordene Spannung u_{DS} bereits stark zugenommen hat. Insgesamt vergeht also durch die Wirkung der inneren Kapazitäten C_{GS} und C_{GD} eine bestimmte Zeit, bis der Feldeffekttransistor voll leitend ist. Durch eine entsprechende Bemessung des Widerstandes R_2 kann die Einschaltzeit beeinflusst werden.

Soll in Bild 2.17b der Feldeffekttransistor ausgeschaltet werden, so wird dazu der Schalter A wieder umgeschaltet. Jetzt muss erst die in der Eingangskapazität gespeicherte Ladung über den Widerstand R_1 abfließen, damit der Feldeffekttransistor in Sperrung übergehen kann. Auch hier kommt es durch die Rückwirkung der Spannung u_{DS} auf den Eingang (beim Ansteigen von u_{DS}) zu einer zusätzlichen Verzögerung des Ausschaltvorganges. Erst wenn die Spannung u_{GS} den Wert der oben erwähnten *Einsatzspannung* unterschritten hat, ist der Feldeffekttransistor ausgeschaltet. Durch eine entsprechende Bemessung des Widerstandes R_1 lässt sich die Ausschaltzeit beeinflussen. Zum Abschalten kann auch eine *negative* Spannung u_{GS} verwendet werden, die nach dem Ausschaltvorgang bestehen bleiben kann. Hierdurch wird die Störsicherheit erhöht.

Die Zeit, die zum Ein- oder Ausschalten des Transistors benötigt wird, hängt also davon ab, wie schnell die wirksame Eingangskapazität aufgeladen bzw. entladen wird. Durch den dafür nötigen Strom bedingt lässt sich auch die Feststellung nicht aufrechterhalten, dass zum Ansteuern dieses Bauelements praktisch kein Strom (keine Leistung) benötigt wird. Der insgesamt notwendige Strom ist vielmehr umso größer, je häufiger ein Feldeffekttransistor pro Zeiteinheit ein- und ausgeschaltet wird, je höher also die Schaltfrequenz ist.

Vergleicht man die Schaltzeiten von Feldeffekttransistoren mit denen entsprechender bipolarer Transistoren, so zeigt sich, dass Feldeffekttransistoren schneller schalten. Dadurch sind auch die Schaltverluste bei diesem Bauelement relativ gering. Zum Schutz gegen Überspannung werden Feldeffekttransistoren häufig mit einer Beschaltung versehen. Geeignet ist zum Beispiel eine RCD-Beschaltung, wie sie in Bild 2.12 dargestellt ist. Eine solche Beschaltung führt gleichzeitig zu einer Verringerung der Ausschaltverluste.

Die in Bild 2.17b dargestellte Anordnung zum Ein- und Ausschalten des Feldeffekttransistors bezeichnet man (allgemein) als **Treiberschaltung**. Dabei ist in Bild 2.17b lediglich das Schaltungsprinzip dargestellt. Ausgeführte Treiberschaltungen enthalten selbstverständlich keinen mechanischen Umschalter (wie in Bild 2.17b angegeben), sondern entsprechend konzipierte elektronische Lösungen.

2.5 Bipolare Transistoren mit isoliertem Steueranschluss (IGBTs)

2.5.1 Aufbau und Wirkungsweise

Der Aufbau des nachstehend beschriebenen Transistors ergibt sich aus Bild 2.18a. Das Element enthält, ähnlich wie ein Leistungs-Feldeffekttransistor (Bild 2.16a),

2.5 Bipolare Transistoren mit isoliertem Steueranschluss

viele parallel liegende Zellen, wovon in Bild 2.18a lediglich zwei dargestellt sind. Man bezeichnet die Anschlüsse als **Kollektor** (C), **Emitter** (E) und **Gate** (G).

Das zwischen C und E angeordnete Halbleitermaterial besteht, wenn wir die eingebrachten N$^+$-Inseln zunächst unberücksichtigt lassen, aus drei Schichten in der Reihenfolge P$^+$, N$^-$, P$^+$. Wir können diese Schichtenfolge als *PNP-Transistor* auffassen. Liegt dabei zwischen G und E keine Spannung, so sperrt dieser PNP-Transistor (und damit das gesamte Bauelement) in beiden Richtungen.

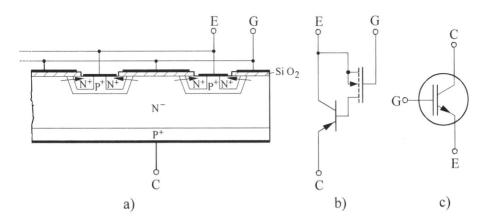

Bild 2.18 Bipolarer Transistor mit isoliertem Steueranschluss (IGBT). a) Aufbau (P$^+$ = stark dotierte P-Bereiche, N$^+$ = stark dotierte N-Bereiche, N$^-$ = schwach dotierter N-Bereich, E = Emitter, C = Kollektor, G = Gate), b) vereinfachte Ersatzschaltung, c) Schaltzeichen

Wir wollen jetzt untersuchen, wie das Bauelement in den leitenden Zustand gebracht werden kann. Dazu nehmen wir an, dass zwischen dem Kollektor C und dem Emitter E eine positive Spannung liegt. Man spricht hierbei auch von einer Beanspruchung des Bauelements in *Vorwärtsrichtung*. Wird gleichzeitig G gegenüber E durch Anlegen einer weiteren Spannung (Steuerspannung) positiv vorgespannt, so kommt es in Bild 2.18a in den P$^+$-Gebieten unterhalb der G-Elektroden an den durch Pfeile gekennzeichneten Stellen – so wie beim Leistungs-Feldeffekttransistor in Bild 2.16a auch – zu einer Elektronenanreicherung.

Bei genügend großer Steuerspannung entstehen N-leitende Kanäle, die die N$^+$-Inseln mit dem darunter liegenden N$^-$-Gebiet durchgehend N-leitend verbinden. Das hat zur Folge, dass die zwischen C und E bestehende Spannung einen Strom verursachen kann, der über die genannten Kanäle fließt. Dieser Strom wirkt als *Basisstrom* für den erwähnten PNP-Transistor, so dass dieser (und somit das gesamte Bauelement) leitend wird.

Die beschriebenen Vorgänge führen zu dem in Bild 2.18b dargestellten *Ersatzschaltbild* der Anordnung. Es ergibt sich eine **Darlington-Schaltung**, die aus dem genannten PNP-Transistor und aus einem Feldeffekttransistor gebildet wird. Dabei sei angemerkt, dass die in Bild 2.18a angegebene Schichtenfolge jedoch noch einen zweiten Transistor enthält, der aus dem N^--Gebiet und den emitterseitigen P^+- und N^+-Bereichen besteht. Er weist somit eine NPN-Schichtenfolge auf. Dieser Transistor arbeitet aber mit einem Basis-Emitter-Kurzschluss, so dass er für das grundsätzliche Verhalten des Bauelements kaum Bedeutung hat. In Bild 2.18b ist dieser Transistor daher nicht eingetragen. Es handelt sich somit bei der in Bild 2.18b angegebenen Darstellung um eine vereinfachte Ersatzschaltung.

Man bezeichnet das beschriebene Bauelement als **Bipolaren Transistor mit isoliertem Steueranschluss**. Die Kurzbezeichnung lautet **IGBT**. Das ist die Abkürzung für **I**nsulated **G**ate **B**ipolar **T**ransistor. Bild 2.18c zeigt das für einen IGBT verwendete Schaltzeichen.

Der IGBT sperrt grundsätzlich in *Rückwärtsrichtung*. Allerdings wird eine solche Rückwärtssperrfähigkeit meist nicht benötigt. Daher werden die Elemente häufig so konzipiert, dass sie nur eine geringe Rückwärtssperrspannung aufnehmen können. Hierdurch lassen sich verbesserte Durchlasseigenschaften erreichen. Solche Bauelemente werden zudem im Allgemeinen mit integrierten Inversdioden versehen, so dass sie auch dann eingesetzt werden können, wenn eine Rückwärtsleitfähigkeit erforderlich ist.

Vergleicht man IGBTs (Bild 2.18a) mit MOS-FETs (Bild 2.16a) bezüglich ihres *Durchlasswiderstandes*, so zeigt sich, dass an Bauelementen für niedrige Sperrspannungen bei IGBTs – bedingt durch den (unten) vorhandenen zusätzlichen PN-Übergang – ein höherer Durchlassspannungsabfall auftritt als an vergleichbaren MOS-FETs. Hier sind Feldeffekttransistoren den IGBTs also überlegen.

Bei Bauelementen für höhere Sperrspannungen (von einigen hundert Volt an aufwärts) gilt das Umgekehrte. Hier besitzen MOS-FETs – wie in Abschnitt 2.4.1 beschrieben – einen relativ hohen Durchlasswiderstand. Bei IGBTs (Bild 2.18a) dagegen führen die von der unteren P^+-Schicht in das angrenzende N^--Gebiet injizierten Löcher zu einer starken Zunahme der Leitfähigkeit. Das hat zur Folge, dass der Durchlasswiderstand kleiner wird als bei vergleichbaren MOS-FETs. Hier sind somit IGBTs den MOS-FETs überlegen. Aus dem beschriebenen Verhalten folgt, dass MOS-FETs vorwiegend bei niedrigen Spannungen eingesetzt werden, und IGBTs bevorzugt bei mittleren und höheren Spannungen. Allerdings können – bei nicht allzu großen Spannungen und Leistungen – die in Abschnitt 2.4.1 genannten **CoolMOS-Transistoren** eine Alternative zu den IGBTs sein.

2.5.2 Schaltverhalten

Die Ansteuerung von IGBTs kann in gleicher Weise vorgenommen werden wie dies bei MOS-FETs der Fall und in Abschnitt 2.4.2 beschrieben ist. Beim Einschalten muss – so wie beim MOS-FET auch – zunächst die Eingangskapazität aufgeladen werden, bevor das Bauelement leitend wird. Hinzu kommt allerdings, dass der Durchlasswiderstand kurz nach dem Einschalten zunächst noch durch den relativ großen Widerstand der N^--Schicht bestimmt wird (vergl. Bild 2.18a). Erst mit fortschreitender Löcherdiffusion aus dem unteren P^+-Gebiet in das angrenzende Gebiet sinkt der Durchlasswiderstand schließlich auf seinen Endwert. Insgesamt ergibt sich dadurch beim IGBT jedoch eine im Allgemeinen nur unbedeutend größere Einschaltzeit als beim vergleichbaren MOS-FET.

Beim Ausschalten eines IGBTs muss – so wie beim MOS-FET auch (vergl. Abschnitt 2.4.2) – zunächst die Eingangskapazität entladen werden. Danach sperrt der in Bild 2.18b eingetragene Feldeffekttransistor. Jedoch werden keine Löcher aus dem N^--Gebiet abgeführt. (Bei einem *bipolaren Transistor* wäre dies durch Einspeisen eines *Rückwärts-Basisstromes* möglich; vergl. Abschnitt 2.3.2.2.) Die Löcher müssen vielmehr durch Rekombination abgebaut werden. Das hat zur Folge, dass der Kollektor-Emitter-Strom zu Beginn des Ausschaltvorganges zwar rasch abnimmt, jedoch dann vergleichsweise langsam auf Null zurückgeht. Man bezeichnet den langsam zurückgehenden Strom als **Schweifstrom** oder als **Tailstrom**. In Bild 2.19 ist der zeitliche Verlauf des sich beim Ausschalten eines IGBTs und eines MOS-FETs ergebenden Stromes prinzipiell dargestellt. Beim MOS-FET tritt kein Tailstrom auf. Die in Bild 2.19 durch die schraffierte Fläche gekennzeichnete Ladung Q_T heißt **Tailladung**. Durch diese Ladung bedingt ergibt sich bei IGBTs ein etwas ungünstigeres Ausschaltverhalten als bei vergleichbaren MOS-FETs.

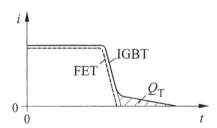

Bild 2.19 Prinzipieller Verlauf des Stromes beim Ausschalten eines MOS-FETs und eines IGBTs (Q_T = Tailladung)

Zum Schutz gegen Überspannungen werden IGBTs häufig mit einer Beschaltung – zum Beispiel mit einer RCD-Beschaltung nach Bild 2.12 – versehen. Diese führt gleichzeitig zu einer Verringerung der Ausschaltverlustleistung. Nach dem Ausschalten können IGBTs – zur Erzielung einer größeren Störsicherheit – mit einer negativen Spannung angesteuert werden.

2.6 Thyristoren

2.6.1 Aufbau und Wirkungsweise

Ein Thyristor enthält nach Bild 2.20a vier unterschiedlich dotierte Halbleiterschichten in der Reihenfolge PNPN. Die beiden äußeren Schichten sind stärker dotiert als die inneren.

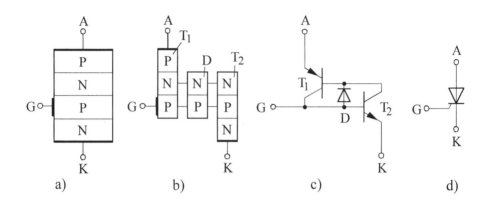

Bild 2.20 Aufbau und Funktion eines Thyristors. a) Schichtenfolge (schematisch), b) Zerlegung der Schichtenfolge in einen PNP-Transistors (T_1), einer Diode (D) und einen NPN-Transistor (T_2), c) Ersatzschaltung eines Thyristors, d) Schaltzeichen

Die vorhandenen elektrischen Anschlüsse bezeichnet man als **Anode** (A), **Kathode** (K) und **Steuerelektrode** oder **Gate** (G). Zur Erläuterung der Wirkungsweise zerlegen wir die in Bild 2.20a angegebene PNPN-Schichtenfolge gedanklich so wie in Bild 2.20b dargestellt. Hierdurch können wir uns den Thyristor als aus einem PNP-Transistor (T_1), einer Diode (D) und einem NPN-Transistor (T_2) bestehend denken, die wie in Bild 2.20b angegeben zusammengeschaltet sind. Auf diese Weise entsteht die in Bild 2.20c dargestellte **Ersatzschaltung** eines Thyristors. Bild 2.20d zeigt das für einen Thyristor verwendete Schaltzeichen.

Wir legen jetzt nach Bild 2.21a eine einstellbare Spannung mit der angegebenen Polarität an den Thyristor. Man bezeichnet die vorliegende Spannungsbeanspruchung auch als Beanspruchung in **Vorwärtsrichtung** oder in *positiver* Richtung. Bei niedriger Spannung kann kein Strom fließen, da der mittlere PN-Übergang (Bild 2.20a) sperrt. Das bedeutet in Bild 2.20c, dass die anliegende Spannung an der Diode (D) abfällt. Wird die Spannung soweit erhöht, dass die Diode durchbricht, so fließt über den Emitter-Basis-Übergang von T_1, über die Diode und über den Basis-Emitter-Übergang von T_2 ein Strom. Er steuert in Bild 2.20c beide

Transistoren leitend. Durch die einsetzenden Kollektorströme bricht die zwischen Anode und Kathode liegende Spannung bis auf einen kleinen Wert zusammen. Man sagt: der Thyristor wurde *gezündet*. (Das Wort „gezündet" ist dabei von der früher angewendeten Röhrentechnik übernommen worden, bei der zum Einschalten der (gasgefüllten) Elektronenröhre ein Lichtbogen gezündet wurde.) Diejenige Anoden-Kathoden-Spannung, bei der der Thyristor in der beschriebenen Weise zündet (bzw. leitend wird), heißt **Nullkippspannung**.

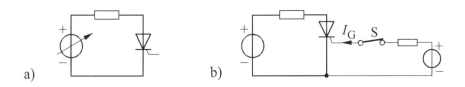

Bild 2.21 a) Einschalten eines Thyristors durch Überschreiten der Nullkippspannung,
b) Einschalten eines Thyristors durch Einspeisen eines Steuerstromes

Wir nehmen nun an, dass der Thyristor nicht leitend ist, jedoch eine Spannung in Vorwärtsrichtung anliegt. Wird jetzt nach Bild 2.21b durch Schließen des Schalters S ein **Steuerstrom** I_G eingespeist, so bedeutet das in Bild 2.20c, dass der Transistor T_2 leitend geschaltet wird. Der dadurch einsetzende Kollektorstrom von T_2 schaltet wiederum den Transistor T_1 leitend, so dass der betreffende Thyristor insgesamt leitend wird. Ein Thyristor lässt sich also nicht nur durch Überschreiten der Nullkippspannung, sondern auch durch Einspeisen eines Steuerstromes I_G (nach Bild 2.21b) zünden. Dabei sei angemerkt, dass das Zünden eines Thyristors durch Überschreiten der Nullkippspannung – man spricht hierbei auch von einer **Überkopfzündung** – in der Praxis selten angewendet wird und sogar zur Zerstörung des Bauelements führen kann. In der Regel wird ein Thyristor durch das Einspeisen eines Steuerstromes gezündet.

Nach erfolgter Zündung kann der Steuerstrom I_G zu Null gemacht werden, ohne dass der Thyristor wieder in den Sperrzustand übergeht. Voraussetzung dafür ist, dass der Durchlassstrom einen Mindestwert erreicht hat. Man bezeichnet diesen als **Einraststrom**. Ein Thyristor lässt sich also durch Einspeisen eines Steuerstromes zwar einschalten, jedoch nicht durch Unterbrechen des Steuerstromes wieder ausschalten. Hierin besteht ein wichtiger Unterschied zum Transistor. Letzterer lässt sich bekanntlich auch wieder ausschalten. Zum Einschalten eines Thyristors reicht also ein kurzer Steuerstromimpuls aus. Ein leitender Thyristor kann nur dadurch in den Sperrzustand versetzt werden, dass der Durchlassstrom entweder unterbrochen oder aber sehr klein gemacht wird. Derjenige Strom, der mindestens fließen muss, damit der Thyristor gerade noch leitend bleibt, heißt **Haltestrom**.

Polt man in Bild 2.21a die anliegende Spannung um, so wird der Thyristor in **Rückwärtsrichtung** oder in *negativer* Richtung beansprucht. Das Bauelement verhält sich dann etwa so wie eine in Sperrrichtung betriebene Diode. Nimmt man mit einer Schaltung nach Bild 2.22a die Abhängigkeit des Thyristorstromes I_T von der Thyristorspannung U_T (mit dem Steuerstrom I_G als Parameter) auf, so erhält man die in Bild 2.22c im ersten Quadranten angegebenen Kennlinien. Dabei ist $I_{G2} > I_{G1}$. Je nach der Höhe des eingespeisten Steuerstromes I_G gehen die **Vorwärts-Sperrkennlinien** nach Überschreiten einer bestimmten Thyristorspannung U_T *sprunghaft* in die **Durchlasskennlinie** über. I_H ist der **Haltestrom** des Thyristors, $U_{(B0)}$ die **Nullkippspannung**. Nimmt man mit einer Schaltung nach Bild 2.22b die Strom-Spannungs-Kennlinie in *Rückwärtsrichtung* auf, so erhält man die in Bild 2.22c im dritten Quadranten dargestellte **Rückwärts-Sperrkennlinie**. $U_{(BR)}$ ist die **Durchbruchspannung** des Thyristors.

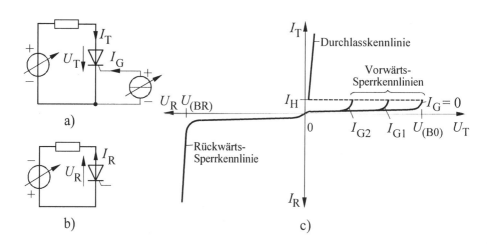

Bild 2.22 Strom-Spannungs-Kennlinien eines Thyristors. a) Schaltung zur Aufnahme der Kennlinien in Vorwärtsrichtung, b) Schaltung zur Aufnahme der Kennlinien in Rückwärtsrichtung, c) Darstellung der Kennlinien

2.6.2 Schaltverhalten von Thyristoren

2.6.2.1 Kritische Stromsteilheit

Beim Zünden eines Thyristors fließt der Anoden-Kathoden-Strom zunächst nur in einem kleinen Querschnitt. Steigt der Strom sehr schnell an, so fließt schon ein großer Strom, bevor sich dieser über einen größeren Querschnitt ausgebreitet hat.

Es kann dann zu örtlichen Überhitzungen kommen, die zur Zerstörung des Thyristors führen können. Aus diesem Grund darf der Stromanstieg einen bestimmten Wert nicht überschreiten. Man bezeichnet ihn als **kritische Stromsteilheit** $((\mathrm{d}i/\mathrm{d}t)_{\mathrm{krit}})$. Gegebenenfalls muss in einer ausgeführten Schaltung eine (kleine) Drosselspule in Reihe mit dem Thyristor geschaltet werden, wenn sonst die auftretende Stromsteilheit zu groß ist.

2.6.2.2 Kritische Spannungssteilheit

Wir betrachten das in Bild 2.23a dargestellte Ersatzschaltbild eines Thyristors.

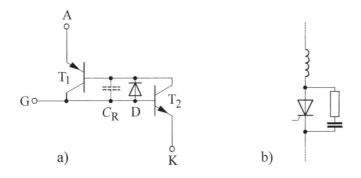

Bild 2.23 a) Ersatzschaltbild eines Thyristors, b) Beschaltung eines Thyristors zur Reduzierung der auftretenden Spannungssteilheit

Es unterscheidet sich von der Ersatzschaltung nach Bild 2.20c dadurch, dass zusätzlich die Sperrschichtkapazität C_R der Diode (D) eingetragen ist. Wird zwischen der Anode (A) und der Kathode (K) eine von Null aus ansteigende Spannung gelegt, so fließt ein Ladestrom (zum Aufladen von C_R) über den Emitter-Basis-Übergang von T_1 und den Basis-Emitter-Übergang von T_2. Steigt die Spannung sehr steil an, so kann es durch den dann relativ großen Ladestrom zu einem Durchschalten der beiden Transistoren und damit zu einem ungewollten Zünden des Thyristors kommen.

Die Steilheit der Anoden-Kathoden-Spannung darf daher einen bestimmten Wert $((\mathrm{d}u/\mathrm{d}t)_{\mathrm{krit}})$ nicht überschreiten. Man bezeichnet ihn als **kritische Spannungssteilheit**. Gegebenenfalls muss bei einer ausgeführten Schaltung eine Beschaltung des Thyristors – zum Beispiel so wie in Bild 2.23b angegeben – vorgenommen werden, wenn sonst die auftretende Spannungssteilheit zu groß ist.

2.6.2.3 Einschaltvorgang

Zur Untersuchung des *Einschaltvorganges* gehen wir von der Schaltung nach Bild 2.24a aus. Darin wird der dargestellte Thyristor mit einem steil ansteigenden Steuerstromimpuls i_G der Dauer t_G (Bild 2.24b) gezündet. Hierbei vergeht zunächst eine gewisse Zeit, bis die Thyristorspannung u_T merklich absinkt. Diejenige Zeit, in der u_T auf 90 % des Anfangswertes U_T abgesunken ist, wird als **Zündverzugszeit** (t_{gd}) bezeichnet (Bild 2.24c). t_{gd} ist stark von der Höhe und der Anstiegssteilheit des Steuerstromes i_G abhängig. Diejenige Zeit, in der anschließend die Thyristorspannung u_T von 90 % auf 10 % ihres Anfangswertes U_T fällt, heißt **Durchschaltzeit** (t_{gr}). t_{gr} ist zum einen von der Höhe des Steuerstromes i_G abhängig. Zum anderen wird diese Zeit aber auch maßgeblich durch den Anstieg und die Höhe des Durchlassstromes i_T bestimmt. Der Verlauf von i_T wiederum ist stark abhängig von der Art des Belastungswiderstandes Z (Bild 2.24a). So steigt i_T bei einem ohmschen Belastungswiderstand Z relativ steil an, bei einem induktiven dagegen vergleichsweise langsam. Entsprechend muss auch der Mindestwert der Zündimpulsdauer t_G (Bild 2.24b) bei induktiven Lastkreisen prinzipiell deutlich größer gewählt werden als bei ohmschen. Bei einer zu geringer Zündimpulsdauer besteht die Gefahr, dass der Thyristorstrom i_T den Wert des **Einraststromes** nicht erreicht und so der Thyristor nicht leitend bleibt. Die Summe aus Zündverzugszeit (t_{gd}) und Durchschaltzeit (t_{gr}) heißt **Zündzeit** (t_{gt}) (vergl. Bild 2.24c).

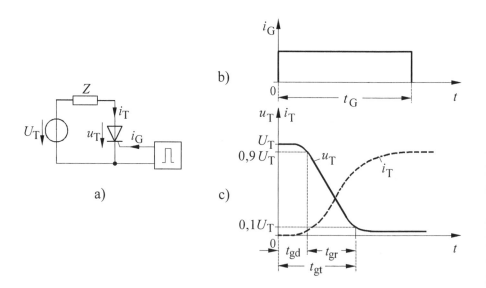

Bild 2.24 Einschaltvorgang bei einem Thyristor. a) Betrachtete Schaltung, b) Verlauf des Steuerstromes, c) Verlauf der Thyristorspannung und des Thyristorstromes

Während des Einschaltvorganges tritt kurzzeitig eine stark erhöhte Verlustleistung (Einschaltverlustleistung) auf. Bei hohen Schaltfrequenzen kann es dadurch zu einer merklichen zusätzlichen Erwärmung kommen. Gegebenenfalls kann zur Reduzierung der Einschaltverluste eine (kleine) Drosselspule – zur Begrenzung des Stromanstiegs – in Reihe mit dem Thyristor geschaltet werden.

2.6.2.4 Ausschaltvorgang

Unter dem *Ausschaltvorgang* eines Thyristors versteht man dessen Übergang vom leitenden in den sperrenden Zustand. Dazu ist es bekanntlich notwendig, dass der fließende Thyristorstrom entweder auf Null zurückgeht oder einen bestimmten Wert, den *Haltestrom*, unterschreitet. Für die weitere Betrachtung gehen wir von der in Bild 2.25a dargestellten Schaltung aus.

Darin möge der Thyristor zu Beginn der positiven Halbschwingung einer sinusförmigen Wechselspannung u gezündet werden. Geht u nun am Ende dieser Halbschwingung auf Null zurück, so fällt der fließende Strom i_T in der Nähe des Spannungsnulldurchganges etwa linear auf Null ab. Bei relativ langsamem Stromabfall haben die in den Sperrschichten vorhandenen Löcher und freien Elektronen genügend Zeit zu rekombinieren, so dass der Thyristor beim Unterschreiten des Haltestromes sperrt.

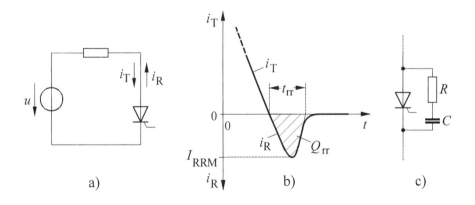

Bild 2.25 Zur Erläuterung des Ausschaltvorganges bei einem Thyristor. a) Betrachtete Schaltung, b) Verlauf des Thyristorstromes, c) Thyristor mit RC-Beschaltung zum Schutz gegen Überspannungen

In der Regel geht der Strom jedoch so steil auf Null zurück, dass die Sperrschichten des Thyristors beim Erreichen von $i_T = 0$ noch mit Löchern und freien Elektronen überschwemmt sind. Das hat zur Folge, dass nach Bild 2.25b – so wie auch bei einer Diode – kurzzeitig ein Strom i_R in Rückwärtsrichtung fließt. Hierdurch werden die beiden äußeren PN-Übergänge von beweglichen Ladungsträgern geräumt. Man bezeichnet i_R daher auch als **Ausräumstrom**. Er fällt nach Überschreiten eines Höchstwertes (I_{RRM}) steil auf Null ab, und der Thyristor sperrt in Rückwärtsrichtung.

Die in Bild 2.25b gekennzeichnete Zeit t_{rr} heißt **Sperrverzögerungszeit**. Die in Sperrrichtung fließende, in Bild 2.25b durch die schraffierte Fläche dargestellte Ladung Q_{rr} ist die **Sperrverzögerungsladung**. Der steile Abfall des Ausräumstromes (nach dem Überschreiten des Höchstwertes I_{RRM}) ist von besonderer Bedeutung, da hierdurch wegen der stets vorhandenen Induktivität des jeweiligen Stromkreises eine hohe Spannungsspitze erzeugt wird. Zum Schutz gegen solche (und andere) Überspannungen werden Thyristoren vielfach durch eine Beschaltung – beispielsweise durch eine RC-Beschaltung nach Bild 2.25c – geschützt. Man spricht hierbei auch von einer **TSE-Beschaltung**. TSE ist die Abkürzung für **Trägerspeichereffekt**.

Durch den Ausräumstrom i_R werden zwar die beiden äußeren PN-Übergänge des Thyristors von Löchern und freien Elektronen befreit, für den mittlere PN-Übergang gilt das aber nicht. Das liegt daran, dass der Ausräumstrom für den mittleren PN-Übergang einen *Durchlassstrom* darstellt. Daher müssen die hier vorhandenen beweglichen Ladungsträger durch *Rekombination* abgebaut werden. Erst danach ist der Thyristor in Vorwärtsrichtung sperrfähig. Diejenige Zeit, die nach dem Strom-Nulldurchgang vergehen muss, damit der Thyristor wieder eine Spannung in Vorwärtsrichtung aufnehmen kann (ohne ungewollt leitend zu werden), heißt **Freiwerdezeit** (t_q). Sie ist wesentlich größer als die Sperrverzögerungszeit t_{rr} und eine wichtige **Thyristorkenngröße**. Die Freiwerdezeit wird im Wesentlichen durch den inneren Aufbau des Thyristors bestimmt. Daneben ist sie abhängig von der Höhe des vorangegangenen Durchlassstromes sowie von der Steilheit, mit der dieser Strom auf Null zurückgeht. Darüber hinaus bestimmt die Höhe der anschließend auftretenden negativen Sperrspannung die Freiwerdezeit.

Thyristoren, die bei niedriger Frequenz (zum Beispiel 50 Hz) arbeiten, besitzen – durch den inneren Aufbau bedingt – in der Regel keine besonders niedrige Freiwerdezeit und sind dadurch vergleichsweise kostengünstig. Man spricht hierbei auch von **Netzthyristoren**. Für den Einsatz bei höheren Frequenzen stehen speziell entwickelte Thyristoren mit geringer Freiwerdezeit zur Verfügung. Sie werden auch als **Frequenzthyristoren** bezeichnet.

2.6.3 Zündung von Thyristoren – Phasenanschnittsteuerung

Ein Thyristor wird bekanntlich dadurch gezündet (leitend geschaltet), dass bei positiver Anoden-Kathoden-Spannung eine Spannung (Steuerspannung) zwischen dem Gate und der Kathode gelegt und dadurch ein Steuerstrom eingespeist wird.

2.6 Thyristoren

Dabei reicht – wie beschrieben – grundsätzlich ein kurzzeitiger Steuerstromimpuls aus. Zur Erzeugung solcher Stromimpulse stehen speziell entwickelte **integrierte Schaltkreise** (ICs) zur Verfügung. Vielfach werden auch **Mikroprozessoren** eingesetzt. Eine Anordnung zur Lieferung von Steuerstromimpulsen bezeichnet man allgemein auch als **Steuersatz**. Wir betrachten dazu Bild 2.26a.

Darin hat der Steuersatz St die Aufgabe, synchron zu der in Bild 2.26b dargestellten Netzspannung u periodisch Steuerstromimpulse i_G zu erzeugen. Vielfach enthält der Steuersatz auch Einrichtungen, die eine galvanische Trennung zwischen dem Steuerteil und dem Leistungskreis bewirken. Dabei können entweder magnetisch gekoppelte Spulen – man bezeichnet sie als **Übertrager** – verwendet werden, oder es kommen **optoelektronische Koppler** zum Einsatz.

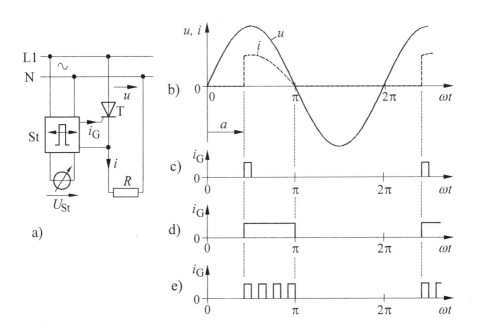

Bild 2.26 Zündung von Thyristoren. a) Einfache Thyristorschaltung mit Steuersatz (St), b) zeitlicher Verlauf von Spannung (u) und Strom (i), c) bis e) mögliche Steuerstrom-Impulsformen

Der Steuerstrom i_G kann unterschiedliche Impulsformen haben. Die wichtigsten sind in den Bildern 2.26c bis 2.26e dargestellt. Bild 2.26c zeigt einen **Kurzimpuls** (mit in der Regel einstellbarer Impulsdauer). In Bild 2.26d ist ein **Langimpuls** dargestellt, der jeweils bis zum Ende der positiven Halbschwingung der Netzspannung u ansteht. Bild 2.26e schließlich zeigt einen „getakteten Langimpuls", der auch als **Kettenimpuls** oder als **Impulskette** bezeichnet wird. Der Kettenimpuls hat gegenüber dem Langimpuls den Vorteil, dass – falls eine Übertragung durch magnetisch gekoppelte Spulen vorgenommen wird – die Baugröße des Übertragers relativ klein gewählt werden kann. Statt des in Bild 2.26c dargestellten Kurzimpulses kann auch eine kurze *Impulskette* verwendet werden.

Welche der genannten Impulsformen angewendet wird, hängt von den Erfordernissen der anzusteuernden Schaltung ab. In Bild 2.26a werden beispielsweise keine besonderen Anforderungen an die Form der Steuerstromimpulse gestellt, so dass jede der angegebenen Impulsformen geeignet ist.

Durch das Einspeisen des Steuerstromes i_G nach Bild 2.26a wird der im Lastkreis fließende Strom i – wie in Bild 2.26b dargestellt – „angeschnitten". Der eingetragene Winkel α heißt **Steuerwinkel**. Er lässt sich – beispielsweise nach Bild 2.26a durch Verändern einer von außen anzulegenden Spannung U_{St} – beliebig zwischen 0 und 180° einstellen. Dadurch kann die dem Widerstand R zugeführte Leistung (Wirkleistung) stetig von Null bis zum vollen Wert verändert werden. Man bezeichnet das beschriebene Steuerverfahren als **Phasenanschnittsteuerung**.

Neben der Frage nach der *Form* der einzuspeisenden Steuerstrom-Impulse stellt sich die Frage, welche Stromstärke die Impulse haben müssen und welche Spannung für deren Erzeugung notwendig ist. Zur Ermittlung dieser Werte werden *Diagramme* entsprechend Bild 2.27b verwendet.

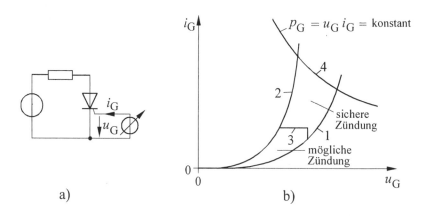

Bild 2.27 Zündbereich eines Thyristors. a) Ansteuerung eines Thyristors, b) Strom-Spannungs-Kennlinien bei der Ansteuerung

Darin sei zunächst der Verlauf der eingetragenen Linien 1 bis 4 erläutert. Nimmt man in einer Schaltung nach Bild 2.27a von verschiedenen Exemplaren eines bestimmten Thyristortyps die Eingangskennlinien $i_G = f(u_G)$ auf, so erhält man nicht für alle Exemplare genau den gleichen Verlauf. Zudem ist der Verlauf von der Temperatur abhängig. Die Linien 1 und 2 in Bild 2.27b sind nun so dargestellt, dass die bei verschiedenen Temperaturen aufgenommenen Eingangskennlinien aller hergestellten Exemplare genau dazwischen liegen. Die Linien grenzen also den herstellungs- und temperaturbedingten *Streubereich* der u_G-i_G-Kennlinien ein. Die Linie 3 ist so eingetragen, dass bei allen i_G-Werten, die oberhalb von dieser Linie liegen, der Thyristor sicher zündet. Dagegen ist bei kleineren i_G-Werten eine Zündung möglich, aber nicht sicher. Die Linie trennt also den Bereich der *möglichen* Zündung (unten) vom Bereich der *sicheren* Zündung (oben). Die Lage dieser Linie ist abhängig von der Temperatur. Je höher die Temperatur ist, umso weiter verschiebt sich die Linie nach unten.

Zur Vermeidung einer zu großen Steuerleistung darf das Produkt $p_G = u_G \cdot i_G$ einen bestimmten Wert nicht übersteigen. Die Linie 4 in Bild 2.27b stellt die Grenzlinie für diese Verlustleistung dar. Die Lage der Linie ist abhängig von der Dauer der Steuerimpulse. Eine sichere Zündung des jeweiligen Thyristors, ohne dass eine zu große thermische Beanspruchung auftritt, ist dann gewährleistet, wenn die Werte für u_G und i_G in Bild 2.27b in dem von den Linien 1 bis 4 eingegrenzten Bereich liegen.

2.6.4 Thyristorarten

Der bisher betrachtete Thyristor heißt (exakt) **kathodenseitig steuerbare, rückwärts sperrende Thyristortriode**. Die Kurzbezeichnung lautet **SCR**. Das ist die Abkürzung für **S**ilicon **C**ontrolled **R**ectifier. In der Regel verwendet man für dieses Bauelement lediglich die Bezeichnung „Thyristor". Neben dieser „normalen Ausführung" eines Thyristors gibt es die nachstehenden Thyristorvarianten.

Die **anodenseitig steuerbare, rückwärts sperrende Thyristortriode** unterscheidet sich vom bisher betrachteten Thyristor dadurch, dass die Steuerelektrode (G) nach Bild 2.28a mit der anodenseitigen N-Schicht verbunden ist.

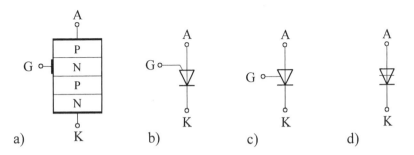

Bild 2.28 a) Aufbau und Anschlüsse beim anodenseitig steuerbaren, rückwärts sperrenden Thyristor, b) Schaltzeichen eines derartigen Thyristors, c) Schaltzeichen einer rückwärts sperrenden Thyristortriode (allgemein), d) Schaltzeichen einer Thyristordiode

Zur Ansteuerung dieses Thyristors muss der Steuerspannungsimpuls zwischen der Anode (A) und der Steuerelektrode (G) gelegt werden. Bild 2.28b zeigt das verwendete Schaltzeichen. Sowohl für *kathodenseitig* als auch für *anodenseitig* steuerbare Thyristortrioden kann man auch gemeinsam das in Bild 2.28c angegebene Symbol verwenden.

Thyristordioden sind rückwärts sperrende Thyristoren ohne Steuerelektrode. Diese Elemente werden durch Überschreiten der Nullkippspannung gezündet. Das verwendete Schaltzeichen ist in Bild 2.28d dargestellt.

Weitere Thyristorarten sollen wegen ihrer Bedeutung nachfolgend in besonderen Abschnitten behandelt werden.

2.6.4.1 Zweirichtungs-Thyristoren (Triac, Diac)

Man unterscheidet beim Zweirichtungs-Thyristor zwischen einer **Thyristortriode** und einer **Thyristordiode**. Eine **Zweirichtungs-Thyristortriode** – sie wird üblicherweise als **Triac** (**Tri**ode **a**lternating **c**urrent switch) bezeichnet – verhält sich grundsätzlich so wie eine aus zwei Thyristoren bestehende Gegenparallelschaltung. Der prinzipielle Aufbau eines solchen Bauelements ergibt sich aus Bild 2.29a. Das verwendete Schaltzeichen zeigt Bild 2.29b.

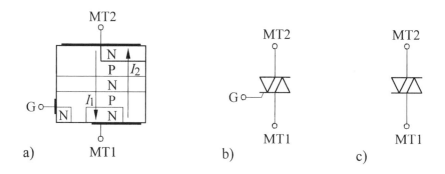

Bild 2.29 a) Aufbau eines Triacs (schematisch), b) zugehöriges Schaltzeichen, c) Schaltzeichen eines Diacs

Die Anordnung nach Bild 2.29a besteht im Prinzip aus zwei antiparallel geschalteten PNPN-Schichtenfolgen. Die beiden **Hauptanschlüsse** werden mit MT1 und MT2 bezeichnet. MT stellt die Abkürzung für **Main Terminal** (Hauptanschluss) dar. G ist der **Steueranschluss** (Gate). Fließt der Strom in Bild 2.29a von MT2 nach MT1, so nimmt er den Weg über die mit I_1 gekennzeichnete PNPN-

Schichtenfolge. Bei umgekehrter Stromrichtung fließt der Strom über die mit I_2 gekennzeichnete PNPN-Zonenfolge.

Zur Zündung des Triac wird zwischen dem Gate G und dem Hauptanschluss MT1 eine Spannung (Steuerspannung) angelegt. Hierdurch lässt sich das Bauelement in *beiden Richtungen* leitend schalten. Zudem kann die Steuerspannung beliebig gepolt sein. Ein Triac lässt sich also sowohl mit einem positiven als auch mit einem negativen Steuerstrom zünden.

Von Bedeutung ist die Tatsache, dass die direkt nach einem Strom-Nulldurchgang am Triac auftretende Spannung (Sperrspannung) nur mit sehr begrenzter Steilheit ansteigen darf. Sonst wird das Bauelement ungewollt wieder leitend. Die zulässige Sperrspannungssteilheit – sie wird auch als „**kritische Spannungssteilheit nach der Kommutierung**" bezeichnet – ist wesentlich niedriger als die kritische Spannungssteilheit bei einem normalen Thyristor (vergl. Abschnitt 2.6.2.2). Dabei ist es vorteilhaft, wenn der im Triac vor dem Nulldurchgang fließende Strom nur mit geringer Steilheit zurückgeht. Dann haben Löcher und freie Elektronen mehr Zeit für die Rekombination. Je geringer die Stromsteilheit ist, umso schneller darf anschließend die Sperrspannung wieder ansteigen, ohne dass das Bauelement ungewollt durchschaltet.

Die beschriebenen begrenzten Spannungs- und Stromsteilheiten haben zur Folge, dass Triacs prinzipiell nicht für die Steuerung von hohen Leistungen geeignet sind und daher nur in Schaltungen für kleine und mittlere Leistungen eingesetzt werden können. Für hohe Leistungen kann man stattdessen gegenparallel geschaltete Thyristoren verwenden.

Eine **Zweirichtungs-Thyristordiode** ist ein Bauelement, das sich wie eine aus zwei Thyristordioden bestehende Gegenparallelschaltung verhält. Die Kurzbezeichnung lautet **Diac**. Das ist die Abkürzung für **Di**ode **a**lternating **c**urrent switch. In Bild 2.29c ist das Schaltzeichen dieses Bauelements dargestellt.

2.6.4.2 Asymmetrisch sperrender Thyristor (ASCR)

In der Leistungselektronik gibt es Schaltungskonzepte, in denen die eingesetzten Thyristoren in Rückwärtsrichtung keine (oder nur eine geringe) Spannung aufzunehmen brauchen. Dies hat zu der Entwicklung eines *asymmetrisch sperrenden* Thyristors geführt. Seine Kurzbezeichnung lautet **ASCR**. Das ist die Abkürzung für **A**symmetric **S**ilicon **C**ontrolled **R**ectifier. Beim ASCR wird zwischen der anodenseitigen P-Schicht und der angrenzenden N-Schicht eine hochdotierte N-Zone eingefügt. Dadurch hat das Bauelement nur eine stark eingeschränkte Sperrfähigkeit in Rückwärtsrichtung. Durch den Einbau der hochdotierten N-Schicht kann die Dicke der angrenzenden schwach dotierten N-Schicht wesentlich verringert werden, ohne dass das Sperrvermögen in Vorwärtsrichtung abnimmt. Jedoch werden die Schalt- und die Durchlasseigenschaften dadurch deutlich verbessert. So hat der ASCR gegenüber dem symmetrisch sperrenden (konventionellen) Thyristor eine um den Faktor 2 bis 3 kleinere Freiwerdezeit sowie eine geringere Einschaltverlustleistung. Außerdem ist die Durchlassspannung niedriger. Das für einen ASCR verwendete Schaltzeichen zeigt Bild 2.30a.

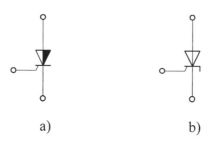

Bild 2.30 Schaltzeichen a) eines asymmetrisch sperrenden, b) eines rückwärts leitenden Thyristors

2.6.4.3 Rückwärts leitender Thyristor

Verschiedene Schaltungen der Leistungselektronik müssen so konzipiert werden, dass die eingesetzten Thyristoren in Rückwärtsrichtung einen Strom übernehmen können. In derartigen Fällen kann eine Diode antiparallel zum Thyristor geschaltet werden, die die erforderliche Rückwärtsleitfähigkeit herstellt. Günstigere Verhältnisse ergeben sich dadurch, dass die erwähnte Diode in den Thyristor integriert wird. Dies führt zum **rückwärts leitenden Thyristor**, dessen Schaltzeichen in Bild 2.30b dargestellt ist. Die Kurzbezeichnung lautet **RCT**. Das ist die Abkürzung für **Reverse Conducting Thyristor**. Der Aufbau dieses Bauelements stimmt prinzipiell mit dem eines asymmetrisch sperrenden Thyristors überein. Nur ist zusätzlich eine Diode integriert.

Gegenüber einem konventionellen Thyristor mit antiparallel geschalteter Diode hat ein rückwärts leitender Thyristor folgende Vorteile:

– geringere Freiwerdezeit,

– geringere Einschaltverlustleistung und geringer Durchlassspannungsabfall,

– geringere Induktivität, da keine externen Verbindungsleitungen erforderlich,

– kompaktere Bauweise.

2.6.4.4 Lichtgezündeter Thyristor

Beim **lichtgezündeten Thyristor** erfolgt die Zündung durch die Zufuhr von Lichtenergie. Die Kurzbezeichnung lautet **LCT**. Das ist die Abkürzung für **Light Controlled Thyristor**. Zur Übertragung der Lichtimpulse verwendet man Lichtwellenleiter. Hiermit können allerdings nur relativ geringe Steuerleistungen übertragen werden, so dass im Thyristor zusätzliche stromverstärkende Schichten notwendig sind. Da Lichtwellenleiter elektrisch nicht leitfähig sind, ergibt sich eine gute galvanische Trennung zwischen dem Steuer- und dem Lastkreis. Daher werden lichtgezündete Thyristoren vor allem bei sehr hohen Betriebsspannungen (von beispielsweise mehreren hundert kV) eingesetzt.

2.6.5 Abschaltbarer Thyristor (GTO-Thyristor)

Ein **abschaltbarer Thyristor**, auch **GTO-Thyristor** genannt, lässt sich durch einen Steuerstrom in der *einen* Richtung zünden und durch einen Steuerstrom in der *entgegengesetzten* Richtung wieder abschalten. GTO ist die Abkürzung für **G**ate **t**urn **o**ff (über das Gate abschaltbar).

2.6.5.1 Aufbau und Arbeitsweise

Ein GTO-Thyristor hat prinzipiell den gleichen Aufbau wie ein konventioneller Thyristor. Zur weiteren Erläuterung betrachten wir die in Bild 2.31a dargestellte PNPN-Schichtenfolge eines Thyristors.

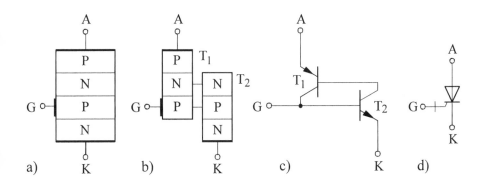

Bild 2.31 a) Schichtenfolge eines Thyristors (schematisch), b) Zerlegung der Schichtenfolge in einen PNP-Transistor (T_1) und in einen NPN-Transistor (T_2), c) Ersatzschaltbild eines Thyristors, d) Schaltzeichen eines abschaltbaren Thyristors

Wir können diese Schichtenfolge gedanklich so zerlegen wie in Bild 2.31b dargestellt. Es ergeben sich ein PNP-Transistor (T_1) und ein NPN-Transistor (T_2), die eine Ersatzschaltung des Thyristors nach Bild 2.31c bilden. (Eine ähnliche Ersatzschaltung wurde bereits in Abschnitt 2.6.1 für einen konventionellen Thyristor entwickelt.) Das für einen GTO-Thyristor verwendete Schaltzeichen zeigt Bild 2.31d. Die *Zündung* dieses Bauelements erfolgt grundsätzlich in der gleichen Weise wie die Zündung eines herkömmlichen Thyristors. Zur Erläuterung des *Abschaltvorganges* betrachten wir Bild 2.32.

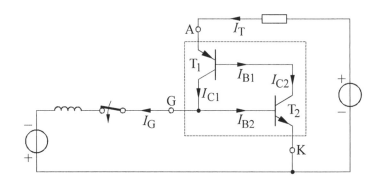

Bild 2.32 Zur Erläuterung des Abschaltvorganges bei einem GTO-Thyristor

Der Vorgang wird durch Einspeisen eines Steuerstromes I_G in der angegebenen Richtung eingeleitet. Hierdurch sinkt der Basisstrom I_{B2}. Als Folge davon nimmt der Kollektorstrom I_{C2} ab. Dieser ist gleichzeitig der Basisstrom I_{B1} des Transistors T_1. Damit wird auch der Kollektorstrom I_{C1} herabgesetzt. Dessen Rückgang führt wiederum zu einer weiteren Verkleinerung von I_{B2}. Der Vorgang setzt sich solange fort, bis der Thyristor abgeschaltet ist und der Laststrom I_T Null wird. Grundsätzlich lässt sich jeder Thyristor in der beschriebenen Weise abschalten. Bei einem konventionellen Thyristor ist jedoch der abschaltbare Strom – durch den Aufbau bedingt – sehr klein. Beim GTO-Thyristor werden nach Bild 2.33 zwei Maßnahmen ergriffen, um die Abschalteigenschaften zu verbessern.

1. Kathode und Gate werden nach Bild 2.33a eng fingerförmig verzahnt. Dadurch können beim Abschalten des Thyristors durch einen negativen Steuerstrom auch diejenigen Ladungsträger abgesaugt werden, die sich sonst in den vom Gate etwas weiter entfernt liegenden Bereichen befinden.

2. Die Stromverstärkung des Transistors T_1 in der Thyristorersatzschaltung (vergl. Bild 2.31c und Bild 2.32) wird verkleinert. (Unter der Stromverstärkung versteht man bekanntlich das Verhältnis vom Kollektorstrom zum Basisstrom.) Eine Möglichkeit dazu besteht darin, dass die mittlere N-Schicht nach Bild 2.33a mit einer Schwermetalldotierung (Gold, Eisen) versehen wird. Hierdurch werden Rekombinationszentren geschaffen. Eine andere Möglichkeit ist das Einbringen von Anodenkurzschlüssen (Shortung) nach Bild 2.33b. Hierdurch ver-

liert der GTO-Thyristor allerdings weitgehend seine Rückwärtssperrfähigkeit. Man spricht dann auch vom *asymmetrisch* sperrenden Konzept.

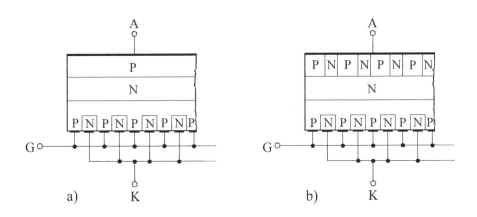

Bild 2.33 Aufbau eines GTO-Thyristors a) mit einer Schwermetalldotierung in der mittleren N-Schicht, b) mit einer Anoden-Kurzschlussstruktur (schematisch)

In verschiedenen Schaltungen der Leistungselektronik sind GTO-Thyristoren erforderlich, die in *Rückwärtsrichtung* einen Strom übernehmen können (vergl. Abschnitt 2.6.4.3 – rückwärts leitende Thyristoren). Dies hat zu der Entwicklung von GTO-Thyristortypen geführt, in denen eine (antiparallel liegende) Diode integriert ist. Eine derartige Lösung hat gegenüber einer Anordnung, bei der der GTO-Thyristor und die antiparallel liegende Diode räumlich getrennt sind, den Vorteil, dass wegen fehlender externer Verbindungsleitungen geringere Leitungsinduktivitäten auftreten. Außerdem ergibt sich eine kompaktere Bauweise.

2.6.5.2 Schaltverhalten

Das Ein- und Ausschalten eines GTO-Thyristors kann mit einer Schaltung vorgenommen werden, wie sie in Bild 2.34 prinzipiell dargestellt ist. Der Lastkreis möge rein ohmsch sein.

Zum *Einschalten* wird der Transistor T_F durch die Steuerelektronik St angesteuert. Der dadurch einsetzende Steuerstrom i_{FG} (Vorwärtssteuerstrom) muss mindestens solange fließen, bis der Durchlassstrom i_T den Wert des **Einraststromes** erreicht hat. Dieser ist beim GTO-Thyristor deutlich größer als bei einem konventionellen Thyristor. Damit der GTO-Thyristor möglichst schnell leitend und dadurch die Einschaltverlustleistung klein gehalten wird, sollte der Steuerstrom i_{FG} steil ansteigen und relativ groß sein. Zur Vermeidung eines zu steilen Anstiegs des Laststromes kann eine (kleine) Drosselspule in Reihe mit dem GTO-Thyristor geschaltet werden. Dies führt gleichzeitig zu einer Verringerung der Einschaltverlustleistung.

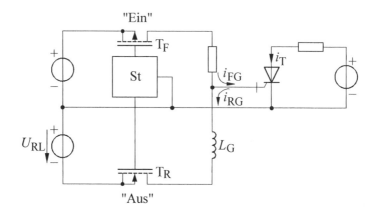

Bild 2.34 Schaltung zum Ansteuern von GTO-Thyristoren

Nach dem Zünden des GTO-Thyristors kann der Steuerstrom i_{FG} im Prinzip unterbrochen werden. Zu beachten ist jedoch, dass das Element einen relativ großen **Haltestrom** besitzt. Um zu vermeiden, dass das Bauelement bei kleinen Lastströmen ungewollt in Sperrung übergeht, ist es zweckmäßig, auch nach dem Zünden einen geringen positiven Steuerstrom i_{FG} weiterfließen zu lassen. Dadurch verringert sich zusätzlich die Durchlassspannung und somit auch die Durchlassverlustleistung.

Zum *Ausschalten* wird bei gesperrtem Transistor T_F in Bild 2.34 der Transistor T_R angesteuert. Der dadurch einsetzende Steuerstrom i_{RG} (Rückwärtssteuerstrom) steigt zunächst etwa linear an. Die Steilheit wird durch die treibende Spannung U_{RL} sowie durch die Induktivität L_G des Abschaltkreises bestimmt. Bild 2.35a zeigt den Verlauf des Steuerstromes i_{RG} und den des Durchlassstromes i_T.

i_{RG} erreicht einen Höchstwert i_{RGM} und geht danach – durch die einsetzende Sperrung der Kathoden-Gate-Strecke – wieder auf Null zurück. Man bezeichnet das Verhältnis

$$v_Q = \frac{I_T}{i_{RGM}}$$

als **Abschaltverstärkung**, wobei I_T den abzuschaltenden Durchlassstrom darstellt. Der Steuerstrom i_{RG} bewirkt, dass der Durchlassstrom i_T nach Ablauf der **Abschaltverzugszeit** t_{dq} abnimmt (Bild 2.35a). t_{dq} wird hauptsächlich von der **An-**

stiegszeit t_a des Steuerstromes i_{RG} beeinflusst. Nach Ablauf der Abschaltverzugszeit sinkt der Durchlassstrom i_T während der **Abschaltfallzeit** t_{fq} relativ schnell auf den Anfangswert I_{TQ} des anschließend fließenden **Schweifstromes** ab. Dieses schnelle Absinken ist die Folge der über die Steuerelektrode abfließenden Ladung.

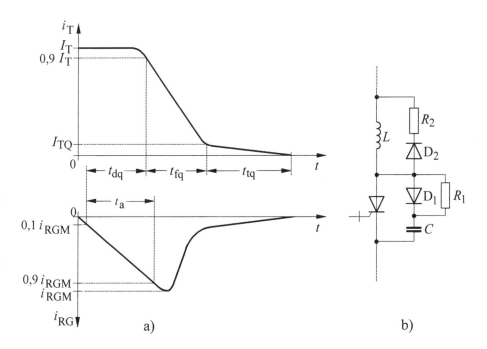

Bild 2.35 a) Zeitlicher Verlauf des Steuerstromes i_{RG} und des Durchlassstromes i_T beim Ausschalten eines GTO-Thyristors, b) RCD-Beschaltung eines GTO-Thyristors mit Einschaltentlastungsdrossel (L)

Der Schweifstrom – er wird auch als **Tailstrom** bezeichnet – geht während der **Schweifzeit** t_{tq} relativ langsam auf Null zurück. Die langsame Abnahme wird dadurch verursacht, dass die in dem anodenseitigen PN-Bereich des GTO-Thyristors gespeicherte Ladung nur durch *Rekombination* von Löchern und freien Elektronen abgebaut werden kann und über die Steuerelektrode nicht zu beeinflussen ist. Nach erfolgter Abschaltung kann zum sicheren Sperren des GTO-Thyristors eine negative Dauerspannung zwischen dem Gate und der Kathode gelegt werden.

Beim Abschalten des GTO-Thyristors tritt kurzzeitig eine stark erhöhte Verlustleistung (Ausschaltverlustleistung) auf. Zur Verringerung dieser Leistung wird das Bauelement in der Regel mit einer Beschaltung versehen. Häufig angewendet wird die in Bild 2.35b dargestellte RCD-Beschaltung. Die Diode D_1 und der Kondensator (C) begrenzen dabei den Anstieg und die Höhe der auftretenden Vorwärtssperrspannung. Durch den Widerstand R_1 kann sich der Kondensator beim nachfolgenden Zünden des GTO-Thyristors wieder entladen. Die beschriebene Beschaltung dient gleichzeitig als Überspannungsschutz für das Bauelement. Die dargestellte Spule (L) führt – wie in Abschnitt 2.3.2.1 beschrieben – zu einer Verringerung der Einschaltverluste. Der aus der Diode D_2 und dem Widerstand R_2 bestehende Zweig dient dazu, die beim Abschalten des Transistors in der Spule auftretende Induktionsspannung zu begrenzen.

Die Ansteuerung von GTO-Thyristoren erfordert – im Vergleich zur Ansteuerung von MOS-FETs oder IGBTs – relativ aufwendige Steuerschaltungen und vergleichsweise hohe Steuerleistungen. Auch sind die Schaltverluste relativ hoch. Daher werden diese Bauelemente bei kleinen und mittleren Leistungen nicht eingesetzt. Das Anwendungsgebiet liegt in den höchsten Leistungsbereichen.

2.6.5.3 IGCT-Thyristor

Der **IGCT**-Thyristor stellt eine Weiterentwicklung des GTO-Thyristors dar. IGCT ist die Abkürzung von **I**ntegrated **G**ate **C**ommutated **T**hyristor. In diesem Bauelement ist eine Ansteuereinheit integriert. Dadurch ergibt sich eine geringe Steuerkreisinduktivität mit der Folge, dass für den Steuerstrom eine große Anstiegssteilheit möglich wird. Hierdurch werden erheblich kürzere Schaltzeiten erreicht als beim GTO-Thyristor. Weitere bauliche Veränderungen (z. B. eine dünnere Siliziumscheibe) führen insgesamt – verglichen mit einem GTO-Thyristor – zu deutlich niedrigeren Durchlass- und Schaltverlusten. Eine Beschaltung zur Begrenzung des Spannungsanstiegs nach dem Ausschalten (vergl. RCD-Beschaltung in Bild 2.35b) ist im Allgemeinen nicht erforderlich. Grundsätzlich ist bei den Elementen eine antiparallel liegende Diode integriert.

2.6.6 MOS-gesteuerter Thyristor (MCT)

Die beschriebenen abschaltbaren Thyristoren haben – wie ausgeführt – den Nachteil, dass zum Ausschalten ein relativ großer Steuerstrom erforderlich ist. Aber auch das Einschalten lässt sich nicht leistungslos vornehmen, sondern erfordert einen Steuerstrom bestimmter Größe. Es liegt deshalb nahe, nach Konzepten zu suchen, durch die der genannten Nachteil vermieden wird. Dies hat zur Entwicklung eines Thyristors geführt, der einen **MOS-Eingang** hat und als **MOS Controlled Thyristor** (**MCT**) bezeichnet wird.

Zur Erläuterung der Funktion eines solchen Elements gehen wir vom bekannten Ersatzschaltbild eines Thyristors aus, das in Bild 2.36a noch einmal dargestellt ist (vergl. Bild 2.31c).

2.6 Thyristoren

Durch Einbringen weiterer Schichten wird der Schichtaufbau des Thyristors so ergänzt, dass man ein Ersatzschaltbild erhält, welches gegenüber dem in Bild 2.36a dargestellten zwei zusätzliche Feldeffekttransistoren enthält. Diese Erweiterung kann in unterschiedlicher Weise vorgenommen werden. Dabei ist insbesondere von Bedeutung, ob die *Kathode* oder die *Anode* des Thyristors der Bezugspunkt für das Anlegen der Steuerspannung sein soll. Wird beispielsweise die *Anode* als Bezugspunkt gewählt, so führt dies zu einem Ersatzschaltbild nach Bild 2.36b. Dabei stellt T_3 einen Feldeffekttransistor in P-Kanal-Technik dar und T_4 einen in N-Kanal-Technik.

Zum Einschalten des MCT wird eine gegenüber der Anode *negative* Steuerspannung an das Gate G gelegt. Hierdurch wird der Feldeffekttransistor T_3 leitend. Bei gleichzeitig vorhandener positiver Anoden-Kathoden-Spannung fließt dann ein Strom über T_3 in die Basis von T_2. Dadurch wird dieser Transistor ebenfalls eingeschaltet. Der einsetzende Kollektorstrom schaltet auch T_1 leitend. Damit ist der Thyristor durchgeschaltet.

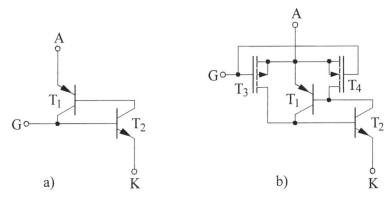

Bild 2.36 a) Ersatzschaltbild eines konventionellen Thyristors,
b) Ersatzschaltbild eines MOS-gesteuerten Thyristors

So wie bei jedem Thyristor, reicht es auch hier im Prinzip aus, wenn die oben genannte Steuerspannung nur *kurzzeitig* zwischen Gate und Anode angelegt wird. Der MCT bleibt solange leitend, bis entweder der Anoden-Kathoden-Strom den Wert des **Haltestromes** unterschreitet oder aber das Element durch Anlegen einer entsprechenden Steuerspannung abgeschaltet wird.

Hierzu muss eine gegenüber der Anode *positive* Steuerspannung an das Gate G gelegt werden. Dadurch wird in Bild 2.36b der Feldeffekttransistor T_4 leitend und schaltet die Emitter-Basis-Strecke von T_1 kurz. Als Folge davon wird der Basisstrom von T_1 soweit verringert, dass der betre-ffende Transistor in Sperrung übergeht. Hierdurch bedingt sperrt auch der Transistor T_2. Damit ist der Thyristor ausgeschaltet.

2.7 Intelligente Leistungsmodule (Smart-Power-Elemente)

Diese Elemente sind dadurch gekennzeichnet, dass sie neben dem eigentlichen Leistungshalbleiter (bzw. neben den eigentlichen Leistungshalbleitern) weitere integrierte Schaltkreise enthalten. Man bezeichnet solche Einheiten als **Intelligente Leistungsmodule** oder als **Smart-Power-Elemente**. Die integrierten Schaltungen können sehr unterschiedlich konzipiert sein und dementsprechend sehr verschiedene Funktionen erfüllen. Als einfaches Beispiel für einen Leistungshalbleiter mit einem zusätzlich integrierten Schaltkreis betrachten wir Bild 2.37.

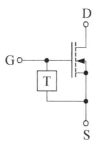

Bild 2.37 Schutz eines Feldeffekt-Leistungstransistors gegen Übertemperaturen durch einen integrierten Temperatursensor (T)

Es zeigt einen Leistungs-Feldeffekttransistor, bei dem zwischen Gate (G) und Source (S) ein **Temperatursensor** (T) integriert ist. Übersteigt die Temperatur des Bauelements – beispielsweise bedingt durch einen zu hohen Laststrom – einen bestimmten Wert, so wird der Temperatursensor leitend und schaltet den Transistor ab. Auf diese Weise wird der Feldeffekttransistor gegen eine thermische Überlastung geschützt. Meistens wird zusätzlich über eine besondere Leitung ein Signal nach außen abgegeben, so dass die Überlastung erfasst werden kann.

Die integrierten Schaltungen können auch so ausgeführt sein, dass sie eine galvanische Trennung zwischen dem Steuereingang und dem Leistungshalbleiter bilden sowie eine **Treiberschaltung** beinhalten. Unter einer Treiberschaltung versteht man bekanntlich eine Anordnung, die die für die Ladung und Entladung der inneren Kapazitäten erforderlichen Ströme liefert. Dadurch reduziert sich das Ein- und Ausschalten auf eine nahezu stromlose (digitale) Signalübertragung.

Die integrierten Schaltungen können auch so gestaltet sein, dass sie **Diagnosefunktionen** übernehmen und beispielsweise das Einschalten eines Leistungshalbleiters dann verhindern, wenn der Lastkreis einen Kurzschluss enthält oder die vorhandene Versorgungsspannung zu hoch oder zu niedrig ist. Auch übernehmen die integrierten Schaltkreise häufig Aufgaben der **Informationsverarbeitung**, zum Beispiel die Umwandlung eines analogen Steuersignals in eine Pulsbreitensteuerung (vergl. Abschnitt 5.2.1).

Intelligente Leistungshalbleiter können auch so ausgeführt sein, dass sie eine **Computerkompatibilität** besitzen. Dabei kann das Element einerseits durch den Computer direkt angesteuert werden. Andererseits sind – mit Hilfe einer im Element integrierten Sensorik – Rückmeldungen (beispielsweise über die Höhe der vorhandenen Spannungen und Ströme) möglich. Eine Potenzialtrennung zwischen dem Computer und dem Leistungskreis ist hierbei in der Regel unerlässlich.

Neben den erwähnten Beispielen für den Aufbau von Intelligenten Leistungshalbleitern sind viele weitere Anwendungen denkbar und möglich. Ein wichtiger Anwendungsbereich für diese Elemente ist die Automobilindustrie. Durch den Einsatz derartiger Einheiten kann der Aufwand (insbesondere der Verdrahtungsaufwand), der sonst zum Ansteuern, zur Überwachung oder zum Schutz von Leistungshalbleitern notwendig wäre, erheblich reduziert werden. Gleichzeitig lässt sich die Zuverlässigkeit der Schaltungen erhöhen.

2.8 Gehäuseformen von Leistungshalbleitern

Leistungshalbleiter haben meist die Form von dünnen Scheiben. Die Elemente müssen zum Schutz gegen äußere Einflüsse in einem isolierenden, gasdichten Gehäuse untergebracht sein. Bei der Ausführung (Gestaltung) solcher Gehäuse gibt es verschiedene Möglichkeiten.

Halbleiterbauelemente im unteren Leistungsbereich befinden sich vielfach in *Kunststoffgehäusen*. Dabei können Metallfahnen eingebracht sein, die für eine bessere Kühlung sorgen. Die elektrischen Anschlussleitungen bestehen meist aus Drähten oder Blechfahnen. Nicht selten werden auch *mehrere* Halbleiter in einem gemeinsamen Gehäuse untergebracht und im Innern dieses Gehäuses miteinander verschaltet (zum Beispiel eine aus vier Dioden bestehende Brückenschaltung, vergl. Abschnitt 3.2).

Dioden und Thyristoren für größere Leistungen werden oft einzeln in einem Gehäuse untergebracht, das auf der einen Seite einen *Metallboden* enthält. Er hat entweder die Form eines Flansches oder ist mit einem Schraubstutzen versehen. Dadurch besteht die Möglichkeit, den Metallboden mit einem Kühlkörper zu verschrauben und so die Wärmeabfuhr zu verbessern. Bild 2.38a zeigt – beispielhaft – einen in dieser Weise aufgebauten Thyristor mit einem am Metallboden angebrachten Schraubstutzen. Zur Erzielung eines guten Wärmeübergangs im Gehäuseinnern wird das Halbleitermaterial mit Hilfe von Federn fest auf den genannten Metallboden aufgedrückt. Dieser bildet dabei in der Regel gleichzeitig einen elektrischen Anschluss für das betreffende Element. In Bild 2.38a ist der Metallboden zugleich der Anodenanschluss. Die übrigen elektrischen Anschlüsse werden im Allgemeinen mit isolierten, flexiblen Leitungen (Kupferseile bzw. Kupferlitzen) herausgeführt.

Bauelemente für sehr hohe Ströme werden zur besseren Kühlung *beidseitig* mit einem Metallboden versehen und scheibenförmig ausgeführt. Die Zuführung des Durchgangsstromes erfolgt dabei durch Verspannung mit Hilfe von zwei Teilkühlkörpern.

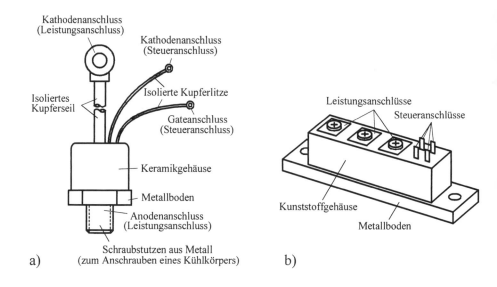

Bild 2.38 a) Gehäuseform eines Thyristors (als Einzelhalbleiter), b) Gehäuse in Modulbauweise (enthält beispielsweise zwei in Reihe liegende Leistungs-Feldeffekttransistoren)

Die Gehäuseform nach Bild 2.38a hat den Vorteil, dass sich ein guter Wärmeübergang zwischen dem Halbleiter und der Umgebung erreichen lässt. Bei der Anwendung solcher Elemente ergeben sich jedoch folgende Nachteile:

- Elektrische Schaltungen, die mehrere (oder viele) Leistungshalbleiter enthalten, und deren Gehäuse dabei verschiedene elektrische Potenziale haben, müssen mit einer entsprechend großen Anzahl an – galvanisch voneinander getrennten – Kühlkörpern versehen werden. Dadurch ergibt sich ein aufwendiger Schaltungsaufbau, verbunden mit einem großen Raumbedarf.

- Die in diesen Schaltungen erforderlichen (relativ langen) Verbindungsleitungen führen zu vergleichsweise großen Leitungsinduktivitäten.

Die genannten Nachteile haben zu der Einführung der **Modultechnik** geführt. Dabei sind vielfach mehrere Leistungshalbleiter – beispielsweise zwei in Reihe liegende Leistungs-Feldeffekttransistoren (Bild 2.38b) oder auch vollständige Standardschaltungen wie etwa die in Abschnitt 5.3.1.2 beschriebene, aus sechs Transistoren und sechs Dioden bestehende Wechselrichterschaltung (einschließlich einer gegebenenfalls vorhandenen Steuer- und Informationselektronik) – in *einem* Gehäuse integriert. Kennzeichnend für solche Module ist weiterhin, dass sie nach Bild 2.38b zur Wärmeabfuhr einen – von den integrierten Halbleitern galvanisch getrennten – ebenen Metallboden enthalten, der mit einem Kühlkörper verschraubt werden kann. Dadurch wird es auch möglich, mehrere Module auf einen gemeinsamen Kühlkörper zu montieren. Durch die Anwendung der beschriebenen *Modultechnik* ergeben sich folgende Vorteile:

- Es ergibt sich ein einfacher Schaltungsaufbau, verbunden mit geringem Raumbedarf (kompakte Bauweise).
- Notwendige Kühlkörper müssen gegen Berührungen nicht besonders geschützt werden und lassen sich daher – zur besseren Wärmeabfuhr – problemlos außerhalb von Schaltschränken anordnen.
- Durch die kompakte Bauweise ergeben sich geringe Leitungsinduktivitäten.

Diese Vorteile haben dazu geführt, dass sich die Modultechnik in vielen Bereichen der Leistungselektronik durchgesetzt hat.

2.9 Thermisches Verhalten von Leistungshalbleitern

Beim Betrieb von Halbleiterbauelementen entstehen Verlustleistungen, die eine Erwärmung der Elemente verursachen. Meistens sind die Verlustleistungen so groß, dass zur Kühlung besondere Maßnahmen getroffen werden müssen (zum Beispiel das Anbringen von Kühlkörpern). Wir wollen uns nachfolgend zunächst mit der Entstehung von Verlustleistungen in Halbleiterbauelementen befassen und danach die Abführung der auftretenden Wärmeleistungen an die Umgebung untersuchen.

2.9.1 Entstehung der Verlustleistungen

Die in Halbleiterbauelementen auftretenden Verlustleistungen – sie werden häufig (vereinfacht) auch als **Verluste** bezeichnet – setzen sich aus Durchlass-, Sperr-, Steuer- sowie Ein- und Ausschaltverlusten zusammen.
- **Durchlassverluste** entstehen infolge der Tatsache, dass am leitenden (stromführenden) Bauelement ein Spannungsabfall auftritt.
- **Sperrverluste** treten bei einem gesperrten (nicht eingeschaltetem) Bauelement auf, da bei vielfach relativ hoher anliegender Spannung ein (geringer) Sperrstrom fließt. Die dadurch verursachten Verluste sind allerdings in der Regel vernachlässigbar klein.

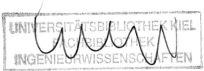

- **Steuerverluste** entstehen dann, wenn zum Einschalten eines Bauelements ein Steuerstrom notwendig ist. Diese Verluste nehmen zwar mit der Höhe und der Dauer der eingespeisten Steuerstromes zu, sind aber fast immer vernachlässigbar klein.

- **Ein- und Ausschaltverluste** entstehen infolge der Tatsache, dass an einem Bauelement beim Übergang vom gesperrten in den leitenden Zustand (und umgekehrt) kurzzeitig *gleichzeitig* hohe Augenblickswerte von Spannung und Strom auftreten. Dies führt *kurzzeitig* zu einer *stark erhöhten* Verlustleistung. Die dabei im Mittel auftretenden Verluste nennt man **Schaltverluste**. Diese nehmen proportional zur **Schaltfrequenz** zu. (Anmerkung: Die Schaltfrequenz gibt an, wie viel mal ein Bauelement pro Sekunde ein- und ausgeschaltet wird.) Während die Schaltverluste bei niedrigen Schaltfrequenzen (zum Beispiel bei 50 Hz) vernachlässigbar klein sind, können sie bei höheren Schaltfrequenzen zu einer merklichen zusätzlichen Erwärmung des Bauelements führen.

Wir wollen uns nachfolgend mit der Ermittlung der wichtigsten auftretenden Verluste befassen. Das sind zum einen die **Durchlassverluste** und zum anderen die **Schaltverluste**. Hierbei gehen wir davon aus, dass die betreffenden Bauelemente mit einer bestimmten (vorgegebenen) Schaltfrequenz ein- und ausgeschaltet werden.

2.9.1.1 Ermittlung der Durchlassverluste

Die Ermittlung der Durchlassverluste kann nicht für alle Bauelemente einheitlich vorgenommen werden. Das liegt daran, dass die Elemente unterschiedliche Strom-Spannungs-Kennlinien haben.

Bei **Dioden** und **Thyristoren** kann man zur Berechnung der Durchlassverluste von einer Strom-Spannungs-Kennlinie (Durchlasskennlinie) nach Bild 2.39 (Kennlinie D) ausgehen. Zur Vereinfachung der Berechnung nähern wir den ansteigenden Teil der Kennlinie durch die Gerade G an. Diese schneidet die waagerechte Achse bei der Spannung $u = U_0$. Man bezeichnet diese als **Schleusenspannung**. Aus der Steigung der Geraden erhalten wir den **differenziellen Widerstand** des Bauelements

$$r = \frac{\Delta u}{\Delta i}.$$

Mit den gefundenen Größen U_0 und r können wir die in Bild 2.39 eingetragene Gerade G durch die Gleichung

$$u = U_0 + r\,i$$

darstellen. Damit finden wir für die im Bauelement entstehende (zeitabhängige) Durchlass-Verlustleistung

2.9 Thermisches Verhalten von Leistungshalbleitern

$$p_D = u\,i = U_0\,i + r\,i^2. \tag{2.1}$$

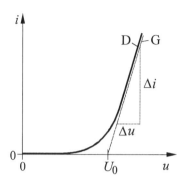

Bild 2.39 Durchlasskennlinie (D) einer Diode oder eines Thyristors mit eingetragener Näherungsgerade (G)

Wird das betreffende Bauelement (nach Voraussetzung) dauernd ein- und ausgeschaltet, so sind u und i *periodisch zeitabhängig*. Daher finden wir die vom Leistungshalbleiter abzuführende Wärmeleistung dadurch, dass wir den *zeitlichen Mittelwert* der Augenblicksleistung p_D (also die *Wirkleistung*) bilden. Hierfür erhalten wir unter Verwendung von Gl. (2.1) – bei der Periodendauer T –

$$P_D = \frac{1}{T}\int_0^T p_D\,\mathrm{d}t = U_0\,\frac{1}{T}\int_0^T i\,\mathrm{d}t + r\,\frac{1}{T}\int_0^T i^2\,\mathrm{d}t. \tag{2.2}$$

Führen wir den **zeitlichen Mittelwert** (I_{AV}) und den **Effektivwert** (I_{RMS}) des Durchlassstromes ein, und berücksichtigen wir, dass

$$I_{AV} = \frac{1}{T}\int_0^T i\,\mathrm{d}t \tag{2.3}$$

ist und

$$I_{RMS} = \sqrt{\frac{1}{T}\int_0^T i^2\,\mathrm{d}t}, \tag{2.4}$$

so wird aus Gl. (2.2)

$$P_D = U_0 I_{AV} + r I_{RMS}^2. \tag{2.5}$$

Die Durchlassverlustleistung ist also sowohl vom *zeitlichen Mittelwert* des Durchlassstromes abhängig als auch von dessen *Effektivwert*.

Bei einem **bipolaren Transistor** oder bei einem **IGBT** kann die Durchlassverlustleistung in gleicher Weise berechnet werden.

Bei einem **Feldeffekttransistor** ist der zwischen Drain und Source bestehende **Bahnwiderstand** (R_{on}) (näherungsweise) konstant. Daher beträgt die Durchlassverlustleistung hier (bei einem Durchlassstrom mit dem Effektivwert I_{RMS})

$$P_D = I_{RMS}^2 R_{on}. \tag{2.6}$$

Aufgabe 2.1

Eine Diode mit der in Bild 2.40a dargestellten Durchlasskennlinie D wird von einem periodisch zeitabhängigen Strom mit dem in Bild 2.40b angegebenen Verlauf durchflossen (T = Periodendauer).

Welche Durchlassverlustleistung (Wirkleistung) P_D entsteht in der Diode?
(Für die Berechnung kann in Bild 2.40a die Durchlasskennlinie D durch die eingetragene Ersatzgerade G angenähert werden.)

Lösung

Der in Bild 2.40b dargestellte Strom kann im Bereich $0 < t < T/2$ durch die Gleichung $i = I_M = 50$ A dargestellt werden. Im Bereich $T/2 < t < T$ ist $i = 0$. Der zeitliche Mittelwert beträgt nach Gl. (2.3)

$$I_{AV} = \frac{1}{T}\int_0^T i\,dt = \frac{1}{T} I_M \frac{T}{2} = \frac{I_M}{2} = \frac{50\,\text{A}}{2} = 25\,\text{A}$$

und der Effektivwert nach Gl. (2.4)

$$I_{RMS} = \sqrt{\frac{1}{T}\int_0^T i^2\,dt} = \sqrt{\frac{1}{T} I_M^2 \frac{T}{2}} = \frac{I_M}{\sqrt{2}} = \frac{50\,\text{A}}{\sqrt{2}} = 35{,}4\,\text{A}.$$

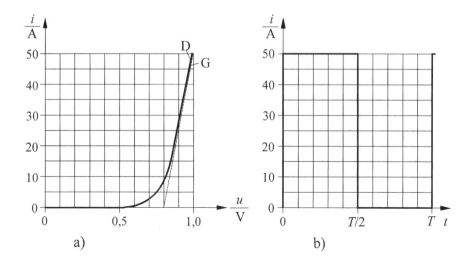

Bild 2.40 a) Durchlasskennlinie (D) einer Diode und Ersatzgerade (G),
b) zeitlicher Verlauf des Diodenstromes

Aus Bild 2.40a entnehmen wir die *Schleusenspannung*

$U_0 = 0{,}8$ V

und den *differenziellen Widerstand*

$$r = \frac{\Delta u}{\Delta i} = \frac{0{,}2 \text{ V}}{50 \text{ A}} = 4{,}0 \text{ m}\Omega.$$

Damit beträgt die gesuchte Verlustleistung nach Gl.(2.5)

$$P_D = U_0 I_{AV} + r I_{RMS}^2 = 0{,}8 \text{ V} \cdot 25 \text{ A} + 0{,}004 \text{ }\Omega \cdot (35{,}4 \text{ A})^2,$$

$P_D = \underline{25 \text{ W}}$.

2.9.1.2 Ermittlung der Schaltverluste

Wir betrachten die in Bild 2.41a dargestellte Schaltung, in der ein Stromkreis mit Hilfe eines elektronischen Schalters – im vorliegenden Fall ist das ein Feldeffekttransistor – ein- und ausgeschaltet werden kann. Beim *Einschalten* steigt der Strom *i* nach Bild 2.41b von Null aus auf einen Endwert an. Gleichzeitig fällt die am Schalter liegende Spannung *u* von dem Wert *U* (gleich Versorgungsspannung) auf nahezu Null ab.

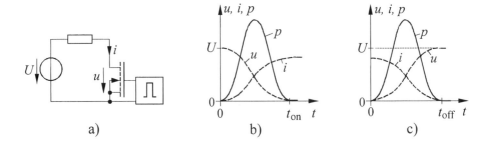

Bild 2.41 Zur Erläuterung der Schaltverluste. a) Betrachteter Stromkreis, b) zeitlicher Verlauf von u, i und p beim Einschalten des Stromkreises, c) zeitlicher Verlauf von u, i und p beim Ausschalten des Stromkreises

Die während des Einschaltvorgangs auftretende Leistung $p = u \cdot i$ ist relativ groß und hat den in Bild 2.41b dargestellten zeitlichen Verlauf. Die dabei im Schalter (im Feldeffekttransistor) entstehende Wärmeenergie (Verlustenergie) beträgt

$$W_{on} = \int_0^{t_{on}} p \, dt,$$

wobei t_{on} die Einschaltzeit darstellt. Die Energie W_{on} entspricht in Bild 2.41b der Fläche unterhalb der Leistungskurve. Entsprechendes gilt für den Ausschaltvorgang (Bild 2.41c). Die hierbei im Schalter entstehende Wärmeleistung beträgt

$$W_{off} = \int_0^{t_{off}} p \, dt,$$

wobei t_{off} die Ausschaltzeit ist. Wird der elektronische Schalter mit einer Schaltfrequenz f ein- und ausgeschaltet, so erhält man die gesamten Schaltverluste als

$$\boxed{P_S = f\left(W_{on} + W_{off}\right).} \quad (2.7)$$

Aus den Herstellerangaben können für unterschiedliche Halbleiterbauelemente typische Werte für die auftretenden Verlustenergien W_{on} und W_{off} entnommen werden. Damit lassen sich unter Verwendung der Schaltfrequenz f die sich jeweils ergebenden Schaltverluste P_S mit Hilfe von Gl. (2.7) berechnen.

2.9.2 Abführung der Verlustleistung – thermisches Ersatzschaltbild

Die in einem Halbleiterbauelement auftretende Verlustleistung wird in erster Linie in den Halbleiterschichten des Elements gebildet. Von hier aus muss die Wärmeleistung an das Gehäuse abgegeben werden. Je nachdem, wie gut der „Wärmekontakt" zwischen dem Halbleitermaterial und dem Gehäuse ist, muss ein mehr oder weniger großer **Wärmewiderstand** überwunden werden. Man bezeichnet ihn auch als **inneren Wärmewiderstand**.

Gehen wir für die weiteren Betrachtungen davon aus, dass das Gehäuse mit einem **Kühlkörper** verbunden (verschraubt) ist, so tritt die Wärmeleistung in dieses Bauteil über. Dabei ist ein weiterer (zwischen dem Gehäuse und dem Kühlkörper bestehender) Wärmewiderstand zu überwinden. Schließlich muss die Wärmeleistung an die Umgebung abgegeben werden, wobei ein dritter Wärmewiderstand auftritt. Man bezeichnet ihn als **äußeren Wärmewiderstand**. Er ist zum einen von der Größe, der Form und der Oberflächenbeschaffenheit des Kühlkörpers abhängig und zum anderen von der Art der Kühlung (vergl. Abschnitt 2.9.3).

Die Vorgänge lassen sich an einem Ersatzschaltbild nach Bild 2.42 verdeutlichen. Man bezeichnet es als **thermisches Ersatzschaltbild**. Es kann mit einem elektrischen Schaltbild verglichen werden. Dabei entspricht die abzuführende Verlustleistung (der Wärmestrom) P_V dem elektrischen Strom. W stellt in Bild 2.42 eine Wärmequelle dar, die den Wärmestrom liefert. Die eingetragenen Temperaturen ϑ_J (Sperrschichttemperatur), ϑ_C (Gehäusetemperatur) und ϑ_A (Umgebungstemperatur) entsprechen im elektrischen Kreis elektrischen Potenzialen. Temperaturdifferenzen kann man mit elektrischen Spannungen vergleichen.

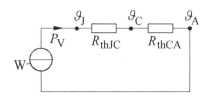

Bild 2.42 Thermisches Ersatzschaltbild eines Halbleiterbauelements
(ohne Berücksichtigung der Wärmekapazitäten)

In Bild 2.42 sind R_{thJC} der *innere* und R_{thCA} der *äußere* Wärmewiderstand. Dabei möge letzterer den zwischen dem Gehäuse und dem Kühlkörper bestehenden Wärmewiderstand beinhalten. Aus Bild 2.42 ergeben sich die Gleichungen

$$R_{\text{thJC}} = \frac{\vartheta_J - \vartheta_C}{P_V}, \tag{2.8}$$

$$R_{\text{thCA}} = \frac{\vartheta_C - \vartheta_A}{P_V}. \tag{2.9}$$

Sie entsprechen im elektrischen Kreis dem **ohmschen Gesetz**.

Das in Bild 2.42 dargestellte Ersatzschaltbild gilt nur unter der Voraussetzung, dass das betreffende Halbleiterbauelement längere Zeit eingeschaltet ist und einen zeitlich konstanten Strom führt. In diesem Fall stellen sich sowohl im Halbleitermaterial als auch im Gehäuse jeweils *zeitlich konstante* Temperaturen ein.

Bei *zeitlich veränderlichem* Durchlassstrom ist zu beachten, dass sowohl das Halbleitermaterial als auch das Gehäuse und der Kühlkörper jeweils eine bestimmte Wärmespeicherfähigkeit (Wärmekapazität) besitzen. Werden diese berücksichtigt, so entsteht das in Bild 2.43 dargestellte **thermische Ersatzschaltbild**.

Darin sind C_J die Wärmekapazität des Halbleitermaterials und C_C die des Gehäuses (einschließlich Kühlkörper). (**Anmerkung:** Unter der **Wärmekapazität** eines Körpers versteht man diejenige Wärmeenergie, die pro Grad Temperaturerhöhung zusätzlich im Körper gespeichert wird.) Führt ein Halbleiterbauelement nur für eine kurze Zeit einen Strom, oder ist dieser *zeitabhängig*, so beeinflussen die Wärmekapazitäten die sich einstellenden Temperaturen.

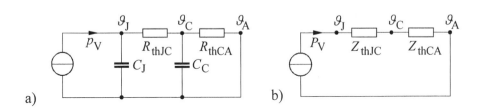

Bild 2.43 Thermisches Ersatzschaltbild eines Halbleiterbauelements a) unter Berücksichtigung von Wärmekapazitäten, b) mit transienten Wärmewiderständen

So schwankt beispielsweise die Temperatur ϑ_J des Halbleitermaterials bei einem impulsförmigen Durchlassstrom i niedriger Frequenz so wie in Bild 2.44 dargestellt.

2.9 Thermisches Verhalten von Leistungshalbleitern

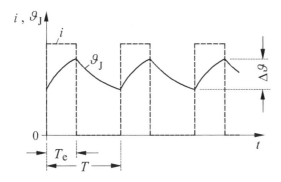

Bild 2.44 Verlauf des Durchlassstromes (i) und der Temperatur des Halbleitermaterials (ϑ_J) bei impulsförmiger Strombelastung

Diese Schwankung ist bereits bei einer Impulsfrequenz von 50 Hz wegen der geringen Wärmekapazität des Halbleitermaterials nicht unerheblich. Die Temperaturänderung $\Delta\vartheta$ in Bild 2.44 ist dabei umso größer, je geringer das Verhältnis der Impulsdauer T_e zur Periodendauer T ist. Damit die Funktion des Halbleiterbauelementes nicht beeinträchtigt wird, darf der Scheitelwert der Halbleitertemperatur einen bestimmten Höchstwert nicht übersteigen. Das bedeutet, dass die mittlere im Bauelement entstehende Verlustleistung P_V umso niedriger sein muss, je größer die Temperaturschwankung $\Delta\vartheta$ in Bild 2.44 ist.

Die Berechnung von Temperaturscheitelwerten bei gegebenem zeitlichen Verlauf der entstehenden Wärmeleistung p_V könnte in der Ersatzschaltung nach Bild 2.43a grundsätzlich in der gleichen Weise vorgenommen werden wie die Berechnung von elektrischen Spannungen in einem aus Widerständen und Kondensatoren bestehenden elektrischen Netzwerk. Das Verfahren wäre jedoch recht aufwendig. Daher sind **transiente Wärmewiderstände** (Z_{thJC} und Z_{thCA}) eingeführt worden, die die Wirkungen der Wärmekapazitäten in Bild 2.43a beinhalten. Diese Wärmewiderstände werden in Form von Kennlinien (und in der Regel für eine Frequenz von 50 Hz) so angegeben, dass statt der in Bild 2.43a angegebenen Ersatzschaltung das in Bild 2.43b dargestellte (vereinfachte) thermische Ersatzschaltbild verwendet werden kann. Hieraus ergibt sich beispielsweise die Beziehung

$$\vartheta_J - \vartheta_A = P_V(Z_{thJC} + Z_{thCA}), \tag{2.10}$$

wobei P_V die *mittlere* abzuführende Wärmeleistung (Verlustleistung) darstellt. Die Anwendung von transienten Wärmewiderständen sei nachfolgend an einem Beispiel gezeigt.

Aufgabe 2.2

Für einen Thyristor (mit Kühlkörper) gelten bei der Frequenz $f = 50$ Hz die in Bild 2.45 dargestellten Kennlinien. Z_{thJC} ist der *innere* und Z_{thCA} der *äußere* transiente Wärmewiderstand. Die Halbleitertemperatur soll den Wert $\vartheta_J = 115$ °C nicht übersteigen. Die Umgebungstemperatur sei $\vartheta_A = 45$ °C.

Welche Verlustleistung P_V darf im Thyristor auftreten, wenn dieser
a) nur für die Dauer von $t = 10$ s einen Gleichstrom (DC) führt,
b) im Dauerbetrieb einen Gleichstrom (DC) führt,
c) im Dauerbetrieb Stromimpulse mit der Frequenz $f = 50$ Hz führt, wobei der Stromflusswinkel $\Theta = 30°$ beträgt.
(**Anmerkung:** Ein Stromflusswinkel von $\Theta = 30°$ bedeutet, dass der Thyristor nur jeweils für $30°/360° = 1/12$ der Periodendauer einen Strom führt und in der übrigen Zeit der Periodendauer stromlos ist.)

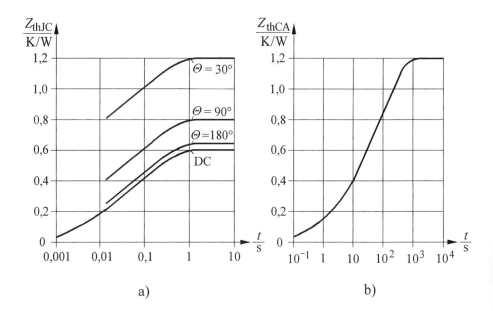

Bild 2.45 a) Innerer und b) äußerer transienter Wärmewiderstand eines Thyristors bei einer Frequenz von 50 Hz ($\Theta =$ Stromflusswinkel)

Lösung

a) Führt der Thyristor für die Dauer von $t = 10$ s einen *Gleichstrom* (DC), so finden wir aus Bild 2.45 die transienten Wärmewiderstände $Z_{thJC} = 0{,}6$ K/W und $Z_{thCA} = 0{,}4$ K/W. Damit beträgt die zulässige Verlustleistung nach Gl. (2.10)

$$P_V = \frac{\vartheta_J - \vartheta_A}{Z_{thJC} + Z_{thCA}} = \frac{115\ °C - 45\ °C}{(0{,}6 + 0{,}4)\ K/W} = 70\ W.$$

b) Beim Fließen eines *Dauer-Gleichstromes* erhalten wir aus den Kennlinien die Werte $Z_{thJC} = 0{,}6$ K/W und $Z_{thCA} = 1{,}2$ K/W. Jetzt ist die zulässige Verlustleistung

$$P_V = \frac{\vartheta_J - \vartheta_A}{Z_{thJC} + Z_{thCA}} = \frac{115\ °C - 45\ °C}{(0{,}6 + 1{,}2)\ K/W} = 39\ W.$$

c) Bei der angegebenen *impulsförmigen* Strombelastung des Thyristors finden wir aus den Kennlinien die transienten Wärmewiderstände $Z_{thJC} = 1{,}2$ K/W und $Z_{thCA} = 1{,}2$ K/W. Damit darf die jetzt zulässige Verlustleistung nur noch

$$P_V = \frac{\vartheta_J - \vartheta_A}{Z_{thJC} + Z_{thCA}} = \frac{115\ °C - 45\ °C}{(1{,}2 + 1{,}2)\ K/W} = 29\ W$$

betragen.

2.9.3 Kühlung

Leistungshalbleiter – mit Ausnahme von Bauelementen für kleine Leistungen – werden, wie beschrieben, mit Kühlkörpern (Kühlelementen) verbunden. Dabei kann man verschiedene Kühlarten unterscheiden.

Bei der **natürlichen Kühlung** werden die Kühlkörper durch die natürliche Belüftung gekühlt. Die Elemente müssen so angeordnet sein, dass die Kühlluft möglichst ungehindert zu- und abströmen kann.

Bei der **verstärkten Luftkühlung** wird die Kühlluft durch einen Ventilator zu den Kühlkörpern geführt. Dadurch sinkt der *äußere Wärmewiderstand* der Elemente, so dass diese stärker belastet werden können.

Eine weitere Verkleinerung des äußeren Wärmewiderstandes kann durch eine **Flüssigkeitskühlung** erreicht werden. Dabei werden die Leistungshalbleiter mit Kühlelementen verbunden, die innen hohl sind, so dass eine Kühlflüssigkeit hindurchströmen kann. Diese befindet sich in der Regel in einem geschlossenen

Kreislauf, wobei ein Wärmetauscher der Kühlflüssigkeit die Wärme wieder entzieht.

Die **Siedekühlung** kann als eine besondere Art der Flüssigkeitskühlung angesehen werden. Dabei wird ein flüssiges, jedoch schon bei relativ niedriger Temperatur siedendes Kühlmittel benutzt. Befindet es sich in der Nähe der Oberfläche des Halbleiterbauelements, so wird es erwärmt, verdampft und steigt auf. In einem Wärmetauscher wird dem verdampften Kühlmittel die Wärme wieder entzogen, so dass es kondensiert und zum Halbleiterbauelement zurückfließt.

2.10 Schutz von Leistungshalbleitern

Halbleiterbauelemente sind wegen ihrer geringen Wärmespeicherfähigkeit (Wärmekapazität) empfindlich gegen Stromüberlastungen und gegen Überspannungen. Daher werden beim Einsatz der Elemente vielfach besondere Schutzmaßnahmen getroffen.

2.10.1 Überstromschutz

Beim Überstromschutz ist von Bedeutung, ob die Überströme in *abschaltbaren* Leistungshalbleitern (MOS-FETs; IGBTs) auftreten oder in *nichtabschaltbaren* Elementen (Dioden und Thyristoren). Weiterhin kann man zwischen *kurzschlussbedingten* und *betriebsbedingten* Stromüberlastungen unterscheiden.

Abschaltbare Leistungshalbleiter lassen sich im Kurzschlussfall im Allgemeinen so schnell ausschalten, dass noch vor dem Überschreiten bestimmter Stromhöchstwerte eine Unterbrechung möglich ist. Zur Erfassung eines zu hohen Stromes (Durchlassstromes) wird im Allgemeinen die an den Bauelementen liegende Spannung (Durchlassspannung) herangezogen. Übersteigt diese einen bestimmten (zulässigen) Wert, erfolgt die Abschaltung.

Dioden und Thyristoren können gegen Kurzschlussströme durch **Schmelzsicherungen** oder **Schnellschalter** geschützt werden.

Schmelzsicherungen enthalten einen aus Draht oder Metallband ausgeführten Schmelzleiter. Er schmilzt beim Auftreten eines Überstromes ab und unterbricht dadurch den Kurzschlusskreis. Für die Bemessung der Schmelzsicherung ist das **Grenzlastintegral** $\int i^2 dt$ des zu schützenden Halbleiterbauelements von Bedeutung. Dieser Wert ist ein Maß für die Energie, die im Kurzschlussfall im Halbleitermaterial gespeichert werden kann, ohne dass das betreffende Bauelement in seiner Funktion beeinträchtigt wird. Eine Schmelzsicherung muss nun so ausgewählt werden, dass zum Schmelzen des Drahtes eine Energie ausreicht, die kleiner ist als diejenige Energie, die dem Grenzlastintegral des zu schützenden Bauelements entspricht.

Schmelzsicherungen können direkt in Reihe mit den zu schützenden Bauelementen geschaltet werden. Man spricht dann von **Zweigsicherungen**. Eine andere Möglichkeit besteht darin, die Sicherungen in die Zuleitungen (Versorgungsleitungen, Netzzuleitungen) einer ausgeführten Stromrichterschaltung zu legen. Dann spricht man von **Strangsicherungen**.

Beim **Schnellschalter** werden zur Unterbrechung eines Kurzschlussstromes Kontakte geöffnet. Es müssen dadurch Massen bewegt werden, die eine bestimmte Öffnungszeit zur Folge haben. Kennzeichnend für Schnellschalter ist, dass die Öffnungsverzugszeit unabhängig von der Höhe des abzuschaltenden Stromes ist. Hier besteht ein Unterschied zu Schmelzsicherungen, die den Stromkreis um so schneller unterbrechen, je höher der Kurzschlussstrom ist.

Gegen **betriebsmäßige Stromüberlastungen** (im Langzeitbereich) lassen sich Thyristoren und abschaltbare Leistungshalbleiter in der Regel dadurch schützen, dass der betreffende Strom durch eine entsprechende Steuerung (beispielsweise bei Thyristorschaltungen durch Vergrößern des *Steuerwinkels*; vergl. Abschnitt 2.6.3) begrenzt wird. Es besteht aber auch die Möglichkeit, die Leistungshalbleiter im Überlastfall nicht mehr anzusteuern und dadurch auszuschalten.

2.10.2 Überspannungsschutz

Wie in den Abschnitten 2.2.3.2 und 2.6.2.4 beschrieben, reißt der in einer Diode oder einem Thyristor fließende Strom in der Nähe des Strom-Nulldurchgangs *steil* auf Null ab. Beim Ausschalten von abschaltbaren Leistungshalbleitern kommt es grundsätzlich ebenfalls zu einem steilen Stromabfall. Die genannten schnellen Stromänderungen führen infolge der im Kreis stets vorhandenen Induktivität zu **Überspannungen**. Zum Schutz gegen derartige Beanspruchungen werden Leistungshalbleiter daher meistens mit einer **Beschaltung** versehen.

Eine dabei mögliche Lösung ist in Bild 2.46a am Beispiel eines Thyristors dargestellt. Man bezeichnet sie als **RC-Beschaltung**. Diese sorgt dafür, dass der Stromkreis nicht abrupt unterbrochen wird, wenn der Thyristor plötzlich in Sperrung übergeht. Die eigentliche Reduzierung der auftretenden Überspannung übernimmt der Kondensator C in der Weise, dass er die weiterfließende elektrische Ladung aufnimmt und so den Spannungsanstieg begrenzt. Der Widerstand R hat die Aufgabe, den Kondensatorentladestrom beim nachfolgenden Zünden des Thyristors zu begrenzen und darüber hinaus (möglicherweise auftretende) Schwingungen zu dämpfen.

Eine andere Beschaltung (zum Schutz gegen zu hohe Spannungen) zeigt Bild 2.46b. Darin wird ein IGBT durch eine Schaltungsanordnung geschützt, die als **RCD-Beschaltung** bezeichnet wird. In der Anordnung haben der Kondensator C

in Verbindung mit der Diode D die Aufgabe, die beim Ausschalten des Bauelements auftretende Spannung zu reduzieren. Da hierbei der Kondensator aufgeladen wird, muss nachfolgend eine Entladung erfolgen. Dies wird durch den Widerstand R in dem Augenblick möglich, wo der IGBT nachfolgend wieder eingeschaltet wird. Der Widerstand R begrenzt dabei den Entladestrom.

Die in Bild 2.46 dargestellten Beschaltungen verringern aber nicht nur die am jeweiligen Halbleiterbauelement entstehenden Überspannungen, sondern haben darüber hinaus (als Nebeneffekt) auch eine Reduzierung der Ausschaltverluste zur Folge.

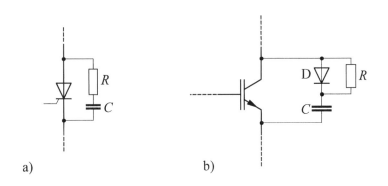

Bild 2.46 Überspannungsschutz bei Leistungshalbleitern
a) RC-Beschaltung eines Thyristors, b) RCD-Beschaltung eines IGBT

Neben der Anwendung der beschriebenen Beschaltungen gibt es verschiedene weitere Möglichkeiten, Halbleiterbauelemente gegen Überspannungen zu schützen. So können beispielsweise **Überspannungsableiter** oder **Suppressor-Dioden** eingesetzt werden. Überspannungsableiter sind Elemente, die beim Überschreiten einer bestimmten Spannung in einen niederohmigen Zustand übergehen. Suppressor-Dioden sind Zener-Dioden, die ein besonders schnelles Durchbruchverhalten zeigen.

2.11 Reihen- und Parallelschaltung von Leistungshalbleitern

Zur Bewältigung großer Spannungen können Leistungshalbleiter in Reihe geschaltet werden. Beim Auftreten großer Ströme ist eine Parallelschaltung der Elemente möglich. Nachfolgend soll betrachtet werden, was bei der Zusammenschaltung solcher Elemente zu beachten ist.

2.11.1 Reihenschaltung

Als Beispiel für eine **Reihenschaltung** von Halbleiterbauelementen wollen wir die in Bild 2.47 dargestellte Anordnung betrachten, in der zwei Thyristoren in Reihe geschaltet sind. Zur Erzielung einer gleichmäßigen Aufteilung der (positiven und negativen) Sperrspannung ist dabei grundsätzlich eine Beschaltung notwendig. Diese kann beispielsweise so ausgeführt sein wie in Bild 2.47 dargestellt.

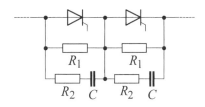

Bild 2.47 Beschaltung von in Reihe geschalteten Thyristoren

Hierin sind die Widerstände R_1 relativ *hochohmig*. Sie übernehmen die *statische* Spannungsaufteilung, sorgen also bei konstanter oder sich nur langsam ändernder Sperrspannung für eine gleichmäßige Spannungsaufteilung. Die aus den Widerständen R_2 und den Kondensatoren C bestehenden Reihenschaltungen verbessern die gleichmäßige Spannungsaufteilung bei *dynamischen* Vorgängen, also bei schneller Änderung der Sperrspannung. Zu beachten ist hierbei, dass die Widerstände R_2 wesentlich niederohmiger zu wählen sind als die Widerstände R_1. Die R_2-C-Kombinationen dienen im Übrigen gleichzeitig als Schutz gegen (kurzzeitig auftretende) Überspannungen (vergl. Abschnitt 2.10.2).

Über die angegebene Beschaltung hinaus ist es notwendig, dass die in Reihe liegenden Thyristoren möglichst *gleichzeitig* gezündet werden. Dazu ist es zweckmäßig, relativ hohe Steuerstromimpulse mit steiler Anstiegsflanke zu verwenden.

2.11.2 Parallelschaltung

Wir wollen zunächst die Parallelschaltung von Thyristoren betrachten und danach auf die Parallelschaltung von Feldeffekttransistoren und IGBTs eingehen. Werden **Thyristoren** parallel geschaltet, so ist zur Erzielung einer gleichmäßigen Stromaufteilung die Verwendung von *ausgewählten* Elementen mit möglichst *gleichen* Durchlasskennlinien zweckmäßig. Darüber hinaus lässt sich eine gleichmäßige Stromaufteilung dadurch erzielen, dass jedem Thyristor ein (niederohmiger) Widerstand vorgeschaltet wird. Allerdings entstehen dann zusätzlich Verluste, so dass das Verfahren selten angewendet wird. Falls in jedem Thyristorzweig allerdings eine Schmelzsicherung (zum Schutz gegen Kurzschlussströme) vorgesehen ist, kann diese die Funktion des Widerstandes übernehmen.

Damit auch beim *Zünden* der Thyristoren eine möglichst gleichmäßige Stromaufteilung auftritt, ist ein *symmetrischer* Schaltungsaufbau wichtig. Hierdurch wird sichergestellt, dass die Induktivitäten der einzelnen Thyristorzweige annähernd gleiche Werte annehmen. Eine Verbesserung lässt sich durch die Verwendung von Drosselspulen erzielen. Bild 2.48a und Bild 2.48b zeigen dabei mögliche Schaltungen. Die unvermeidlichen ohmschen Widerstände der Drosseln sorgen im Übrigen gleichzeitig für eine gleichmäßigere Stromaufteilung bei langsamen Stromänderungen. Weiterhin ist – ebenso wie bei der Reihenschaltung – eine *möglichst gleichzeitige* Zündung der parallel liegenden Thyristoren anzustreben.

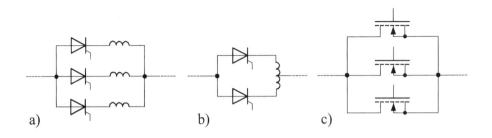

Bild 2.48 a) Parallel geschaltete Thyristoren mit Reihen-Drosselspulen, b) parallel geschaltete Thyristoren mit Stromteilerdrossel, c) parallel geschaltete Feldeffekttransistoren

Bei der Parallelschaltung von **Feldeffekttransistoren** gemäß Bild 2.48c sorgen die *Durchlasswiderstände* der einzelnen Elemente für eine gleichmäßige Stromaufteilung. Daher sind in der Regel keine besonderen Schaltungsmaßnahmen erforderlich. Da die Durchlasswiderstände einen *positiven* Temperaturkoeffizienten haben, bleibt die gleichmäßige Stromaufteilung auch bei steigenden Temperaturen erhalten.

Damit auch beim Einschalten der Feldeffekttransistoren eine gleichmäßige Stromaufteilung auftritt, ist – ebenso wie bei den oben beschriebenen Thyristorschaltungen – auf einen *symmetrischen* Schaltungsaufbau zu achten. Andernfalls kann es durch die unterschiedlich großen Leitungsinduktivitäten in einzelnen Zweigen zu kurzzeitig überhöhten Strömen kommen. IGBTs können in gleicher Weise wie Feldeffekttransistoren parallel geschaltet werden.

3 Netzgeführte Stromrichter

Die nachstehend beschriebenen Schaltungen dienen vorwiegend der Umwandlung von Wechselstrom in Gleichstrom und stellen somit im Prinzip **Gleichrichterschaltungen** dar. Man unterscheidet zwischen *ungesteuerten* und der *gesteuerten* Schaltungen. Letztere sind dadurch gekennzeichnet, dass neben der Umwandlung von Wechselstrom in Gleichstrom auch eine Verstellung der Höhe der erzeugten Gleichspannung möglich ist. Darüber hinaus ermöglichen gesteuerte Schaltungen eine Umkehrung der Leistungsrichtung. Man spricht dann von einem Wechselrichterbetrieb. Allgemein bezeichnet man die genannten ungesteuerten und gesteuerten Gleichrichterschaltungen als **netzgeführte Stromrichter**.

Die in Bild 2.26a (Seite 35) dargestellte Anordnung wandelt ebenfalls Wechselspannung in Gleichspannung um. Allerdings wird hier eine (stark) pulsierende Gleichspannung erzeugt, bei der in jeder Periode der Wechselspannung *ein* Spannungsmaximum auftritt. Man spricht daher auch von einer *einpulsigen Stromrichterschaltung* oder einer *Einweg-Gleichrichterschaltung* und verwendet hierfür die Abkürzung M1. Die betreffende Anordnung (Bild 2.26a) stellt zudem eine *gesteuerte* Schaltung dar, da sich die Höhe der erzeugten Gleichspannung durch *Phasenanschnittsteuerung* verändern (steuern) lässt. Ersetzt man den Thyristor durch eine Diode, entsteht eine *ungesteuerte* Einweg-Gleichrichterschaltung. In der Praxis hat die einpulsige Stromrichterschaltung nur eine geringe Bedeutung und soll daher anschließend nicht weiter erläutert werden.

Bei den nachstehend beschriebenen Stromrichterschaltungen gelten – sofern bei einzelnen Anordnungen nicht ausdrücklich etwas anderes festgestellt wird – die folgenden Voraussetzungen:

- Jeder Leistungshalbleiter (zum Beispiel jede Diode oder jeder Thyristor) hat im eingeschalteten (leitenden) Zustand *keinen* und im ausgeschalteten (gesperrten) Zustand einen *unendlich hohen* Widerstand.

- Sofern Transformatoren verwendet werden, sind sowohl die ohmschen Wicklungswiderstände als auch die induktiven Streublindwiderstände der Wicklungen vernachlässigbar klein. Ebenso bleibt der Transformator-Leerlaufstrom unberücksichtigt.

- Falls zur Glättung des Gleichstromes eine Drosselspule eingesetzt wird, wird deren ohmscher Widerstand vernachlässigt. Darüber hinaus wird die Induktivität der Spule als so groß angenommen, dass der fließende Gleichstrom als zeitlich konstant („ideal geglättet") anzusehen ist.

Die genannten Voraussetzungen gelten über die im Folgenden erläuterten netzgeführten Stromrichterschaltungen hinaus grundsätzlich auch für alle weiteren Schaltungen.

3.1 Zweipuls-Mittelpunktschaltung

Wir wollen uns zunächst mit einer Anordnung befassen, die als **Zweipuls-Mittelpunktschaltung** bezeichnet wird. Die Schaltung ist relativ einfach aufgebaut. Sie wird deshalb nachstehend nicht nur vorgestellt und beschrieben, sondern gleichzeitig dazu benutzt – exemplarisch – **allgemeingültige Verhaltensweisen und Begriffe von netzgeführten Stromrichtern** zu erläutern.

Die detaillierte Beschreibung sollte nicht zu dem Schluss führen, dass die Zweipuls-Mittelpunktschaltung in der Praxis eine große Bedeutung hat. Die Schaltung wird im Gegenteil nur selten angewendet, da – im Gegensatz zu anderen vergleichbaren Schaltungen – unbedingt ein Transformator erforderlich ist und hierdurch zusätzliche Kosten entstehen.

3.1.1 Ohmsche Belastung

Wir betrachten zunächst eine *ungesteuerte* (mit Dioden ausgeführte) Zweipuls-Mittelpunktschaltung bei *ohmscher Belastung* nach Bild 3.1a.

Die beiden sekundären Wicklungshälften (Wicklungsstränge) des Transformators liefern die in Bild 3.1a gekennzeichneten, um 180° gegeneinander phasenverschobenen Spannungen (Strangspannungen) u_{S1} und u_{S2}. Während der positiven Halbschwingung von u_{S1} wird die Diode D_1 leitend und während der positiven Halbschwingung von u_{S2} die Diode D_2. Vernachlässigen wir nach Voraussetzung den an den stromführenden Dioden auftretenden Spannungsabfall, so liegt während der positiven Halbschwingung von u_{S1} am Lastwiderstand R die Spannung

$$u_d = u_{S1}.$$

Außerdem ist in Bild 3.1a

$$i_d = i_{S1}.$$

Während der folgenden Halbperiode gilt entsprechend

$$u_d = u_{S2},$$

$$i_d = i_{S2}.$$

3.1 Zweipuls-Mittelpunktschaltung

Die am Widerstand R liegende Spannung u_d stellt damit eine zeitlich schwankende (und somit *wellige*) Gleichspannung dar. Für den im Widerstand R fließenden (und somit ebenfalls welligen) Gleichstrom gilt

$$i_d = \frac{u_d}{R}.$$

In Bild 3.1b ist der Verlauf der genannten Größen dargestellt. Der Index d bei u_d und i_d lässt sich von DC (direct current) herleiten und weist somit darauf hin, dass es sich bei den betreffenden Größen um eine **Gleichspannung** (bzw. um einen **Gleichstrom**) handelt. Die erzeugte (wellige) Gleichspannung u_d enthält nach Bild 3.1b pro Periode der Wechselspannung *zwei* Maxima. Man spricht daher von einer *zweipulsigen* Gleichspannung. Entsprechend bezeichnet man die Anordnung nach Bild 3.1a als einen Stromrichter mit der **Pulszahl** $p = 2$. In der Schaltung wird ein Transformator mit **sekundärseitiger Mittelanzapfung** benötigt. Die betreffende Gleichrichterschaltung heißt daher auch **Zweipuls-Mittelpunktschaltung**. Die hierfür verwendete Abkürzung ist M2.

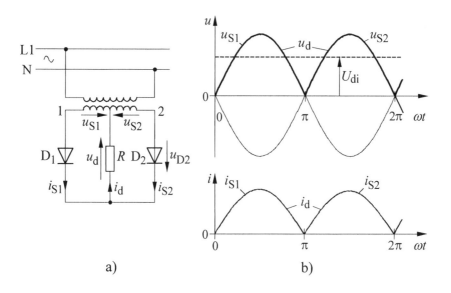

Bild 3.1 Zweipuls-Mittelpunktschaltung bei ohmscher Belastung.
a) Schaltung, b) zeitlicher Verlauf der auftretenden Spannungen und Ströme

Von Bedeutung ist der arithmetische (zeitliche) Mittelwert der welligen Gleichspannung u_d. Er ist in Bild 3.1b eingetragen und mit U_{di} gekennzeichnet. Zur Bestimmung von U_{di} betrachten wir in Bild 3.1b den Bereich $0 < \omega t < \pi$. Bezeichnen wir den Effektivwert der sekundären Transformator-Strangspannung mit U_S, so ergibt sich mit $u_{S1} = \sqrt{2}\, U_S \sin \omega t$ aus Bild 3.1b

$$U_{di} = \frac{1}{\pi}\int_0^\pi u_{S1}\, d\omega t = \frac{1}{\pi}\int_0^\pi \sqrt{2}\, U_S \sin \omega t\, d\omega t = \frac{\sqrt{2}}{\pi} U_S\, (-\cos \omega t)\Big|_0^\pi.$$

Setzen wir die Grenzen ein, so erhalten wir das Ergebnis

$$\boxed{U_{di} = 0{,}90\, U_S.} \qquad (3.1)$$

Der Index i bei der Spannung U_{di} weist darauf hin, dass es sich um einen „ideellen" Spannungswert handelt. Er gilt nur unter der Voraussetzung, dass alle Transformatorwicklungs- und Diodenwiderstände vernachlässigt werden.

Wir wollen jetzt den Höchstwert der auftretenden Diodensperrspannung ermitteln und nehmen dazu an, dass die Diode D_1 in Bild 3.1a leitend ist. Dann liegt an der Diode D_2 die Spannung

$$u_{D2} = u_{S2} - u_{S1} = 2\, u_{S2} = -2\, u_{S1}.$$

Der Höchstwert (Scheitelwert) dieser Spannung beträgt demnach

$$\boxed{\hat{u}_D = 2\sqrt{2}\, U_S = 2{,}83\, U_S.} \qquad (3.2)$$

$\hat{u}_D$ ist also gleich dem Scheitelwert derjenigen Spannung, die in Bild 3.1a zwischen den Punkten 1 und 2 liegt.

3.1.2 Glättung der Gleichspannung durch einen Kondensator

Die Welligkeit der erzeugten Gleichspannung lässt sich dadurch reduzieren, dass man parallel zum Lastwiderstand einen Kondensator schaltet. Man spricht bei dieser Maßnahme auch von einer **Glättung** der Gleichspannung. Gleichzeitig wird hierdurch auch der im Lastwiderstand fließende *Gleichstrom* geglättet. Wir betrachten dazu Bild 3.2a

In der Schaltung wird der Kondensator (C) jeweils in einer relativ kurzen Zeit mit entsprechend hohen Stromimpulsen i_{S1} und i_{S2} auf den Scheitelwert der sekundären Transformator-Strangspannung aufgeladen (nachgeladen). In der übrigen Zeit entlädt sich der Kondensator über den Widerstand R, und beide Dioden

3.1 Zweipuls-Mittelpunktschaltung

sind stromlos. Bild 3.2b zeigt den Verlauf der auftretenden Spannungen und Ströme. Die Welligkeit der erzeugten Gleichspannung u_d ist umso geringer, je größer die Kapazität C des verwendeten Kondensators ist. Allerdings werden mit größerer Kapazität C auch die auftretenden Stromimpulse i_{S1} und i_{S2} höher und kürzer, da diese Ströme nur dann fließen können, wenn entweder $u_{S1} > u_d$ ist oder $u_{S2} > u_d$. Der Verlauf des im Widerstand R fließenden Gleichstromes folgt der Gleichung

$$i_d = \frac{u_d}{R}.$$

i_d hat also die gleiche Welligkeit wie die Gleichspannung u_d.

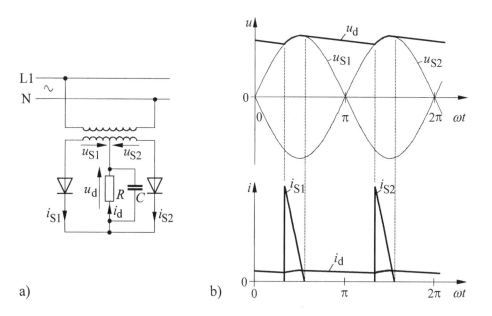

Bild 3.2 Zweipuls-Mittelpunktschaltung mit Glättung der Gleichspannung durch einen Kondensator. a) Schaltung, b) Verlauf der auftretenden Spannungen und Ströme

Die angegebene Glättungsart hat – insbesondere bei Schaltungen für größere Leistungen – folgende Nachteile:

- Die auftretenden hohen steilen Stromimpulse (i_{S1} und i_{S2}) führen zu Netzspannungseinbrüchen und damit auch zu einer Verformung der Spannungskurve. Dies wirkt sich nachteilig auf parallel liegende Verbraucher aus.
- Der Oberschwingungsgehalt der Wicklungsströme ist durch die starke Abweichung von der Sinusform relativ groß. Hierdurch kommt es zu einer merklichen

zusätzlichen Erwärmung des Transformators. Das macht eine erheblich größere Transformator-Bauleistung (Transformator-Baugröße) erforderlich, als sich nach der Leistung ergibt, die dem Widerstand R zugeführt wird. Darüber hinaus wird das speisende Netz nicht unerheblich mit Stromoberschwingungen belastet. (Es sei angemerkt, dass Stromoberschwingungen – bei sinusförmiger Versorgungsspannung – nicht zur Lieferung von Wirkleistung beitragen, wohl aber die elektrischen Energieübertragungseinrichtungen belasten.) Darüber hinaus verursachen die genannten Oberschwingungen Störsignale, die benachbarte Geräte in ihrer Funktion beeinträchtigen können.

Eine Verringerung der Auswirkungen dieser Nachteile ist dadurch möglich, dass in den Gleichstromkreis von Bild 3.2a – in Reihe mit der RC-Parallelschaltung – eine Drosselspule eingefügt wird. Sie führt zu einer Verringerung des Oberschwingungsgehaltes der auftretenden Wicklungsströme. Die Drosselspule kann – statt in den Gleichstromkreis eingefügt zu werden – auch zwischen dem Netz und der Transformator-Primärseite eingebracht werden. Hierbei sei erwähnt, dass die stets vorhandenen Streublindwiderstände der Transformatorwicklungen bereits auch zu einer Reduzierung des Oberschwingungsgehaltes der auftretenden Wicklungsströme führen.

3.1.3 Glättung des Gleichstromes durch eine Drosselspule

Die Glättung eines welligen Gleichstromes kann auch dadurch erfolgen, dass nach Bild 3.3a eine Drosselspule (L_d) – man bezeichnet sie als **Glättungsdrossel** – in Reihe mit dem Gleichstromverbraucher geschaltet wird. Bei sehr großer Induktivität L_d – man bezeichnet L_d auch als **Glättungsinduktivität** – kann der Gleichstrom I_d als „ideal geglättet" (zeitlich konstant) angesehen werden. Die erzeugte (ungeglättete) Gleichspannung u_d hat nach Bild 3.3b den gleichen Verlauf wie in der Schaltung ohne Glättungsdrossel (Bild 3.1). Daher beträgt der zeitliche Mittelwert von u_d nach Gl. (3.1)

$$\boxed{U_{di} = 0{,}90\, U_S.} \tag{3.3}$$

Hierbei ist U_S der Effektivwert der sekundären Transformator-Strangspannung. Da die Glättungsdrossel (L_d) in Bild 3.3a keine *Gleichspannung* aufnehmen kann, liegt der Gleichspannungsmittelwert U_{di} am Widerstand R. Die Glättungsdrossel nimmt den in u_d enthaltenen *Wechselspannungsanteil* (bzw. die in u_d enthaltene *Welligkeit*)

$$\boxed{u_L = u_d - U_{di}} \tag{3.4}$$

auf. Der sich einstellende Gleichstrom beträgt

$$I_d = \frac{U_{di}}{R}.\qquad(3.5)$$

Er fließt jeweils während *einer* Halbperiode über die Diode D_1 und während der *folgenden* über D_2. Das bedeutet, dass die beiden sekundären Transformator-Wicklungsströme i_{S1} und i_{S2} den in Bild 3.3c dargestellten (rechteckförmigen) Verlauf haben. Dabei sei angemerkt, dass beispielsweise bei $\omega t = \pi$ nicht – wie in Bild 3.3c dargestellt – zuerst i_{S1} Null wird und danach i_{S2} ansteigt. Vielmehr fallen der Stromabfall von i_{S1} und der Stromanstieg von i_{S2} *zeitlich zusammen* (vergl. Abschnitt 3.1.7).

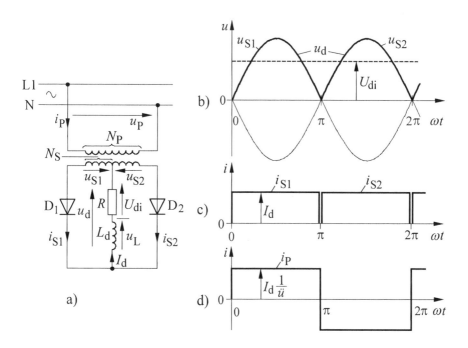

Bild 3.3 Zweipuls-Mittelpunktschaltung mit Glättung des Gleichstromes durch eine Glättungsdrossel. a) Schaltung, b) bis d) Verlauf der auftretenden Spannungen und Ströme

Die sekundären Wicklungsströme (i_{S1} und i_{S2}) verursachen – bei vernachlässigbarem Transformator-Leerlaufstrom – den in Bild 3.3d dargestellten Primärstrom i_P. Dabei stellt

$$\ddot{u} = \frac{N_P}{N_S}$$

das **Übersetzungsverhältnis** des Transformators dar. N_P ist die Windungszahl der Transformator-Primärwicklung, N_S die eines sekundären Wicklungsstranges.

3.1.4 Bauleistung des Transformators

Wie Bild 3.3 zeigt, verlaufen die in den Wicklungen des Transformators fließenden Ströme nichtsinusförmig. Sie enthalten also **Oberschwingungen**. Diese tragen, wie schon erwähnt, bei sinusförmiger Versorgungsspannung nicht zur Lieferung von Wirkleistung bei, erwärmen aber wohl die Wicklungen. Daraus folgt, dass die erforderliche **Bauleistung** des Transformators größer sein muss als die von der Schaltung gelieferte Gleichstromleistung. Sonst kann es zu einer unzulässig hohen Erwärmung des Transformators kommen.

Die **Bauleistung** (S_T) eines Transformators, die die **Baugröße** bestimmt, kann dadurch ermittelt werden, dass der arithmetische Mittelwert der Scheinleistungen der Primärseite (S_P) und der der Sekundärseite (S_S) gebildet wird. Es gilt demnach

$$S_T = \frac{S_P + S_S}{2}. \tag{3.6}$$

Zur weiteren Erläuterung wollen wir die erforderliche Transformator-Bauleistung für die in Bild 3.3a dargestellte Zweipuls-Mittelpunktschaltung berechnen. Aus Gl. (3.3) erhalten wir für den Effektivwert der sekundären Transformator-Strangspannung

$$U_S = \frac{U_{di}}{0{,}90}.$$

Der in Bild 3.3c angegebene Verlauf des sekundären Transformator-Strangstromes führt zu dem Effektivwert

$$I_S = \sqrt{\frac{1}{2\pi} \int_0^{2\pi} i_{S1}^2 \, d\omega t} = \sqrt{\frac{1}{2\pi} I_d^2 \pi} = \frac{I_d}{\sqrt{2}}.$$

Damit beträgt die sekundäre Transformator-Scheinleistung beider Wicklungsstränge zusammen

3.1 Zweipuls-Mittelpunktschaltung

$$S_S = 2U_S I_S = 2 \frac{U_{di}}{0{,}90} \frac{I_d}{\sqrt{2}} = 1{,}57 P_d. \qquad (3.7)$$

Hierbei stellt

$$P_d = U_{di} I_d$$

die von der Schaltung gelieferte Gleichstromleistung dar.

Für die Berechnung der Scheinleistung der Transformator-Primärseite in Bild 3.3a nehmen wir an, dass das Übersetzungsverhältnis $ü = N_P/N_S = 1$ ist. Unter dieser Voraussetzung gilt für den Effektivwert der primären Transformatorspannung wegen $U_P = U_S$ unter Berücksichtigung von Gl. (3.3)

$$U_P = \frac{U_{di}}{0{,}90}.$$

Der Effektivwert des in Bild 3.3d dargestellten Primärstromes beträgt bei $ü = 1$

$$I_P = I_d.$$

Damit ergibt sich für die primärseitige Transformator-Scheinleistung

$$S_P = U_P I_P = \frac{U_{di}}{0{,}90} I_d = 1{,}11 P_d. \qquad (3.8)$$

Setzen wir die in den Gln. (3.7) und (3.8) gefundenen Ergebnisse in Gl. (3.6) ein, so erhalten wir die gesuchte Transformator-Bauleistung

$$S_T = \frac{S_P + S_S}{2} = \frac{1{,}11 P_d + 1{,}57 P_d}{2}.$$

Fassen wir die Zahlenwerte zusammen, so erhalten wir

$$\boxed{S_T = 1{,}34 P_d.} \qquad (3.9)$$

Das Ergebnis besagt, dass die Bauleistung S_T des Transformators für die betrachtete Zweipuls-Mittelpunktschaltung um 34 % größer zu wählen ist als die von der Schaltung gelieferte Gleichstromleistung P_d. Zum gleichen Ergebnis kommt man, wenn man das Übersetzungsverhältnis des Transformators $ü \neq 1$ wählt.

Aufgabe 3.1

Bei der in Bild 3.4 dargestellten Zweipuls-Mittelpunktschaltung beträgt die primärseitige Wechselspannung $U_P = 400$ V, $f = 50$ Hz. Die am Belastungswiderstand $R = 5\ \Omega$ liegende Gleichspannung soll $U_{di} = 110$ V betragen. Die Induktivität L_d der Glättungsdrossel sei so groß, dass der Gleichstrom I_d als ideal geglättet angesehen werden kann.

Gesucht sind:

a) das erforderliche Übersetzungsverhältnis $ü = N_P/N_S$ des Transformators,

b) der zeitliche Verlauf der ungeglätteten Gleichspannung u_d,

c) der zeitliche Verlauf der an der Glättungsdrossel liegenden Spannung u_L,

d) der Scheitelwert der Diodensperrspannung $\hat{u}_D$,

e) der zeitliche Verlauf des Transformator-Sekundärstromes i_{S1},

f) der zeitliche Verlauf des Transformator-Primärstromes i_P,

g) die erforderliche Bauleistung S_T des Transformators.

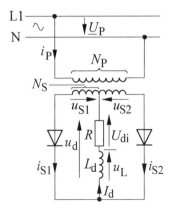

Bild 3.4 Ungesteuerte Zweipuls-Mittelpunktschaltung

Lösung

a) Aus Gl. (3.1) erhalten wir für den Effektivwert der sekundären Transformator-Strangspannung

$$U_S = \frac{U_{di}}{0{,}90} = \frac{110\text{ V}}{0{,}90} = 122\text{ V}.$$

Damit ergibt sich für das gesuchte Übersetzungsverhältnis

$$\ddot{u} = \frac{N_P}{N_S} = \frac{U_P}{U_S} = \frac{400\ \text{V}}{122\ \text{V}} = \underline{3{,}28}\ .$$

b) Der Scheitelwert der sekundären Transformator-Strangspannung beträgt

$$\hat{u}_S = \sqrt{2}\ U_S = \sqrt{2} \cdot 122\ \text{V} = 173\ \text{V}\ .$$

Den Verlauf der gesuchten ungeglätteten Gleichspannung u_d zeigt Bild 3.5.

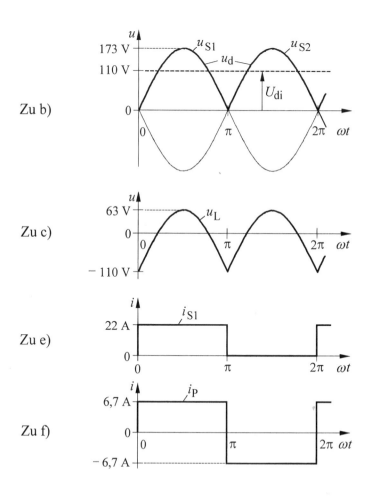

Bild 3.5 Verlauf der auftretenden Spannungen und Ströme (zu Aufgabe 3.1)

c) Die Glättungsdrossel nimmt den in u_d enthaltenen *Wechselspannungsanteil* auf, während der *Gleichspannungsanteil* (U_{di}) am Widerstand R abfällt. Daher gilt für die gesuchte Spannung (Bild 3.4)

$$u_L = u_d - U_{di}.$$

Bild 3.5 zeigt deren Verlauf.

d) Der Scheitelwert der Diodensperrspannung beträgt nach Gl. (3.2)

$$\hat{u}_D = 2\sqrt{2}\, U_S = 2 \cdot \sqrt{2} \cdot 122\ \text{V} = \underline{346\ \text{V}}.$$

e) Der fließende Gleichstrom hat den Wert

$$I_d = \frac{U_{di}}{R} = \frac{110\ \text{V}}{5\ \Omega} = 22\ \text{A}.$$

Dieser Strom wird abwechselnd von den beiden Dioden übernommen. Bild 3.5 zeigt den gesuchten Verlauf des Stromes i_{S1}.

f) Der Transformator-Primärstrom i_P hat nach Bild 3.5 einen rechteckförmigen Verlauf mit der Höhe

$$\hat{i}_P = I_d \frac{1}{\ddot{u}} = 22\ \text{A} \cdot \frac{1}{3{,}28} = 6{,}7\ \text{A}.$$

g) Die Transformator-Bauleistung beträgt nach Gl. (3.9)

$$S_T = 1{,}34\, P_d = 1{,}34\, U_{di}\, I_d = 1{,}34 \cdot 110\ \text{V} \cdot 22\ \text{A} = 3{,}24 \cdot 10^3\ \text{VA} = \underline{3{,}24\ \text{kVA}}.$$

3.1.5 Die gesteuerte Schaltung

Wir betrachten nach Bild 3.6a eine Zweipuls-Mittelpunktschaltung bei ohmscher Belastung. In der Schaltung sind die bisher verwendeten Dioden durch **Thyristoren** ersetzt. Der **Steuersatz** St (vergl. Abschnitt 2.6.3) liefert nach Bild 3.6d – synchron zur Netzspannung – die Steuerstromimpulse i_{G1} und i_{G2}, durch die die Thyristoren periodisch *gezündet* werden. Der eingetragene **Steuerwinkel** α lässt sich dabei – beispielsweise nach Bild 3.6a durch Verändern der Spannung U_{St} – beliebig zwischen 0° und 180° einstellen. Der im Widerstand R fließende Gleichstrom i_d besteht, wie in Bild 3.6c dargestellt, aus „angeschnittenen" Sinushalbschwingungen. Man bezeichnet die vorliegende Steuerungsart daher – wie auch schon in Abschnitt 2.6.3 erwähnt – als **Phasenanschnittsteuerung**. Der zeitliche Mittelwert von i_d kann durch Vergrößern des Steuerwinkels α stetig bis auf Null

3.1 Zweipuls-Mittelpunktschaltung

heruntergestellt werden. Bild 3.6b zeigt den Verlauf der beiden sekundärseitigen Transformator-Strangspannungen u_{S1} und u_{S2} sowie den Verlauf der am Widerstand R liegenden Gleichspannung u_d.

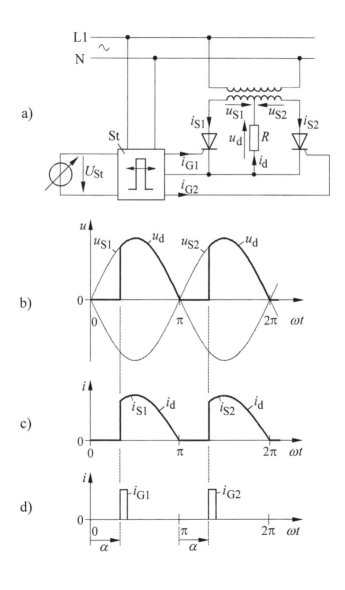

Bild 3.6 Gesteuerte Zweipuls-Mittelpunktschaltung bei ohmscher Belastung.
a) Schaltung, b) Verlauf der erzeugten Gleichspannung,
c) Verlauf des Gleichstromes, d) Lage der Steuerimpulse

Eine gesteuerte Zweipuls-Mittelpunktschaltung, bei der der erzeugte Gleichstrom durch eine **Glättungsdrossel** geglättet wird, ist in Bild 3.7a angegeben. Selbstverständlich ist auch hier – so wie in Bild 3.6a – ein Steuersatz (zum Zünden der Thyristoren) notwendig. Er ist der Einfachheit halber aber nicht dargestellt.

Bild 3.7d zeigt die Lage der eingespeisten Steuerstromimpulse i_{G1} und i_{G2}. Bei sehr großer Glättungsinduktivität L_d ist der Gleichstrom I_d zeitlich konstant (ideal geglättet). Die Glättungsdrossel bewirkt, dass zum Beispiel bei durchgeschaltetem Thyristor T_1 der Strom i_{S1} auch nach dem Nulldurchgang der Spannung u_{S1} noch unverändert solange weiter fließt, bis der Thyristor T_2 gezündet wird. Dann wird T_1 stromlos, und T_2 übernimmt den Gleichstrom. Da bei leitendem Thyristor T_1 stets $u_d = u_{S1}$ ist, wird die ungeglättete Gleichspannung u_d also zeitweise negativ. In Bild 3.7b ist der Verlauf dieser Spannung dargestellt. Bild 3.7c zeigt den Verlauf der Ströme i_{S1} und i_{S2}. Sie haben – durch die Glättungsdrossel bedingt – eine *rechteckförmige* Kurvenform.

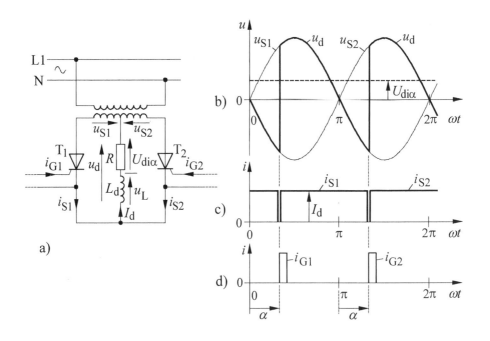

Bild 3.7 Gesteuerte Zweipuls-Mittelpunktschaltung (mit Glättungsdrossel). a) Schaltung, b) Verlauf der erzeugten Gleichspannung, c) Verlauf der Thyristorströme, d) Lage der Steuerimpulse

Der zeitliche Mittelwert von u_d beträgt, wenn wir den Effektivwert der sekundären Transformator-Strangspannung mit U_S bezeichnen, nach Bild 3.7b

$$U_{di\alpha} = \frac{1}{\pi} \int_{\alpha}^{\alpha+\pi} \sqrt{2}\, U_S \sin \omega t\, d\omega t = \frac{1}{\pi} \sqrt{2}\, U_S\, (-\cos \omega t)\Big|_{\alpha}^{\alpha+\pi}.$$

Setzen wir die Grenzen ein, und berücksichtigen wir, dass $[-\cos(\alpha + \pi)] = \cos \alpha$ ist, so erhalten wir

$$U_{di\alpha} = \frac{1}{\pi} \sqrt{2}\, 2\, U_S \cos \alpha.$$

Nach dem Zusammenfassen der Zahlenwerte wird daraus

$$\boxed{U_{di\alpha} = 0{,}90\, U_S \cos \alpha = U_{di} \cos \alpha.} \qquad (3.10)$$

Hierbei ist U_{di} der maximal einstellbare (bei $\alpha = 0°$ vorhandene) Gleichspannungs-Mittelwert. Da die Spannung $U_{di\alpha}$ nach Gl. (3.10) bereits bei einem Steuerwinkel von $\alpha = 90°$ Null wird, gilt die angegebene Gleichung nur im Bereich $0 < \alpha < 90°$. Der sich aus Gl. (3.10) ergebende Quotient

$$\boxed{\frac{U_{di\alpha}}{U_{di}} = \cos \alpha} \qquad (3.11)$$

ist in Bild 3.8 in Abhängigkeit vom Steuerwinkel α grafisch dargestellt. Man bezeichnet diese Darstellung als **Steuerkennlinie**.

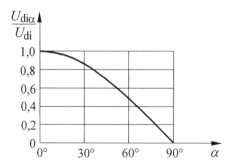

Bild 3.8 Steuerkennlinie eines netzgeführten Stromrichters

Der Mittelwert $U_{di\alpha}$ der Gleichspannung u_d liegt in der Schaltung nach Bild 3.7a am Widerstand R. Dabei fällt die in der Spannung u_d enthaltene *Welligkeit* an der Glättungsdrossel ab. Für den fließenden Gleichstrom gilt

$$I_d = \frac{U_{di\alpha}}{R}.$$

Bei der Verstellung der Gleichspannung $U_{di\alpha}$ durch Veränderung des Steuerwinkels α ist zu beachten, dass $U_{di\alpha}$ nicht sofort der Änderung des Steuerwinkels folgen kann. Das liegt daran, dass beispielsweise eine sprunghafte Änderung des Steuerwinkels sich auf der Gleichstromseite erst dann auswirken kann, wenn der nächste Thyristor gezündet wird. Hierbei kann in der vorliegenden Schaltung (bei einer Netzfrequenz von 50 Hz) eine Zeit von 10 ms (oder mehr) vergehen. Es gibt also eine bestimmte **Totzeit**, ehe die Steuerwinkeländerung zu einer Änderung der Gleichspannung führt. Diese relativ große Totzeit ist kennzeichnend für alle netzgeführten Stromrichterschaltungen.

Häufig wird eine Stromrichterschaltung nicht, wie bisher angenommen, mit einem ohmschen Widerstand belastet, sondern mit einer Anordnung, die eine Spannungsquelle enthält. Das ist zum Beispiel dann der Fall, wenn eine Akkumulatorbatterie aufgeladen oder ein Gleichstrommotor versorgt wird. Man spricht dann von einer **Belastung mit Gegenspannung**. So zeigt Bild 3.9 eine gesteuerte Zweipuls-Mittelpunktschaltung, in der der Verbraucher aus einem Gleichstrommotor besteht. Die notwendige Erregerwicklung der Gleichstrommaschine ist aus Gründen der Übersichtlichkeit nicht mit dargestellt.

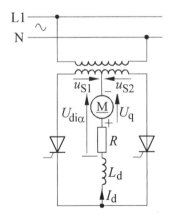

Bild 3.9 Gesteuerte Zweipuls-Mittelpunktschaltung bei Belastung mit Gegenspannung

In der Schaltung sei R der Widerstand der Ankerwicklung des Gleichstrommotors sowie der Widerstand der Glättungsdrossel (L_d). U_q ist die im Anker induzierte Gegenspannung. Jetzt gilt für den fließenden Gleichstrom

$$I_d = \frac{U_{di\alpha} - U_q}{R}. \quad (3.13)$$

Der Widerstand R ist in den meisten Fällen relativ klein. Vernachlässigt man ihn, dann sind der von der Stromrichterschaltung erzeugte Gleichspannungs-Mittelwert ($U_{di\alpha}$) und die im Anker induzierte Gegenspannung (U_q) gleich groß.

Wird in der Schaltung nach Bild 3.9 – zum Beispiel bei nicht belastetem Gleichstrommotor – der Gleichstrom I_d vorübergehend (periodisch) Null, so können die Thyristoren jeweils nur in *den* Zeitpunkten wieder in den leitenden Zustand gebracht werden, in denen die Augenblickswerte der Spannungen u_{S1} oder u_{S2} größer sind als die Gegenspannung U_q. Das liegt daran, dass nur dann die Anoden-Kathoden-Spannung der Thyristoren in Vorwärtsrichtung wirkt. Um in derartigen Fällen – unabhängig vom eingestellten Steuerwinkel – eine sichere Zündung der Thyristoren zu gewährleisten, verwendet man in der Regel **Langimpulse** oder **Kettenimpulse** (vergl. Abschnitt 2.6.3).

Aufgabe 3.2

Die in Bild 3.10 dargestellte gesteuerte Zweipuls-Mittelpunktschaltung (ohne Glättungsdrossel) enthält einen Transformator mit dem Übersetzungsverhältnis $ü = N_P/N_S = 2$. Die Primärseite liegt an der Spannung $U_P = 230$ V, $f = 50$ Hz. Der Belastungswiderstand ist $R = 10$ Ω, der eingestellte Steuerwinkel $\alpha = 45°$.

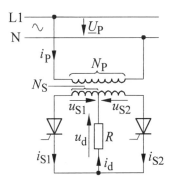

Bild 3.10 Gesteuerte Zweipuls-Mittelpunktschaltung (ohne Glättungsdrossel)

Gesucht sind

a) der zeitliche Verlauf der erzeugten Gleichspannung u_d,
b) der zeitliche Verlauf des sekundären Strangstromes i_{S1},
c) der zeitliche Verlauf des Primärstromes i_P,
d) der Mittelwert U_d der Gleichspannung u_d.

Lösung

a) Bei dem Übersetzungsverhältnis $ü = 2$ beträgt die sekundäre Strangspannung des Transformators

$$U_S = U_P \frac{1}{ü} = 230 \text{ V} \cdot \frac{1}{2} = 115 \text{ V}.$$

Sie hat den Scheitelwert

$$\hat{u}_S = \sqrt{2}\, U_S = \sqrt{2} \cdot 115 \text{ V} = 163 \text{ V}.$$

Damit ergibt sich bei dem Steuerwinkel $\alpha = 45°$ für die Gleichspannung u_d der in Bild 3.11 dargestellte Verlauf.

b) Der sekundäre Strangstrom hat den Scheitelwert

$$\hat{i}_S = \frac{\hat{u}_S}{R} = \frac{163 \text{ V}}{10 \text{ }\Omega} = 16{,}3 \text{ A}.$$

Den Verlauf des Stromes i_{S1} zeigt Bild 3.11.

c) Der Scheitelwert des Primärstromes beträgt bei dem Transformator-Übersetzungsverhältnis $ü = 2$

$$\hat{i}_P = \hat{i}_S \frac{1}{ü} = 16{,}3 \text{ A} \cdot \frac{1}{2} = 8{,}1 \text{ A}.$$

Der Verlauf des Stromes i_P ist in Bild 3.11 dargestellt.

d) Aus dem in Bild 3.11 angegebenen Verlauf der Gleichspannung u_d finden wir für den zeitlichen Mittelwert

$$U_d = \frac{1}{\pi} \int_\alpha^\pi \hat{u}_S \sin \omega t \, d\omega t = \frac{\hat{u}_S}{\pi} (-\cos \omega t)\Big|_\alpha^\pi,$$

$$U_{\mathrm{d}} = \frac{\hat{u}_{\mathrm{S}}}{\pi}(-\cos\pi + \cos\alpha) = \frac{163\ \mathrm{V}}{\pi}\cdot(1+\cos 45°) = \underline{89\ \mathrm{V}}.$$

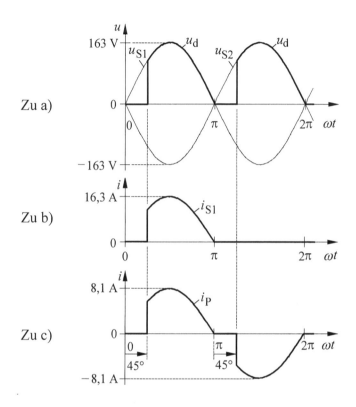

Bild 3.11 Zeitlicher Verlauf der auftretenden Spannungen und Ströme (zu Aufgabe 3.2)

Aufgabe 3.3

Die in Bild 3.12 dargestellte Zweipuls-Mittelpunktschaltung ist durch einen Gleichstrommotor belastet. Die primäre Wechselspannung beträgt $U_{\mathrm{P}} = 400$ V ($f = 50$ Hz), das Übersetzungsverhältnis des Transformators $\ddot{u} = N_{\mathrm{P}}/N_{\mathrm{S}} = 1{,}5$. Der Motor nimmt den Gleichstrom $I_{\mathrm{d}} = 12$ A auf. Es ist ein Steuerwinkel von $\alpha = 30°$ eingestellt. Die Induktivität L_{d} der Glättungsdrossel kann als so groß angenommen werden, dass der Gleichstrom I_{d} als ideal geglättet angesehen werden kann.

Gesucht sind

a) der zeitliche Verlauf der ungeglätteten Gleichspannung u_{d},

b) die am Gleichstrommotor liegende Spannung $U_{di\alpha}$,
c) der zeitliche Verlauf des Transformator-Primärstromes i_P,
d) der Verlauf der Thyristor-Sperrspannung u_{T2}.

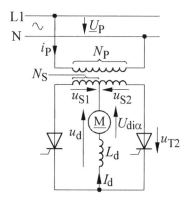

Bild 3.12 Gesteuerte Zweipuls-Mittelpunktschaltung (mit einem Gleichstrommotor als Belastung)

Lösung

a) Die sekundäre Strangspannung hat den Effektivwert

$$U_S = U_P \frac{1}{\ddot{u}} = 400 \text{ V} \cdot \frac{1}{1,5} = 267 \text{ V}$$

und somit den Scheitelwert

$$\hat{u}_S = \sqrt{2}\, U_S = \sqrt{2} \cdot 267 \text{ V} = 377 \text{ V}.$$

Damit ergibt sich für die ungeglättete Gleichspannung u_d der in Bild 3.13 angegebene Verlauf.

b) Die am Motor liegende Gleichspannung ist gleich dem Mittelwert von u_d. Er beträgt nach Gl. (3.10)

$$U_{di\alpha} = 0{,}90\ U_S \cos\alpha = 0{,}90 \cdot 267 \text{ V} \cdot \cos 30° = \underline{208 \text{ V}}.$$

c) Der Transformator-Primärstrom verläuft rechteckförmig. Seine Höhe beträgt

$$\hat{i}_P = I_d \frac{1}{\ddot{u}} = 12\,\text{A} \cdot \frac{1}{1{,}5} = 8{,}0\,\text{A}.$$

Der Verlauf von i_P ist in Bild 3.13 angegeben.

d) Aus Bild 3.12 finden wir für die gesuchte Thyristorsperrspannung die Gleichung

$$u_{T2} = u_{S2} - u_d.$$

Der Verlauf der Spannungen u_{S2} und u_d ist in Bild 3.13 (oben) angegeben. Führen wir die Subtraktion durch, so erhalten wir für u_{T2} die in Bild 3.13 (unten) dargestellte Kurvenform.

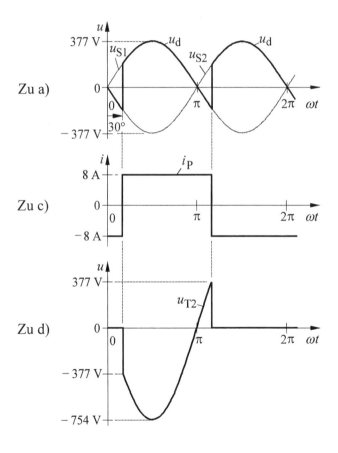

Bild 3.13 Verlauf der auftretenden Spannungen und Ströme (zu Aufgabe 3.3)

3.1.6 Wechselrichterbetrieb

Wir betrachten nach Bild 3.14a eine gesteuerte Zweipuls-Mittelpunktschaltung, die im Gleichstromkreis einen Gleichspannungsgenerator enthält. Er möge eine Gleichspannung U_q mit der angegebenen Polarität liefern.

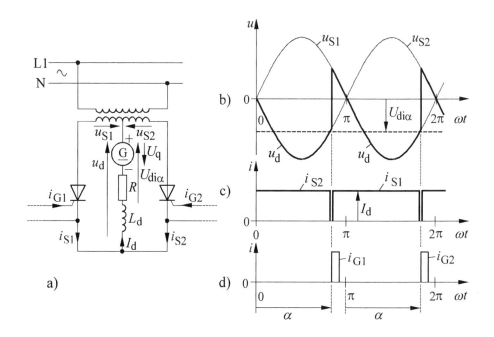

Bild 3.14 Gesteuerte Zweipuls-Mittelpunktschaltung im Wechselrichterbetrieb.
a) Schaltung, b) Verlauf der ungeglätteten Gleichspannung,
c) Verlauf der Thyristorströme, d) Lage der Steuerimpulse

R sei der Widerstand der Ankerwicklung des Gleichspannungsgenerators sowie der Widerstand der Glättungsdrossel (L_d). Der Steuerwinkel α möge – in Übereinstimmung mit der in Bild 3.14d dargestellten Lage der Steuerimpulse i_{G1} und i_{G2} – auf einen Wert oberhalb von 90° eingestellt sein. Ist jetzt die Generatorspannung U_q genügend hoch, so werden – bei großer Glättungsinduktivität L_d – den Transformator-Wicklungssträngen Ströme (i_{S1} und i_{S2}) mit dem in Bild 3.14c angegebenen Verlauf aufgezwungen. Der zeitliche Verlauf der Gleichspannung u_d ergibt sich dabei aus Bild 3.14b. u_d ist überwiegend negativ, so dass auch der Mittelwert dieser Spannung, der nach Gl. (3.10)

$$U_{di\alpha} = U_{di} \cos \alpha = 0{,}90 \, U_S \cos \alpha \qquad (3.14)$$

beträgt, *negativ* ist. (In dieser Gleichung sind U_{di} der bei $\alpha = 0°$ vorhandene Gleichspannungs-Mittelwert und U_S der Effektivwert der sekundären Transformator-Strangspannung.) Die Tatsache, dass $U_{di\alpha}$ negativ ist, bedeutet, dass Leistung aus dem Gleichspannungsgenerator in das Wechselstromnetz geliefert wird. Man spricht bei dieser Betriebsart vom **Wechselrichterbetrieb**. Die Höhe des fließenden Gleichstromes beträgt

$$\boxed{I_d = \frac{U_q + U_{di\alpha}}{R}.} \quad (3.15)$$

Hierbei muss $U_q + U_{di\alpha} > 0$ sein, da sonst der Gleichstrom I_d Null wird. Der Strom I_d lässt sich dadurch verstellen, dass entweder die Generatorspannung U_q verändert wird, oder aber die Höhe des Gleichspannungsmittelwertes $U_{di\alpha}$ variiert wird (durch Verändern des Steuerwinkels α). Man bezeichnet $U_{di\alpha}$ auch als **Wechselrichter-Gegenspannung**. Wird der Widerstand R vernachlässigt, so folgt aus Gl. (3.15)

$$U_q = - U_{di\alpha}. \quad (3.16)$$

In diesem Fall sind die Generatorspannung (U_q) und die Wechselrichter-Gegenspannung ($U_{di\alpha}$) dem Betrage nach gleich groß.

Zu beachten ist, dass der Steuerwinkel α nicht zu dicht bei 180° liegen darf. Sonst ist der zuletzt stromführende Thyristor im folgenden Spannungsnulldurchgang noch nicht vollständig gesperrt und übernimmt erneut den Gleichstrom I_d. Damit verbunden ist ein – durch die Gleichspannung U_q verursachter – starker Anstieg des fließenden Gleichstromes, was eine Abschaltung erforderlich macht. Man spricht dann vom „Kippen" des Wechselrichters (vergl. Abschnitt 3.1.9).

Aufgabe 3.4

Bei der in Bild 3.15 dargestellten, im Wechselrichterbetrieb arbeitenden Zweipuls-Mittelpunktschaltung beträgt die Wechselspannung des Netzes $U_P = 230$ V (bei einer Frequenz von $f = 50$ Hz). Der Gleichspannungsgenerator liefert die Spannung $U_q = 120$ V. Es sei ein Steuerwinkel von $\alpha = 160°$ eingestellt, wobei ein Gleichstrom von $I_d = 8{,}0$ A fließen möge. Der Widerstand der Ankerwicklung des Generators und der der Glättungsdrossel können vernachlässigt werden. Die Induktivität L_d der Glättungsdrossel sei so groß, dass der Gleichstrom I_d als ideal geglättet angesehen werden kann.

Gesucht sind

a) das erforderliche Übersetzungsverhältnis $ü = N_P/N_S$ des Transformators,

b) der zeitliche Verlauf der Spannung u_d,
c) der zeitliche Verlauf des Strangstromes i_{S1},
d) der zeitliche Verlauf der Thyristorsperrspannung u_{T2}.

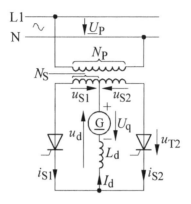

Bild 3.15 Zweipuls-Mittelpunktschaltung im Wechselrichterbetrieb

Lösung

a) Sind der Widerstand der Ankerwicklung des Generators und der der Glättungsdrossel vernachlässigbar, so muss nach Gl. (3.16) der Mittelwert der Spannung u_d

$$U_{di\alpha} = -U_q = -120 \text{ V}$$

sein. Damit erhalten wir aus Gl. (3.14) für den Effektivwert der sekundären Transformator-Strangspannung

$$U_S = \frac{U_{di\alpha}}{0{,}90 \cos \alpha} = \frac{(-120 \text{ V})}{0{,}90 \cdot \cos 160°} = 142 \text{ V}.$$

Zur Erzielung dieses Wertes ist ein Transformator-Übersetzungsverhältnis erforderlich von

$$\ddot{u} = \frac{N_P}{N_S} = \frac{U_P}{U_S} = \frac{230 \text{ V}}{142 \text{ V}} = \underline{1{,}62}.$$

b) Der Scheitelwert der sekundären Transformator-Strangspannung beträgt

$$\hat{u}_S = \sqrt{2}\, U_S = \sqrt{2} \cdot 142\,\text{V} = 201\,\text{V}.$$

Damit ergibt sich für die Spannung u_d der in Bild 3.16 dargestellte Verlauf.

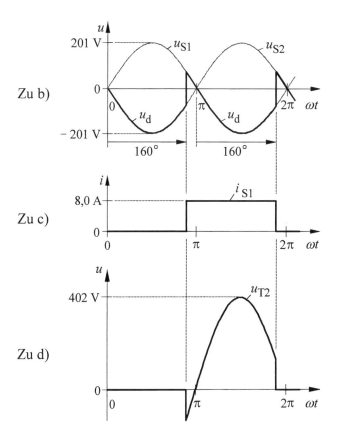

Bild 3.16 Zeitlicher Verlauf der auftretenden Spannungen und Ströme (zu Aufgabe 3.4)

c) Der Verlauf des sekundären Transformator-Strangstromes i_{S1} ist (für einen Gleichstrom von $I_d = 8{,}0$ A) ebenfalls in Bild 3.16 angegeben.

d) Aus der in Bild 3.15 angegebenen Schaltung finden wir für die gesuchte Thyristorsperrspannung die Gleichung

$$u_{T2} = u_{S2} - u_d\,.$$

Der Verlauf der Spannungen u_{S2} und u_d ist in Bild 3.16 (oben) angegeben. Führen wir die Subtraktion durch, so erhalten wir für u_{T2} die in Bild 3.16 (unten) dargestellte Kurvenform.

3.1.7 Kommutierung

Bei den bisher betrachteten Zweipuls-Mittelpunktschaltungen wurde gezeigt, dass sich jeweils die Dioden oder Thyristoren in der Stromführung *periodisch ablösen*. Beim Zünden *eines* Thyristors wird nämlich der *andere* (stromführende) Thyristor automatisch stromlos. Man sagt auch, dass beim Zünden *eines* Thyristors der jeweils *andere* Thyristor **gelöscht** wird. Die dabei auftretende Übergabe des Gleichstromes von *einem* Zweig auf den *anderen* bezeichnet man als **Kommutierung**. Bisher wurde angenommen, dass die von den betreffenden Zweigen gebildeten Stromkreise *keine* Induktivität besitzen. Dann geht der Strom *sprunghaft* von einem Zweig auf den anderen über. Die damit verbundenen *steilen* Stromanstiege können jedoch wegen Überschreitens der **kritischen Stromsteilheit** (vergl. Abschnitt 2.6.2.1) zur Zerstörung der Thyristoren führen. Außerdem verursachen die hohen Stromsteilheiten unerwünschte **Netzspannungseinbrüche** und können zudem benachbarte Geräte stören.

In realen Schaltungen muss daher dafür gesorgt werden, dass die betreffenden Stromkreise (Kommutierungskreise) eine bestimmte Induktivität besitzen. Diese wird bei den (bisher betrachteten) Zweipuls-Mittelpunktschaltungen durch die stets vorhandenen **Streuinduktivitäten** des verwendeten Transformators gebildet. Daher brauchen hier in der Regel keine besonderen Drosselspulen – zur Begrenzung der Stromsteilheiten – vorgesehen zu werden.

Den genauen Ablauf der **Kommutierung** wollen wir jetzt anhand der in Bild 3.17a dargestellten Schaltung näher untersuchen. Darin stellen die Induktivitäten L_K die **Streuinduktivitäten** der Transformator-Wicklungsstränge dar. Wir wollen die Größen L_K nachfolgend allgemein als **Kommutierungsinduktivitäten** bezeichnen. Die Glättungsinduktivität L_d sei sehr groß, so dass der fließende Gleichstrom I_d als ideal geglättet angesehen werden kann. Der Verlauf der in der Schaltung auftretenden Spannungen und Ströme ist in den Bildern 3.17b bis 3.17d angegeben. In der Darstellung wird davon ausgegangen, dass bei $\omega t = 0$ der Thyristor T_2 leitend ist und der Thyristor T_1 sperrt. Das bedeutet, dass dann $u_d = u_{S2}$ ist und $i_{S2} = I_d$.

Wird nun bei $\omega t = \alpha$ der Thyristor T_1 durch einen Steuerstrom i_{G1} gezündet, so treibt die in Bild 3.17a zwischen den Punkten 1 und 2 liegende Spannung

$$u_K = u_{S1} - u_{S2}$$

einen Strom i_K. Man bezeichnet u_K als **Kommutierungsspannung** und i_K als **Kommutierungsstrom**. i_K fließt im Thyristor T_1 in Durchlassrichtung, wobei

$i_{S1} = i_K$ ist. Im Thyristor T$_2$ fließt der Kommutierungsstrom dem dort fließenden Gleichstrom I_d entgegen, so dass $i_{S2} = I_d - i_K$ ist. Der Anstieg von i_K wird durch die **Kommutierungsinduktivitäten** begrenzt. Dabei gilt

$$u_K = 2 L_K \frac{di_K}{dt}.$$

Hieraus folgt mit $u_{S2} = -u_{S1}$ für den Anstieg von i_K

$$\frac{di_K}{dt} = \frac{u_K}{2 L_K} = \frac{u_{S1} - u_{S2}}{2 L_K} = \frac{u_{S1}}{L_K}.$$

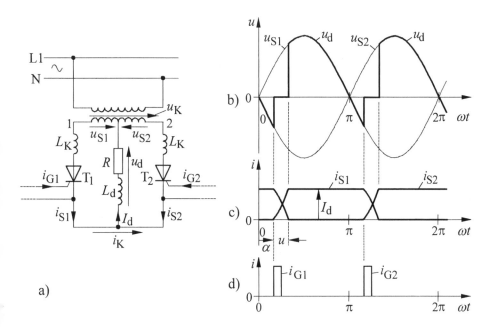

Bild 3.17 Ablauf der Kommutierung. a) Betrachtete Schaltung, b) Verlauf der ungeglätteten Gleichspannung, c) Verlauf der Thyristorströme, d) Lage der Steuerimpulse

Hat der von Null aus ansteigende Kommutierungsstrom i_K den Wert des Gleichstromes I_d erreicht, so sperrt der Thyristor T$_2$, während gleichzeitig $i_{S1} = I_d$ wird. Die Kommutierung ist abgeschlossen. Der der Dauer der Kommutierung entsprechende Winkel u (Bild 3.17c) wird als **Überlappungswinkel** bezeichnet. Es gilt

$$\boxed{u = \omega t_{\mathrm{u}},}$$

wobei t_{u} die **Kommutierungsdauer** darstellt.

Während der Kommutierung sind *beide* Thyristoren leitend. Daher gilt in Bild 3.17a nach der Maschenregel, wenn wir die untere äußere Masche entgegengesetzt dem Uhrzeigersinn durchlaufen,

$$-u_{\mathrm{S1}} + 2 L_{\mathrm{K}} \frac{\mathrm{d}i_{\mathrm{K}}}{\mathrm{d}t} + u_{\mathrm{S2}} = 0.$$

Hieraus folgt

$$L_{\mathrm{K}} \frac{\mathrm{d}i_{\mathrm{K}}}{\mathrm{d}t} = \frac{u_{\mathrm{S1}} - u_{\mathrm{S2}}}{2}.$$

Damit erhalten wir für die am Lastzweig liegende Spannung

$$u_{\mathrm{d}} = u_{\mathrm{S1}} - L_{\mathrm{K}} \frac{\mathrm{d}i_{\mathrm{K}}}{\mathrm{d}t} = u_{\mathrm{S1}} - \frac{u_{\mathrm{S1}} - u_{\mathrm{S2}}}{2} = \frac{u_{\mathrm{S1}} + u_{\mathrm{S2}}}{2}. \tag{3.17}$$

Dieser Ausdruck ist bei der Zweipuls-Mittelpunktschaltung wegen $u_{\mathrm{S2}} = -u_{\mathrm{S1}}$ Null, so dass die Spannung u_{d} während der Kommutierung also Null ist. Nach Beendigung der Kommutierung (in Bild 3.17b bei $\omega t = \alpha + u$) springt u_{d} auf den Wert von u_{S1}.

Wir wollen uns jetzt mit der Bestimmung des Überlappungswinkels u befassen. Berücksichtigen wir hierbei, dass die Spannung u_{d} während der Kommutierung Null ist, so folgt aus Bild 3.17a

$$u_{\mathrm{S1}} = L_{\mathrm{K}} \frac{\mathrm{d}i_{\mathrm{K}}}{\mathrm{d}t}.$$

Daraus wird, wenn wir die sinusförmige Spannung u_{S1} durch $\sqrt{2}\, U_{\mathrm{S}} \sin \omega t$ darstellen, die Größe $\mathrm{d}t$ auf die linke Seite bringen und dann beide Seiten der Gleichung mit der Kreisfrequenz ω multiplizieren,

$$\sqrt{2}\, U_{\mathrm{S}} \sin \omega t \, \mathrm{d}\omega t = \omega L_{\mathrm{K}} \, \mathrm{d}i_{\mathrm{K}}.$$

Hierbei ist U_{S} der Effektivwert der sekundären Transformator-Strangspannung. Ändert sich in Bild 3.17c die Größe ωt von $\omega t = \alpha$ nach $\omega t = \alpha + u$, so steigt der Kommutierungsstrom von $i_{\mathrm{K}} = 0$ auf $i_{\mathrm{K}} = I_{\mathrm{d}}$ an. Daher erhalten wir durch Integrieren die Gleichung

3.1 Zweipuls-Mittelpunktschaltung

$$\int_{\alpha}^{\alpha+u} \sqrt{2}\, U_S \sin \omega t \, \mathrm{d}\omega t = \int_0^{I_d} \omega L_K \, \mathrm{d}i_K.$$

Hieraus wird nach Ausführung der Integration

$$\sqrt{2}\, U_S(-\cos \omega t)\Big|_{\alpha}^{\alpha+u} = \omega L_K\, i_K\Big|_0^{I_d}.$$

Setzen wir die Grenzen ein, so erhalten wir

$$\sqrt{2}\, U_S\,[\cos \alpha - \cos(\alpha+u)] = \omega L_K\, I_d. \tag{3.18}$$

Bezeichnen wir den bei $\alpha = 0°$ auftretenden Überlappungswinkel als **Anfangsüberlappung** (u_0), so wird aus Gl. (3.18)

$$\sqrt{2}\, U_S\,(1 - \cos u_0) = \omega L_K\, I_d. \tag{3.19}$$

Hieraus ergibt sich für die **Anfangsüberlappung**

$$\boxed{u_0 = \arccos\left(1 - \frac{\omega L_K\, I_d}{\sqrt{2}\, U_S}\right).} \tag{3.20}$$

Das Ergebnis zeigt, dass u_0 mit größerer Kommutierungsinduktivität L_K, mit größerem Gleichstrom I_d und mit abnehmender Wechselspannung U_S ansteigt. Setzen wir die Gln. (3.18) und (3.19) gleich, so erhalten wir

$$\cos \alpha - \cos(\alpha + u) = 1 - \cos u_0.$$

Hieraus folgt für den gesuchten **Überlappungswinkel**

$$\boxed{u = [\arccos(\cos \alpha + \cos u_0 - 1)] - \alpha.} \tag{3.21}$$

Gl. (3.21) besagt, dass der Überlappungswinkel u außer von der Anfangsüberlappung u_0 auch vom Steuerwinkel α abhängig ist. In Bild 3.18 ist u in Abhängigkeit von α dargestellt. Parameter ist die Anfangsüberlappung u_0. Die Darstellung zeigt, dass der Überlappungswinkel u bei dem Steuerwinkel $\alpha = 0°$ am größten ist. Das liegt daran, dass dann die Kommutierungsspannung u_K Null bzw. anschließend sehr klein ist. Als Folge davon steigt der Kommutierungsstrom i_K nur relativ langsam an, so dass die Kommutierung vergleichsweise lange dauert. Bei dem Steuerwinkel $\alpha = 90°$ dagegen ist der Überlappungswinkel u am kleinsten. Die dann vorhandene hohe Kommutierungsspannung u_K bewirkt einen steilen Anstieg des Kommutierungsstromes und damit einen schnellen Ablauf der Kommutierung.

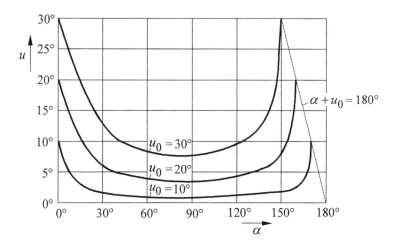

Bild 3.18 Abhängigkeit des Überlappungswinkels u vom Steuerwinkel α (mit u_0 als Parameter)

Aufgabe 3.5

Die in Bild 3.19 dargestellte Zweipuls-Mittelpunktschaltung enthält einen Transformator mit dem Übersetzungsverhältnis $ü = N_P/N_S = 2$. Die Kommutierungsinduktivitäten haben den Wert $L_K = 3$ mH. Der Transformator liegt primärseitig an der Spannung $U_P = 400$ V mit der Frequenz $f = 50$ Hz. Die Belastung besteht aus einem Gleichstrommotor, der den Strom $I_d = 12$ A aufnimmt.

Gesucht sind

a) die Anfangsüberlappung u_0 (= Überlappungswinkel bei $\alpha = 0°$),

b) der bei dem Steuerwinkel $\alpha = 45°$ vorhandene Überlappungswinkel u,

c) die bei dem Steuerwinkel $\alpha = 90°$ auftretende Steilheit der Thyristorströme während der Kommutierung.

Lösung

a) Mit dem Streublindwiderstand

$$\omega L_K = 2\pi f L_K = 2\cdot\pi\cdot 50 \text{ Hz}\cdot 3\cdot 10^{-3} \text{ H} = 0{,}94 \text{ }\Omega$$

und der sekundären Transformator-Strangspannung

$$U_S = U_P \frac{1}{\ddot{u}} = 400 \text{ V} \cdot \frac{1}{2} = 200 \text{ V}$$

beträgt die Anfangsüberlappung nach Gl. (3.20)

$$u_0 = \arccos\left(1 - \frac{\omega L_K I_d}{\sqrt{2}\, U_S}\right) = \arccos\left(1 - \frac{0{,}94\,\Omega \cdot 12\text{A}}{\sqrt{2} \cdot 200 \text{ V}}\right) = \underline{16{,}3°}.$$

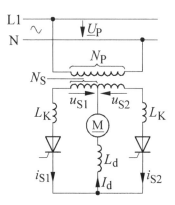

Bild 3.19 Gesteuerte Zweipuls-Mittelpunktschaltung
(mit Berücksichtigung der Kommutierungsinduktivitäten)

b) Hiermit finden wir den bei $\alpha = 45°$ vorhandenen Überlappungswinkel nach Gl. (3.21) als

$u = [\arccos(\cos\alpha + \cos u_0 - 1)] - \alpha$,

$u = [\arccos(\cos 45° + \cos 16{,}3° - 1)] - 45° = \underline{3{,}2°}$.

c) Bei dem Steuerwinkel $\alpha = 90°$ hat die Kommutierungsspannung ihren höchsten Augenblickswert und beträgt somit

$$u_K = 2\sqrt{2}\, U_S = 2 \cdot \sqrt{2} \cdot 200 \text{ V} = 566 \text{ V}.$$

Folglich beträgt die dann auftretende Steilheit des Kommutierungsstromes (Thyristorstromes)

$$\frac{di_K}{dt} = \frac{u_K}{2L_K} = \frac{566 \text{ V}}{2 \cdot 3 \cdot 10^{-3} \text{ H}} = 94 \text{ }\underline{\frac{A}{ms}}.$$

Anmerkung: Dieser Wert liegt weit unterhalb der *kritischen Stromsteilheit* von Thyristoren (vergl. Abschnitt 2.6.2.1), die bei etwa 100 A/µs liegt.

3.1.8 Gleichspannungsänderung bei Belastung

Die zur Vermeidung von steilen Stromanstiegen notwendigen **Kommutierungs-Induktivitäten** haben zur Folge, dass die Ausgangs-Gleichspannung lastabhängig wird. Wir wollen dies anhand von Bild 3.20a näher untersuchen.

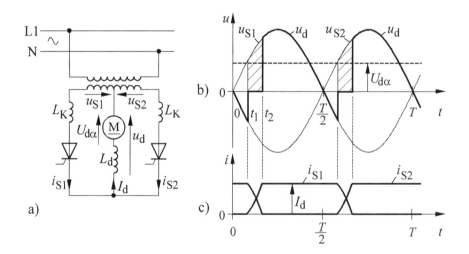

Bild 3.20 Gesteuerte Zweipuls-Mittelpunktschaltung (mit Berücksichtigung der Kommutierungsinduktivitäten). a) Schaltung, b) Verlauf der Spannungen, c) Verlauf der Thyristorströme

In Übereinstimmung mit der Darstellung nach Bild 3.17 zeigt Bild 3.20b den Verlauf der ungeglätteten Gleichspannung u_d und Bild 3.20c den Verlauf der beiden Thyristorströme i_{S1} und i_{S2}. Allerdings ist auf der waagerechten Achse statt ωt die Zeit t aufgetragen. Der zeitliche Mittelwert der Gleichspannung ($U_{d\alpha}$) ist infolge der in Bild 3.20b schraffiert dargestellten Spannungs-Zeit-Flächen niedriger als bei einer Schaltung mit vernachlässigten Kommutierungsinduktivitäten. Zur Bestimmung der durch L_K verursachten *Änderung* des Gleichspannungs-

Mittelwertes betrachten wir die in Bild 3.20a dargestellten Schaltung während der Kommutierung. Im Zeitbereich $t_1 < t < t_2$ (Bild 3.20b) ist wegen $u_d = 0$ V

$$u_{S1} = L_K \frac{di_{S1}}{dt}.$$

Hieraus folgt

$$u_{S1}\, dt = L_K\, di_{S1}. \tag{3.22}$$

Während der Dauer der Kommutierung steigt der Strom i_{S1} von $i_{S1} = 0$ auf $i_{S1} = I_d$ an (Bild 3.20c). Also gilt für die Größe der in Bild 3.20b zwischen t_1 und t_2 dargestellten schraffierten Spannungs-Zeit-Fläche durch Integration von Gl. (3.22)

$$\int_{t_1}^{t_2} u_{S1}\, dt = L_K \int_0^{I_d} di_{S1} = L_K I_d. \tag{3.23}$$

Innerhalb der Periodendauer T tritt diese Spannungs-Zeit-Fläche zweimal auf. Somit beträgt die durch L_K verursachte *Änderung* des *zeitlichen Mittelwertes* von u_d, die auch als **induktive Gleichspannungsänderung** bezeichnet wird, unter Berücksichtigung von Gl. (3.23)

$$D_x = \frac{2 L_K I_d}{T}. \tag{3.24}$$

Führen wir die Frequenz f ein, so wird mit $f = 1/T$ aus Gl. (3.24)

$$D_x = 2 f L_K I_d. \tag{3.25}$$

Dieses Ergebnis können wir verallgemeinern. Dazu bezeichnen wir die Anzahl der je Periodendauer auftretenden Kommutierungen als p. Hierdurch erhalten wir aus Gl. (3.25) für die **induktive Gleichspannungsänderung**

$$\boxed{D_x = p f L_K I_d.} \tag{3.26}$$

Berücksichtigen wir noch den *ohmschen* Widerstand R_K des Kreises, so tritt zusätzlich zur induktiven Gleichspannungsänderung die **ohmsche Gleichspannungsänderung**

$$\boxed{D_r = R_K I_d} \tag{3.27}$$

auf. Führen wir den Gleichspannungs-Mittelwert der Schaltung im *unbelasteten* Zustand ($U_{di\alpha}$) ein, dann beträgt der Mittelwert im *belasteten* Zustand somit

$$U_{d\alpha} = U_{di\alpha} - (D_x + D_r) = U_{di\alpha} - I_d\,(p f L_K + R_K). \tag{3.28}$$

Das Ergebnis besagt, dass die durch L_K und R_K verursachte **Gleichspannungsänderung** dem Belastungsstrom I_d proportional ist. Die Stromrichterschaltung verhält sich also so wie eine Gleichspannungsquelle mit der Quellenspannung $U_{di\alpha}$ und dem sich aus Gl. (3.28) ergebenden „**Innenwiderstand**"

$$\boxed{R_i = p f L_K + R_K.}$$

Aus Gl. (3.28) wird dann

$$\boxed{U_{d\alpha} = U_{di\alpha} - I_d\,R_i\,.}$$

Trägt man diese Abhängigkeit der Gleichspannung $U_{d\alpha}$ vom gelieferten Gleichstrom I_d auf, so erhält man die in Bild 3.21 dargestellte **Belastungskennlinie** des Stromrichters.

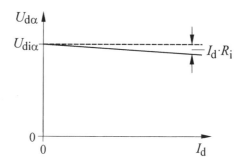

Bild 3.21 Belastungskennlinie eines netzgeführten Stromrichters

In der Darstellung wird der an den Stromrichterventilen auftretende Spannungsabfall nicht berücksichtigt. Er ist nahezu laststromunabhängig und nur bei kleinen Gleichspannungen von Bedeutung.

Aufgabe 3.6

An eine gesteuerte Zweipuls-Mittelpunktschaltung ist nach Bild 3.22 eine Gleichstrommaschine (MG) angeschlossen. Die Kommutierungsinduktivitäten haben den Wert $L_K = 6$ mH. Die sekundäre Transformator-Strangspannung beträgt $U_S = 230$ V, $f = 50$ Hz. Ohmsche Widerstände sollen vernachlässigt werden.

a) Welche Spannung $U_{d\alpha}$ liegt bei einem Steuerwinkel von $\alpha = 30°$ an der Gleichstrommaschine, wenn diese so belastet wird, dass ein Gleichstrom von $I_d = 10$ A fließt?

b) Welche Spannung $U_{d\alpha}$ muss die Gleichstrommaschine im Generatorbetrieb liefern, wenn bei einem Steuerwinkel von $\alpha = 150°$ ebenfalls ein Gleichstrom von $I_d = 10$ A fließen soll?

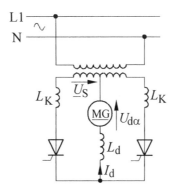

Bild 3.22 Gesteuerte Zweipuls-Mittelpunktschaltung (mit angeschlossener Gleichstrommaschine)

Lösung

a) Bei der angegebenen Schaltung treten in jeder Periode $p = 2$ Kommutierungen auf. Somit beträgt die gesuchte Spannung nach Gl. (3.28) unter Berücksichtigung von Gl. (3.14) bei $R_K = 0$ Ω

$$U_{d\alpha} = U_{di\alpha} - I_d\,p\,f\,L_K = 0{,}90\,U_S \cos \alpha - I_d\,p\,f\,L_K,$$

$$U_{d\alpha} = 0{,}90 \cdot 230 \text{ V} \cdot \cos 30° - 10 \text{ A} \cdot 2 \cdot 50 \text{ Hz} \cdot 6 \cdot 10^{-3} \text{ H},$$

$$U_{d\alpha} = 179{,}3 \text{ V} - 6{,}0 \text{ V} = \underline{173{,}3 \text{ V}}.$$

b) Die jetzt als Generator arbeitende Gleichstrommaschine muss nach Gl. (3.28) unter Berücksichtigung von Gl. (3.14) eine Spannung liefern von

$$U_{d\alpha} = U_{di\alpha} - I_d\, p f L_K = 0{,}90\, U_S \cos\alpha - I_d\, p f L_K,$$

$$U_{d\alpha} = 0{,}90 \cdot 230\text{ V} \cdot \cos 150° - 10\text{ A} \cdot 2 \cdot 50\text{ Hz} \cdot 6 \cdot 10^{-3}\text{ H},$$

$$U_{d\alpha} = -179{,}3\text{ V} - 6{,}0\text{ V} = \underline{-185{,}3\text{ V}}.$$

Anmerkung: Das negative Vorzeichen bedeutet, dass die Spannung $U_{d\alpha}$ gegenüber dem unter a) bestehenden Motorbetrieb eine andere Polarität haben muss. Dies kann entweder durch eine Änderung der Drehrichtung der Maschine oder durch eine Umpolung (entweder der Erreger- oder der Ankerwicklung) erreicht werden.

3.1.9 Steuerwinkelgrenzwert beim Wechselrichterbetrieb

Wie schon in Abschnitt 3.1.6 erwähnt, darf beim Wechselrichterbetrieb eines netzgeführten Stromrichters der Steuerwinkel α nicht zu dicht bei 180° liegen. Sonst kann es zu einem kurzschlussartigen Ansteigen des fließenden Gleichstromes – dem **Kippen des Wechselrichters** – kommen. Wir wollen jetzt genauer untersuchen, welchen Wert der Steuerwinkel hierbei nicht überschreiten darf, und betrachten dazu die Schaltung nach Bild 3.23a.

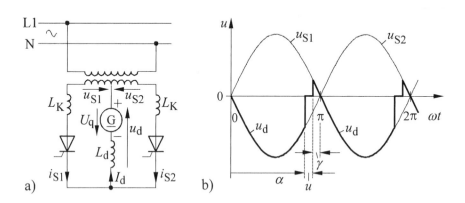

Bild 3.23 Zur Erläuterung des Steuerwinkelgrenzwertes. a) Schaltung, b) Verlauf der auftretenden Spannungen

Bild 3.23b zeigt den Verlauf der in der Schaltung auftretenden Spannung u_d. Der in der Darstellung eingetragene Winkel u stellt den **Überlappungswinkel** dar (vergl. Abschnitt 3.1.7). Der ebenfalls eingetragene Winkel γ wird als **Löschwinkel** bezeichnet. Die diesem Winkel entsprechende Zeit

$$t_c = \frac{\gamma}{\omega} \qquad (3.29)$$

heißt **Schonzeit**. Diese Zeit ist dadurch gekennzeichnet, dass ein gerade in den stromlosen Zustand übergegangener Thyristor mit *negativer* Sperrspannung beaufschlagt wird. Anschließend ändert die Sperrspannung ihre Polarität. Wichtig ist jetzt, dass die Schonzeit t_c größer ist als die **Freiwerdezeit** t_q des betreffenden Thyristors. Es muss also

$$t_c > t_q$$

sein. Andernfalls schaltet der stromlos gewordene Thyristor nach dem Spannungsnulldurchgang ungewollt sofort wieder durch. Damit verbunden ist eine als – „**Kippen des Wechselrichters**" bezeichnete – kurzschlussartige Zunahme des Gleichstromes I_d. Diese Zunahme wird in Bild 3.23a von der Generatorspannung U_q verursacht, da beim Kippvorgang die sonst wirkende – abwechselnd von den Spannungen u_{S1} und u_{S2} gebildete – **Wechselrichter-Gegenspannung** (vergl. Abschnitt 3.1.6) fehlt. Um das Kippen zu vermeiden, muss der Steuerwinkel kleiner sein als

$$\alpha_{max} = 180° - u - \omega t_q . \qquad (3.30)$$

Wird hierbei berücksichtigt, dass α_{max} nahe bei 180° liegt und dadurch der Überlappungswinkel u etwa den Wert der *Anfangsüberlappung* u_0 annimmt, so gilt unter Verwendung von Gl. (3.20)

$$\alpha_{max} \approx 180° - u_0 - \omega t_q = 180° - \arccos\left(1 - \frac{\omega L_K I_d}{\sqrt{2}\, U_S}\right) - \omega t_q . \qquad (3.31)$$

Hierbei sind L_K die Kommutierungsinduktivität, I_d der fließende Gleichstrom und U_S der Effektivwert der sekundären Transformator-Strangspannung. Man bezeichnet den Winkel α_{max} als **Steuerwinkelgrenzwert** oder als **Wechselrichtertrittgrenze**. Zu beachten ist, dass α_{max} nach Gl. (3.31) mit steigendem Belastungsstrom I_d und mit fallender Wechselspannung U_S kleiner wird. Der Steuerwinkelgrenzwert sollte daher so eingestellt werden, dass auch bei Belastungsstößen oder bei Netzspannungsrückgängen ein Kippen des Wechselrichters sicher vermieden wird.

Aufgabe 3.7

Eine Zweipuls-Mittelpunktschaltung nach Bild 3.24 arbeitet im Wechselrichterbetrieb. Die Kommutierungsinduktivitäten haben den Wert L_K = 4 mH. Die sekundäre Transformator-Strangspannung beträgt U_S = 150 V, f = 50 Hz. Es fließt bei einem Steuerwinkel von α = 150° ein Gleichstrom von I_d = 15 A.
Wie groß ist die Schonzeit t_c der Thyristoren?

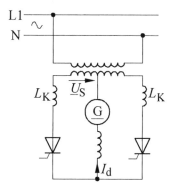

Bild 3.24 Zweipuls-Mittelpunktschaltung (mit angeschlossener Gleichstrommaschine)

Lösung

Die Anfangsüberlappung beträgt mit ωL_K = 2·π·50 Hz·4·10^{-3} H = 1,26 Ω nach Gl. (3.20)

$$u_0 = \arccos\left(1 - \frac{\omega L_K \, I_d}{\sqrt{2}\, U_S}\right) = \arccos\left(1 - \frac{1{,}26\,\Omega \cdot 15\text{A}}{\sqrt{2} \cdot 150\text{V}}\right) = 24{,}3°.$$

Damit erhalten wir den bei α = 150° vorhandenen Überlappungswinkel nach Gl. (3.21) als

$$u = [\arccos(\cos\alpha + \cos u_0 - 1)] - \alpha,$$

u = [arc cos (cos 150° + cos 24,3° − 1)] − 150° = 12,7°.

Aus Bild 3.23b finden wir für den Löschwinkel

γ = 180° − α − u = 180° − 150° − 12,7° = 17,3°.

Hieraus ergibt sich die gesuchte Schonzeit nach Gl. (3.29) als

$$t_c = \frac{\gamma}{\omega} = \frac{17{,}3° \cdot \dfrac{\pi}{180°}}{2 \cdot \pi \cdot 50\ \text{Hz}} = \underline{960\ \mu s}.$$

Anmerkung: Dieser Wert ist deutlich größer als die Freiwerdezeit entsprechender Thyristoren, welche bei ungefähr 100 µs liegt.

3.1.10 Steuerblindleistung und Verzerrungsleistung

Wir betrachten eine gesteuerte netzgeführte Stromrichterschaltung nach Bild 3.25a. Bild 3.25b zeigt den bekannten Verlauf der auftretenden ungeglätteten Gleichspannung u_d (bei vernachlässigbaren Kommutierungsinduktivitäten). Die Induktivität L_d der Glättungsdrossel sei so groß, dass der fließende Gleichstrom I_d als ideal geglättet angesehen werden kann. Die Glättungsdrossel erzwingt dann auf der Transformator-Primärseite nach Bild 3.25c einen *rechteckförmigen* Strom i_P. In der Darstellung ist i_{P1} die Grundschwingung des Stromes i_P. Bild 3.25c zeigt, dass der Strom i_{P1} der Netzspannung u_P um einen bestimmten Phasenverschiebungswinkel φ_1 nacheilt. Das bedeutet, dass die Stromrichterschaltung **induktive Blindleistung** aufnimmt. Zudem enthält der Primärstrom i_P **Oberschwingungen**. Damit ist − bei sinusförmiger Versorgungsspannung − ebenfalls eine **Blindleistungsaufnahme** verbunden.

Zur Bestimmung der genannten Blindleistungen gehen wir von der Wirkleistung P aus, die die Schaltung in Bild 3.25a aufnimmt. Dabei gilt

$$\boxed{P = U_P\, I_{P1}\, \cos \varphi_1.} \tag{3.32}$$

Hierbei sind U_P der Effektivwert der primären Wechselspannung und I_{P1} der Effektivwert der Grundschwingung des primären Wechselstromes. Die von der Schaltung aufgenommene Scheinleistung ergibt sich als

$$S = U_P I_P = U_P \sqrt{I_{P1}^2 + I_{P2}^2 + I_{P3}^2 + \dots} \quad . \tag{3.33}$$

Darin ist I_P der Effektivwert des primären Wechselstromes, während I_{P1}, I_{P2}, I_{P3} die Effektivwerte der in diesem Strom enthaltenen Harmonischen darstellen.

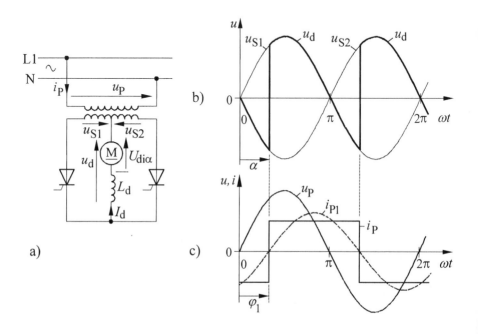

Bild 3.25 Zur Erläuterung der Steuerblindleistung und der Verzerrungsleistung.
a) Betrachtete Schaltung, b) Verlauf der ungeglätteten Gleichspannung,
c) Verlauf von Primärspannung und -strom

Damit erhalten wir für die Blindleistung, wenn wir in die bekannte Beziehung

$$Q = \sqrt{S^2 - P^2} \quad . \tag{3.34}$$

die Gln. (3.32) und (3.33) einsetzen,

$$Q = \sqrt{U_P^2 (I_{P1}^2 + I_{P2}^2 + I_{P3}^2 + \ldots) - (U_P I_{P1} \cos \varphi_1)^2}.$$

Hieraus wird durch Umformen

$$Q = \sqrt{U_P^2 I_{P1}^2 (1 - \cos^2 \varphi_1) + U_P^2 (I_{P2}^2 + I_{P3}^2 + \ldots)}.$$

Mit $(1 - \cos^2 \varphi_1) = \sin^2 \varphi_1$ erhalten wir

$$\boxed{Q = \sqrt{U_P^2 I_{P1}^2 \sin^2 \varphi_1 + U_P^2 (I_{P2}^2 + I_{P3}^2 + \ldots)}.} \tag{3.35}$$

Das in Gl. (3.35) dargestellte Ergebnis zeigt, dass die Blindleistung Q in die beiden Anteile

$$\boxed{Q_1 = U_P I_{P1} \sin \varphi_1} \tag{3.36}$$

und

$$\boxed{D = U_P \sqrt{I_{P2}^2 + I_{P3}^2 + \ldots}} \tag{3.37}$$

zerlegt werden kann, wobei

$$\boxed{Q = \sqrt{Q_1^2 + D^2}} \tag{3.38}$$

ist. Man bezeichnet Q_1 als **Grundschwingungsblindleistung**. Sie ist abhängig von der Aussteuerung (also vom Steuerwinkel α) und wird daher auch **Steuerblindleistung** genannt. Der in Gl. (3.37) angegebene Blindleistungsanteil D wird durch die Stromoberschwingungen verursacht und deshalb als **Oberschwingungsblindleistung** oder als **Verzerrungsleistung** bezeichnet. Das Verhältnis

$$\boxed{\lambda = \frac{P}{S}} \tag{3.39}$$

heißt **Leistungsfaktor**. λ unterscheidet sich infolge der auftretenden Verzerrungsleistung von $\cos \varphi_1$. Man bezeichnet $\cos \varphi_1$ als **Verschiebungsfaktor**. Aus Bild 3.25 ist ersichtlich, dass der Steuerwinkel α und der Phasenverschiebungswinkel φ_1 übereinstimmen. Daher gilt auch

$$\boxed{\cos \varphi_1 = \cos \alpha.} \qquad (3.40)$$

Das heißt, dass der Verschiebungsfaktor gleich dem Kosinus des Steuerwinkels α ist.

Wir wollen jetzt die in Bild 3.25a dargestellte Schaltung unter der Voraussetzung betrachten, dass der fließende Gleichstrom I_d konstant ist, der Steuerwinkel α jedoch verstellt wird. Dieser Fall liegt zum Beispiel dann vor, wenn die Drehzahl eines (fremderregten) Gleichstrommotors bei konstantem Belastungsmoment verstellt wird. Nehmen wir zunächst an, dass der Steuerwinkel α in Bild 3.25a Null ist, so sind die Stromgrundschwingung i_{P1} und die Wechselspannung u_P in Phase. Das bedeutet, dass die Grundschwingungs-Scheinleistung

$$S_1 = U_P I_{P1} \qquad (3.41)$$

eine reine Wirkleistung darstellt. Sie ist – bei verlustloser Schaltung – gleich der Gleichstromleistung $U_{di} I_d$. Es gilt also

$$S_1 = U_{di} I_d. \qquad (3.42)$$

Hierbei ist U_{di} diejenige Spannung, die bei $\alpha = 0°$ am Gleichstrommotor liegt. Wird jetzt in Bild 3.25a der Steuerwinkel α von Null aus vergrößert, so beträgt die aufgenommene Grundschwingungs-Blindleistung unter Berücksichtigung der Gln. (3.40) und (3.42)

$$Q_1 = S_1 \sin \varphi_1 = U_{di} I_d \sin \alpha. \qquad (3.43)$$

Für die aufgenommene Wirkleistung gilt dann

$$P = U_{di} I_d \cos \alpha. \qquad (3.44)$$

Werden die Gln. (3.43) und (3.44) quadriert und danach addiert, so erhält man, wenn man berücksichtigt, dass $\sin^2 \alpha + \cos^2 \alpha = 1$ ist,

$$Q_1^2 + P^2 = (U_{di} I_d)^2. \qquad (3.45)$$

Hieraus folgt

$$\left(\frac{Q_1}{U_{di}\,I_d}\right)^2 + \left(\frac{P}{U_{di}\,I_d}\right)^2 = 1. \tag{3.46}$$

Da die in Bild 3.25a von der Schaltung aufgenommene Wirkleistung auch durch

$$P = U_{di\alpha}\,I_d \tag{3.47}$$

dargestellt werden kann, wird aus Gl. (3.46)

$$\boxed{\left(\frac{Q_1}{U_{di}\,I_d}\right)^2 + \left(\frac{U_{di\alpha}}{U_{di}}\right)^2 = 1.} \tag{3.48}$$

Dies ist die Gleichung eines Kreises. Er ist in Bild 3.26 dargestellt und wird als **Blindleistungskennlinie** bezeichnet.

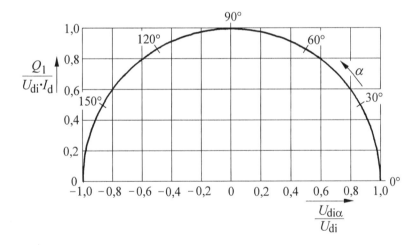

Bild 3.26 Blindleistungskennlinie eines gesteuerten Stromrichters bei konstantem Gleichstrom

Die Darstellung zeigt, dass bei konstantem Gleichstrom I_d die Blindleistung umso höher wird, je näher der Steuerwinkel α bei 90° liegt. So hat die Blindleistung beispielsweise bei $\alpha = 90°$ den gleichen Betrag wie die bei Vollaussteuerung auftretende Gleichstromleistung. Zur Reduzierung der Blindleistung sollte eine Stromrichterschaltung so konzipiert und betrieben werden, dass der Steuerwinkel möglichst weit entfernt von 90° ist.

Aufgabe 3.8

Eine Zweipuls-Mittelpunktschaltung nach Bild 3.27 dient zur Versorgung einer Gleichstrommaschine. Sie liegt bei einem eingestellten Steuerwinkel von $\alpha = 30°$ an der Gleichspannung $U_{di\alpha} = 110$ V und nimmt einen Strom von $I_d = 10$ A auf. Die Induktivität L_d der Glättungsdrossel sei so groß, dass der Gleichstrom I_d als ideal geglättet angenommen werden kann.

Gesucht sind

a) die von der Schaltung aufgenommene Wirkleistung P,

b) die von der Schaltung aufgenommene Scheinleistung S,

c) die von der Schaltung benötigte Blindleistung Q,

d) die Grundschwingungsblindleistung Q_1,

e) die Verzerrungsleistung D,

f) der Leistungsfaktor λ.

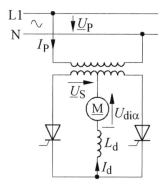

Bild 3.27 Gesteuerte Zweipuls-Mittelpunktschaltung (mit Gleichstrommaschine belastet)

Lösung

a) Bei einer als verlustlos angenommenen Schaltung ist die aufgenommene Wirkleistung P gleich der dem Motor zugeführten Gleichstromleistung $U_{di\alpha} I_d$. Daher beträgt die Wirkleistung

$$P = U_{di\alpha} I_d = 110 \text{ V} \cdot 10 \text{ A} = \underline{1100 \text{ W}}.$$

b) Die sekundäre Transformator-Strangspannung folgt aus Gl. (3.14) als

$$U_S = \frac{U_{di\alpha}}{0{,}90\cos\alpha} = \frac{110\text{ V}}{0{,}90\cdot\cos 30°} = 141{,}1\text{ V}.$$

Nehmen wir für die folgende Berechnung an, dass das Übersetzungsverhältnis des Transformators eins ist, so beträgt die Primärspannung ebenfalls $U_P = 141{,}1$ V. Gleichzeitig fließt dann primärseitig ein rechteckförmiger Strom mit dem Effektivwert $I_P = I_d = 10$ A, wobei der zwischen der Grundschwingung dieses Stromes und der Spannung bestehende Phasenverschiebungswinkel $\varphi_1 = \alpha = 30°$ beträgt. Damit erhalten wir für die von der Schaltung aufgenommene Scheinleistung nach Gl. (3.33)

$$S = U_P\, I_P = 141{,}1\text{ V}\cdot 10\text{ A} = \underline{1411\text{ VA}.}$$

c) Die benötigte Blindleistung beträgt nach Gl. (3.34)

$$Q = \sqrt{S^2 - P^2} = \sqrt{1411^2 - 1100^2}\text{ var} = \underline{884\text{ var}.}$$

Sie setzt sich aus der Grundschwingungsblindleistung und der Verzerrungsleistung zusammen.

d) Die Grundschwingungsblindleistung hat den Wert

$$Q_1 = P\tan\varphi_1 = 1100\text{ W}\cdot\tan 30° = \underline{635\text{ var}.}$$

e) Hiermit ergibt sich die Verzerrungsleistung nach Gl. (3.38) als

$$D = \sqrt{Q^2 - Q_1^2} = \sqrt{884^2 - 635^2}\text{ var} = \underline{615\text{ var}.}$$

f) Für den Leistungsfaktor erhalten wir nach Gl. (3.39)

$$\lambda = \frac{P}{S} = \frac{1100\text{ W}}{1411\text{ VA}} = \underline{0{,}78.}$$

3.1.11 Kommutierungsblindleistung

Wir betrachten eine gesteuerte Stromrichterschaltung nach Bild 3.28a unter Berücksichtigung der Kommutierungsinduktivitäten L_K. Bild 3.28b zeigt den Verlauf der ungeglätteten Gleichspannung u_d. In Bild 3.28c ist der Verlauf der Spannung u_P und der des Stromes i_P der Transformator-Primärseite dargestellt. Dieses Bild enthält außerdem den Verlauf der im Strom i_P enthaltenen Grundschwingung i_{P1}. Dabei zeigt sich, dass der Strom i_{P1} gegenüber der Spannung u_P um den Winkel

$$\boxed{\varphi_1 \approx \alpha + \frac{u}{2}.} \tag{3.49}$$

nacheilt. Dabei sind α der Steuerwinkel und u der Überlappungswinkel. Der Phasenverschiebungswinkel φ_1 ist somit etwa um $u/2$ größer als in einer Schaltung mit vernachlässigten Kommutierungsinduktivitäten (Bild 3.25), wo

$$\varphi_1 = \alpha \tag{3.50}$$

ist. Die hierdurch bedingte, zusätzlich erforderliche Blindleistung wird als **Kommutierungsblindleistung** bezeichnet. Die exakte Berechnung ist aufwendig. Deshalb soll hier darauf verzichtet werden.

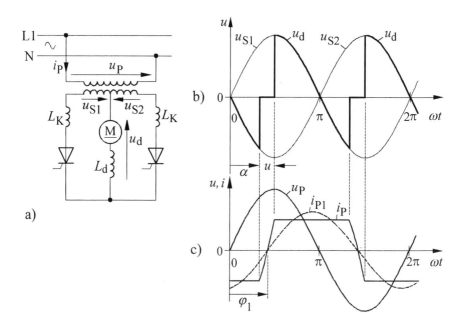

Bild 3.28 Zur Erläuterung der Kommutierungsblindleistung. a) Betrachtete Schaltung, b) Verlauf der ungeglätteten Gleichspannung, c) Verlauf von Primärspannung und -strom

3.1.12 Bemessung der Induktivität der Glättungsdrossel

Bei den bisher betrachteten Stromrichterschaltungen wurde die Induktivität der Glättungsdrossel jeweils als so groß angenommen, dass der fließende Gleichstrom als ideal geglättet angesehen werden kann. Bei ausgeführten Schaltungen wird die Induktivität aus Kostengründen jedoch nur so groß gewählt, wie es für einen einwandfreien Betrieb unbedingt erforderlich ist. Vorteilhaft ist dabei zudem, dass der im Netzstrom enthaltene Oberschwingungsgehalt dann oft niedriger ist als bei sehr großer Glättungsinduktivität. Nicht selten wird sogar auf eine besondere Glättungsdrossel ganz verzichtet. Das bedeutet, dass der fließende Gleichstrom in jedem Fall eine (mehr oder weniger große) Welligkeit besitzt.

Nachfolgend wollen wir uns mit der Frage befassen, wie groß die Induktivität einer Glättungsdrossel mindestens sein muss, damit der Gleichstrom nicht *lückt*. Hierbei sei angemerkt, dass man unter einem lückenden Gleichstrom einen zeitweise (periodisch) aussetzenden Gleichstrom versteht. Man spricht in diesem Fall auch vom **Lückbetrieb**. Für die weiteren Betrachtungen gehen wir von Bild 3.29a aus.

Bild 3.29b zeigt den bekannten Verlauf der ungeglätteten Gleichspannung u_d bei einem Steuerwinkel von $\alpha \approx 45°$. Der zeitliche Mittelwert dieser Gleichspannung ($U_{di\alpha}$) liegt am Gleichstrommotor, während die überlagerte Wechselspannung (also die Welligkeit)

$$u_L = u_d - U_{di\alpha} \tag{3.51}$$

an der Glättungsdrossel abfällt. Die beiden in Bild 3.29b schraffiert dargestellten Spannungs-Zeit-Flächen sind also gleich groß. Bild 3.29c zeigt prinzipiell den Verlauf des fließenden (welligen) Gleichstromes i_d. Sein zeitlicher Mittelwert I_d ist vom Drehmoment abhängig, mit dem der Gleichstrommotor belastet wird. Der in i_d enthaltene Wechselstromanteil

$$i_w = i_d - I_d \tag{3.52}$$

wird zum einen durch den Verlauf der Wechselspannung u_L bestimmt und zum anderen durch die Größe der Glättungsinduktivität L_d. Dabei gilt

$$u_L = L_d \frac{di_w}{dt} = L_d \frac{di_d}{dt}. \tag{3.53}$$

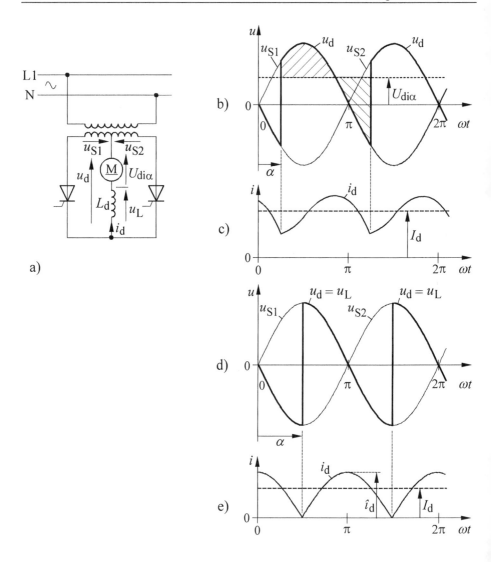

Bild 3.29 Zur Bestimmung der erforderlichen Induktivität einer Glättungsdrossel.
a) Betrachtete Schaltung, b) Verlauf der ungeglätteten Gleichspannung (bei $\alpha \approx 45°$),
c) Verlauf des welligen Gleichstromes (bei $\alpha \approx 45°$), d) Verlauf der ungeglätteten
Gleichspannung (bei $\alpha = 90°$), e) Verlauf des welligen Gleichstromes
(bei $\alpha = 90°$ und Betrieb an der Lückgrenze)

Die Welligkeit des Gleichstromes i_d ist bei dem Steuerwinkel $\alpha = 90°$ am größten. Wir wollen deshalb die Induktivität L_d der Glättungsdrossel so bestimmen, dass der Gleichstrom i_d bei diesem Steuerwinkel gerade noch *lückfrei* ist. Bild 3.29d zeigt den Verlauf der ungeglätteten Gleichspannung u_d bei dem Steuerwinkel $\alpha = 90°$. Da der Mittelwert Null ist, liegt diese Spannung auch an der Glättungsdrossel, so dass

$$u_L = u_d$$

ist. Der zugehörige Verlauf des Gleichstromes i_d ist in Bild 3.29e dargestellt. Der Mittelwert ist dabei so gewählt, dass der Strom gerade noch nicht lückt. Man spricht dann von einem Betrieb an der **Lückgrenze**. Wir betrachten in Bild 3.29d den Bereich $\pi/2 < \omega t < \pi$, in dem die an der Glättungsdrossel liegende Spannung positiv ist. Hier gilt

$$u_L = u_d = u_{S1} = L_d \frac{di_d}{dt} = \omega L_d \frac{di_d}{d\omega t}. \tag{3.54}$$

Daraus folgt mit $u_{S1} = \sqrt{2}\, U_S \sin \omega t$

$$di_d = \frac{1}{\omega L_d} \sqrt{2}\, U_S \sin \omega t\, d\omega t, \tag{3.55}$$

wobei U_S den Effektivwert der sekundären Transformator-Strangspannung darstellt. Der Strom i_d steigt nach Bild 3.29e in dem betreffenden Bereich von $i_d = 0$ auf den Maximalwert $i_d = \hat{i}_d$. Daher gilt, wenn wir Gl. (3.55) integrieren,

$$\int_0^{\hat{i}_d} di_d = \frac{\sqrt{2}\, U_S}{\omega L_d} \int_{\pi/2}^{\pi} \sin \omega t\, d\omega t. \tag{3.56}$$

Durch Ausführen der Integration und Einsetzen der Grenzen erhalten wir

$$\hat{i}_d = \frac{\sqrt{2}\, U_S}{\omega L_d} (-\cos \omega t)\Big|_{\pi/2}^{\pi} = \frac{\sqrt{2}\, U_S}{\omega L_d}. \tag{3.57}$$

Aus dem in Bild 3.29d dargestellten Verlauf der Spannung u_L ergibt sich unter Beachtung von Gl. (3.53), dass der Strom i_d aus positiven Kosinushalbschwingungen besteht. Daher beträgt sein Mittelwert

$$I_d = \frac{1}{\pi/2} \int_0^{\pi/2} \hat{i}_d \cos \omega t\, d\omega t = \frac{2}{\pi} \hat{i}_d \sin \omega t\Big|_0^{\pi/2} = \frac{2}{\pi} \hat{i}_d. \tag{3.58}$$

Setzen wir Gl. (3.57) in Gl. (3.58) ein, so erhalten wir

$$I_\text{d} = \frac{2}{\pi}\frac{\sqrt{2}\,U_\text{S}}{\omega L_\text{d}} = 0{,}90\,\frac{U_\text{S}}{\omega L_\text{d}}.\tag{3.59}$$

Hieraus folgt für die zur Erzielung eines *lückfreien Betriebes* erforderliche Induktivität der Glättungsdrossel

$$\boxed{L_\text{d} = 0{,}90\,\frac{U_\text{S}}{\omega I_\text{d}}.}\tag{3.60}$$

Führen wir den bei dem Steuerwinkel $\alpha = 0°$ (Vollaussteuerung) auftretenden Gleichspannungs-Mittelwert ein, der nach Gl. (3.3)

$$U_\text{di} = 0{,}90\,U_\text{S}\tag{3.61}$$

beträgt, so wird aus Gl. (3.60)

$$\boxed{L_\text{d} = \frac{U_\text{di}}{\omega I_\text{d}}.}\tag{3.62}$$

Das Ergebnis besagt, dass in der betrachteten Schaltung ein **Lückbetrieb** bei beliebigem Steuerwinkel α nur dann ausgeschlossen ist, wenn die Induktivität L_d der Glättungsdrossel mindestens so groß gewählt wird wie angegeben.

Aufgabe 3.9

Bei einer Zweipuls-Mittelpunktschaltung nach Bild 3.30 beträgt der Effektivwert der sekundären Transformator-Strangspannung $U_\text{S} = 230$ V. Die Frequenz ist $f = 50$ Hz. Der Gleichstrom-Mittelwert möge den Wert $I_\text{d} = 2$ A nicht unterschreiten.

Wie groß muss die Induktivität L_d der Glättungsdrossel mindestens gewählt werden, damit bei beliebig eingestelltem Steuerwinkel α stets lückfreier Betrieb besteht?

Lösung

Die erforderliche Glättungsinduktivität folgt aus Gl. (3.60) als

$$L_d = 0{,}90 \frac{U_S}{\omega I_d} = 0{,}90 \cdot \frac{230 \text{ V}}{2 \cdot \pi \cdot 50 \text{ Hz} \cdot 2 \text{ A}} = \underline{330 \text{ mH}.}$$

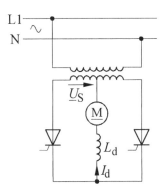

Bild 3.30 Gesteuerte Zweipuls-Mittelpunktschaltung (mit Gleichstrommaschine belastetet)

3.1.13 Lückbetrieb

Wie schon in Abschnitt 3.1.12 beschrieben, wird in netzgeführten Stromrichterschaltungen aus Kostengründen die Induktivität der Glättungsdrossel nur so groß gewählt, wie es für einen einwandfreien Betrieb unbedingt erforderlich ist. Nicht selten wird sogar ganz auf eine besondere Glättungsdrossel verzichtet. Das bedeutet, dass in solchen Schaltungen auf jeden Fall ein *welliger* Gleichstrom auftritt. Häufig ist die Welligkeit sogar so groß, dass der Gleichstrom zeitweise (periodisch) aussetzt. Man spricht dann, wie schon in Abschnitt 3.1.12 erwähnt, vom **Lückbetrieb**.

Wir wollen nachfolgend das Verhalten von Stromrichterschaltungen bei dieser Betriebsart näher untersuchen. Dabei betrachten wir zunächst die Schaltung nach Bild 3.31a, in der der Gleichstromverbraucher aus einem **ohmschen Widerstand** (*R*) besteht. Die Induktivität L_d der Glättungsdrossel sei relativ klein, so dass der fließende (wellige) Gleichstrom i_d nach Bild 3.31c *lückt*. Den Verlauf der dabei auftretenden ungeglätteten Gleichspannung u_d zeigt Bild 3.31b. Wir erkennen, dass der jeweils stromführende Thyristor zu einem Zeitpunkt in Sperrung übergeht, wo der andere Thyristor noch nicht gezündet worden ist. Somit treten Zeitbereiche auf, in denen beide Thyristoren stromlos sind und daher die Spannung u_d Null ist. Hierdurch werden die *negativen* Spannungs-Zeit-Flächen von u_d – verglichen mit dem lückfreien Betrieb – um die in Bild 3.31b schraffiert dargestellten Anteile kleiner. Das bedeutet, dass der zeitliche Mittelwert der ungeglätteten

Gleichspannung ($U_{di\alpha}$) im Lückbetrieb größer ist als bei lückfreiem Gleichstrom. $U_{di\alpha}$ ist dabei dann am größten, wenn $L_d = 0$ ist. In diesem Fall hat die Spannung u_d überhaupt keine negativen Spannungs-Zeit-Flächen. Dann gilt für den Mittelwert dieser Spannung nach Bild 3.31b

$$U_{di\alpha_{max}} = \frac{1}{\pi}\int_{\alpha}^{\pi}\sqrt{2}\,U_S\,\sin\omega t\,\mathrm{d}\omega t = 0{,}45\,U_S\,(1+\cos\alpha). \qquad (3.63)$$

Hierin ist U_S der Effektivwert der sekundären Transformator-Strangspannung.

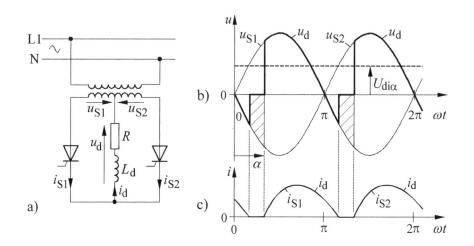

Bild 3.31 Zweipuls-Mittelpunktschaltung mit Widerstandsbelastung im Lückbetrieb.
a) Schaltung, b) Verlauf der ungeglätteten Gleichspannung,
c) Verlauf des (welligen) Gleichstromes

Vergleicht man das in Gl. (3.63) angegebene Ergebnis mit der sich im lückfreien Zustand nach Gl. (3.10) ergebenden Gleichspannung $U_{di\alpha 0}$, so findet man, dass der betreffende Spannungs-Mittelwert im Lückbetrieb maximal um den Faktor

$$\frac{U_{di\alpha_{max}}}{U_{di\alpha 0}} = \frac{0{,}45\,U_S\,(1+\cos\alpha)}{0{,}90\,U_S\,\cos\alpha} \qquad (3.64)$$

größer sein kann. Teilen wir den Zähler und den Nenner von Gl. (3.64) durch $0{,}45\cdot U_S$, so erhalten wir das Ergebnis

3.1 Zweipuls-Mittelpunktschaltung

$$\boxed{\frac{U_{di\alpha_{max}}}{U_{di\alpha 0}} = \frac{1+\cos\alpha}{2\cos\alpha}}. \tag{3.65}$$

Hierbei ist zu beachten, dass die in Gl. (3.10) angegebene Beziehung nur für einen Steuerwinkel im Bereich $0 < \alpha < 90°$ gilt, so dass auch die angegebene Gleichung nur in diesem Bereich gültig ist.

Wird also in Bild 3.31a bei einem bestimmten Steuerwinkel α der Widerstand R vergrößert, so kann es dazu kommen, dass ein Wechsel vom ursprünglich lückfreien Betrieb in den Lückbetrieb erfolgt. Dadurch steigt der Mittelwert der erzeugten Gleichspannung an. Der Mittelwert kann dabei um maximal den in Gl. (3.65) angegebenen Faktor größer werden. Da eine Spannungsquelle (allgemein) eine konstante, vom gelieferten Strom unabhängige Spannung haben sollte, stellt das Gleichstromlücken eine unerwünschte Erscheinung dar, die das Betriebsverhalten somit negativ beeinflusst.

Wir wollen jetzt nach Bild 3.32a eine Stromrichterschaltung betrachten, bei der der Gleichstromverbraucher aus einem **Gleichstrommotor** besteht, also eine **Belastung mit Gegenspannung** vorliegt. Der **Lückbetrieb** dieser Schaltung ist von besonderer Bedeutung, da bei relativ großer Motorbelastung (und damit entsprechend großem Gleichstrom-Mittelwert) zwar in der Regel kein Gleichstromlücken auftritt, jedoch bei Entlastung des Motors (und damit sinkendem Gleichstrom-Mittelwert) meistens das Lücken einsetzt.

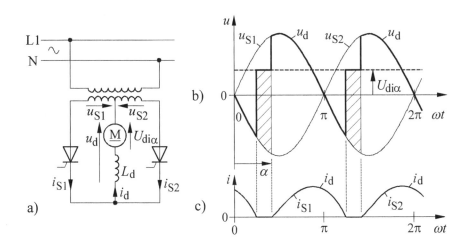

Bild 3.32 Zweipuls-Mittelpunktschaltung im Lückbetrieb bei Belastung mit Gegenspannung.
a) Schaltung, b) Verlauf der ungeglätteten Gleichspannung,
c) Verlauf des (welligen) Gleichstromes

Bild 3.32b zeigt den Verlauf der ungeglätteten Gleichspannung u_d im Lückbetrieb, Bild 3.32c den des dabei fließenden (welligen) Gleichstromes i_d. Aus Bild 3.32c ist ersichtlich, dass der jeweils stromführende Thyristor schon zu einem Zeitpunkt in Sperrung übergeht, wo der andere Thyristor noch nicht gezündet worden ist. Dadurch entstehen stromlose Zeitbereiche, in denen die Gleichspannung u_d jedoch nicht Null ist, wie bei ohmscher Belastung (Bild 3.31b), sondern gleich der im Anker des Motors induzierten Spannung (induzierten Gegenspannung). Diese ist – bei vernachlässigbaren ohmschen Widerständen – nach Bild 3.32b gleich dem Gleichspannungs-Mittelwert $U_{di\alpha}$.

Durch das Lücken ist die Spannungs-Zeit-Fläche der Spannung u_d – verglichen mit dem lückfreien Betrieb – um die in Bild 3.32b schraffiert dargestellten Anteile größer. Dadurch sind der Gleichspannungs-Mittelwert $U_{di\alpha}$ – und somit auch die Motordrehzahl – größer als im lückfreien Betrieb. Darüber hinaus zeigt sich, dass mit abnehmender Motorbelastung die stromlosen Zeitbereiche größer werden und die Motorspannung sowie die Motordrehzahl weiter zunehmen. Wird der Motor vollständig entlastet und dessen Anker zudem als völlig induktivitäts- und verlustfrei angenommen, so steigt die Motorspannung auf den größten Augenblickswert der gelieferten ungeglätteten Gleichspannung u_d an. Der Gleichstrommotor verhält sich dann wie ein (Glättungs-)Kondensator. Die Motorspannung kann somit bei Entlastung der Maschine im Steuerbereich $0 < \alpha < \pi/2$ (Bild 3.32b) unter Berücksichtigung von Gl. (3.3) maximal auf

$$U_{di\alpha_{max}} = \sqrt{2}\, U_S = \sqrt{2}\, \frac{U_{di}}{0{,}90} \tag{3.66}$$

ansteigen. Dabei sind U_S der Effektivwert der sekundären Transformator-Strangspannung und U_{di} der bei dem Steuerwinkel $\alpha = 0°$ (Vollaussteuerung) vorhandene Gleichspannungs-Mittelwert im lückfreien Betrieb. Es gilt also

$$\boxed{U_{di\alpha_{max}} = 1{,}57\, U_{di}\,.} \tag{3.67}$$

Im Steuerbereich $\pi/2 < \alpha < \pi$ beträgt der entsprechende Wert

$$\boxed{U_{di\alpha_{max}} = 1{,}57\, U_{di} \sin\alpha\,.} \tag{3.68}$$

In Bild 3.33 ist die Abhängigkeit der Motorspannung vom Motorstrom für verschiedene Steuerwinkel α in *normierter Form* dargestellt. Die gestrichelt eingetragene Linie trennt dabei den **Lückbetrieb** (links) vom **lückfreien Betrieb** (rechts). Die Lage dieser Linie wird durch die Größe der Glättungsinduktivität L_d bestimmt.

$U_{di}/(\omega L_d)$ ist nach Gl. (3.62) derjenige Gleichstrom-Mittelwert, der für den Steuerwinkel $\alpha = 90°$ die Lückgrenze darstellt.

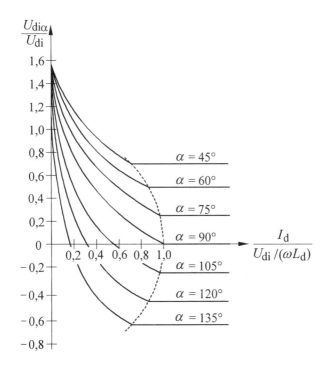

Bild 3.33 Strom-Spannungs-Kennlinien der Zweipuls-Mittelpunktschaltung bei Belastung mit Gegenspannung. Die gestrichelt dargestellte Linie trennt den lückfreien Betrieb (rechts) vom Lückbetrieb (links)

Bild 3.33 zeigt, dass die am Gleichstrommotor liegende Spannung ($U_{di\alpha}$) und damit auch die Motordrehzahl im lückfreien Betrieb (im Bild rechts) unabhängig vom Gleichstrom I_d und damit unabhängig von der Belastung des Motors ist. Dagegen sind die betreffende Spannung und damit auch die Motordrehzahl im Lückbetrieb (im Bild links) stark von der Motorbelastung abhängig. Da ein Motor in der Regel eine möglichst konstante (lastunabhängige) Drehzahl haben sollte, ist das Gleichstromlücken – ebenso wie bei der oben beschriebenen *ohmschen* Belastung – als eine unerwünschte Erscheinung anzusehen, die das Betriebsverhalten somit negativ beeinflusst.

Aufgabe 3.10

Bei einer Zweipuls-Mittelpunktschaltung nach Bild 3.34 mit endlicher großer (begrenzter) Glättungsinduktivität L_d beträgt die gelieferte Gleichspannung bei Vollaussteuerung (Steuerwinkel $\alpha = 0°$) im lückfreien Betrieb $U_{di} = 110$ V.

a) Wie groß ist die gelieferte Gleichspannung $U_{di\alpha}$ im lückfreien Betrieb bei einem Steuerwinkel von $\alpha = 45°$?

b) Auf welchen Wert $U_{di\alpha\,max}$ kann diese Spannung maximal ansteigen, wenn der Gleichstrommotor bei gleichem Steuerwinkel α entlastet wird?

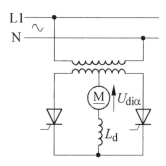

Bild 3.34 Gesteuerte Zweipuls-Mittelpunktschaltung mit endlicher großer (begrenzter) Glättungsinduktivität

Lösung

a) Im lückfreien Betrieb beträgt die gelieferte Gleichspannung nach Gl. (3.10)

$U_{di\alpha} = U_{di} \cos \alpha = 110$ V $\cdot \cos 45° = \underline{77{,}8 \text{ V}}$.

b) Bei der Entlastung des Motors setzt der Lückbetrieb ein. Dabei kann die am Motor liegende Gleichspannung nach Gl. (3.67) maximal ansteigen auf

$U_{di\alpha\,max} = 1{,}57 \, U_{di} = 1{,}57 \cdot 110$ V $= \underline{173 \text{ V}}$.

Anmerkung: Die Motordrehzahl erhöht sich in gleichem Maße wie die anliegende Gleichspannung, da sich beide Größen proportional zueinander verhalten.

3.2 Zweipuls-Brückenschaltung

Wir wollen uns jetzt mit einer anderen Stromrichterschaltung, der **Zweipuls-Brückenschaltung**, befassen. Man unterscheidet dabei zwischen der **ungesteuerten**, der **vollgesteuerten** und der **halbgesteuerten** Schaltung. Die ungesteuerte Schaltung verhält sich so wie eine gesteuerte bei Vollaussteuerung. Daher soll die ungesteuerte Ausführung nachfolgend nicht gesondert betrachtet werden.

3.2.1 Vollgesteuerte Schaltung

Ein Transformator mit Mittelanzapfung sei nach Bild 3.35a mit *zwei* gesteuerten Zweipuls-Mittelpunktschaltungen (I und II) belastet. Die Mittelpunktschaltung I wird gebildet aus den Thyristoren T_1 und T_3, dem Lastwiderstand R_I und der Glättungsdrossel L_{dI}.

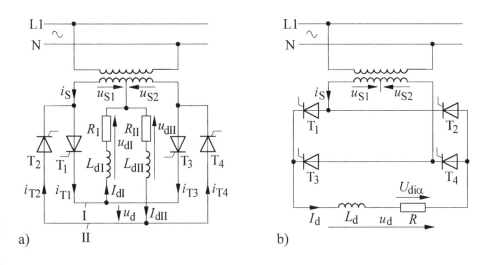

Bild 3.35 a) Zweipuls-Brückenschaltung als wechselspannungsseitige Parallelschaltung und gleichstromseitige Reihenschaltung von zwei Zweipuls-Mittelpunktschaltungen,
b) übliche Darstellungsform einer Zweipuls-Brückenschaltung

Entsprechend besteht die Mittelpunktschaltung II aus T_2, T_4, R_{II} und L_{dII}. Die Induktivitäten beider Glättungsdrosseln (L_{dI} und L_{dII}) seien so groß, dass die fließenden Gleichströme (I_{dI} und I_{dII}) als ideal geglättet betrachtet werden können. Beide Mittelpunktschaltungen werden durch die *gleichen* Wechselspannungen (u_{S1} und u_{S2}) versorgt, liegen also **wechselspannungsseitig parallel**. Sie arbeiten daher unabhängig voneinander und unterscheiden sich lediglich in der Polung der

Thyristoren. Mittelpunktschaltung I erzeugt bei dem Steuerwinkel α die in Bild 3.36a dargestellte Gleichspannung u_{dI}.

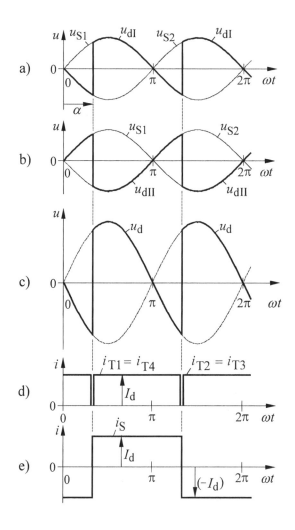

Bild 3.36 Verlauf der auftretenden Spannungen und Ströme der in Bild 3.35 dargestellten Zweipuls-Brückenschaltung. a) Erzeugte Gleichspannung der Mittelpunktschaltung I, b) erzeugte Gleichspannung der Mittelpunktschaltung II, c) insgesamt erzeugte Gleichspannung, d) Thyristorströme, e) Transformator-Sekundärstrom

Bild 3.36b zeigt den Verlauf der Gleichspannung u_{dII}, die von der Mittelpunktschaltung II bei dem gleichen Steuerwinkel geliefert wird. Wählt man nun in Bild 3.35a

3.2 Zweipuls-Brückenschaltung

$R_\mathrm{I} = R_\mathrm{II}$,

so sind die fließenden Gleichströme I_dI und I_dII gleich groß. Das bedeutet, dass die Verbindung zum Transformator-Mittelpunkt keinen Strom führt. Sie kann daher entfernt werden, ohne dass sich die in der Schaltung auftretenden Spannungen und Ströme verändern. Entfernt man die Verbindung, so erhält man mit

$$R = R_\mathrm{I} + R_\mathrm{II}$$

und

$$L_\mathrm{d} = L_\mathrm{dI} + L_\mathrm{dII}$$

die in Bild 3.35b dargestellte Schaltung. Sie kann auf der **Gleichstromseite** als **Reihenschaltung** zweier **Zweipuls-Mittelpunktschaltungen** aufgefasst werden. Aus Bild 3.35a findet man für die Höhe der gelieferten ungeglätteten Gleichspannung (durch Anwendung der Maschenregel)

$$u_\mathrm{d} = u_\mathrm{dI} - u_\mathrm{dII}. \tag{3.69}$$

Die Subtraktion der in den Bildern 3.36a und 3.36b dargestellten Spannungen u_dI und u_dII ergibt für die Spannung u_d den in Bild 3.36c angegebenen (zweipulsigen) Verlauf. Man bezeichnet die Anordnung nach Bild 3.35b als **Zweipuls-Brückenschaltung**. Die Kurzbezeichnung lautet **B2**. Da in Bild 3.35b alle vier Leistungshalbleiter *steuerbar* sind, spricht man auch von einer **vollgesteuerten Schaltung**.

Die von der Brückenschaltung gelieferte Gleichspannung u_d ist doppelt so groß wie die von der Mittelpunktschaltung I erzeugte Gleichspannung u_dI. Für die Höhe des Gleichspannungs-Mittelwertes finden wir daher unter Berücksichtigung von Gl. (3.10)

$$U_{\mathrm{d}i\alpha} = 2 \cdot 0{,}9\, U_\mathrm{S} \cos \alpha,$$

und somit

$$\boxed{U_{\mathrm{d}i\alpha} = 1{,}8\, U_\mathrm{S} \cos \alpha.} \tag{3.70}$$

Dabei stellt U_S den Effektivwert der sekundären Transformator-Strangspannung dar und α den Steuerwinkel. Der fließende Gleichstrom beträgt

$$\boxed{I_\mathrm{d} = \frac{U_{\mathrm{d}i\alpha}}{R}.} \tag{3.71}$$

Bild 3.36d zeigt den Verlauf der auftretenden Thyristorströme. In Bild 3.36e ist der Verlauf des Transformator-Sekundärstromes dargestellt.

Die erforderliche Transformator-Bauleistung (vergl. Abschnitt 3.1.4) ist identisch mit der in Gl. (3.8) angegebenen Scheinleistung und beträgt somit

$$\boxed{S_T = 1{,}11\, P_d.} \qquad (3.72)$$

Dabei ist P_d die gelieferte Gleichstromleistung. Die Transformatorausnutzung ist also besser als bei der Zweipuls-Mittelpunktschaltung, bei der nach Gl. (3.9) $S_T = 1{,}34\, P_d$ ist.

Da die sekundäre Mittelanzapfung des Transformators in Bild 3.35b nicht benötigt wird, kann die Zweipuls-Brückenschaltung auch direkt am Netz betrieben werden. Dies ist ein bedeutender Vorteil gegenüber der Zweipuls-Mittelpunktschaltung, da dadurch der Transformator eingespart werden kann. Zu beachten ist jedoch, dass beim Betrieb ohne Transformator im Allgemeinen eine Drosselspule in die Netzzuleitung einzuschalten ist, damit die Steilheit der Thyristorströme während der Kommutierung nicht zu groß wird (vergl. Abschnitt 3.1.7). Man bezeichnet diese Drosselspule als **Kommutierungsdrossel**.

Ersetzt man in Bild 3.35b die Thyristoren durch Dioden, so erhält man eine **ungesteuerte Zweipuls-Brückenschaltung**. Sie verhält sich, wie schon erwähnt, so wie eine vollgesteuerte Schaltung bei dem Steuerwinkel $\alpha = 0°$.

Aufgabe 3.11

Eine Zweipuls-Brückenschaltung wird nach Bild 3.37a direkt am Netz betrieben. Die Netzspannung beträgt $U = 230$ V ($f = 50$ Hz).

Die Schaltung arbeitet im Wechselrichterbetrieb, wobei ein Steuerwinkel von $\alpha = 150°$ eingestellt ist. Es fließt ein Gleichstrom von $I_d = 10$ A.

Gesucht sind

a) die vom Generator zu liefernde Gleichspannung U_q,

b) der zeitliche Verlauf der Spannung u_d,

c) der zeitliche Verlauf des Stromes i_S,

d) der zeitliche Verlauf der Thyristorspannung u_{T1}.

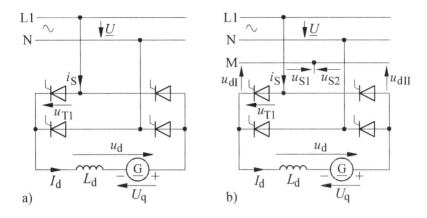

Bild 3.37 Zweipuls-Brückenschaltung im Wechselrichterbetrieb. a) Gegebene Schaltung, b) Auffassung der Anordnung als (gleichstrommäßige) Reihenschaltung zweier Mittelpunktschaltungen

Lösung

Für die Lösung der Aufgabe fassen wir die angegebene **Brückenschaltung** auf der **Gleichstromseite** als **Reihenschaltung** zweier **Zweipuls-Mittelpunktschaltungen** auf. Dazu können wir gedanklich von der Annahme ausgehen, dass die Netzspannung U von einem Transformator mit sekundärseitiger Mittelanzapfung geliefert wird. Der in Bild 3.37b dargestellte Leiter M möge mit dieser Mittelanzapfung verbunden sein. Dann sind u_{S1} und u_{S2} die Transformator-Strangspannungen. Deren Effektivwert beträgt $U_S = U/2 = 115$ V.

a) Die vom Generator zu liefernde Gleichspannung muss – „ideales" Verhalten der Stromrichterschaltung vorausgesetzt – gleich dem (negativen) Mittelwert der Spannung u_d sein und nach Gl. (3.70) damit

$$U_q = -U_{di\alpha} = -1{,}8\,U_S \cos\alpha = -1{,}8 \cdot 115\text{ V} \cdot \cos 150° = \underline{179{,}3\text{ V}}$$

betragen. Dabei stellt $U_{di\alpha}$ die **Wechselrichter-Gegenspannung** dar.

b) Die Strangspannung hat den Scheitelwert

$$\hat{u}_S = \sqrt{2}\,U_S = \sqrt{2} \cdot 115\text{ V} = 162{,}6\text{ V}.$$

Der Verlauf der Spannungen u_{dI} und u_{dII} ist in Bild 3.38 angegeben. Die gesuchte Spannung u_d erhalten wir durch Anwendung von Gl. (3.69). Das Ergebnis ist ebenfalls in Bild 3.38 dargestellt.

c) Den Verlauf des Stromes i_S zeigt gleichfalls Bild 3.38.

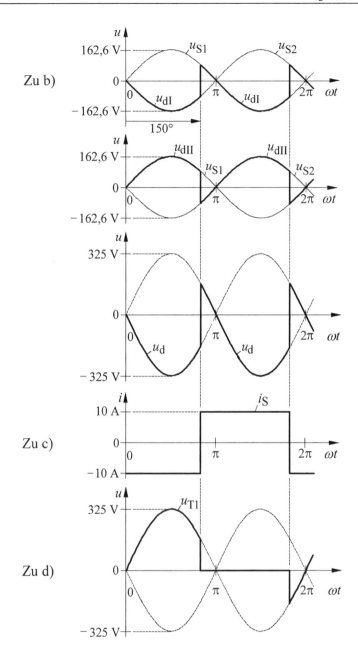

Bild 3.38 Zeitlicher Verlauf der in der Schaltung nach Bild 3.37a auftretenden Spannungen und Ströme (Erläuterung im Text)

d) Die gesuchte Thyristorspannung finden wir aus Bild 3.37b durch Anwendung der Maschenregel als

$$u_{T1} = u_{S1} - u_{dI}.$$

Führen wir die Subtraktion aus, so kommen wir zu dem in Bild 3.38 (unten) angegebenen Ergebnis.

3.2.2 Halbgesteuerte Schaltung

In der bisher betrachteten Zweipuls-Brückenschaltung bestehen alle vier Leistungshalbleiter aus **Thyristoren** und sind somit **steuerbar**. Beim Betrieb liegen in den jeweils bestehenden Stromkreisen stets zwei Thyristoren in Reihe. Es liegt deshalb nahe, jeweils einen der beiden Thyristoren durch eine Diode zu ersetzen. Dadurch entstehen Schaltungen, die man als **halbgesteuerte Zweipuls-Brückenschaltungen** bezeichnet. Hierbei kann man grundsätzlich nach Bild 3.39 zwei verschiedene Schaltungsarten unterscheiden.

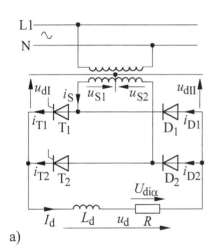
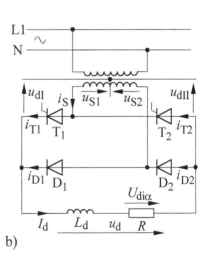

a)   b)

Bild 3.39 Halbgesteuerte Zweipuls-Brückenschaltungen. a) einpolig gesteuerte Schaltung, b) zweigpaar-halbgesteuerte Schaltung

Die in Bild 3.39a angegebene Schaltung nennt man **einpolig gesteuert**. Bilden dabei, wie dargestellt, die *Kathoden* der beiden Thyristoren einen Gleichstromanschluss, so verwendet man die Kurzbezeichnung **B2HK** (oder **B2H**). Polt man dagegen in Bild 3.39a alle vier Leistungshalbleiter um, so bilden die *Anoden* der

Thyristoren einen Gleichstromanschluss. Dann lautet die Kurzbezeichnung **B2HA** (oder **B2H**).

Die Schaltung nach Bild 3.39a kann **gleichstromseitig** als **Reihenschaltung** einer **gesteuerten** und einer **ungesteuerten Zweipuls-Mittelpunktschaltung** angesehen werden. Die aus den Thyristoren T_1 und T_2 gebildete (gesteuerte) Mittelpunktschaltung erzeugt dabei die in Bild 3.40a dargestellte Gleichspannung u_{dI}. Entsprechend erzeugt die aus den Dioden D_1 und D_2 bestehende (ungesteuerte) Mittelpunktschaltung die in Bild 3.40a angegebene Gleichspannung u_{dII}. Die insgesamt gelieferte ungeglättete Gleichspannung beträgt

$$u_d = u_{dI} - u_{dII}.$$

Deren Verlauf ist ebenfalls in Bild 3.40a dargestellt. Bezeichnen wir den erzeugten Gleichspannungs-Mittelwert bei *Vollaussteuerung* ($\alpha = 0°$) als U_{di}, so liefert die *ungesteuerte* Mittelpunktschaltung den Wert

$$U_{diII} = \frac{U_{di}}{2},$$

während der Anteil der *gesteuerten* Mittelpunktschaltung unter Berücksichtigung von Gl. (3.10) bei dem Steuerwinkel α

$$U_{di\alpha I} = \frac{U_{di}}{2} \cos \alpha$$

beträgt. Addieren wir beide Anteile, so erhalten wird den insgesamt gelieferten Gleichspannungs-Mittelwert als

$$\boxed{U_{di\alpha} = \frac{U_{di}}{2}(1 + \cos \alpha).} \tag{3.73}$$

Hierbei ist nach Gl. (3.70) für $\alpha = 0°$

$$U_{di} = 1{,}8\, U_S. \tag{3.74}$$

U_S stellt den Effektivwert der sekundären *Transformator-Strangspannung* dar. Das ist die Hälfte der gesamten Sekundärspannung.

Der Verlauf der auftretenden Thyristorströme i_{T1} und i_{T2}, der Diodenströme i_{D1} und i_{D2} sowie des Transformator-Sekundärstromes i_S ist ebenfalls in Bild 3.40a dargestellt. Für den letztgenannten Strom gilt nach der Knotenregel

$$i_S = i_{T1} - i_{D1}.$$

3.2 Zweipuls-Brückenschaltung

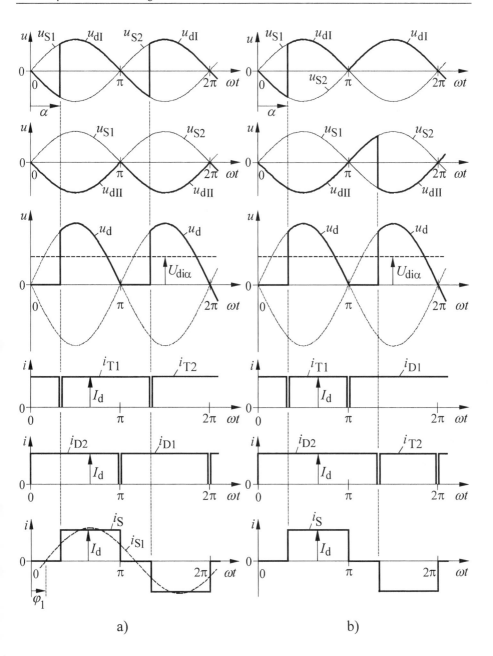

Bild 3.40 Verlauf der auftretenden Spannungen und Ströme a) in der einpolig gesteuerten Zweipuls-Brückenschaltung (Bild 3.39a), b) in der zweigpaar-halbgesteuerten Zweipuls-Brückenschaltung (Bild 3.39b)

Tragen wir noch die Strom-Grundschwingung i_{S1} des Stromes i_S in Bild 3.40a ein, so stellen wir fest, dass diese gegenüber der zugehörigen Transformator-Sekundärspannung um den Winkel

$$\boxed{\varphi_1 = \frac{\alpha}{2}} \qquad (3.75)$$

nacheilt. Vergleichen wir dieses Ergebnis mit Gl. (3.40), so finden wir, dass der Phasenverschiebungswinkel φ_1 bei der halbgesteuerten Schaltung nur halb so groß ist wie bei der vollgesteuerten. Die erstgenannte Schaltung nimmt daher deutlich weniger Blindleistung auf als die andere. Ein weiterer Unterschied zwischen der halbgesteuerten und der vollgesteuerten Schaltung besteht darin, dass in der ersteren kein *negativer* Gleichspannungs-Mittelwert auftreten kann und daher ein Wechselrichterbetrieb hiermit nicht möglich ist.

Bild 3.39b zeigt eine Schaltung, die als **zweigpaar-halbgesteuert** bezeichnet wird. Die verwendete Kurzbezeichnung ist **B2HZ** (oder **B2H**). Hierbei sei angemerkt, dass man den in Bild 3.39b aus den Thyristoren T_1 und T_2 gebildete Schaltungszweig – ebenso wie die aus den Dioden D_1 und D_2 bestehende Kombination – als **Zweigpaar** bezeichnet.

Die Schaltung nach Bild 3.39b kann ebenfalls **gleichstromseitig** als **Reihenschaltung zweier Mittelpunktschaltungen** aufgefasst werden. Dabei besteht *eine* dieser Mittelpunktschaltungen aus dem Thyristor T_1 und der Diode D_1, während die *andere* aus den Bauelementen T_2 und D_2 gebildet wird. Die erstgenannte Mittelpunktschaltung erzeugt die in Bild 3.40b dargestellte Gleichspannung u_{dI}. Entsprechend liefert die andere Mittelpunktschaltung die Gleichspannung u_{dII}, die ebenfalls in Bild 3.40b angegeben ist. Die insgesamt gelieferte Gleichspannung findet man mit Hilfe der Gleichung

$$u_d = u_{dI} - u_{dII}.$$

Diese gleichfalls in Bild 3.40b angegebene Spannung hat den gleichen Verlauf wie bei der einpolig gesteuerten Schaltung. Für die Höhe des Gleichspannungs-Mittelwertes gilt somit Gl. (3.73). Der Verlauf der Thyristor- und Diodenströme geht ebenfalls aus Bild 3.40b hervor. Die Darstellung zeigt, dass die in den Leistungshalbleitern auftretende Stromflussdauer unterschiedlich groß ist. So beträgt in jeder Periode der Wechselspannung der Stromflusswinkel in den *Thyristoren* (180° – α), in den *Dioden* dagegen (180° + α). Das bedeutet, dass sich die Dioden – insbesondere bei großem Steuerwinkel α – relativ stärker erwärmen als die Thyristoren. Der Verlauf des Transformator-Sekundärstromes i_S (Bild 3.40b) stimmt mit dem der einpolig gesteuerten Schaltung überein. Daher haben die beiden halbgesteuerten Schaltungen auch das gleiche Blindleistungsverhalten.

Aufgabe 3.12

Eine zweigpaar-halbgesteuerte Zweipuls-Brückenschaltung wird nach Bild 3.41a direkt am Netz betrieben. Die Netzspannung beträgt $U = 230$ V ($f = 50$ Hz). Der Lastwiderstand hat den Wert $R = 5{,}5\ \Omega$. Es ist ein Steuerwinkel von $\alpha = 120°$ eingestellt.

Gesucht sind

a) die Höhe des fließenden Gleichstromes I_d,

b) der zeitliche Verlauf der Spannung u_d,

c) der zeitliche Verlauf der Ströme i_{T1} und i_{D1},

d) der zeitliche Verlauf der Ströme i_{T2} und i_{D2},

e) der zeitliche Verlauf des Stromes i_S.

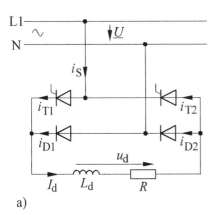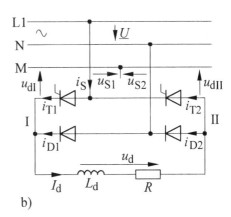

Bild 3.41 Zweigpaar-halbgesteuerte Zweipuls-Brückenschaltung. a) Gegebene Schaltung, b) Betrachtung der Brückenschaltung als (gleichstromseitige) Reihenschaltung zweier Mittelpunktschaltungen

Lösung

Wir fassen die angegebene Brückenschaltung als Reihenschaltung zweier Zweipuls-Mittelpunktschaltungen (I und II) auf. Dazu nehmen wir an, dass die Netzspannung U von einem Transformator mit sekundärseitiger Mittelanzapfung geliefert wird. Der in Bild 3.41b mit M gekennzeichnete Leiter sei mit der genannten Mittelanzapfung verbunden. Unter dieser Voraussetzung sind u_{S1} und u_{S2} die Transformator-Strangspannungen. Deren Effektivwert beträgt $U_S = U/2 = 115$ V.

a) Die erzeugte Gleichspannung hat unter Berücksichtigung der Gln. (3.73) und (3.74) den Mittelwert

$U_{di\alpha} = 0{,}90 \; U_S \; (1 + \cos \alpha) = 0{,}90 \cdot 115 \text{ V} \cdot (1 + \cos 120°) = 51{,}8 \text{ V}.$

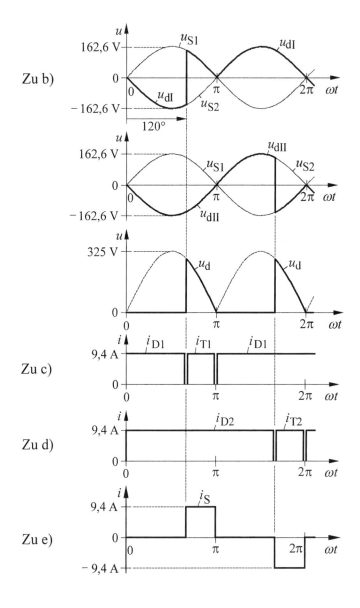

Bild 3.42 Verlauf der auftretenden Spannungen und Ströme in der Schaltung nach Bild 3.41

Damit beträgt die Höhe des fließenden Gleichstromes

$$I_\mathrm{d} = \frac{U_{\mathrm{di}\alpha}}{R} = \frac{51,8\text{ V}}{5,5\,\Omega} = 9,4\text{ A}.$$

b) Die Strangspannungen haben den Scheitelwert

$$\hat{u}_\mathrm{S} = \sqrt{2}\,U_\mathrm{S} = \sqrt{2} \cdot 115\text{ V} = 162,6\text{ V}.$$

Bild 3.42 zeigt den Verlauf der Spannungen u_dI und u_dII. Die gesuchte Spannung u_d folgt aus der Gleichung

$$u_\mathrm{d} = u_\mathrm{dI} - u_\mathrm{dII}.$$

Die Subtraktion führt zu dem in Bild 3.42 dargestellten Ergebnis.

c) Der Verlauf der Ströme i_T1 und i_D1 ist ebenfalls in Bild 3.42 angegeben.
d) Bild 3.42 zeigt auch den Verlauf der Ströme i_T2 und i_D2.
e) Der Strom i_S ergibt sich aus der Gleichung

$$i_\mathrm{S} = i_\mathrm{T1} - i_\mathrm{T2}.$$

Der Verlauf ist ebenfalls in Bild 3.42 dargestellt.

3.3 Dreipuls-Mittelpunktschaltung

3.3.1 Aufbau und Betrieb bei Vollaussteuerung

Netzgeführte Stromrichter für höhere Leistungen werden im Allgemeinen mit Drehstrom versorgt. Die hierbei einfachste Schaltung ist in Bild 3.43a dargestellt. Die drei Thyristoren wechseln sich in der Stromführung periodisch ab. Bei Vollaussteuerung (oder bei der ungesteuerten Schaltung) ist immer dasjenige Ventil gerade stromführend, dessen Anodenpotenzial gegenüber dem Transformator-Mittelpunkt am höchsten ist. Das bedeutet, dass der Stromübergang von einem Zweig auf den anderen immer dann stattfindet, wenn die Strangspannungen den gleichen Augenblickswert haben. Hierdurch wird die Lage der Zündimpulse bei Vollaussteuerung vorgegeben. Man spricht hierbei vom **natürlichen Zündzeitpunkt**. Bild 3.44a zeigt den Verlauf der sich ergebenden Gleichspannung u_d bei Vollaussteuerung. u_S1, u_S2 und u_S3 sind dabei die sekundärseitigen Transformator-Strangspannungen. In Bild 3.44b ist die Lage der Zündimpulse dargestellt.

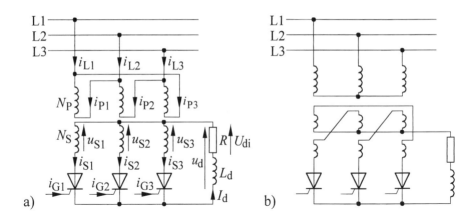

Bild 3.43 Dreipuls-Mittelpunktschaltung. a) Transformator ist sekundärseitig in Stern geschaltet, b) Transformator ist sekundärseitig in Zickzack geschaltet

Die Gleichspannung u_d enthält pro Periodendauer *drei* Maxima und besitzt somit eine **dreipulsige Welligkeit**. Die Anordnung nach Bild 3.43a stellt demnach einen Stromrichter mit der **Pulszahl** $p = 3$ dar. Man bezeichnet die Schaltung als **Dreipuls-Mittelpunktschaltung** oder auch als **Drehstrom-Mittelpunktschaltung**. Die Kurzbezeichnung ist **M3**.

Da stets *einer* der drei Thyristoren eingeschaltet (stromführend) ist, werden jeweils die *anderen* beiden Ventile mit der *Außenleiterspannung* der Transformator-Sekundärseite beansprucht. Daher ist der **Scheitelwert der Thyristorsperrspannung** gleich dem der Außenleiterspannung und beträgt somit

$$\hat{u}_T = \sqrt{2}\sqrt{3}\, U_S = 2{,}45\, U_S. \tag{3.76}$$

Hierbei ist U_S der Effektivwert der sekundären Transformator-Strangspannung. Der zeitliche **Mittelwert der Gleichspannung** u_d beträgt bei Vollaussteuerung (vergl. Bild 3.44a)

$$U_{di} = \frac{3}{2\pi} \int_{\frac{\pi}{6}}^{\frac{5}{6}\pi} \sqrt{2}\, U_S \sin \omega t \, d\omega t = \frac{3}{2\pi} \sqrt{2}\, U_S \left(-\cos \omega t\right)\Big|_{\frac{\pi}{6}}^{\frac{5}{6}\pi},$$

Setzen wir die Grenzen ein, so erhalten wir das Ergebnis

$$U_{di} = 1{,}17\, U_S. \tag{3.77}$$

3.3 Dreipuls-Mittelpunktschaltung

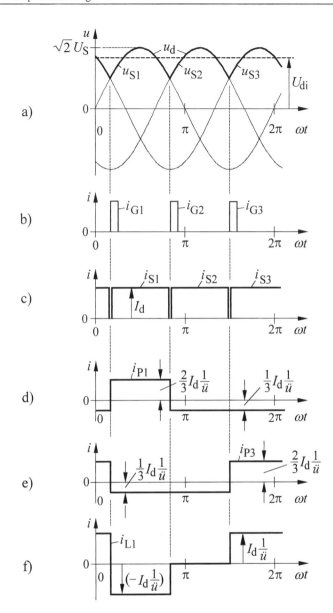

Bild 3.44 Verlauf der auftretenden Spannungen und Ströme in der Dreipuls-Mittelpunktschaltung (Bild 3.43a) bei Vollaussteuerung. a) Ungeglättete Gleichspannung, b) Lage der Steuerimpulse, c) Transformator-Sekundärströme, d) und e) Transformator-Primärströme, f) Leiterstrom

Den fließenden Gleichstrom erhalten wir aus

$$I_\mathrm{d} = \frac{U_\mathrm{di}}{R}.$$ (3.78)

Den Verlauf der sekundären **Transformator-Strangströme** zeigt Bild 3.44c. Dabei wird angenommen, dass die Induktivität L_d der Glättungsdrossel sehr groß ist. Jeder dieser Ströme kann als Überlagerung eines Gleichstromes von der Höhe $I_\mathrm{d}/3$ und eines Wechselstromes aufgefasst werden. Da ein Transformator nur *Wechselströme*, nicht jedoch Gleichströme übertragen kann, ergibt sich für den primären Strangstrom i_P1 – bei vernachlässigbarem Transformator-Leerlaufstrom – der in Bild 3.44d angegebene Verlauf. Der Faktor $ü = N_\mathrm{P}/N_\mathrm{S}$ ist das **Übersetzungsverhältnis** des Transformators, wobei N_P die primärseitige Windungszahl des Transformators darstellt und N_S die sekundärseitige Windungszahl. Den Verlauf des primären Strangstromes i_P3 zeigt Bild 3.44e.

Die **Leiterströme** finden wir in der Schaltung nach Bild 3.43a durch Anwendung der *Knotenregel*. So gilt beispielsweise für den im Leiter L1 fließenden Strom

$$i_\mathrm{L1} = i_\mathrm{P3} - i_\mathrm{P1}.$$ (3.79)

Sein Verlauf ist in Bild 3.44f dargestellt. Die Leiterströme i_L2 und i_L3 lassen sich in gleicher Weise bestimmen.

Die Tatsache, dass die in den sekundären Strangströmen enthaltenen **Gleichstromanteile** (in der Höhe von $I_\mathrm{d}/3$) nicht auf die Primärseite übertragen und somit nicht kompensiert werden, hat eine **Vormagnetisierung** des Eisenkerns zur Folge. In den drei Schenkeln des Transformator-Eisenkerns entstehen nämlich durch die Gleichstromanteile konstante magnetische Flüsse, die alle die gleiche Richtung haben. Sie schließen sich – unter der Voraussetzung, dass es sich um einen *dreischenkligen* Eisenkern handelt – über die Luft bzw. über den (gegebenenfalls vorhandenen) Transformatorkessel. Man bezeichnet diesen magnetischen Fluss als **Jochfluss**. Hierbei kann es zu einer Erwärmung des (nicht geblechten) Transformatorkessels durch Wirbelströme kommen.

Die durch den Jochfluss bedingte Vormagnetisierung des Eisenkerns hat vielfach auch eine Zunahme des Magnetisierungsstroms zur Folge, da eine größere magnetische Sättigung des Eisens auftritt. Beim **Fünfschenkel-Transformator** können sich die genannten Flüsse so stark ausbilden, dass es zu einer starken magnetischen Eisensättigung kommt. Daher ist diese Transformatorbauart für die betrachtete Schaltung völlig ungeeignet.

Der Jochfluss kann dadurch ganz vermieden werden, dass für die Sekundärseite des Transformators nicht die Sternschaltung nach Bild 3.43a, sondern die **Zickzackschaltung** nach Bild 3.43b angewendet wird. Diese Schaltungsart wird daher bei der technischen Anwendung bevorzugt eingesetzt.

Berechnet man für die Dreipuls-Mittelpunktschaltung nach Bild 3.43a die *Bauleistung* des Transformators entsprechend der in Abschnitt 3.1.4 beschriebenen Methode, so erhält man das Ergebnis

$$\boxed{S_\text{T} = 1{,}35\, P_\text{d}.} \tag{3.80}$$

Es besagt, dass die Bauleistung S_T des Transformators – bedingt durch die Strom-Oberschwingungen – um 35 % größer zu wählen ist als die von der Schaltung gelieferte Gleichstromleistung P_d.

Bezüglich der praktischen Bedeutung der Dreipuls-Mittelpunktschaltung lässt sich feststellen, dass diese wenig eingesetzt wird. Nachteilig ist vor allem die Tatsache, dass bei der Anwendung grundsätzlich ein Transformator erforderlich ist. Er verursacht – vor allem bei größeren Leistungen – erhebliche Kosten.

3.3.2 Betrieb bei Teilaussteuerung

Wir wollen jetzt eine Dreipuls-Mittelpunktschaltung (Bild 3.45a) bei Teilaussteuerung betrachten. Dazu müssen die Steuerimpulse um einen bestimmten Steuerwinkel α gegenüber dem natürlichen Zündzeitpunkt (Bild 3.44b) nach rechts verschoben werden. Bild 3.45c zeigt diese Lage der Steuerimpulse. In Bild 3.45b ist der Verlauf der sich ergebenden Gleichspannung u_d dargestellt. Bild 3.45d zeigt den Verlauf der sekundären Transformatorströme bei idealer Glättung. Für den Gleichspannungs-Mittelwert erhalten wir aus Bild 3.45b

$$U_{\text{di}\alpha} = \frac{3}{2\pi} \int_{\frac{\pi}{6}+\alpha}^{\frac{5}{6}\pi+\alpha} \sqrt{2}\, U_\text{S} \sin \omega t\, \text{d}\omega t = \frac{3}{2\pi} \sqrt{2}\, U_\text{S} \left(-\cos \omega t\right)\Big|_{\frac{\pi}{6}+\alpha}^{\frac{5}{6}\pi+\alpha}.$$

Setzen wir die Grenzen ein, so wird daraus

$$U_{\text{di}\alpha} = \frac{3}{2\pi} \sqrt{2}\, U_\text{S} \left[-\cos\left(\frac{5}{6}\pi+\alpha\right) + \cos\left(\frac{\pi}{6}+\alpha\right) \right]. \tag{3.81}$$

In Gl. (3.81) können wir die Beziehungen

$$\cos\left(\frac{5}{6}\pi+\alpha\right) = \cos\frac{5}{6}\pi \cdot \cos\alpha - \sin\frac{5}{6}\pi \cdot \sin\alpha$$

und

$$\cos\left(\frac{\pi}{6}+\alpha\right) = \cos\frac{\pi}{6}\cdot\cos\alpha - \sin\frac{\pi}{6}\cdot\sin\alpha$$

einsetzen.

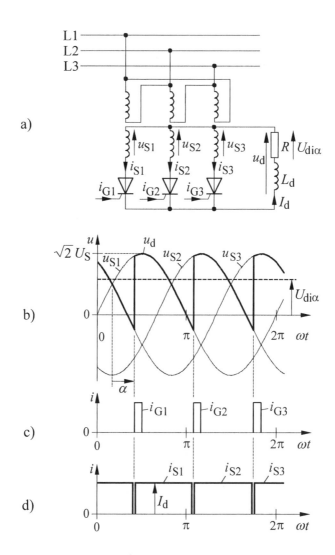

Bild 3.45 Dreipuls-Mittelpunktschaltung bei Teilaussteuerung. a) Schaltung, b) Verlauf der ungeglätteten Gleichspannung, c) Lage der Steuerimpulse, d) Verlauf der Thyristorströme

3.3 Dreipuls-Mittelpunktschaltung

Berücksichtigen wir noch die Bedingungen

$$\sin\frac{5}{6}\pi = \sin\frac{\pi}{6}; \quad \cos\frac{\pi}{6} = -\cos\frac{5}{6}\pi,$$

so wird aus Gl. (3.81)

$$U_{di\alpha} = \frac{3}{2\pi} \cdot \sqrt{2} \cdot U_S \cdot 2 \cdot \cos\frac{\pi}{6} \cdot \cos\alpha. \qquad (3.82)$$

Wir fassen die in Gl. (3.82) enthaltenen Zahlenwerte zusammen und erhalten das Ergebnis

$$\boxed{U_{di\alpha} = 1{,}17\, U_S \cos\alpha.} \qquad (3.83)$$

Hierbei ist U_S der Effektivwert der sekundären Strangspannung. Bezeichnen wir den sich bei $\alpha = 0°$ ergebenden Gleichspannungs-Mittelwert als U_{di}, wobei $U_{di} = 1{,}17\, U_S$ ist, so gilt

$$\boxed{U_{di\alpha} = U_{di} \cos\alpha.} \qquad (3.84)$$

Es ergibt sich also die gleiche Beziehung wie bei der Zweipuls-Mittelpunktschaltung (vergl. Gl. (3.10)).

Aufgabe 3.13

Bei einer Dreipuls-Mittelpunktschaltung nach Bild 3.46 beträgt die Außenleiterspannung des Drehstromnetzes $U_P = 400$ V ($f = 50$ Hz). Die Schaltung arbeitet im Wechselrichterbetrieb, wobei ein Steuerwinkel von $\alpha = 150°$ eingestellt ist. Der Gleichspannungsgenerator liefert die Spannung $U_q = 220$ V. I_d ist der fließende Gleichstrom.

Gesucht sind

a) das erforderliche Übersetzungsverhältnis $ü = N_P/N_S$ des Transformators,

b) der zeitliche Verlauf der Gleichspannung u_d,

c) der zeitliche Verlauf der Thyristorsperrspannung u_{T2}.

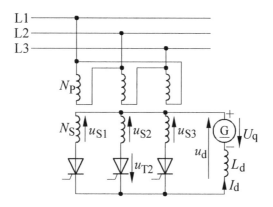

Bild 3.46 Dreipuls-Mittelpunktschaltung im Wechselrichterbetrieb

Lösung

a) Der Mittelwert $U_{di\alpha}$ der Gleichspannung u_d muss gleich dem (negativen) Wert der Generatorspannung U_q sein. Daher folgt aus Gl. (3.83) die sekundäre Transformator-Strangspannung mit $U_q = -U_{di\alpha}$ als

$$U_S = \frac{U_{di\alpha}}{1{,}17 \cos \alpha} = -\frac{U_q}{1{,}17 \cos \alpha} = \frac{-220\,\text{V}}{1{,}17 \cdot \cos 150°} = 217\,\text{V}.$$

Hiermit finden wir für das erforderliche Übersetzungsverhältnis des Transformators

$$\ddot{u} = \frac{N_P}{N_S} = \frac{U_P}{U_S} = \frac{400\,\text{V}}{217\,\text{V}} = \underline{1{,}84}.$$

b) Der Scheitelwert der sekundären Transformator-Strangspannung beträgt

$$\hat{u}_S = \sqrt{2}\, U_S = \sqrt{2} \cdot 217\,\text{V} = 307\,\text{V}.$$

Für die Spannung u_d erhalten wir bei dem Steuerwinkel $\alpha = 150°$ den in Bild 3.47 dargestellten Verlauf. In der Darstellung sind u_{S1}, u_{S2} und u_{S3} die sekundären Transformator-Strangspannungen.

c) Die gesuchte Thyristorsperrspannung folgt aus Bild 3.46 als

$$u_{T2} = u_{S2} - u_d.$$

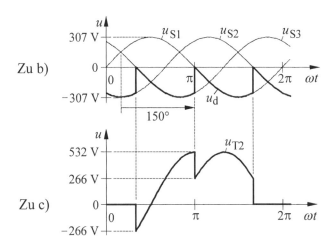

Bild 3.47 Zeitlicher Verlauf der Spannungen in der in Bild 3.46 dargestellten Schaltung

Der Verlauf von u_{S2} und u_d ist in Bild 3.47 (oben) dargestellt. Die Subtraktion führt zu dem in Bild 3.47 (unten) dargestellten Ergebnis. Der Höchstwert von u_{T2} ist gleich dem Scheitelwert der sekundären Transformator-Strangspannung und hat somit den Betrag

$$\hat{u}_{T2} = \sqrt{3}\, \hat{u}_S = \sqrt{3} \cdot 307\text{ V} = 532\text{ V}.$$

3.3.3 Berücksichtigung der Kommutierungsinduktivitäten

Wir betrachten jetzt eine Dreipuls-Mittelpunktschaltung nach Bild 3.48a, bei der die Kommutierungsinduktivitäten L_K berücksichtigt werden. Während der Kommutierung sind jeweils zwei Ventile durchgeschaltet. Geht beispielsweise der Gleichstrom I_d in Bild 3.48a vom Thyristor T_1 auf den Thyristor T_2 über, so hat während dieser Zeit die erzeugte Gleichspannung nach Gl. (3.17) den Augenblickswert

$$u_d = \frac{u_{S1} + u_{S2}}{2}.$$

Für die anderen Kommutierungen gilt Entsprechendes. Somit ergibt sich für die Gleichspannung u_d der in Bild 3.48b dargestellte Verlauf. Dabei sind α der Steuerwinkel und u der Überlappungswinkel.

Durch die Überlappung kommt es, wie bereits in Abschnitt 3.1.8 beschrieben, zu einem Rückgang des Gleichspannungs-Mittelwertes. Nach Gl. (3.26) beträgt dieser Rückgang

$$D_x = p f L_K I_d. \qquad (3.85)$$

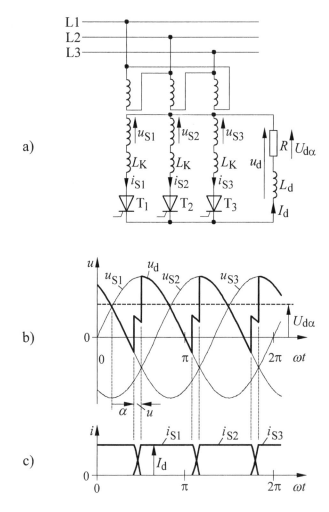

Bild 3.48 Dreipuls-Mittelpunktschaltung bei Berücksichtigung der Kommutierungsinduktivitäten. a) Schaltung, b) Verlauf der ungeglätteten Gleichspannung, c) Verlauf der Thyristorströme

Da die Anzahl der Kommutierungen je Periodendauer für die Dreipuls-Mittelpunktschaltung $p = 3$ ist, gilt für den Rückgang des Gleichspannungs-Mittelwertes

$$\boxed{D_x = 3 f L_K I_d.} \tag{3.86}$$

Berücksichtigen wir noch den *ohmschen Widerstand* R_K eines Wicklungsstranges, so tritt zusätzlich zu D_x nach Gl. (3.27) noch die ohmsche Gleichspannungsänderung

$$\boxed{D_r = R_K I_d}$$

auf. Somit beträgt der Mittelwert der gelieferten Gleichspannung unter Berücksichtigung von Gl. (3.83)

$$\boxed{U_{d\alpha} = 1{,}17\, U_S \cos \alpha - I_d\, (3 f L_K + R_K).} \tag{3.87}$$

Dabei sind U_S der Effektivwert der sekundären Transformator-Strangspannung, f die Frequenz, L_K die Kommutierungsinduktivität pro Strang, R_K der Wirkwiderstand pro Strang, α der Steuerwinkel und I_d der fließende Gleichstrom.

3.4 Sechspuls-Brückenschaltung

3.4.1 Aufbau und Funktion

Ein Drehstromtransformator werde nach Bild 3.49a mit *zwei* Dreipuls-Mittelpunktschaltungen (I und II) belastet. Beide Mittelpunktschaltungen liegen **wechselspannungsseitig** parallel und unterscheiden sich lediglich in der Polung der Thyristoren. Bei Vollaussteuerung ($\alpha = 0°$) – oder bei der ungesteuerten Schaltung – erzeugt die Mittelpunktschaltung I die in Bild 3.50a dargestellte Spannung u_{dI}, während die Mittelpunktschaltung II die im gleichen Bild angegebene Spannung u_{dII} liefert. Wählt man in Bild 3.49a

$$R_I = R_{II},$$

so sind die fließenden Gleichströme I_{dI} und I_{dII} gleich groß. Das bedeutet, dass die Verbindung zum Transformator-Sternpunkt keinen Strom führt. Entfernt man die Verbindung, so bleibt die Spannungs- und Stromverteilung in der Schaltung erhalten, und man erhält mit

sowie
$$R = R_\mathrm{I} + R_\mathrm{II}$$

$$L_\mathrm{d} = L_\mathrm{dI} + L_\mathrm{dII}$$

die in Bild 3.49b dargestellte Schaltung. Sie kann **gleichstromseitig** als Reihenschaltung zweier Dreipuls-Mittelpunktschaltungen aufgefasst werden.

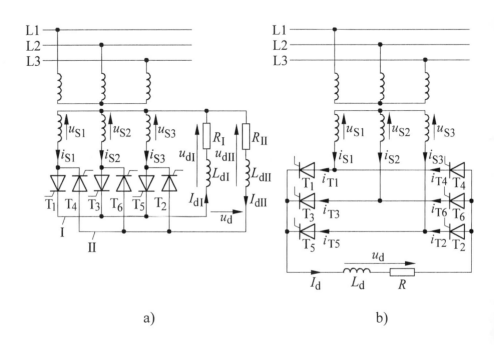

Bild 3.49 a) Sechspuls-Brückenschaltung als wechselspannungsseitige Parallelschaltung und gleichstromseitige Reihenschaltung zweier Dreipuls-Mittelpunktschaltungen,
b) übliche Darstellungsform einer Sechspuls-Brückenschaltung

Für die Höhe der gelieferten Gleichspannung findet man aus Bild 3.49a

$$u_\mathrm{d} = u_\mathrm{dI} - u_\mathrm{dII}. \qquad (3.88)$$

Diese Subtraktion liefert den in Bild 3.50b dargestellten Verlauf. Es ergibt sich eine Spannung mit einer (relativ geringen) **sechspulsigen Welligkeit**. Die Anordnung nach Bild 3.49b stellt damit einen Stromrichter mit der **Pulszahl** $p = 6$ dar. Man bezeichnet die Schaltung als **Sechspuls-Brückenschaltung** oder als **Drehstrom-Brückenschaltung**. Als Abkürzung verwendet man die Bezeichnung **B6**. Der Mittelwert von u_d ist doppelt so groß wie der Mittelwert von u_dI und beträgt

3.4 Sechspuls-Brückenschaltung

daher bei *Vollaussteuerung* ($\alpha = 0°$) unter Berücksichtigung von Gl. (3.77) mit U_S als Effektivwert der sekundären Transformator-Strangspannung

$$\boxed{U_{di} = 2{,}34\, U_S.} \tag{3.89}$$

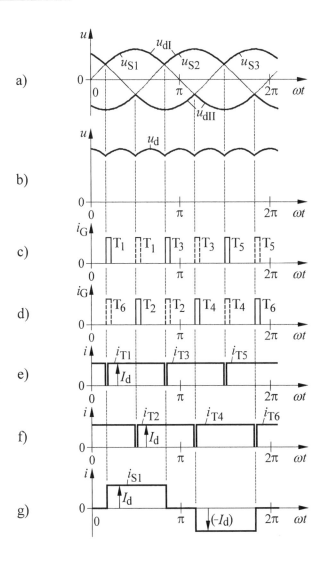

Bild 3.50 Verlauf der auftretenden Spannungen und Ströme der Sechspuls-Brückenschaltung (Bild 3.49) bei Vollaussteuerung. a) Erzeugte Gleichspannungen der beiden Mittelpunktschaltungen I und II, b) insgesamt erzeugte Gleichspannung, c) und d) Lage der Steuerimpulse, e) und f) Thyristorströme, g) Leiterstrom

Den zeitlichen Verlauf der Thyristorströme i_{T1} bis i_{T6} bei Vollaussteuerung zeigen die Bilder 3.50e und 3.50f. Aus diesen Strömen können wir durch Anwendung der Knotenregel die Transformator-Sekundärströme ermitteln. So gilt beispielsweise in Bild 3.49b

$$i_{S1} = i_{T1} - i_{T4}. \tag{3.90}$$

Den Verlauf dieses Stromes zeigt Bild 3.50g. Die Ströme i_{S2} und i_{S3} können in gleicher Weise bestimmt werden.

Berechnet man für die Sechspuls-Brückenschaltung (Bild 3.49b) die *Bauleistung* des Transformators entsprechend dem in Abschnitt 3.1.4 beschriebenen Verfahren, so erhält man das Ergebnis

$$\boxed{S_T = 1{,}05\, P_d.} \tag{3.91}$$

Es besagt, dass die Bauleistung S_T des Transformators (nur) um 5 % höher zu wählen ist als die vom Stromrichter gelieferte Gleichstromleistung P_d. Der Transformator wird also bei dieser Schaltung gut ausgenutzt. Die Ursache dafür liegt darin, dass die Wicklungsströme nur einen relativ geringen Oberschwingungsgehalt haben.

Der Scheitelwert der auftretenden Thyristor-Sperrspannung ist identisch mit dem für die Dreipuls-Mittelpunktschaltung geltenden Wert und beträgt nach Gl. (3.76) mit U_S als Effektivwert der sekundären Transformator-Strangspannung

$$\boxed{\hat{u}_T = 2{,}45\, U_S.} \tag{3.92}$$

Die Sechspuls-Brückenschaltung kann – da kein Transformator-Sternpunkt benötigt wird – auch *ohne* Transformator direkt am Drehstromnetz betrieben werden. Dieser auch für andere Brückenschaltungen geltende Vorteil ist von besonderer Bedeutung, da hierdurch vielfach erhebliche Kosten eingespart werden können.

Bei der Ansteuerung der Thyristoren ist noch eine Besonderheit zu beachten. Zum Einsetzen des Gleichstromes müssen nämlich – wie bei anderen Brückenschaltungen auch – stets **zwei** Thyristoren (für die Hin- und Rückführung des erzeugten Gleichstromes) **gleichzeitig** gezündet werden. Diese Forderung lässt sich dadurch erfüllen, dass die Thyristoren der Sechspuls-Brückenschaltung jeweils außer dem eigentlichen Steuerimpuls, den wir als **Hauptimpuls** bezeichnen wollen, einen um 60° verzögerten **Folgeimpuls** erhalten. In den Bildern 3.50c und 3.50d ist die Lage der für die Thyristoren verwendeten Haupt- und Folgeimpulse für Vollaussteuerung angegeben. Dabei sind die Folgeimpulse gestrichelt dargestellt. Sie werden im Prinzip nur beim Einschalten des Stromrichters benötigt. Um aber auch beispielsweise im Lückbetrieb jederzeit das Einsetzen des Gleichstromes zu ermöglichen, wird die Schaltung dauernd durch Haupt- und Folgeimpulse angesteuert. Haupt- und Folgeimpuls können auch durch einen mindestens 60° breiten **Langimpuls** (oder durch eine entsprechend breite **Impulskette**) ersetzt werden.

Zur Herabsetzung des erzeugten Gleichspannungs-Mittelwertes müssen in Bild 3.50c und in Bild 3.50d alle Steuerimpulse – um einen bestimmten Winkel (Steuerwinkel) α – nach rechts verschoben werden. Man spricht dann bekanntlich von **Teilaussteuerung**. In diesem Fall gilt für den Gleichspannungs-Mittelwert nach Gl. (3.84) und unter Berücksichtigung von Gl. (3.89)

$$U_{d i\alpha} = U_{di} \cos \alpha = 2{,}34\, U_S \cos \alpha. \qquad (3.93)$$

Hierin sind U_{di} die in der Schaltung nach Bild 3.49b bei *Vollaussteuerung* gelieferte Gleichspannung, U_S die sekundärseitige Sternspannung (Strangspannung) des Transformators und α der eingestellte Steuerwinkel.

Ersetzt man in Bild 3.49b die Thyristoren durch Dioden, so wird aus der **gesteuerten** eine **ungesteuerte Sechspuls-Brückenschaltung**. Abschließend sei noch festgestellt, dass die Sechspuls-Brückenschaltung eine außerordentlich wichtige und häufig angewendete Stromrichterschaltung ist. Vorteilhaft sind die **geringe Welligkeit** der erzeugten Gleichspannung, die **symmetrische Belastung** des Drehstromnetzes sowie der aus Gl. (3.91) resultierende **geringe Oberschwingungsgehalt** der Netzströme.

Aufgabe 3.14

Eine Sechspuls-Brückenschaltung wird nach Bild 3.51a ohne Transformator direkt am Drehstromnetz betrieben. Die Außenleiterspannung beträgt $U = 400$ V, die Frequenz $f = 50$ Hz. Die Schaltung wird durch einen Gleichstrommotor belastet, der den Strom $I_d = 10$ A aufnimmt. Es ist ein Steuerwinkel von $\alpha = 45°$ eingestellt.

Gesucht sind

a) der zeitliche Verlauf der Gleichspannung u_d,

b) die am Motor liegende Gleichspannung $U_{di\alpha}$,

c) der zeitliche Verlauf des Stromes i_{S1},

d) der Scheitelwert der auftretenden Thyristor-Sperrspannung

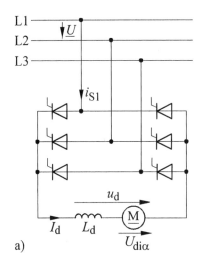 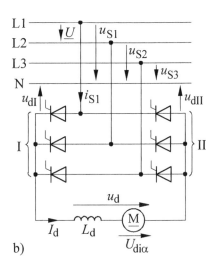

Bild 3.51 Gesteuerte Sechspuls-Brückenschaltung. a) Gegebene Schaltung, b) Betrachtung der Brückenschaltung als (gleichstromseitige) Reihenschaltung zweier Mittelpunktschaltungen

Lösung

a) Wir fassen die Brückenschaltung nach Bild 3.51b **gleichstromseitig** als **Reihenschaltung** zweier Dreipuls-Mittelpunktschaltungen (I und II) auf. In der Darstellung ist N der Neutralleiter des Drehstromsystems. u_{dI} und u_{dII} sind die von den Mittelpunktschaltungen gelieferten Gleichspannungen. u_{S1}, u_{S2} und u_{S3} stellen die Sternspannungen des Drehstromnetzes dar. Sie haben den Effektivwert

$$U_S = \frac{U}{\sqrt{3}} = \frac{400 \text{ V}}{\sqrt{3}} = 230 \text{ V}$$

und den Scheitelwert

$$\hat{u}_S = \sqrt{2}\, U_S = \sqrt{2} \cdot 230 \text{ V} = 326 \text{ V}.$$

In Bild 3.52 ist der Verlauf der Spannungen u_{S1}, u_{S2} und u_{S3} dargestellt. Ebenfalls eintragen ist der Verlauf von u_{dI} und u_{dII} bei einem Steuerwinkel von $\alpha = 45°$. Die gesuchte Gleichspannung u_d erhalten wir durch die Gleichung

$$u_d = u_{dI} - u_{dII}.$$

3.4 Sechspuls-Brückenschaltung

Das Ergebnis ist gleichfalls in Bild 3.52 dargestellt.

b) Der Mittelwert der Gleichspannung u_d liegt am Gleichstrommotor. Hierfür finden wir durch Anwendung von Gl. (3.90)

$$U_{di\alpha} = 2{,}34\ U_S \cos\alpha = 2{,}34 \cdot 230\text{ V} \cdot \cos 45° = \underline{380\text{ V}}.$$

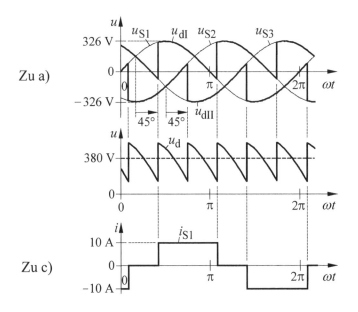

Bild 3.52 Zeitlicher Verlauf der in der Schaltung nach Bild 3.51 auftretenden Spannungen und Ströme

c) Den zeitlichen Verlauf des Stromes i_{S1} zeigt Bild 3.52 (unten).

d) Der Scheitelwert der auftretenden Thyristor-Sperrspannung folgt aus Gl. (3.92) als

$$\hat{u}_T = 2{,}45\ U_S = 2{,}45 \cdot 230\text{ V} = \underline{564\text{ V}}.$$

3.4.2 Die halbgesteuerte Sechspuls-Brückenschaltung

In der bisher betrachteten Sechspuls-Brückenschaltung sind alle Leistungshalbleiter *Thyristoren*. Die Anordnung wird auch als vollgesteuerte Sechspuls-Brückenschaltung bezeichnet. Man kann jedoch drei der sechs Thyristoren durch **Dioden** ersetzen, so dass man die in Bild 3.53a dargestellte Schaltung erhält.

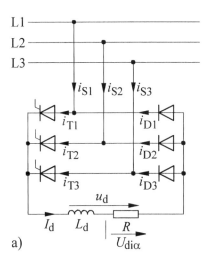
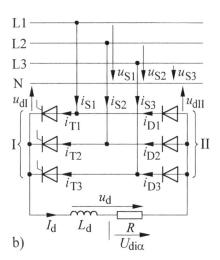

Bild 3.53 Halbgesteuerte Sechspuls-Brückenschaltung. a) Gegebene Schaltung, b) Betrachtung der Brückenschaltung als (gleichstromseitige) Reihenschaltung einer gesteuerten Mittelpunktschaltung (I) und einer ungesteuerten Mittelpunktschaltung (II)

Man bezeichnet sie als **halbgesteuerte Sechspuls-Brückenschaltung**. Die Kurzbezeichnung ist **B6H**. Die Anordnung kann nach Bild 3.53b (gleichstromseitig) als **Reihenschaltung** einer **gesteuerten Dreipuls-Mittelpunktschaltung** (I) und einer **ungesteuerten Dreipuls-Mittelpunktschaltung** (II) angesehen werden. Die aus den drei Thyristoren gebildete gesteuerte Mittelpunktschaltung (I) erzeugt dabei die in Bild 3.54a dargestellte Gleichspannung u_{dI}. α ist der eingestellte Steuerwinkel. Die aus den drei Dioden bestehende ungesteuerte Mittelpunktschaltung (II) erzeugt die in Bild 3.54a angegebene Gleichspannung u_{dII}. u_{S1}, u_{S2} und u_{S3} sind die drei Sternspannungen des Drehstromnetzes. Die insgesamt gelieferte Gleichspannung finden wir durch die Gleichung

$$u_d = u_{dI} - u_{dII}.$$

Das Ergebnis ist in Bild 3.54b dargestellt. Für die Höhe des Gleichspannungs-Mittelwertes gilt nach Gl. (3.73) bei dem Steuerwinkel α

$$\boxed{U_{di\alpha} = \frac{U_{di}}{2}(1 + \cos\alpha).} \tag{3.94}$$

Dabei ist U_{di} der Gleichspannungs-Mittelwert bei Vollaussteuerung, der nach Gl. (3.89)

$$\boxed{U_{di} = 2{,}34 \, U_S} \tag{3.95}$$

beträgt. U_S ist der Effektivwert der Sternspannung des Drehstromnetzes.

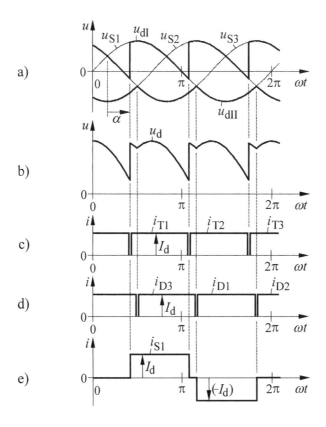

Bild 3.54 Zeitlicher Verlauf der in der halbgesteuerten Sechspuls-Brückenschaltung (Bild 3.53a) auftretenden Spannungen und Ströme. a) Erzeugte Gleichspannungen der beiden Mittelpunktschaltungen, b) insgesamt erzeugte Gleichspannung, c) Thyristorströme, d) Diodenströme, e) Leiterstrom

Den Verlauf der auftretenden Thyristor- und Diodenströme zeigen die Bilder 3.54c und 3.54d. Aus diesen Strömen können wir durch Anwendung der Knotenregel die Leiterströme (Netzströme) bestimmen. So gilt beispielsweise in Bild 3.53a

$i_{S1} = i_{T1} - i_{D1}$.

Der Verlauf dieses Stromes ist in Bild 3.54e dargestellt. Die beiden anderen Leiterströme i_{S2} und i_{S3} können in gleicher Weise bestimmt werden. Ebenso wie bei der zweipulsigen Brückenschaltung (vergl. Abschnitt 3.2.2), so ist auch bei der sechspulsigen Ausführung der Blindleistungsbedarf der halbgesteuerten Schaltung geringer als der der vollgesteuerten. Diesem Vorteil steht der Nachteil gegenüber, dass sich der Oberschwingungsgehalt des Netzstromes (Leiterstromes) als ungünstiger erweist. So treten – im Gegensatz zur vollgesteuerten Schaltung – auch **geradzahlige Oberschwingungen** auf. Insbesondere ist die *zweite* Harmonische im Allgemeinen relativ stark vertreten. Ein weiterer Nachteil der halbgesteuerten Schaltung ist die Tatsache, dass die Welligkeit der erzeugten Gleichspannung häufig größer ist als bei der vollgesteuerten. Auch ein Wechselrichterbetrieb ist nicht möglich. Die genannten Nachteile haben zur Folge, dass die betreffende Schaltung in der Praxis keine große Bedeutung hat.

Aufgabe 3.15

Eine halbgesteuerte Sechspuls-Brückenschaltung liegt nach Bild 3.55a an einem Drehstromnetz mit der Außenleiterspannung $U = 400$ V ($f = 50$ Hz). Die Anordnung speist einen Gleichstrommotor, der den Strom $I_d = 15$ A aufnimmt. Es ist ein Steuerwinkel von $\alpha = 90°$ eingestellt. Die Induktivität L_d der Glättungsdrossel sei so groß, dass der Gleichstrom I_d als ideal geglättet angesehen werden kann.

Gesucht sind

a) der zeitliche Verlauf der Gleichspannung u_d,

b) die am Gleichstrommotor liegende Spannung $U_{di\alpha}$,

c) der zeitliche Verlauf des Leiterstromes (Netzstromes) i_{S1}.

Lösung

a) Wir fassen die Brückenschaltung nach Bild 3.55b gleichstromseitig als **Reihenschaltung** einer **gesteuerten Dreipuls-Mittelpunktschaltung** (I) und einer **ungesteuerten Dreipuls-Mittelpunktschaltung** (II) auf. Sie erzeugen die in Bild 3.55b gekennzeichneten Gleichspannungen u_{dI} und u_{dII}. Die drei *Sternspannungen* des Drehstromnetzes u_{S1}, u_{S2} und u_{S3} (Bild 3.55b) haben den Effektivwert

$$U_S = \frac{U}{\sqrt{3}} = \frac{400 \text{ V}}{\sqrt{3}} = 230 \text{ V}$$

und den Scheitelwert

$$\hat{u}_S = \sqrt{2}\, U_S = \sqrt{2} \cdot 230\ \text{V} = 326\ \text{V}.$$

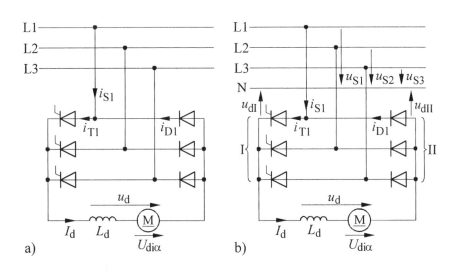

Bild 3.55 Halbgesteuerte Sechspuls-Brückenschaltung (mit einem Gleichstrommotor als Belastung). a) Gegebene Schaltung, b) Darstellung der Schaltung als (gleichstromseitige) Reihenschaltung einer gesteuerten Dreipuls-Mittelpunktschaltung (I) und einer ungesteuerten Dreipuls-Mittelpunktschaltung (II)

In Bild 3.56 ist der Verlauf der Spannungen u_{S1}, u_{S2} und u_{S3} dargestellt. Ebenfalls eingetragen sind die Spannungen u_{dI} (für $\alpha = 90°$) und u_{dII}. Die gesuchte Gleichspannung erhalten wir mit Hilfe der sich aus Bild 3.55b ergebenden Gleichung

$$u_d = u_{dI} - u_{dII}.$$

Der Verlauf dieser Spannung ist ebenfalls in Bild 3.56 dargestellt.

b) Die am Gleichstrommotor liegende Spannung beträgt nach Gl. (3.94) unter Berücksichtigung von Gl. (3.89)

$$U_{di\alpha} = 1{,}17\, U_S\, (1 + \cos \alpha) = 1{,}17 \cdot 230\ \text{V} \cdot (1 + \cos 90°) = \underline{269\ \text{V}}.$$

c) Den Verlauf des Thyristorstromes i_{T1} und des Diodenstromes i_{D1} zeigt Bild 3.56. Durch Anwendung der Knotenregel

$$i_{S1} = i_{T1} - i_{D1}$$

erhalten wir den Verlauf des Leiterstromes i_{S1}. Das Ergebnis ist ebenfalls in Bild 3.56 dargestellt.

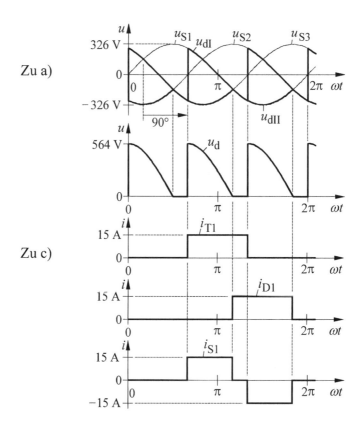

Bild 3.56 Zeitlicher Verlauf der in der halbgesteuerten Sechspuls-Brückenschaltung (Bild 3.55a) auftretenden Spannungen und Ströme

3.5 Zwölfpuls-Schaltungen

Beim Betrieb von netzgeführten Stromrichtern für *große Leistungen* ist es besonders wichtig, dass der Netzstrom einen geringen Oberschwingungsgehalt besitzt und zudem die Welligkeit der erzeugten Gleichspannung gering ist. Beides lässt sich durch die Zusammenschaltung von zwei Sechspuls-Brückenschaltungen erreichen, wobei es die nachfolgend beschriebenen Möglichkeiten gibt.

3.5 Zwölfpuls-Schaltungen

Bild 3.57 zeigt eine Anordnung, bei der zwei Sechspuls-Brückenschaltungen **in Reihe** geschaltet sind. Der verwendete Drehstrom-Transformator enthält dabei **zwei** Sekundärwicklungen, wovon eine in **Stern** und die andere in **Dreieck** geschaltet ist. Die Windungszahl der in Dreieck geschalteten Sekundärwicklung wird um den Faktor $\sqrt{3}$ größer gewählt als die Windungszahl der in Stern geschalteten Sekundärwicklung. Dadurch werden die Beträge (Effektivwerte) der Außenleiterspannungen beider Wicklungen gleich groß.

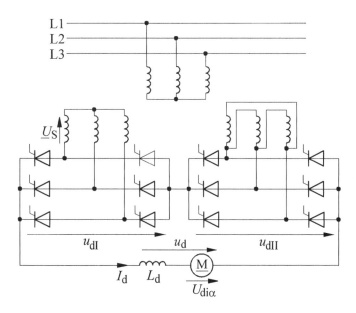

Bild 3.57 Zwölfpulsschaltung als Reihenschaltung zweier Sechspuls-Brückenschaltungen

Durch die unterschiedliche Schaltungsart entsteht zwischen den ausgangsseitigen Leiterspannungen eine Phasenverschiebung von 30°. Auf diese Weise addieren sich in Bild 3.57 die um 30° phasenverschobenen **sechspulsigen** Teilspannungen u_{dI} und u_{dII} zur **zwölfpulsigen** Gesamtspannung u_d. Somit besteht eine Stromrichterschaltung mit der Pulszahl $p = 12$. Gleichzeitig ist von besonderer Bedeutung, dass sich durch die genannte Phasenverschiebung ein Netzstrom mit nur relativ niedrigem Oberschwingungsgehalt ergibt. Dadurch kann die Oberschwingungsbelastung des Netzes vergleichsweise gering gehalten werden. Der erzeugte Gleichspannungs-Mittelwert beträgt unter Berücksichtigung von Gl. (3.93)

$$\boxed{U_{di\alpha} = 4{,}68\ U_S \cos \alpha.} \tag{3.96}$$

Dabei sind U_S der Effektivwert der sekundären Transformator-Sternspannung und α der eingestellte Steuerwinkel. Die Schaltung nach Bild 3.57 ist – infolge der **Reihenschaltung** der beiden Stromrichterschaltungen – besonders zur Erzeugung höherer Gleichspannungen geeignet. Die verwendete Kurzbezeichnung lautet **B6.2S**.

Grundsätzlich kann die in Bild 3.57 dargestellte Schaltung auch so konzipiert werden, dass *eine* der beiden Sechspuls-Brückenschaltungen (über Kommutierungsdrosseln) direkt am Drehstromnetz arbeitet und die *andere* über einen Transformator in Stern-Dreieck-Schaltung versorgt wird. Dadurch ergeben sich geringere Transformatorkosten.

Eine andere Möglichkeit zur Erzeugung einer zwölfpulsigen Gleichspannung besteht in der **Parallelschaltung** zweier Sechspuls-Brückenschaltungen nach Bild 3.58.

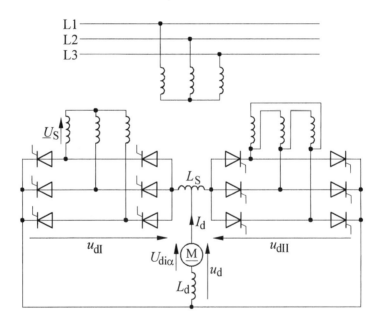

Bild 3.58 Zwölfpuls-Schaltung als Parallelschaltung zweier Sechspuls-Brückenschaltungen mit Saugdrossel

Der verwendete Drehstromtransformator hat den gleichen Aufbau wie in Bild 3.57. Dadurch sind die sechspulsigen Teilspannungen u_{dI} und u_{dII} auch hier um 30° phasenverschoben. Da diese beiden Spannungen somit verschiedene Augenblickswerte haben, wird die Parallelschaltung der beiden Teilstromrichter über eine Drosselspule (L_S) vorgenommen. Sie übernimmt die Differenz zwischen den

Augenblickswerten von u_{dI} und u_{dII} und wird als **Saugdrossel** bezeichnet. Die resultierende Gleichspannung folgt aus

$$u_{\text{d}} = \frac{u_{\text{dI}} + u_{\text{dII}}}{2}.$$

Sie hat infolge der genannten Phasenverschiebung von 30° eine **zwölfpulsige Welligkeit**. Der Mittelwert beträgt nach Gl. (3.93)

$$\boxed{U_{\text{di}\alpha} = 2{,}34\ U_{\text{S}} \cos \alpha.} \qquad (3.97)$$

Er ist somit nur halb so groß wie bei der Schaltung in Bild 3.57. In Gl (3.97) sind U_{S} der Effektivwert der sekundären Transformator-Sternspannung und α der eingestellte Steuerwinkel.

Die betrachtete Schaltung ist infolge der **Parallelschaltung** der beiden Sechspuls-Brückenschaltungen besonders zur Erzeugung **hoher Gleichströme** geeignet. Jede der beiden Teilstromrichter übernimmt dabei die Hälfte des gelieferten Gleichstromes. Auch bei dieser Anordnung ist – ebenso wie bei der Schaltung nach Bild 3.57 – der Oberschwingungsgehalt des Netzstromes relativ gering. Das für die Anordnung verwendete Kurzzeichen lautet **B6.2C**.

Zur Reduzierung der Transformatorkosten kann auch bei dieser Schaltung *eine* der beiden Teilstromrichter (über Kommutierungsdrosseln) direkt am Drehstromnetz betrieben werden, während der *andere* über einen Transformator in Stern-Dreieck-Schaltung versorgt wird. Dabei ist die Induktivität der Kommutierungsdrosseln allerdings so groß zu wählen, dass beide Teilstromrichter gleichmäßig belastet werden.

Abschließend sei betont, dass der wichtigste Grund für den Einsatz von zwölfpulsigen Schaltungen der vergleichsweise geringe Oberschwingungsgehalt des Netzstromes ist. Allgemein zeigt sich nämlich, dass der Oberschwingungsgehalt umso geringer wird, je höher die Pulszahl des betreffenden Stromrichters ist. Das liegt daran, dass – wie in Abschnitt 3.7.2 näher ausgeführt – bei einer Stromrichterschaltung mit der Pulszahl p prinzipiell keine Netzstromoberschwingungen mit einer Ordnungszahl unterhalb von $(p - 1)$ auftreten. Daher können durch die Verwendung höherpulsiger Schaltungen netzgeführte Stromrichter im Allgemeinen auch bei größeren Leistungen eingesetzt werden, ohne dass die Oberschwingungsbelastung des Netzes zu hoch wird.

3.6 Schaltungen mit verminderter Blindleistungsaufnahme

Netzgeführte Stromrichterschaltungen benötigen – wie schon mehrfach erwähnt – Blindleistung. Von besonderer Bedeutung ist die bei Teilaussteuerung eines

Stromrichters auftretende und in Abschnitt 3.1.10 beschriebene **Steuerblindleistung**. Sie kann bei geringer Aussteuerung – wenn also der Steuerwinkel α nahe bei 90° liegt – beträchtliche Werte annehmen. Bekanntlich ist das Auftreten von Blindleistung unerwünscht, da dadurch die elektrischen Übertragungseinrichtungen zusätzlich belastet werden.

Stromrichterschaltungen lassen sich aber auch so ausführen oder ansteuern, dass sie eine verminderte Blindleistungsaufnahme haben. Zu dieser Gruppe von Schaltungen gehören unter anderem die bereits in den Abschnitten 3.2.2 und 3.4.2 beschriebenen **halbgesteuerten Brückenschaltungen**. Daneben gibt es noch andere Möglichkeiten, den Blindleistungsbedarf zu reduzieren. Hierauf soll im Folgenden näher eingegangen werden.

3.6.1 Schaltungen mit Freilaufdiode

Das Blindleistungsverhalten verschiedener netzgeführter Stromrichterschaltungen kann durch Hinzufügen einer Diode positiv beeinflusst werden. Wir wollen dies am Beispiel einer Dreipuls-Mittelpunktschaltung nach Bild 3.59a näher untersuchen.

Darin stellt das Bauelement F die hinzugefügte Diode dar, die auch als **Freilaufdiode** bezeichnet wird. Sie übernimmt immer dann den Gleichstrom I_d, wenn die Gleichspannung u_d Null (bzw. geringfügig negativ) wird. Die Freilaufdiode F führt den Gleichstrom I_d dabei solange, bis der nächste Thyristor gezündet wird. Auf diese Weise erhält die Gleichspannung u_d den in Bild 3.59b dargestellten Verlauf. Bild 3.59c zeigt den Verlauf der drei Thyristorströme i_{S1}, i_{S2} und i_{S3}. In Bild 3.59d ist der Verlauf des in der Freilaufdiode fließenden Stromes i_F angegeben.

Durch die Tatsache, dass die Freilaufdiode zeitweise den Gleichstrom I_d führt, werden sowohl die Stromrichterschaltung als auch das speisende Netz entlastet. Diese Entlastung besteht in einem Rückgang der Blindleistungsaufnahme, was sich positiv auf den Leistungsfaktor auswirkt. Die Entlastung ist allerdings abhängig vom Steuerwinkel α. So ist zum Beispiel aus Bild 3.59b ersichtlich, dass die Gleichspannung u_d im Steuerbereich $0 \leq \alpha < 30°$ in keinem Zeitpunkt Null wird. In diesem Bereich bleibt die Freilaufdiode stromlos, und es erfolgt keine Entlastung. Erst für $\alpha > 30°$ kommt es durch die Freilaufdiode zu einer Verringerung der Blindleistungsaufnahme.

Die Verwendung einer Freilaufdiode (F) nach Bild 3.59a hat zur Folge, dass die Gleichspannung u_d nicht negativ werden kann. Damit ist in solchen Schaltungen ein Wechselrichterbetrieb ausgeschlossen. Bei den schon beschriebenen *halbgesteuerten* Brückenschaltungen kann die ungeglättette Gleichspannung ohnehin nicht negativ werden. Daher ist hier das Hinzufügen einer Freilaufdiode zwecklos.

3.6 Schaltungen mit verminderter Blindleistungsaufnahme

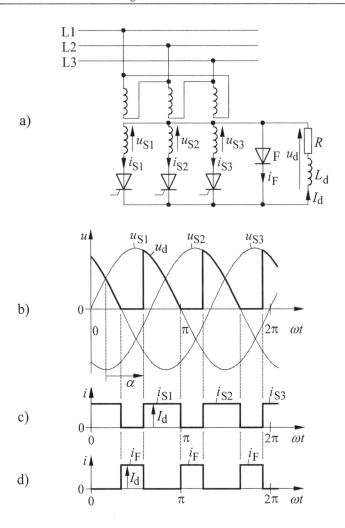

Bild 3.59 Dreipuls-Mittelpunktschaltung mit Freilaufdiode. a) Schaltung, b) Verlauf der ungeglätteten Gleichspannung, c) Verlauf der Thyristorströme, d) Verlauf des Diodenstromes

3.6.2 Folgesteuerung

Eine weitere Möglichkeit zur Verringerung der Blindleistung bei netzgeführten Stromrichtern sei am Beispiel der in Bild 3.60 dargestellten Sechspuls-Brückenschaltung erläutert.

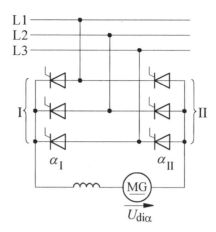

Bild 3.60 Sechspuls-Brückenschaltung (zur Erläuterung der Folgesteuerung)

Die Anordnung kann – wie in Abschnitt 3.4 beschrieben – als Reihenschaltung zweier Dreipuls-Mittelpunktschaltungen (I und II) aufgefasst werden. Im vorliegenden Fall werden beide Mittelpunktschaltungen mit unterschiedlich großen Steuerwinkeln (α_I und α_{II}) angesteuert. Dabei gilt für den Mittelwert der erzeugten Gleichspannung unter Berücksichtigung von Gl. (3.83)

$$U_{di\alpha} = 1{,}17\, U_S (\cos \alpha_I + \cos \alpha_{II}).\qquad(3.98)$$

Hierbei ist U_S der Effektivwert der Sternspannung des Drehstromnetzes.

Soll die Schaltung als **Gleichrichter** (mit einstellbarer Gleichspannung) arbeiten, so wird $\alpha_{II} = 0°$ gewählt. In diesem Fall ist der Gleichspannungs-Mittelwert $U_{di\alpha}$ bei $\alpha_I = 0°$ am größten. Wird α_I vergrößert, so nimmt $U_{di\alpha}$ ab. Erreicht α_I den Wert der Wechselrichtertrittgrenze (vergl. Abschnitt 3.1.9), so ist $U_{di\alpha}$ ungefähr Null.

Soll die Schaltung dagegen als **Wechselrichter** betrieben werden, so wird α_I auf den Wert der Wechselrichtertrittgrenze eingestellt und α_{II} von 0° aus vergrößert. Dabei ist die Wechselrichtergegenspannung dann am größten, wenn α_{II} ebenfalls den Wert der Wechselrichtertrittgrenze annimmt.

Man bezeichnet die beschriebene Art der Steuerung als **Folgesteuerung**. Da immer *eine* der beiden Mittelpunktschaltungen in Bild 3.60 *voll ausgesteuert* ist (entweder als Gleichrichter oder als Wechselrichter), kann die benötigte Steuerblindleistung insgesamt keinen größeren Wert annehmen als die von *einer* Mittelpunktschaltung benötigte Steuerblindleistung. Bei der „normal angesteuerten" Sechspuls-Brückenschaltung kann die Steuerblindleistung dagegen doppelt so groß werden.

3.7 Netzrückwirkungen

Stromrichterschaltungen entnehmen dem speisenden Netz *nichtsinusförmige Ströme*. Zudem sind die Grundschwingungen der Ströme gegenüber den zugehörigen Netzspannungen in der Regel *nacheilend phasenverschoben*. Die damit verbundenen (unerwünschten) Auswirkungen auf das speisende Netz bezeichnet man als **Netzrückwirkungen**. Sie sollen nachfolgend näher betrachtet werden.

3.7.1 Grundschwingungs-Blindleistung

Wird ein Stromrichter in Teilaussteuerung betrieben, so kommt es hierdurch zu einer nacheilenden Phasenverschiebung der vom Netz bezogenen Strom-Grundschwingung gegenüber der Netzspannung. Die dadurch verursachte Blindleistung heißt – wie bereits in Abschnitt 3.1.10 beschrieben – **Steuerblindleistung**. Ihre Höhe ist von der Aussteuerung (also vom Steuerwinkel α) abhängig. Bei $\alpha = 0°$ ist die Steuerblindleistung ebenfalls Null. Liegt der Steuerwinkel α dagegen bei 90°, so ist die Steuerblindleistung relativ groß. Durch die auftretenden Kommutierungen kommt eine weitere Blindleistung, die **Kommutierungsblindleistung**, hinzu (vergl. Abschnitt 3.1.11).

Beide Blindleistungsanteile zusammen ergeben die **Grundschwingungs-Blindleistung**. Sie belastet in unerwünschter Weise das speisende Netz und sollte daher möglichst gering gehalten werden. Dazu ist es zweckmäßig, eine zu konzipierende Stromrichteranordnung so auszulegen, dass sie möglichst bei **Vollaussteuerung** arbeitet. Ist zum Beispiel ein Gleichstrommotor aus einer direkt am Netz arbeitenden Stromrichterschaltung zu versorgen, so sollte die Nennspannung des Motors so gewählt werden, dass sie der von der Stromrichterschaltung bei *Vollaussteuerung* gelieferten Gleichspannung entspricht.

Im Übrigen besteht die Möglichkeit, die benötigte Grundschwingungs-Blindleistung durch **Kondensatoren**, durch **übererregte Synchronmaschinen** oder durch **Blindleistungsstromrichter** zu kompensieren. Bei den letztgenannten Anordnungen handelt es sich um Stromrichterschaltungen, die – je nach ihrer Aussteuerung – sowohl kapazitive als auch induktive Blindleistung aufnehmen können. Die Arbeitsweise der Schaltungen wird in Abschnitt 5.4.3 beschrieben. Die Einrichtungen sind besonders dazu geeignet, auch bei zeitlich schwankender Verbraucherblindleistung jederzeit die gewünschte Kompensation vorzunehmen. Man spricht dann auch von einer **dynamischen Blindleistungskompensation**.

Zur Kompensation von Grundschwingungsblindleistung kann auch eine Anlage verwendet werden, die Kondensatoren mit festen Kapazitätswerten und parallel dazu Drosselspulen enthält. Diese werden dabei über Wechsel- oder Drehstromsteller versorgt, so dass die Blindleistungsaufnahme der Spulen durch **Phasenanschnittsteuerung** verändert werden kann (vergl. Abschnitte 4.2.1 und 4.2.5). Auf diese Weise lässt sich die von den Kondensatoren und den Spulen insgesamt aufgenommene Blindleistung steuern, so dass ebenfalls eine dynamische Blindleistungskompensation möglich ist.

3.7.2 Stromoberschwingungen

Der von einem Stromrichter aus dem Versorgungsnetz bezogene nichtsinusförmige Strom kann nach **Fourier** in eine **Grundschwingung** und in **Oberschwingungen** zerlegt werden. Dabei sind die auftretenden Oberschwingungen unerwünscht, da sie folgende Nachteile haben:

- Sie tragen – bei sinusförmiger Versorgungsspannung – nicht zur Lieferung von Wirkleistung (Gleichstromleistung) bei, belasten aber das speisende Netz und verursachen hier **Verlustleistungen** und **Spannungsabfälle**.
- Sie **verformen** die Kurvenform der Netzspannung, da die durch sie an den Netzimpedanzen verursachten Spannungsabfälle *nichtsinusförmig* sind.
- Sie können unter ungünstigen Umständen **Resonanzerscheinungen** im Netz verursachen.
- Sie können in benachbarten Schaltungen **Störungen** verursachen.

Es muss deshalb darauf geachtet werden, dass die Kurvenform des vom Netz bezogenen Stromes – insbesondere bei großen Leistungen – möglichst sinusförmig ist. Wir wollen dazu nachfolgend untersuchen, welchen Einfluss die *Art* der Stromrichterschaltung auf den Oberschwingungsgehalt des Netzstromes hat. Hierfür betrachten wir als Beispiele die in den Abschnitten 3.2.1 und 3.4.1 ermittelten und in Bild 3.61 dargestellten Kurvenformen des Netzstromes einer Zweipuls-Brückenschaltung (Bild 3.61a) und einer Sechspuls-Brückenschaltung (Bild 3.61b) unter der Annahme, dass der von den Schaltungen gelieferte Gleichstrom jeweils vollständig (ideal) geglättet ist.

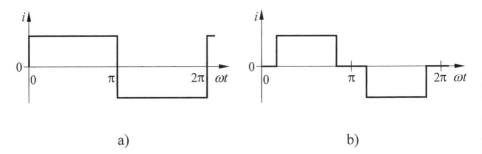

Bild 3.61 Kurvenform des Netzstromes einer Zweipuls-Brückenschaltung (a) und einer Sechspuls-Brückenschaltung (b) – bei jeweils vollständig geglättetem Gleichstrom

Ermitteln wir für diese Kurven nach *Fourier* die einzelnen Harmonischen, so finden wir die in Bild 3.62 angegebenen **Oberschwingungsspektren** der Zweipuls-Brückenschaltung (Bild 3.62a) und der Sechspuls-Brückenschaltung (Bild 3.62b). Darin sind n die Ordnungszahl der betreffenden Stromoberschwingung, I_n der Effektivwert der Stromoberschwingung n-ter Ordnung und I_1 der Effektivwert der Stromgrundschwingung.

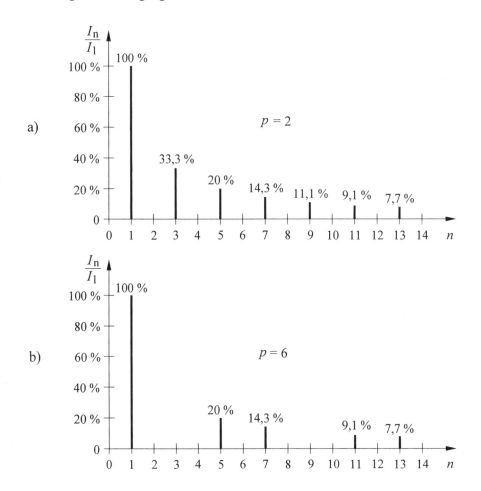

Bild 3.62 Oberschwingungsspektren des Netzstromes einer Zweipuls-Brückenschaltung (a) und einer Sechspuls-Brückenschaltung (b)

Die Darstellung zeigt, dass der Oberschwingungsgehalt des Netzstromes bei der Sechspuls-Brückenschaltung (Pulszahl $p = 6$) wesentlich geringer ist als bei der Zweipuls-Brückenschaltung ($p = 2$). Allgemein zeigt sich, dass der Oberschwingungsgehalt des Netzstromes mit steigender Pulszahl abnimmt. Das liegt daran, dass bei einer Stromrichterschaltung mit der Pulszahl p keine Oberschwingungen mit der Ordnungszahl $n < p - 1$ auftreten.

Zum Beispiel gibt es bei einer zwölfpulsigen Schaltung keine Netzstrom-Oberschwingungen mit einer Ordnungszahl, die unterhalb von $n = 11$ liegt. Im Übrigen sind auftretende Stromoberschwingungen mit bestimmter Ordnungszahl – unabhängig von der Pulszahl – immer mit dem gleichen Anteil vertreten. So beträgt zum Beispiel der Anteil der elften Oberschwingung ($n = 11$) nach Bild 3.62 sowohl bei der Zweipuls-Brückenschaltung als auch bei der Sechspuls-Brückenschaltung 9,1 %.

Bei der dreizehnten Oberschwingung ($n = 13$) ist der entsprechende Wert – unabhängig von der Pulszahl – 7,7 %. Diese sowie auch alle anderen in Bild 3.62 eingetragenen Werte gelten – genau genommen – nur für die in Bild 3.61 dargestellten *idealisierten* Kurvenformen. Bei tatsächlich ausgeführten Schaltung gibt es Abweichungen, die aber für die folgenden Betrachtungen substantiell ohne Bedeutung sind.

Die dargelegten Erkenntnisse haben zur Folge, dass für große Leistungen – mit Rücksicht auf den Oberschwingungsgehalt des Netzstromes – grundsätzlich nur Stromrichter mit höherer Pulszahl ($p \geq 6$) eingesetzt werden.

Unabhängig davon besteht die Möglichkeit, durch parallel zum Stromrichter geschaltete **Saugkreise** Stromoberschwingungen zu kompensieren. Saugkreise bestehen je aus einer Reihenschaltung einer Drosselspule und eines Kondensators. Die so gebildeten **Reihenschwingkreise** werden in etwa auf die Frequenz der auftretenden Oberschwingungen abgestimmt und haben dadurch für diese nur eine sehr geringe Impedanz. Auf diese Weise kann der Oberschwingungsgehalt des Netzstromes merklich verringert werden. Jedoch benötigt man grundsätzlich für jede Strom-Oberschwingung einen eigenen Saugkreis.

In manchen Fällen reicht es aber schon aus, wenn nur die am stärksten vertretene Stromoberschwingung – das ist diejenige mit der niedrigsten Ordnungszahl – durch einen Saugkreis kompensiert wird. Bei Drehstromversorgung müssen hierfür allerdings drei einzelne Reihenschwingkreise eingesetzt werden, die man in der Regel in Stern schaltet. Bild 3.63 zeigt beispielhaft eine derartige Anordnung. Darin ist S die Stromrichterschaltung, die nichtsinusförmige Ströme aufnimmt. In der Darstellung werden die drei in Stern geschalteten Reihenschwingkreise durch die mit L und C gekennzeichneten Drosselspulen und Kondensatoren gebildet.

Die mit L_N bezeichneten Drosselspulen dienen zur Erhöhung der Netzimpedanz und sorgen dafür, dass die fließenden Oberschwingungsströme die zur Anregung der Saugkreise notwendigen Spannungsabfälle verursachen. Dabei sei noch angemerkt, dass Saugkreise für alle Frequenzen, die unterhalb der Resonanzfrequenz liegen, kapazitiv wirken. Dadurch kompensieren diese Anordnungen gleichzeitig Grundschwingungs-Blindleistung und tragen auf diese Weise zusätzlich zur Verbesserung des Leistungsfaktors bei.

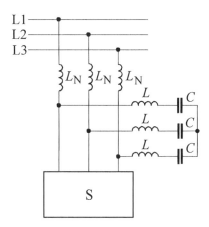

Bild 3.63 Anordnung der Saugkreise zur Kompensation von Strom-Oberschwingungen

Maßnahmen zur Kompensation von Stromoberschwingungen erübrigen sich in der Regel völlig, wenn netzparallel arbeitende Stromrichter so ausgeführt werden, dass sie einen sinusförmigen (oder nahezu sinusförmigen) Strom aufnehmen oder abgeben. Derartige Schaltungen werden in Abschnitt 5.4 näher beschrieben. Sie können – wie in Abschnitt 5.4.3 erläutert – auch so konzipiert und gesteuert werden, dass sie Stromoberschwingungen von *anderen* Verbrauchern kompensieren und so die gleiche Aufgabe erfüllen wie Saugkreise. Man spricht dann von einer **aktiven Oberschwingungskompensation**.

3.7.3 Spannungsoberschwingungen

Der von einem netzgeführten Stromrichter aufgenommene *nichtsinusförmige* Strom verursacht, wie schon erwähnt, an den Netzimpedanzen *nichtsinusförmige* Spannungsabfälle. Dadurch wird die Kurvenform der Netzspannung verformt, so dass Spannungsoberschwingungen entstehen. Diese können parallel liegende Verbraucher in ihrer Funktionsfähigkeit beeinträchtigen und sollten daher gering gehalten werden. Zur weiteren Erläuterung betrachten wir eine Zweipuls-Brückenschaltung, die nach Bild 3.64a über einen Transformator an einem Wechselspannungsnetz angeschlossen ist. Für diese Anordnung können wir das in Bild 3.64b angegebene Ersatzschaltbild verwenden.

Nehmen wir dabei das Übersetzungsverhältnis des verwendeten Transformators der Einfachheit halber als eins an, so sind X_T die Reaktanz (der Blindwiderstand) des verwendeten Transformators, u_S der Augenblickswert der Eingangswechselspannung der Stromrichterschaltung und u_P der Augenblickswert der Netzspannung. Die Blindwiderstände der Leitungen sowie vorgeschalteter Einrichtungen (Transformatoren, Generatoren) werden in der Reaktanz X_N (Netzreaktanz) zusammengefasst. Ohmsche Widerstände werden vernachlässigt.

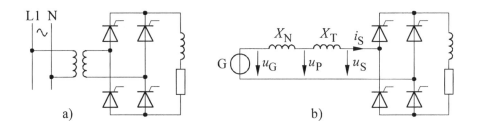

Bild 3.64 a) Betrieb einer Zweipuls-Brückenschaltung am Netz, b) zugehörige Ersatzschaltung

In Bild 3.64b möge die Wechselspannungsquelle (der Wechselspannungsgenerator) G die in Bild 3.65a dargestellte sinusförmige Spannung u_G liefern. Der dabei netzseitig fließende, in Bild 3.64b gekennzeichnete Strom i_S hat – bei Berücksichtigung der *Kommutierungsdauer* – den in Bild 3.65d angegebenen Verlauf (vergl. Bild 3.28c).

Durch die auftretenden Kommutierungsvorgänge sind in Bild 3.64 jeweils kurzzeitig alle Thyristoren leitend, so dass der Transformator hierbei vorübergehend kurzgeschlossen wird (vergl. Abschnitt 3.1.7). Dadurch entsteht für die Ausgangsspannung u_S die in Bild 3.65c angegebene Form. Die auf der Sekundärseite des Transformators auftretenden starken Spannungseinbrüche Δu_S wirken sich auch auf die Primärseite aus. Dabei ergibt sich für die hier auftretenden Spannungseinbrüche aus Bild 3.64b

$$\Delta u_P = \Delta u_S \frac{X_N}{X_N + X_T}. \tag{3.99}$$

Der Verlauf der Spannung u_P und damit der Netzspannung ist in Bild 3.65b dargestellt. Die auftretenden Spannungsrückgänge Δu_P bezeichnet man auch als **Kommutierungseinbrüche**. Sie stellen die Hauptursache für das Entstehen von unerwünschten Spannungsoberschwingungen dar. Um diese möglichst gering zu halten, darf die Transformatorreaktanz X_T – wie aus Gl. (3.99) hervorgeht – nicht zu klein sein. Gegebenenfalls können zur Vergrößerung von X_T zusätzliche Drosselspulen (Kommutierungsdrosseln) eingeschaltet werden.

Wird eine Stromrichterschaltung (ohne Transformator) direkt am Netz betrieben, so ist das Einschalten von **Kommutierungsdrosseln** zur Vermeidung starker Netzspannungseinbrüche in der Regel unerlässlich. Dies gilt besonders für Schaltungen, die größere Leistungen übertragen sollen. Die Kommutierungsdrosseln sorgen gleichzeitig dafür, dass eine Überschreitung der **kritischen Stromsteilheit** bei den verwendeten Thyristoren vermieden wird und verringern zudem den Oberschwingungsgehalt des Netzstromes. Insbesondere werden Oberschwingungen mit höherer Ordnungszahl deutlich reduziert, was sich wiederum positiv auf die von der Schaltung abgegebenen (elektrischen und magnetischen) Störungen auswirkt.

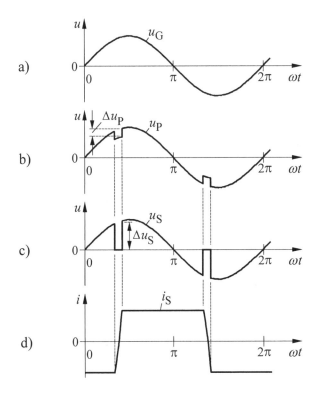

Bild 3.65 Verlauf der in Bild 3.64b auftretenden Spannungen und Ströme. a) Vom Generator gelieferte Wechselspannung, b) Netzspannung, c) Stromrichtereingangsspannung, d) Netzstrom

Liegen die Kommutierungseinbrüche im Bereich der Nulldurchgänge der Netzspannung, so kann es zu einer Störung der Synchronisation des Impulssteuersatzes kommen. Die Ursache dafür liegt darin, dass im genannten Fall die Nulldurchgänge der *Netzspannungs-Grundschwingung* nicht exakt erfasst werden können. Eine Abhilfe ist dadurch möglich, dass zwischen dem Netz und dem Impulssteuersatz ein **Tiefpassfilter** eingeschaltet wird, das die Amplituden der Spannungsoberschwingungen herabsetzt.

4 Wechsel- und Drehstromschalter und -steller

Mit einem **Wechselstromschalter** kann ein Verbraucher an eine Wechselspannungsquelle angeschlossen oder von dieser getrennt werden. Ein **Wechselstromsteller** ermöglicht die Verstellung der Leistungsaufnahme eines Verbrauchers bei Wechselstrom. Für **Drehstromschalter** und **Drehstromsteller** gilt das Entsprechende.

4.1 Wechsel- und Drehstromschalter

4.1.1 Wechselstromschalter

Eine aus zwei Thyristoren bestehende Gegenparallelschaltung kann als **elektronischer Wechselstromschalter** verwendet werden. So lässt sich zum Beispiel in Bild 4.1a der Verbraucher Z auf diese Weise ein- und ausschalten.

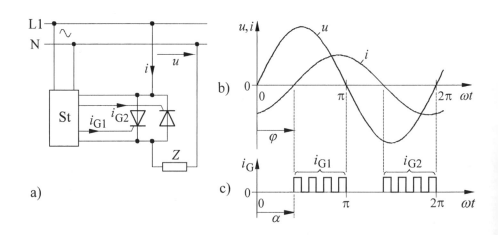

Bild 4.1 Schalten von Wechselstrom. a) Aufbau des elektronischen Wechselstromschalters, b) zeitlicher Verlauf von Spannung und Strom im eingeschalteten Zustand bei ohmsch-induktiver Last, c) Form und Lage der Steuerimpulse

Die Gegenparallelschaltung der Thyristoren wird auch als **Wechselwegpaar** (Abkürzung: **W1**) bezeichnet. Statt der beiden Thyristoren lässt sich in gleicher Weise ein **Triac** verwenden. Triacs kommen allerdings aufgrund ihrer Eigenschaften grundsätzlich nur bei kleineren und mittleren Leistungen zum Einsatz, während bei größeren Leistungen Thyristoren besser geeignet sind. Statt der genannten Bauelemente können grundsätzlich auch **abschaltbare Leistungshalbleiter** (beispielsweise IGBTs) eingesetzt werden. Jedoch ist dann zu beachten, dass beim Abschalten von *induktiven* Lastkreisen hohe Spannungsspitzen auftreten, die die Leistungshalbleiter zerstören können.

In Bild 4.1a ist der elektronische Schalter dann ausgeschaltet, wenn der Steuersatz St keine Steuerimpulse abgibt, also $i_{G1} = i_{G2} = 0$ ist. Zum Einschalten des Schalters ist es erforderlich, dass der Steuersatz in jeder Periode der Netzspannung zwei um 180° phasenverschobene Impulse (oder, wie in Bild 4.1c dargestellt, Impulsketten i_{G1} und i_{G2}) erzeugt und diese den beiden Thyristoren abwechselnd zugeführt werden. Es ist grundsätzlich auch möglich, die erzeugten Steuerimpulse jeweils beiden Thyristoren gleichzeitig zuzuführen. In diesem Fall wird immer nur derjenige Thyristor leitend, dessen Anoden-Kathoden-Spannung positiv ist.

Besteht dabei der Verbraucher Z aus einem ohmschen Widerstand, so sind im eingeschaltetem Zustand der Strom i und die Spannung u in Phase. Daher muss die Zündung der Thyristoren in den Spannungsnulldurchgängen erfolgen. Hier reicht es grundsätzlich aus, zum Ansteuern der Leistungshalbleiter **Kurzimpulse** (vergl. Abschnitt 2.6.3) zu verwenden.

Hat der Verbraucher Z dagegen ohmsch-induktives Verhalten, so eilt nach Bild 4.1b der Strom i der Spannung u um den Phasenverschiebungswinkel φ – das ist der Phasenverschiebungswinkel des Verbrauchers – nach. In diesem Fall werden die Thyristoren nicht in den Spannungsnulldurchgängen, sondern jeweils um den Phasenverschiebungswinkel φ verzögert leitend. Um nun auch bei schwankendem Phasenverschiebungswinkel jederzeit eine sichere Zündung der Thyristoren zu gewährleisten, verwendet man in der Regel **Impulsketten** (wie in Bild 4.1c dargestellt) oder **Langimpulse** (vergl. Abschnitt 2.6.3).

Dabei besteht für den eingestellten Steuerwinkel α lediglich die Vorgabe, dass er im Bereich $0 \leq \alpha \leq \varphi$ liegen muss. Allerdings sei angemerkt, dass bei $\alpha < \varphi$ grundsätzlich beim Einschalten des Stromkreises ein (besonderer) **Einschwingvorgang** auftritt. Dieser wird nur dann vermieden, wenn der Steuerwinkel α, wie in Bild 4.1c dargestellt, genau auf den Wert des Phasenverschiebungswinkels φ eingestellt ist. Zum Ausschalten des Verbrauchers genügt es, die Steuerimpulse zu sperren. Der Strom i fließt dann noch bis zum nächsten natürlichen Nulldurchgang weiter und bleibt danach Null.

Zum Ein- und Ausschalten von **Kondensatoren** eignet sich die Schaltung nach Bild 4.2a. Hier besteht der elektronische Schalter, wie dargestellt, aus der Gegenparallelschaltung eines Thyristors und einer Diode. Wird der Thyristor *nicht* angesteuert, so ist der Schalter ausgeschaltet, und es fließt kein Strom. Durch die Diode wird der Kondensator auf den (negativen) Scheitelwert der Netzspannung u aufgeladen (vergl. Bilder 4.2b, 4.2c und 4.2d im Schaltzustand "Aus").

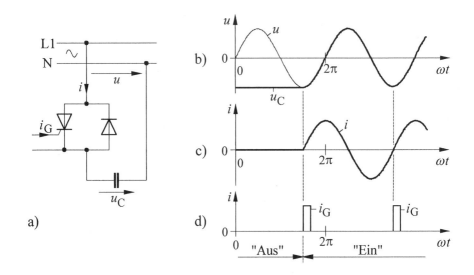

Bild 4.2 Ein- und Ausschalten eines Kondensators. a) Aufbau des elektronischen Schalters, b) zeitlicher Verlauf von Netz- und Lastspannung, c) zeitlicher Verlauf des Stromes, d) Lage der Steuerimpulse

Zum Einschalten des Schalters wird der Thyristor periodisch jeweils in den negativen Scheitelwerten der Netzspannung u durch die Steuerimpulse i_G gezündet. Unmittelbar nach dem ersten erzeugten Zündimpuls setzt der Strom i ein, ohne dass ein besonderer Einschwingvorgang auftritt. Die Kondensatorspannung u_C ist im eingeschalteten Zustand gleich der Netzspannung u (vergl. Bilder 4.2b, 4.2c und 4.2d im Schaltzustand "Ein").

Die beschriebenen **elektronischen Schalter** haben gegenüber mechanischen Lösungen den Vorteil, dass sie – auch bei großer Schalthäufigkeit – eine hohe Lebensdauer besitzen. Darüber hinaus lassen sie sich in jedem beliebigen Zeitpunkt innerhalb der Periode der Netzspannung einschalten, so dass es möglich ist, Einschwingvorgänge zu vermeiden. Nachteilig sind die im eingeschalteten Zustand entstehenden Verluste sowie das begrenzte Isoliervermögen im ausgeschalteten Zustand. Soll eine vollständige galvanische Trennung erzielt werden, so ist es erforderlich, mit der Anordnung einen mechanischen Schalter in Reihe zu schalten.

4.1.2 Drehstromschalter

Auch Drehstromverbraucher können durch **elektronische Schalter** ein- und ausgeschaltet werden. Eine mögliche Ausführung eines solchen **Drehstromschalters** zeigt Bild 4.3. Es handelt sich – wie dargestellt – um eine Kombination *dreier* **Wechselwegpaare**. Die hierfür verwendete Abkürzung ist **W3**.

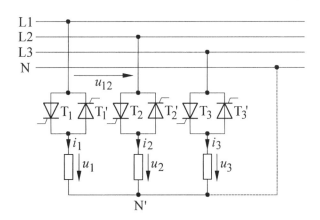

Bild 4.3 Elektronischer Schalter zum Ein- und Ausschalten eines Drehstromverbrauchers

Bei kleineren und mittleren Leistungen werden die dargestellten Thyristoren vielfach durch *Triacs* ersetzt. Der Netzsternpunkt N kann wahlweise mit dem Verbrauchersternpunkt N' verbunden werden oder auch nicht (vergl. Bild 4.3). Bei einer symmetrischen Belastung ist die betreffende Verbindung grundsätzlich überflüssig.

Wir wollen uns jetzt mit der Frage befassen, wie beim Einschalten des in Bild 4.3 dargestellten Drehstromschalters unerwünschte Einschwingvorgänge vermieden werden. Dabei gehen wir von einem *symmetrischen* Drehstromverbraucher aus, der aus *ohmschen* Widerständen bestehen möge. Weiterhin sei der Netzsternpunkt N nicht mit dem Verbrauchersternpunkt N' verbunden.

Werden nun im positiven Nulldurchgang der Außenleiterspannung u_{12} die Thyristoren T_1 und T_2' durch Steuerimpulse gezündet, so wird sichergestellt, dass die Ströme i_1 und i_2 mit *stetigem* Kurvenverlauf einsetzen. Wird danach der Thyristor T_3' um 90° verzögert angesteuert, so setzt der Strom i_3 ebenfalls *stetig* ein. Das liegt daran, dass die Sternspannung u_3 bei eingeschaltetem Drehstromschalter gegenüber der Außenleiterspannung u_{12} um genau 90° phasenverschoben ist.

Hat der Drehstromverbraucher ohmsch-induktives Verhalten, so kann das Einschalten des Drehstromschalters in nahezu der gleichen Weise vorgenommen werden wie oben beschrieben. Die Ansteuerung der Thyristoren muss gegenüber ohmscher Belastung lediglich um den Phasenverschiebungswinkel φ – das ist der Phasenwinkel des Drehstromverbrauchers – verzögert erfolgen. Dann werden unerwünschte Ausgleichsvorgänge vermieden.

Neben der in Bild 4.3 dargestellten Ausführungsform eines Drehstromschalters gibt es noch andere Möglichkeiten, von denen in Bild 4.4 zwei angegeben sind.

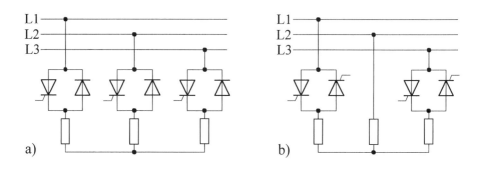

Bild 4.4 Alternative Ausführungsformen von elektronischen Drehstromschaltern.
a) Halbgesteuerte Schaltung, b) Sparschaltung

Der in Bild 4.4a angegebene Schalter besteht aus drei Gegenparallelschaltungen von je einem Thyristor und einer Diode. Man spricht hierbei auch von der **halbgesteuerten Schaltung**. Bild 4.4b zeigt eine **Sparschaltung**, bei der nur zwei der drei Leiter durchgeschaltet oder unterbrochen werden können. In beiden der in Bild 4.4 angegebenen Anordnungen darf keine Verbindung zwischen dem Netzsternpunkt und dem Verbrauchersternpunkt bestehen.

4.2 Wechsel- und Drehstromsteller

4.2.1 Wechselstromsteller mit Phasenanschnittsteuerung

Für die folgenden Untersuchungen betrachten wir die in Bild 4.5a dargestellte Schaltung. Darin werden der Thyristor T_1 innerhalb der positiven und der Thyristor T_2 innerhalb der negativen Halbschwingung der Netzspannung u (Bild 4.5b) periodisch durch den Steuersatz St gezündet. Die Lage der Steuerimpulse i_{G1} und i_{G2} zeigt Bild 4.5d. Der eingetragene Winkel α heißt **Steuerwinkel**. Gehen wir davon aus, dass die Impedanz $\underline{Z}$ des Lastwiderstandes rein ohmsch ist, so hat der fließende Strom i den in Bild 4.5c dargestellten Verlauf.

4.2 Wechsel- und Drehstromsteller

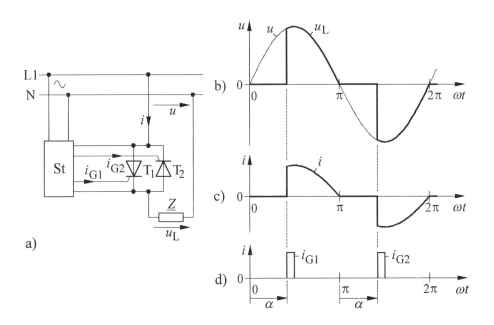

Bild 4.5 Wechselstromsteller mit Phasenanschnittsteuerung. a) Schaltung, b) zeitlicher Verlauf der Spannungen (bei ohmscher Last), c) zeitlicher Verlauf des Stromes (bei ohmscher Last), c) Form und Lage der Steuerimpulse

Für die am Lastwiderstand (Z) liegende Spannung gilt für $i = 0$ (beide Thyristoren sind gesperrt)

$$u_L = 0 \tag{4.1}$$

und für $i \neq 0$ (einer der beiden Thyristoren ist leitend und somit eingeschaltet)

$$u_L = u. \tag{4.2}$$

Der sich so ergebende Verlauf der Spannung u_L ist in Bild 4.5b angegeben. Aus der Darstellung geht hervor, dass durch Vergrößern des Steuerwinkels α die dem Lastwiderstand (Z) zugeführte Leistung (Wirkleistung) verkleinert werden kann. Bei $\alpha = 0°$ ist die Wirkleistung am größten. Man spricht dann von **Vollaussteuerung**. Im Bereich $0 < \alpha < 180°$ besteht **Teilaussteuerung**. Bei $\alpha = 180°$ ist die Leistung Null. Man bezeichnet die beschriebene Art der Leistungssteuerung, wie auch schon in Abschnitt 2.6.3 erläutert, als **Phasenanschnittsteuerung**.

Statt der beiden Thyristoren kann in Bild 4.5a auch ein **Triac** verwendet werden. Dies ist jedoch grundsätzlich nur bei kleinen und mittleren Leistungen möglich, da Triacs wegen der begrenzten zulässigen Spannungs- und Stromsteilheiten bei größeren Leistungen nicht eingesetzt werden können (vergl. Abschnitt 2.6.4.1).

Wir wollen jetzt von der Annahme ausgehen, dass die Impedanz $\underline{Z}$ des Lastwiderstand in Bild 4.5a rein *induktiv* ist. Besteht dabei *Vollaussteuerung*, so verläuft der Strom *i sinusförmig* und ist gegenüber der Spannung u um 90° nacheilend phasenverschoben. Da dann stets einer der beiden Thyristoren leitend ist, muss die Lastspannung u_L gleich der Netzspannung u sein. Bild 4.6a zeigt den Verlauf von $u_L = u$ und Bild 4.6b den von i (jeweils bei Vollaussteuerung).

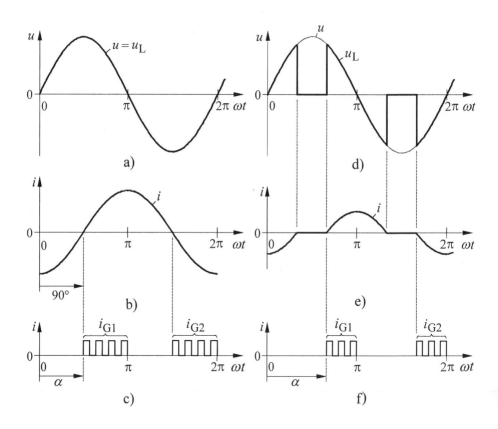

Bild 4.6 Zeitlicher Verlauf der in der Schaltung nach Bild 4.5a auftretenden Spannungen und Ströme bei rein induktiver Last.
a) bis c) bei Vollaussteuerung, d) bis f) bei Teilaussteuerung

Die Thyristoren müssen in den *Strom-Nulldurchgängen* gezündet werden (Bild 4.6c). Das bedeutet, dass bereits bei einem Steuerwinkel von $\alpha = 90°$ Vollaussteuerung besteht. Wird dieser Wert unterschritten, so lässt sich bei Verwendung von

4.2 Wechsel- und Drehstromsteller

Kurzimpulsen einer der beiden Thyristoren nicht mehr zünden. Das liegt daran, dass der betreffende Leistungshalbleiter Steuerimpulse zu Zeitpunkten erhält, in denen der andere noch leitend ist. Hierdurch liegt zwischen der Anode und der Kathode des zu zündenden Thyristors in den Zündzeitpunkten eine *negative* Sperrspannung an, so dass er nicht leitend werden kann.

Um nun auch bei einem Steuerwinkel von $\alpha < 90°$ einen einwandfreien Betrieb zu gewährleisten, verwendet man zur Zündung der Thyristoren entweder **Impulsketten** (nach Bild 4.6c) oder **Langimpulse** (vergl. Abschnitt 2.6.3). Bei dieser Art der Ansteuerung besteht im ganzen Bereich $0 \leq \alpha \leq 90°$ Vollaussteuerung.

Durch Vergrößern des Steuerwinkels über $\alpha = 90°$ hinaus gelangt man zur *Teilaussteuerung*. Der jeweils nach dem Zünden der Thyristoren auftretende Verlauf des Stromes i wird durch die Gleichung

$$u = L\frac{\mathrm{d}i}{\mathrm{d}t} \tag{4.3}$$

bestimmt. Dabei stellt L in Bild 4.5a die Induktivität des als verlustlos angenommenen Lastwiderstandes ($\underline{Z}$) dar. Gl. (4.3) besagt, dass der Strom i bei positiver Spannung u zunimmt und bei negativen Werten von u abnimmt. Bild 4.6e zeigt den sich dadurch ergebenden Verlauf des Stromes. Für den Verlauf der am Lastwiderstand liegenden Spannung u_L gelten die Gln. (4.1) und (4.2) entsprechend. Das bedeutet, dass für $i = 0$ auch $u_L = 0$ ist und für $i \neq 0$ die Beziehung $u_L = u$ gilt.

In Bild 4.6d ist der Verlauf von u_L und der von u dargestellt. Aus Bild 4.6f ergibt sich die Lage der Steuerimpulse. Durch Vergrößern des Steuerwinkels α lässt sich der Effektivwert des Stromes i immer mehr verkleinern. Bei $\alpha = 180°$ ist der Strom Null.

Wir wollen abschließend die in Bild 4.5a dargestellte Schaltung für den Fall betrachten, dass die Impedanz $\underline{Z}$ des Lastwiderstand ohmsch-induktiv ist und den Phasenverschiebungswinkel φ besitzt. Liegt hierbei der Steuerwinkel im Bereich $0 \leq \alpha \leq \varphi$, so besteht **Vollaussteuerung**. Bild 4.7a zeigt den Verlauf der dann auftretenden Spannungen und Ströme. Die Steuerimpulse i_{G1} und i_{G2} sind für $\alpha = \varphi$ dargestellt.

Vergrößert man den Steuerwinkel über $\alpha = \varphi$ hinaus, so besteht **Teilaussteuerung**. In diesem Fall haben die Spannungen und Ströme den in Bild 4.7b dargestellten Verlauf. Dabei ergibt sich die Kurvenform für die am Lastwiderstand ($\underline{Z}$) liegende Spannung u_L – so wie bei den vorangegangenen Belastungsarten – durch Anwendung der Gln. (4.1) und (4.2). Durch eine weitere Vergrößerung des Steuerwinkels nimmt der Effektivwert des fließenden Stromes i immer mehr ab. Bei $\alpha = 180°$ ist der Strom Null.

Aus den Bildern 4.6d und 4.7b ist ersichtlich, dass die Lastspannung u_L jeweils am Ende der Stromflusszeit *sprunghaft* auf Null abfällt. Das hat zur Folge, dass die an den Thyristoren auftretenden Sperrspannungen in den gleichen Zeitpunkten mit der gleichen Steilheit ansteigen. Dies kann zum ungewollten Zünden der Thyristoren wegen Überschreitens der **kritischen Spannungssteilheit** (vergl. Abschnitt 2.6.2.2) führen. Abhilfe ist dadurch möglich, dass die Thyristoren mit einer entsprechenden Beschaltung (beispielsweise mit einer geeigneten RC-Beschaltung nach Bild 2.25c) versehen werden.

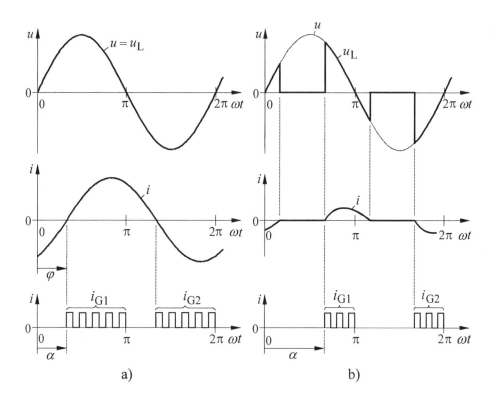

Bild 4.7 Zeitlicher Verlauf der in der Schaltung nach Bild 4.5a auftretenden Spannungen und Ströme bei ohmsch-induktiver Last. a) Vollaussteuerung, b) Teilaussteuerung

4.2.2 Blindleistungsverhalten des phasenanschnittgesteuerten Wechselstromstellers

Beim Betrieb des in Abschnitt 4.2.1 beschriebenen Wechselstromstellers wird – ebenso wie bei netzgeführten Gleich- und Wechselrichterschaltungen auch – Blindleistung benötigt. Wir wollen dies anhand der in Bild 4.8a dargestellten Schaltung näher untersuchen und gehen dabei von rein ohmscher Belastung aus.

Bild 4.8b zeigt den Verlauf der Netzspannung u und den des fließenden Laststromes i bei einem Steuerwinkel α. Die gestrichelt eingetragene Linie stellt die im Laststrom enthaltene *Grundschwingung* i_1 dar. Es zeigt sich, dass trotz ohmscher Belastung die Strom-Grundschwingung i_1 gegenüber der Netzspannung u um einen bestimmten Phasenverschiebungswinkel φ_1 nacheilt.

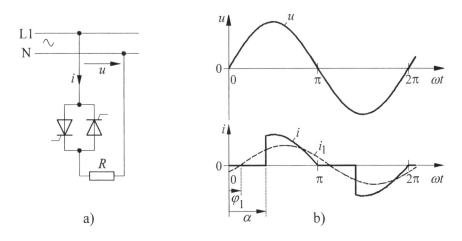

Bild 4.8 Zur Erläuterung des Blindleistungsverhaltens von Wechselstromstellern.
a) Schaltung, b) zeitlicher Verlauf der Netzspannung und des Laststromes

Für die Bestimmung der Blindleistung gehen wir von der Überlegung aus, dass (bei sinusförmiger Versorgungsspannung) Strom-Oberschwingungen nicht zur Lieferung von Wirkleistung beitragen. Daher gilt für diese **Wirkleistung**

$$P = U I_1 \cos \varphi_1. \tag{4.4}$$

Hierin sind U der Effektivwert der Netzspannung und I_1 der Effektivwert der Strom-Grundschwingung. Die Größe $\cos \varphi_1$ stellt den *Leistungsfaktor* der *Grundschwingung* dar und wird auch als **Verschiebungsfaktor** bezeichnet. Mit I als dem Effektivwert des Laststromes i beträgt die von der Schaltung aufgenommene **Scheinleistung**

$$S = U I. \tag{4.5}$$

Damit erhalten wir für die von der Anordnung benötigte **Blindleistung**

$$Q = \sqrt{S^2 - P^2}.\qquad(4.6)$$

Sie kann – wie in Abschnitt 3.1.10 erläutert – in zwei Anteile zerlegt werden. Hiervon wird der Anteil

$$Q_1 = U I_1 \sin \varphi_1 \qquad(4.7)$$

durch den zwischen der Strom-Grundschwingung und der Netzspannung bestehenden **Phasenverschiebungswinkel** φ_1 verursacht und als **Grundschwingungs-Blindleistung** oder als **Steuerblindleistung** bezeichnet. Da der Strom i_1 der Netzspannung u *nacheilt,* können wir Q_1 auch als *induktive* Blindleistung auffassen. Der zweite Anteil kommt durch die Strom-Oberschwingungen zustande. Er beträgt nach Gl. (3.37)

$$D = U\sqrt{I_2^2 + I_3^2 + I_4^2 + \cdots}\qquad(4.8)$$

und heißt **Oberschwingungs-Blindleistung** oder **Verzerrungsleistung**. I_2, I_3, I_4 sind hierbei die Effektivwerte der einzelnen Strom-Oberschwingungen. Zwischen den drei genannten Blindleistungen besteht nach Gl. (3.38) die Beziehung

$$Q = \sqrt{Q_1^2 + D^2}.\qquad(4.9)$$

Durch die Tatsache, dass nicht nur eine *Grundschwingungs-Blindleistung*, sondern zusätzlich eine *Oberschwingungs-Blindleistung* auftritt, wird es möglich, dass zu keinem Zeitpunkt eine Energierücklieferung in das Netz erfolgt (ohmsche Belastung vorausgesetzt). Eine solche Energierücklieferung ist ja bei einem ohmschen Belastungswiderstand ausgeschlossen, da dieser – im Gegensatz zu einer Drosselspule oder einem Kondensator – keine magnetische oder elektrische Energie speichern kann. Der Quotient

$$\lambda = \frac{P}{S}$$

wird – in Übereinstimmung mit Gl. (3.39) – als **Leistungsfaktor** bezeichnet. Bei ohmscher Belastung gilt wegen $P = U_L I$ und $S = U I$ auch

4.2 Wechsel- und Drehstromsteller

$$\boxed{\lambda = \frac{P}{S} = \frac{U_L I}{UI} = \frac{U_L}{U}.}\qquad(4.10)$$

In dieser Gleichung ist U_L der Effektivwert der am Lastwiderstand R liegenden Spannung. Der Leistungsfaktor λ ist für die Belastung des Netzes von besonderer Bedeutung. Maßgebend für die genannte Belastung ist nämlich nicht die dem Verbraucher zugeführte *Wirkleistung P*, sondern die vom Netz bezogene *Scheinleistung S*. Daher stellen diejenigen Anordnungen eine ungünstige Belastung dar, die mit einem niedrigen Leistungsfaktor arbeiten. Das sind nach Gl. (4.10) vor allem solche Schaltungen, bei denen die Lastspannung U_L vergleichsweise niedrig ist, bei denen also ein relativ großer Steuerwinkel α eingestellt ist.

4.2.3 Phasenabschnittsteuerung, Sektorsteuerung

Wir betrachten nach Bild 4.9a einen Wechselstromsteller, der mit **abschaltbaren Leistungshalbleitern**, beispielsweise – wie dargestellt – mit IGBTs versehen ist. Der Lastwiderstand R sei rein ohmsch.

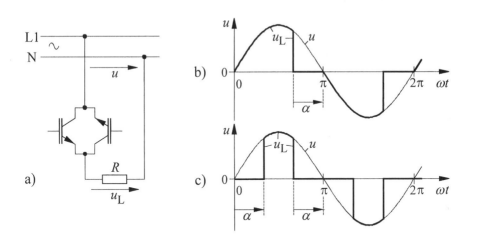

Bild 4.9 Wechselstromsteller mit abschaltbaren Leistungshalbleitern. a) Schaltung,
b) zeitlicher Verlauf der Spannungen bei der Phasenabschnittsteuerung,
c) zeitlicher Verlauf der Spannungen bei der Sektorsteuerung

Nimmt man die Ansteuerung der Leistungshalbleiter so vor, dass diese jeweils am Beginn einer Netzspannungs-Halbschwingung *eingeschaltet* und *vor* Erreichen des nachfolgenden Spannungs-Nulldurchgangs wieder *ausgeschaltet* werden, so ergibt sich für die am Lastwiderstand liegende Spannung u_L der in Bild 4.9b dargestellte Verlauf. Dabei kann die dem Widerstand R zugeführte Leistung (Wirkleistung) durch Verstellen des **Steuerwinkels** α verändert werden.

Man bezeichnet diese Art der Leistungssteuerung als **Phasenabschnittsteuerung**. Sie unterscheidet sich von der Phasenanschnittsteuerung vor allem dadurch, dass nicht induktive, sondern kapazitive Grundschwingungs-Blindleistung benötigt wird. Ist ein Netz mit mehreren Wechselstromstellern belastet, so kann es vorteilhaft sein, diese (bei ohmscher Last) teilweise phasenanschnitt- und teilweise phasenabschnittgesteuert zu betreiben. Auf diese Weise erfolgt eine Kompensation von induktiver und kapazitiver Blindleistung.

Zu beachten ist, dass die Phasenabschnittsteuerung bei induktiver (oder ohmsch-induktiver) Last nicht angewendet werden kann, da jeweils beim Abschalten der Leistungshalbleiter hohe Spannungsspitzen entstehen.

Das Auftreten einer Grundschwingungs-Blindleistung kann – bei ohmscher Belastung – durch eine Kombination von Phasenanschnitt- und Phasenabschnittsteuerung ganz vermieden werden. Dazu werden die Leistungshalbleiter in Bild 4.9a so angesteuert, dass die am Lastwiderstand liegende Spannung u_L den in Bild 4.9c dargestellten Verlauf erhält. Man bezeichnet diese Steuerungsart als **Sektorsteuerung**. Die dem Widerstand R zugeführte Leistung (Wirkleistung) lässt sich durch Verstellen des Steuerwinkels α verändern. Bei $\alpha = 90°$ ist die Leistung Null.

4.2.4 Wechselstromsteller mit Schwingungspaketsteuerung

Beim Betrieb eines Wechselstromstellers mit Phasenanschnittsteuerung treten *nichtsinusförmige* Ströme auf. Bei ohmscher Belastung entstehen zudem – wie auch Bild 4.5c zeigt – *große Stromsteilheiten*. Damit sind folgende Nachteile verbunden:

- Die großen Stromsteilheiten können zur Überschreitung der **kritischen Stromsteilheit** der eingesetzten Leistungshalbleiter und damit zu deren Zerstörung führen.

- Die großen Stromsteilheiten verursachen **Netzspannungseinbrüche** und führen so zu einer Verformung der Kurvenform der Netzspannung (vergl. Abschnitt 3.7.3).

- Trotz ohmscher Belastung hat die Schaltung infolge des nichtsinusförmigen Stromverlaufs einen **Blindleistungsbedarf**, der eine zusätzliche Netzbelastung zur Folge hat (vergl. Abschnitt 4.2.2).

- Das Auftreten *großer* Stromsteilheiten bedeutet, dass der fließende Strom auch **höherfrequente Oberschwingungen** enthält. Sie sind besonders unerwünscht da sie – in stärkerem Maße als niederfrequente Strom-Oberschwingungen – Störsignale aussenden und so benachbarte Anlagen in ihrer Funktionsfähigkeit beeinträchtigen können.

Zur Vermeidung der genannten Nachteile werden bei dem nachstehend beschriebenen Verfahren die Thyristoren des Wechselstromstellers (Bild 4.10a) so angesteuert, dass nur *volle* Spannungsschwingungen am Lastwiderstand R wirksam werden.

Bild 4.10b zeigt den Verlauf der dabei auftretende Ausgangsspannung u_L. Die Leistungshalbleiter in Bild 4.10a werden während der **Einschaltzeit** T_e (Bild 4.10b) jeweils in den **Netzspannungs-Nulldurchgängen** gezündet. In der sich anschließenden **Ausschaltzeit** ($T - T_e$) erfolgt keine Zündung. Der Lastwiderstand wird also im Prinzip periodisch ein- und ausgeschaltet. Für die bei diesem Verfahren dem Widerstand zugeführte *mittlere* Leistung ist das Verhältnis von Einschaltdauer T_e zur Periodendauer T maßgebend (vergl. Bild 4.10b).

Bezeichnen wir die bei **Vollaussteuerung** ($T_e = T$) gelieferte Leistung als P_{max}, so beträgt die mittlere Leistung bei **Teilaussteuerung**

$$P = \frac{T_e}{T} P_{max} .\qquad(4.11)$$

Dabei lässt sich P durch Verändern des Verhältnisses T_e/T einstellen. Man bezeichnet dieses auch als **Einschaltverhältnis**. Die beschriebene Art der Leistungssteuerung heißt **Schwingungspaketsteuerung**.

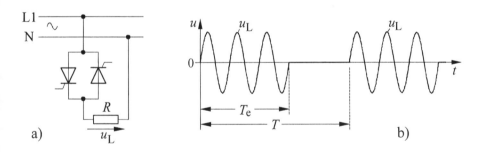

Bild 4.10 Schwingungspaketsteuerung. a) Schaltung, b) zeitlicher Verlauf der Ausgangsspannung

Das Hauptanwendungsgebiet dieses Verfahrens liegt bei der Leistungssteuerung von elektrischen Heizgeräten (insbesondere von solchen, die für die Erwärmung von Flüssigkeiten oder festen Stoffen eingesetzt werden). Derartige Heizgeräte besitzen in der Regel so große Wärmezeitkonstanten, dass keine merklichen (durch die Steuerungsart bedingten) periodischen Temperaturschwankungen auftreten. Dagegen ist das beschriebene Verfahren für die Leistungssteuerung von Beleuchtungsanlagen – wegen der auftretenden Helligkeitsschwankungen – ungeeignet.

Beim Betrieb von schwingungspaketgesteuerten Wechselstromstellern – insbesondere bei solchen mit größerer Leistung – kann es während der Einschaltdauer T_e (vergl. Bild 4.10b) durch den fließenden Strom (infolge des Spannungsabfalls an den Netzimpedanzen) zu einem leichten Rückgang der Netzspannung kommen. In diesem Fall treten somit *periodisch* Netzspannungsschwankungen auf. Sind am gleichen Netz Beleuchtungsanlagen angeschlossen, so kann dies zu unerwünschten Helligkeitsschwankungen führen. Man bezeichnet diese als **Flicker**. Die Helligkeitsschwankungen sind für das menschliche Auge besonders dann störend, wenn die Modulationsfrequenz

$$f = \frac{1}{T} \tag{4.12}$$

bei etwa 10 Hz liegt. Hierbei ist T die sich aus Bild 4.10b ergebende Periodendauer. Abhilfe ist dadurch möglich, dass die Modulationsfrequenz verändert wird (beispielsweise durch Wahl eines deutlich niedrigeren Wertes).

Für die Ansteuerung der Leistungshalbleiter bei der Schwingungspaketsteuerung stehen speziell hierfür entwickelte **integrierte Schaltkreise** zur Verfügung, die die benötigten Steuerimpulse erzeugen. Dabei lässt sich in der Regel nicht nur das Einschaltverhältnis T_e/T, sondern – oft in einem sehr weiten Bereich – auch die Periodendauer T einstellen (vergl. Bild 4.10b).

4.2.5 Drehstromsteller

Drehstromsteller lassen sich in unterschiedlicher Weise aufbauen. So zeigt Bild 4.11a eine **Sternschaltung mit angeschlossenem Neutralleiter**. In Bild 4.11b ist eine **Dreieckschaltung** dargestellt. Den in beiden Ausführungen enthaltenen, von den sechs Thyristoren gebildete Schaltungsteil bezeichnet man auch als **Dreiphasen-Wechselwegschaltung** (Abkürzung: **W3**).

Die Ansteuerung der Leistungshalbleiter kann jeweils entweder nach dem Prinzip der **Phasenanschnittsteuerung** oder dem der **Schwingungspaketsteuerung** vorgenommen werden. Die letztgenannte Steuerungsart soll an dieser Stelle nicht weiter verfolgt werden. Alle für die Schwingungspaketsteuerung wesentlichen Dinge können den in den Abschnitten 4.1.2 und 4.2.4 dargelegten Beschreibungen entnommen werden. Wir wollen uns nachfolgend ausschließlich mit der Phasenanschnittsteuerung befassen.

Die beiden in Bild 4.11 dargestellten Ausführungsformen eines Drehstromstellers können wir uns jeweils als aus drei unabhängig voneinander arbeitenden Wechselstromstellern bestehend vorstellen. Demzufolge entspricht der Verlauf der in den einzelnen Strängen fließenden Ströme und der an den Strängen liegenden Spannungen bei **ohmscher Belastung** der in Bild 4.5 angegebenen Darstellung.

Entsprechend gelten bei **rein induktivem Verbraucher** die Darstellungen nach Bild 4.6 und für eine **ohmsch-induktive Lastart** die in Bild 4.7 angegebenen Kurven.

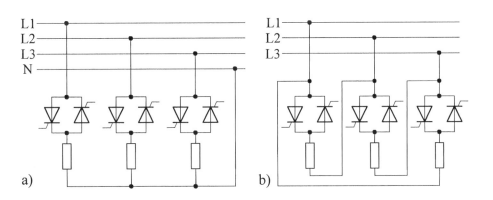

Bild 4.11 Schaltungsarten von Drehstromstellern. a) Sternschaltung mit angeschlossenem Mittelleiter, b) Dreieckschaltung

Von diesen beiden Anordnungen ist die in Bild 4.12a angegebene **Sternschaltung ohne Neutralleiter** zu unterscheiden. Wir wollen sie zunächst unter *der* Voraussetzung betrachten, dass die angeschlossene Last aus drei gleichen ohmschen Widerständen besteht (symmetrische ohmsche Belastung).

In Bild 4.12b ist das Zeigerdiagramm der Scheitelwerte der drei Außenleiterspannungen und der drei Sternspannungen des speisenden Drehstromnetzes dargestellt. Bei der Ermittlung des Verlaufs der Strangspannungen u_{L1}, u_{L2} und u_{L3} (Bild 4.12a) sind verschiedene Schaltzustände zu unterscheiden. Ist zum Beispiel in *jeder* der drei Netzzuleitungen einer der beiden antiparallel liegenden Thyristoren leitend, so gilt

$$u_{L1} = u_1, \qquad u_{L2} = u_2, \qquad u_{L3} = u_3.$$

Das heißt, dass die Augenblickswerte der gesuchten **Strangspannungen** gleich denen der **Sternspannungen** u_1, u_2 und u_3 des Drehstromnetzes sind. Die angegebenen Beziehungen gelten jedoch nicht mehr, wenn beispielsweise nur zwei der drei Netzzuleitungen durchgeschaltet und in der dritten Netzzuleitung beide Thyristoren gesperrt sind. Führen etwa in Bild 4.12a lediglich die Thyristoren T_1 und T_2' einen Strom und sind alle übrigen Leistungshalbleiter stromlos, so gilt

$$u_{L1} = \frac{u_{12}}{2}, \qquad u_{L2} = -\frac{u_{12}}{2}, \qquad u_{L3} = 0.$$

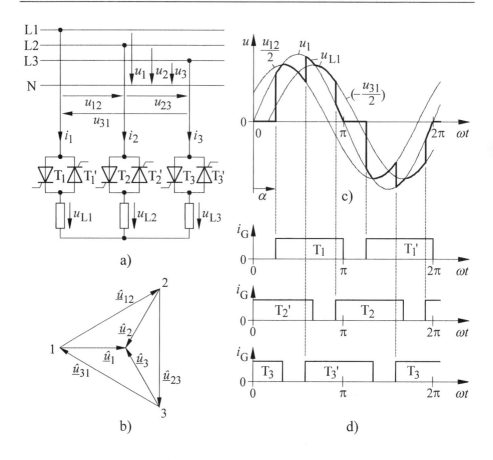

Bild 4.12 Drehstromsteller in Sternschaltung (ohne Neutralleiter). a) Schaltung, b) Zeigerdiagramm der Scheitelwerte der Spannungen des Drehstromnetzes, c) zeitlicher Verlauf der erzeugten Strangspannung, d) Form und Lage der Steuerimpulse

Wir wollen uns nachfolgend nur auf die Ermittlung des Verlaufs der Strangspannung u_{L1} beschränken. Dabei ersehen wir aus Bild 4.12a, dass – je nachdem, welche der drei Netzzuleitungen durchgeschaltet sind – die betreffende Strangspannung die Werte

$$u_{L1} = u_1 \quad \text{oder} \quad u_{L1} = \frac{u_{12}}{2} \quad \text{oder} \quad u_{L1} = -\frac{u_{31}}{2} \quad \text{oder} \quad u_{L1} = 0$$

annehmen kann. In Bild 4.12c sind deshalb die Liniendiagramme dieser Spannungen dargestellt. Die Scheitelwerte und die Phasenlagen entnehmen wir dabei dem in Bild 4.12b angegebenen Zeigerdiagramm. Nehmen wir einen Steuerwinkel von $\alpha = 45°$ an, so sind in Bild 4.12a zur Zündung der Thyristoren T_1, T_1', T_2, T_2', T_3, T_3' die in Bild 4.12d angegebenen Steuerströme i_G erforderlich. Dabei können die dargestellten **Langimpulse** auch durch entsprechende **Impulsketten** ersetzt (vergl. Abschnitt 2.6.3).

Aus der Lage dieser Steuerstromimpulse ersehen wir, welche Thyristoren in den einzelnen Zeitabschnitten leitend und welche gesperrt sind. Damit können wir durch Anwendung obiger Beziehungen den Verlauf der Strangspannung u_{L1} abschnittsweise ermitteln. In Bild 4.12c ist das Ergebnis dargestellt. Wir erkennen, dass die Kurve dieser Spannung dauernd zwischen den Kurven der Spannungen u_1, $u_{12}/2$, $(-u_{31}/2)$ sowie 0 hin- und herspringt. Der Strom i_1 hat den gleichen Verlauf wie die Spannung u_{L1}.

Vergrößern wir in Bild 4.12d den Steuerwinkel auf $\alpha \geq 120°$, so finden keine für die *Hin- und Rückführung* des Stromes notwendigen *zeitgleichen* Ansteuerungen von zwei (oder drei) Thyristoren mehr statt. Daher ist ein Stromfluss unmöglich. Die an der Belastung liegende Spannung kann demzufolge nicht *stetig* bis auf Null heruntergesteuert werden. Eine Abhilfe ist dadurch möglich, dass die Steuerimpulse in Bild 4.12d um 30° verlängert werden. In diesem Fall kann die an der Belastung liegende Spannung stetig bis auf Null herabgesetzt werden. Dazu ist der Steuerwinkel bis auf $\alpha = 150°$ zu erhöhen.

Bei einem Steuerwinkel von $\alpha > 150°$ ist die Anoden-Kathoden-Spannung der angesteuerten Thyristoren in den jeweiligen Zündzeitpunkten *negativ*. Ein Stromfluss ist ausgeschlossen. Daraus folgt, dass der Steuerbereich bei ohmscher Belastung (und bei Anwendung der oben beschriebenen „verlängerten" Steuerimpulse) $\alpha = (0 \ldots 150)°$ beträgt.

Bei rein induktiver (symmetrischer) Belastung besteht – so wie beim einphasigen Wechselstromsteller auch – im Bereich $\alpha = (0 \ldots 90)°$ **Vollaussteuerung**. Auch hier ist bei $\alpha \geq 150°$ kein Stromfluss mehr möglich, so dass sich für die **Teilaussteuerung** der Bereich $\alpha = (90 \ldots 150)°$ ergibt. Bei ohmsch-induktiver Belastung besteht im Bereich $\alpha = (0 \ldots \varphi)$ **Vollaussteuerung**, wobei φ der **Phasenverschiebungswinkel** der Belastung ist. Im Bereich $\alpha = (\varphi \ldots 150)°$ besteht **Teilaussteuerung**.

Die in Bild 4.12a dargestellte Drehstromstellerschaltung bezeichnet man auch als **vollgesteuert**. Ersetzt man in dieser Ausführungsform die Thyristoren T_1', T_2' und T_3' durch **Dioden**, so spricht man von einem **halbgesteuerten Drehstromsteller**. Die dann von den Leistungshalbleitern gebildete Schaltungsanordnung wird auch als **halbgesteuerte Dreiphasen-Wechselwegschaltung** (Abkürzung: **W3H**) bezeichnet. In einer solchen Schaltung darf keine Verbindung zwischen dem Netz-Neutralleiter und dem Verbrauchersternpunkt bestehen. Ein Nachteil der halbgesteuerten Schaltung liegt darin, dass die positiven und die negativen Halbschwingungen der erzeugten Spannung unterschiedliche Kurvenformen haben. Damit treten auch **geradzahlige Harmonische** auf.

5 Selbstgeführte Stromrichter

Bei den in Abschnitt 3 beschriebenen Stromrichterschaltungen kommt die mit dem Betrieb verbundene, periodisch auftretende **Kommutierung** des Stromes von einem Stromrichterventil auf das andere dadurch zustande, dass das abzulösende Ventil jeweils durch Einwirkung der **Netzspannung** stromlos wird. Die für die Kommutierung erforderliche Spannung – man nennt sie bekanntlich **Kommutierungsspannung** – wird also vom **Netz** geliefert (und damit von einer Einrichtung, die *nicht* zum Stromrichter gehört). Man bezeichnet diese Gruppe von Stromrichterschaltungen daher auch als **netzgeführt** oder als **fremdgeführt**.

Soll dagegen beispielsweise eine **Gleichspannung** mit Hilfe einer Stromrichterschaltung in eine andere umgewandelt werden, so steht für den Ablauf der notwendigen Kommutierungen keine derartige Kommutierungsspannung zur Verfügung. In solchen Schaltungen benötigt man daher grundsätzlich **abschaltbare Leistungshalbleiter**. Man kann jedoch auch **konventionelle Thyristoren** einsetzen und diese mit Hilfe von eigens dafür vorgesehenen Schaltungen (man spricht hierbei von **Löschschaltungen**) in den Sperrzustand versetzen.

Im letztgenannten Fall wird die zum Abschalten eines Ventils erforderliche Kommutierungsspannung von der zugehörigen Löschschaltung (und damit von einer *zum Stromrichter selbst* gehörenden Anordnung) erzeugt. Man bezeichnet derartige Schaltungen daher allgemein als **selbstgeführte Stromrichter**. Zu dieser Gruppe zählt man aber insbesondere auch solche Schaltungen, in denen zum Öffnen oder Schließen von Stromzweigen **abschaltbare Leistungshalbleiter** eingesetzt werden.

Bei den nachstehend beschriebenen selbstgeführten Stromrichtern werden als abschaltbare Leistungshalbleiter überwiegend **bipolare Transistoren mit isoliertem Steueranschluss (IGBTs)** verwendet. Selbstverständlich können diese auch durch andere vergleichbare Bauelemente (zum Beispiel durch **bipolare Transistoren**, durch **Feldeffekttransistoren** oder durch **abschaltbare Thyristoren**) ersetzt werden. Die dargestellten Schaltungen sind also als **Schaltungsbeispiele** anzusehen.

5.1 Thyristor-Löschung durch Anwendung von Löschschaltungen

Bevor auf den eigentlichen Aufbau von selbstgeführten Stromrichtern eingegangen wird, soll zunächst untersucht werden, wie ein stromführender, konventioneller Thyristor mit Hilfe einer besonderen Schaltung (man bezeichnet sie, wie oben erwähnt, als **Löschschaltung**) in den Sperrzustand versetzt werden kann. Zur weiteren Erläuterung betrachten wir Bild 5.1a.

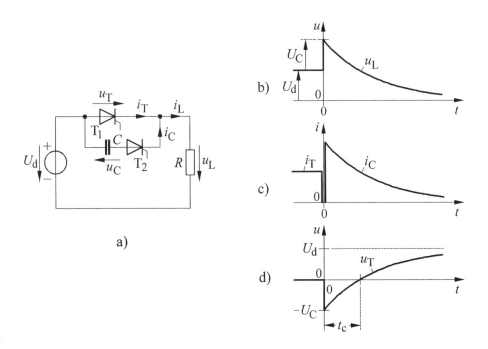

Bild 5.1 Thyristor-Löschung mit Hilfe eines Kondensators. a) Schaltung, b) zeitlicher Verlauf der Ausgangsspannung, c) zeitlicher Verlauf der auftretenden Ströme, d) zeitlicher Verlauf der Thyristorsperrspannung

Darin kann die aus den Thyristoren T_1 und T_2 sowie aus dem Kondensator (mit der Kapazität C) bestehende Anordnung als **elektronischer Schalter** angesehen werden. Er ermöglicht sowohl die Schließung als auch die Öffnung des aus dem Lastwiderstand (R) sowie der Spannungsquelle (mit der Spannung U_d) bestehenden Stromkreises.

Zur Erläuterung der Funktion der Anordnung nehmen wir an, dass der Thyristor T_1 durch einen Steuerimpuls in den leitenden Zustand versetzt und dadurch eingeschaltet worden ist. In diesem Fall gelten die Beziehungen $u_L = U_d$ und $i_T = i_L$. Gleichzeitig möge der Kondensator auf eine Spannung $u_C = U_C$ aufgeladen sein, wobei U_C einen (bestimmten) *positiven* Wert haben möge (vergl. Bild 5.1a).

Zum Ausschalten des elektronischen Schalters wird der Thyristor T_2 gezündet. Dadurch wirkt die Kondensatorspannung u_C – unmittelbar nach dem Zündvorgang

– in *negativer* Sperrrichtung am Thyristor T_1, so dass der Strom i_T augenblicklich Null wird. Gleichzeitig steigt die Ausgangsspannung im Zündzeitpunkt des Thyristors T_2 sprunghaft von $u_L = U_d$ auf $u_L = U_d + u_C$ an. Der auftretende Laststrom $i_L = u_L/R$ fließt jetzt über den Kondensatorzweig und führt somit zu einer *Umladung* des Kondensators. Dadurch nimmt die Ausgangsspannung u_L ab. In Bild 5.1b ist deren Verlauf dargestellt, wobei der Zeitpunkt $t = 0$ dem Zündzeitpunkt des Thyristors T_2 entspricht. Bild 5.1c zeigt den Verlauf der Ströme i_T und i_C.

In Bild 5.1d ist der Verlauf der am Thyristor T_1 liegenden Spannung u_T angegeben. Die Darstellung zeigt, dass diese Spannung zunächst negativ ist und nach Ablauf einer bestimmten Zeit t_c ihre Polarität ändert. Das bedeutet, dass der Thyristor T_1 nur in der Zeit t_c mit *negativer* Sperrspannung beaufschlagt wird und sich danach die Polarität der Spannung umkehrt. Man bezeichnet die Zeit t_c als **Schonzeit**. Sie ist von besonderer Bedeutung, da der Thyristor T_1 nur dann in Sperrung übergeht, wenn die Zeit t_c größer ist als die **Freiwerdezeit** t_q des betreffenden Bauelements. Dazu muss die Schaltung entsprechend dimensioniert und insbesondere die Kapazität C des Kondensators passend bemessen werden.

Durch die in Bild 5.1a aus dem Kondensator und dem Thyristor T_2 bestehende Anordnung kann der Thyristor T_1 also ausgeschaltet werden. Diese Anordnung stellt somit eine **Löschschaltung** dar. Der Vorgang selbst heißt **Thyristor-Löschung**. Dabei ist in Bild 5.1a nur die *prinzipielle* Ausführung einer Löschschaltung angegeben. Für den *vollständigen* Aufbau gibt es eine Reihe von Lösungen. Nachfolgend sei an einem Beispiel gezeigt, wie ein solcher vollständiger Aufbau aussehen kann. Wir betrachten dazu Bild 5.2.

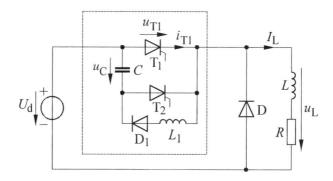

Bild 5.2 Schaltungsbeispiel zur Erläuterung des Aufbaus und der Arbeitsweise einer vollständigen Thyristor-Löschschaltung

Darin stellt der eingerahmte Schaltungsteil einen **Thyristor mit Löschschaltung** und damit einen **abschaltbaren elektronischen Schalter** dar. Er ermöglicht das Ein- und Ausschalten des Laststromes I_L. Die Last möge hierbei – wie dargestellt – aus der Reihenschaltung einer Drosselspule (mit der Induktivität L) und eines Widerstandes (R) bestehen. Die Diode D stellt eine **Freilaufdiode** dar. Sie sorgt dafür, dass beim Abschalten des vorhandenen induktiven Lastkreises keine hohen Spannungsspitzen auftreten.

Zur Erläuterung der Funktion der Schaltung gehen wir von der Annahme aus, dass der Thyristor T_1 leitend und somit der elektronische Schalter eingeschaltet ist. Dann gilt bei der Versorgungsspannung U_d

$$u_L = U_d,$$

$$i_{T1} = I_L.$$

Außerdem sei der vorhandene Kondensator auf die Spannung

$$u_C = -U_d$$

aufgeladen. Zündet man jetzt den Thyristor T_2, so wird der Kondensator parallel zum Thyristor T_1 geschaltet. Dadurch wirkt die Kondensatorspannung sofort in negativer Sperrrichtung von T_1, so dass der Thyristorstrom i_{T1} augenblicklich Null wird. Anschließend wird der Kondensator durch den Laststrom I_L umgeladen. Hierbei muss die Kapazität C so groß sein, dass die **Entladezeit** des Kondensators größer ist als die **Freiwerdezeit** des Thyristors T_1. In diesem Fall geht T_1 vollständig in Sperrung über, bevor die Thyristorspannung u_{T1} positive Werte annimmt. Erreicht die Kondensatorspannung den Wert

$$u_C = U_d,$$

so wird $u_L = 0$. Anschließend wird wegen $u_L < 0$ die Freilaufdiode D leitend. Sie übernimmt den Laststrom I_L, der daraufhin nach einer e-Funktion mit der **Zeitkonstanten** L/R abnimmt. Mit der Übernahme des Stromes I_L durch die Freilaufdiode D wird der Thyristor T_2 stromlos und geht danach in Sperrung über. Damit ist der elektronische Schalter *ausgeschaltet.*

Zum *Einschalten* dieses Schalters wird der Thyristor T_1 gezündet. Jetzt sind zwei Vorgänge zu unterscheiden. Zum einen übernimmt T_1 den Laststrom, so dass

$$u_L = U_d$$

wird. Zum anderen lädt sich der Kondensator über T_1, L_1 und D_1 um (vergl. Bild 5.2). Hierbei bilden C und L_1 einen **Schwingkreis**. Wird dieser als verlustlos angenommen, so ist nach dem Umladevorgang

$$u_C = -U_d.$$

Die Diode D_1 verhindert einen zweiten Umladevorgang. Damit hat die Kondensatorspannung u_C wieder diejenige Polarität, die zum Löschen von T_1 erforderlich ist.

Abschließend sei angemerkt, dass Thyristor-Löschschaltungen nur noch selten angewendet werden, da für entsprechende Anwendungsfälle – auch bei großen Leistungen – **abschaltbare Leistungshalbleiter** zur Verfügung stehen.

5.2 Gleichstromsteller

Zu der Gruppe der **selbstgeführten Stromrichter** gehört der **Gleichstromsteller**. Er ermöglicht die Umformung von Gleichstrom mit *bestimmter Spannung* in Gleichstrom mit *anderer* (meist einstellbarer) *Spannung*. Zudem ist eine Änderung der Spannungspolarität grundsätzlich möglich. Man bezeichnet die Schaltungen auch als **Pulswandler** oder als **Chopper**. Für die Realisierung von Gleichstromstellern gibt es verschiedene Schaltungskonzepte, von denen wichtige Grundschaltungen nachstehend näher erläutert werden.

5.2.1 Tiefsetz-Gleichstromsteller

Die in Bild 5.3a dargestellte Schaltung ermöglicht eine **Herabsetzung einer Gleichspannung**. Man bezeichnet die Anordnung auch als **Tiefsetz-Gleichstromsteller** oder als **Tiefsetzsteller** (engl.: Buck converter).

In der Schaltung lässt sich die Höhe der am Lastwiderstand (R) liegenden Gleichspannung U_L einstellen. Der Kondensator (mit der Kapazität C_2) dient zur Glättung dieser Spannung. Er ist jedoch nicht unbedingt erforderlich und wird in der Regel auch nur bei kleinen Leistungen vorgesehen. Im vorliegenden Fall wollen wir die Kapazität C_2 als so groß annehmen, dass die Gleichspannung U_L als ideal geglättet angesehen werden kann.

Zum Betrieb des Gleichstromstellers wird der Transistor Tr in schneller Folge ein- und ausgeschaltet. Im eingeschalteten Zustand ist die Spannung u_L gleich der Eingangsspannung U_d (vergl. Bild 5.3a). Dabei steigt der Strom i_L mit der Steilheit

$$\frac{di_L}{dt} = \frac{U_d - U_L}{L} \tag{5.1}$$

an, wobei L die Induktivität der vorhandenen Drosselspule darstellt. Im ausgeschalteten Zustand fließt der Strom i_L – durch die Drosselspule getrieben – über die Freilaufdiode D weiter. Daher ist $u_L = 0$, und für die Stromsteilheit gilt

$$\frac{di_L}{dt} = -\frac{U_L}{L}. \tag{5.2}$$

Der Strom i_L nimmt also ab. Der sich auf diese Weise für u_L und für i_L ergebende Verlauf ist in Bild 5.3b angegeben. Dabei sind T_e die **Einschaltdauer** (Einschaltzeit) des Transistors und T die **Periodendauer**. Zu beachten (und in Bild 5.3b nicht berücksichtigt) ist die Tatsache, dass der Transistor Tr im Einschaltaugenblick nicht nur den Strom i_L übernehmen muss, sondern zusätzlich noch den **Sperrverzögerungsstrom** (Ausräumstrom) der Diode D. Dadurch kann es zu einer merklichen Zunahme der im Transistor entstehenden Schaltverluste kommen. Es kann daher zweckmäßig sein, eine Diode mit geringer **Sperrverzögerungsladung** einzusetzen. Das gilt vor allem dann, wenn der Transistor mit hoher Frequenz ein- und ausgeschaltet wird.

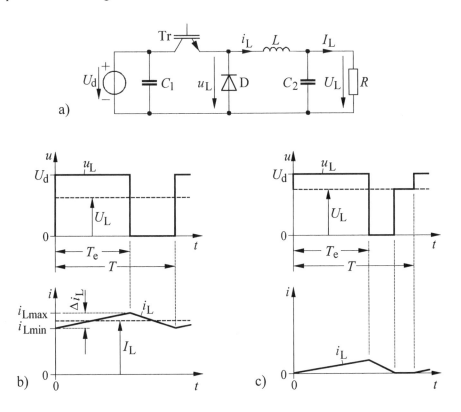

Bild 5.3 Tiefsetz-Gleichstromsteller. a) Schaltung, b) zeitlicher Verlauf von Spannung und Strom im lückfreien Betrieb, c) zeitlicher Verlauf von Spannung und Strom im Lückbetrieb

Bei der Wahl des Transistors ist von Bedeutung, dass er keine Rückwärts-Sperrspannung aufzunehmen braucht. Daher können rückwärts leitende Leistungshalbleiter verwendet werden, die prinzipiell bessere Durchlasseigenschaften aufweisen als rückwärts sperrende. Die in Vorwärtsrichtung auftretende Sperrspannung ist gleich der Eingangsspannung U_d.

Sehen wir die Ausgangsspannung U_L – wie vorausgesetzt – als ideal geglättet an, so erhalten wir deren Wert durch die Überlegung, dass die in Bild 5.3a vorhandene Drosselspule keine Gleichspannung aufnehmen kann. Daher muss U_L gleich dem **zeitlichen Mittelwert** der Spannung u_L sein. Aus Bild 5.3b erhalten wir hierfür

$$\boxed{U_L = \frac{T_e}{T} U_d\,.} \tag{5.3}$$

Dabei bezeichnet man das Verhältnis

$$\boxed{a = \frac{T_e}{T}} \tag{5.4}$$

als **Aussteuerungsgrad**, als **Tastgrad**, als **Einschaltverhältnis** oder als **Übersetzungsfaktor**. Der im Lastwiderstand fließende Strom beträgt

$$I_L = \frac{U_L}{R}.$$

Die Höhe dieses Stromes bestimmt – zusätzlich zu den in den Gln. (5.1) und (5.2) angegebenen Beziehungen – auch den zeitlichen Verlauf des Stromes i_L, da (wie aus Bild 5.3a ersichtlich ist) der Strom I_L gleich dem zeitlichen Mittelwert von i_L sein muss (vergl. Bild 5.3b).

Der in Bild 5.3b dargestellte Verlauf der Größen u_L und i_L sowie die in Gl. (5.3) angegebene Beziehung gelten nur für den **lückfreien Betrieb**, also unter der Voraussetzung, dass der Strom i_L in Bild 5.3a nicht lückt. Im **Lückbetrieb** ergibt sich für die Spannung u_L und für den Strom i_L der in Bild 5.3c dargestellte Verlauf. Dabei ist bei eingeschaltetem Transistor (wie auch im lückfreien Betrieb) $u_L = U_d$, und für die Steilheit des Stromes i_L gilt Gl. (5.1). Im ausgeschalteten Zustand nimmt i_L wegen $u_L = 0$ entsprechend Gl. (5.2) ab. Allerdings wird i_L bereits Null, bevor Tr wieder eingeschaltet wird. Bei $i_L = 0$ (und damit stromloser Drosselspule) ist $u_L = U_L$.

Durch das Lücken kommt es – so wie bei netzgeführten Stromrichtern auch – zu einem Anstieg der Ausgangs-Gleichspannung U_L. Nachteilig hierbei ist, dass dieser Spannungsanstieg – so wie bei netzgeführten Stromrichtern – abhängig ist von der Höhe des Laststromes I_L. Damit ist (im Gegensatz zum lückfreien Betrieb) die Ausgangsspannung U_L nicht mehr nur allein vom eingestellten Aussteuerungsgrad a abhängig, sondern zusätzlich auch von der Höhe des im Lastwiderstand fließenden Stromes I_L. Vorteilhaft ist im Lückbetrieb die Tatsache, dass die im Transistor auftretenden Schaltverluste erheblich geringer sind als im lückfreien Betrieb. Das liegt zum einen daran, dass der Strom nach dem Einschalten des Transistors nur mit einer relativ geringen Steilheit ansteigt. Zum anderen wird der betreffende Leistungshalbleiter im Einschaltaugenblick nicht mehr zusätzlich durch den sonst auftretenden (oben erwähnten) **Sperrverzögerungsstrom** (Ausräumstrom) der Diode D belastet.

Der in Bild 5.3a enthaltene Kondensator (mit der Kapazität C_1) dient zur Stützung der Versorgungsspannung U_d, damit diese beim Einschalten des Transistors Tr und dem damit verbundenen Einsetzen des Stromes möglichst wenig einbricht. Zusätzlich sorgt der Kondensator dafür, dass die beim Ausschalten von Tr durch die Induktivität des Eingangskreises bedingten Spannungsspitzen begrenzt werden. Daher sollte der Kondensator möglichst in der Nähe von Tr angeordnet sein.

Die Frequenz, mit der der Transistor ein- und ausgeschaltet wird, ergibt sich aus

$$\boxed{f = \frac{1}{T}.} \qquad (5.5)$$

Diese auch als **Schaltfrequenz**, **Pulsfrequenz** oder **Taktfrequenz** bezeichnete Größe sollte grundsätzlich möglichst groß gewählt werden, da hierdurch in Bild 5.3a sowohl die Induktivität L als auch die Kapazitäten C_1 und C_2 relativ klein gehalten werden können. Zu beachten ist jedoch, dass jeder Leistungshalbleiter eine bestimmte – von der Leistung abhängige – **Mindesteinschaltzeit** besitzt. Das bedeutet, dass die Schaltfrequenz f eine bestimmte Obergrenze nicht überschreiten darf. Zu berücksichtigen ist vor allem auch, dass mit steigender Schaltfrequenz die im Leistungshalbleiter entstehenden **Schaltverluste** zunehmen. Dies kann zu einer merklichen Zunahme der insgesamt auftretenden Verluste führen.

Häufig wird die Schaltfrequenz – insbesondere in Schaltungen für größere Leistungen – daher auch so gewählt, dass sich für die gesamte Anlage ein Minimum an Kosten ergibt. Dies hat zur Folge, dass Gleichstromsteller für große Leistungen in der Regel nur mit einer relativ niedrigen Schaltfrequenz (von zum Beispiel einigen hundert Hz) arbeiten. Bei geringer Leistung wird dagegen vielfach eine wesentlich höhere Schaltfrequenz (von zum Beispiel 20 kHz und mehr) verwendet.

Die Höhe der Ausgangsspannung U_L – und damit auch der Mittelwert des Stromes i_L (vergl. Bild 5.3a) – lässt sich durch folgende **Steuerverfahren** verändern:
– Pulsbreitensteuerung,
– Pulsfolgesteuerung,
– Aussteuerung mittels Zweipunktregelung.

Bei der **Pulsbreitensteuerung** wird in Bild 5.3b die Periodendauer T konstant gehalten und die Einschaltdauer T_e variiert. Die Schaltung arbeitet also mit einer **festen Schaltfrequenz**.

Bei der **Pulsfolgesteuerung** bleibt die Einschaltdauer T_e in Bild 5.3b konstant, während die Periodendauer T verstellt wird. Hier ändert sich bei der Steuerung somit die Schaltfrequenz.

Bei der **Aussteuerung mittels Zweipunktregelung** kann man zwei verschiedene Verfahren unterscheiden. So kann der Transistor Tr in Bild 5.3a immer dann eingeschaltet werden, wenn der Strom i_L nach Bild 5.3b einen vorgegebenen Wert i_{Lmin} unterschreitet und immer dann ausgeschaltet werden, wenn i_L einen vorgegebenen Wert i_{Lmax} übersteigt. Man erhält dann einen geregelten (eingeprägten) Ausgangsstrom. Statt des Stromes kann aber auch die an der Last liegende Spannung geregelt werden. In diesem Fall wird der Transistor immer dann eingeschaltet, wenn die betreffende Spannung einen bestimmten Wert unterschreitet und ausgeschaltet, wenn die Spannung einen bestimmten Wert übersteigt. Hierbei darf die Kapazität C_2 in Bild 5.3a allerdings nicht so groß gewählt werden, dass sich die Spannung U_L praktisch überhaupt nicht ändern kann. Die Schaltfrequenz stellt sich bei beiden Verfahren jeweils frei ein.

Von den beschriebenen Steuerverfahren hat die **Pulsbreitensteuerung** die größte Bedeutung. Das liegt daran, dass bei diesem Verfahren mit einer *festen* Schaltfrequenz gearbeitet wird und die in der Gleichstromstellerschaltung vorhandenen Bauelemente dadurch optimal an diese Frequenz angepasst werden können.

Für die Ansteuerung der Leistungshalbleiter stehen spezielle integrierte Schaltkreise, die man auch als **Schaltnetzteil-ICs** bezeichnet, zur Verfügung.

Aufgabe 5.1

Bei einem Gleichstromsteller nach Bild 5.3a beträgt die Mindesteinschaltzeit des verwendeten Leistungshalbleiters $T_{e\,min}$ = 20 µs. Die Ausgangsspannung soll bis auf $U_{L\,min}$ = 0,1 U_d heruntergestellt werden können (U_d = Eingangsspannung).

Welche größtmögliche Taktfrequenz f_{max} darf verwendet werden?

Lösung

Nach Gl. (5.3) muss die Periodendauer mindestens

$$T_{min} = T_{e\,min} \frac{U_d}{U_{Lmin}} = T_{e\,min} \frac{U_d}{0{,}1\,U_d} = 20\ \mu s \cdot \frac{1}{0{,}1} = 200\ \mu s$$

betragen. Damit ergibt sich nach Gl. (5.5) eine maximale Taktfrequenz von

$$f_{max} = \frac{1}{T_{min}} = \frac{1}{200\ \mu s} = \underline{5{,}0\ \text{kHz}}.$$

5.2.2 Hochsetz-Gleichstromsteller

Die in Bild 5.4a dargestellte Schaltung ermöglicht eine **Heraufsetzung einer Gleichspannung**. Man bezeichnet die Anordnung auch als **Hochsetz-Gleichstromsteller** oder als **Hochsetzsteller** (engl.: Boost converter). Der in der Schaltung enthaltene Kondensator dient zur Glättung der am Lastwiderstand R liegenden Gleichspannung U_L. Wir wollen die Kapazität C als so groß annehmen, dass die Spannung U_L als vollständig geglättet angesehen werden kann. Weiterhin wollen wir für die Betrachtung der Schaltung annehmen, dass die Ausgangsspannung U_L größer sei als die Eingangsspannung U_d.

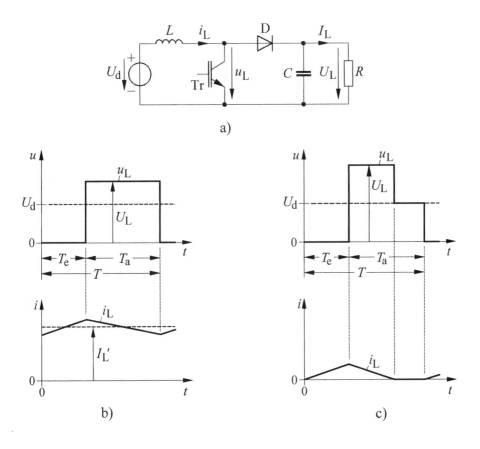

Bild 5.4 Hochsetz-Gleichstromsteller. a) Schaltung, b) zeitlicher Verlauf von Spannung und Strom im lückfreien Betrieb, c) zeitlicher Verlauf von Spannung und Strom im Lückbetrieb

Beim Betrieb des Hochsetzstellers wird der Transistor Tr in Bild 5.4a in schneller Folge ein- und ausgeschaltet. Im eingeschalteten Zustand ist $u_L = 0$, und der Eingangsstrom nimmt mit der Steilheit

$$\frac{di_L}{dt} = \frac{U_d}{L} \tag{5.6}$$

zu. Dabei stellt L die Induktivität der im Eingangskreis enthaltenen Drosselspule dar. Die Diode D verhindert einen Kurzschluss (bzw. eine Entladung) des aufgeladenen Kondensators. Wird der Transistor Tr ausgeschaltet, so fließt der Strom i_L – durch die Drosselspule getrieben – über die Diode D gegen die Spannung U_L weiter. Der Verlauf von i_L wird jetzt durch

$$\frac{di_L}{dt} = \frac{U_d - U_L}{L} \tag{5.7}$$

bestimmt. Da nach Voraussetzung $U_L > U_d$ ist, nimmt i_L ab. Gleichzeitig ist $u_L = U_L$. In Bild 5.4b ist der Verlauf der Spannung u_L und der des Stromes i_L dargestellt. Dabei ist T_e diejenige Zeit, in der der Transistor Tr eingeschaltet ist und T_a die Ausschaltzeit desselben Bauelements. Die Summe der genannten Zeiten

$$T = T_e + T_a$$

stellt die **Periodendauer** dar. Da die Drosselspule (L) in Bild 5.4a keine Gleichspannung aufnehmen kann, muss die Eingangsspannung U_d gleich dem *zeitlichen Mittelwert* der Spannung u_L sein. Daher erhalten wir aus Bild 5.4b

$$U_L T_a = U_d T.$$

Hieraus ergibt sich für die Höhe der Ausgangsspannung

$$\boxed{U_L = \frac{T}{T_a} U_d \,.} \tag{5.8}$$

Dabei wird der Quotient

$$\boxed{a = \frac{T}{T_a}}$$

als **Übersetzungsfaktor** bezeichnet. Der Ausgangsstrom in Bild 5.4a beträgt

$$I_L = \frac{U_L}{R}.$$

Der Transistor Tr braucht keine Rückwärts-Sperrspannung aufzunehmen. Somit können rückwärts leitende Leistungshalbleiter eingesetzt werden, die grundsätzlich bessere Durchlasseigenschaften aufweisen als rückwärts sperrende. Die in Vorwärtsrichtung auftretende Sperrspannung ist gleich der Ausgangsspannung U_L.

Den *zeitlichen Mittelwert* des Eingangsstromes (I_L') erhalten wir aus der Überlegung, dass die Eingangsleistung $U_d \, I_L'$ gleich der Ausgangsleistung $U_L \, I_L$ sein muss, als

$$I_L' = \frac{U_L}{U_d} I_L.$$

Der in Bild 5.4b dargestellte Verlauf sowie die in Gl. (5.8) angegebene Beziehung gelten nur unter der Voraussetzung, dass der Strom i_L in Bild 5.4a nicht lückt. Ein Lückbetrieb tritt häufig dann auf, wenn der Laststrom I_L relativ gering ist. In diesem Fall ergibt sich für die Spannung u_L und für den Strom i_L ein Verlauf entsprechend Bild 5.4c. Hierbei steigt der Strom i_L bei eingeschaltetem Transistor – so wie im lückfreien Betrieb – nach Gl. (5.6) an, und es gilt $u_L = 0$. Nach dem Ausschalten des Leistungshalbleiters fällt i_L entsprechend Gl. (5.7) ab. Jetzt ist $u_L = U_L$. Der Strom i_L wird jedoch bereits Null, bevor der Transistor wieder eingeschaltet wird. Bei $i_L = 0$ (und damit stromloser Drosselspule) ist $u_L = U_d$.

Vergleicht man die Bilder 5.4b und 5.4c, so stellt man fest, dass es im Lückbetrieb zu einem Anstieg der Ausgangs-Gleichspannung U_L kommt. Nachteilig ist hierbei, dass dieser Spannungsanstieg – so wie beim Tiefsetz-Gleichstromsteller – abhängig ist von der Größe des Laststromes I_L. Damit ist die Ausgangsspannung U_L nicht mehr nur – wie im lückfreien Betrieb – vom eingestellten Quotienten T/T_a entsprechend Gl. (5.8) abhängig, sondern zusätzlich von der Höhe des Laststromes. Vorteilhaft ist im Lückbetrieb die Tatsache, dass die im Transistor Tr (vergl. Bild 5.4a) auftretenden Schaltverluste erheblich geringer sind als im lückfreien Betrieb. Das liegt zum einen daran, dass im Lückbetrieb der Strom beim Einschalten des Transistors nur mit einer geringen Steilheit ansteigt. Zum anderen wird der Leistungshalbleiter im Einschaltaugenblick nicht mehr zusätzlich durch den **Sperrverzögerungsstrom** (Ausräumstrom) der Diode D belastet.

Zur Verstellung der Höhe der Ausgangs-Gleichspannung U_L können die in Abschnitt 5.2.1 beschriebenen Steuerverfahren hier in entsprechender Weise angewendet werden. Setzen wir dabei einen lückfreien Betrieb voraus, so bedeutet das:

– Bei der **Pulsbreitensteuerung** wird in Bild 5.4b die Periodendauer T konstant gehalten, während die Ausschaltdauer T_a (das ist in Bild 5.4a die Stromführungsdauer der Diode D) variiert wird.

– Bei der **Pulsfolgesteuerung** bleibt die Ausschaltdauer T_a in Bild 5.4b konstant, während die Periodendauer T verändert wird.

- Bei der **Aussteuerung mittels Zweipunktregelung** wird der Transistor Tr in Bild 5.4a immer dann eingeschaltet, wenn der Laststrom (Ausgangsstrom) I_L einen vorgegebenen Wert überschreitet und immer dann ausgeschaltet, wenn der genannte Strom einen (geringeren) vorgegebenen Wert unterschreitet. Statt des Stromes kann auch die Spannung U_L in entsprechender Weise geregelt werden. Allerdings darf in beiden Fällen die Kapazität C des Glättungskondensators nicht so groß sein, dass U_L praktisch keine Welligkeit mehr besitzt.

Abschließend sei angemerkt, dass die in Abschnitt 5.2.1 enthaltenen Angaben bezüglich der Wahl der Schaltfrequenz grundsätzlich hier in gleicher Weise gelten.

5.2.3 Hochsetz-Tiefsetz-Gleichstromsteller

Die in Bild 5.5a dargestellte Schaltung ermöglicht sowohl eine **Heraufsetzung** als auch eine **Herabsetzung** einer **Gleichspannung**. Man bezeichnet die Anordnung daher als **Hochsetz-Tiefsetz-Gleichstromsteller** oder auch als **Hochsetz-Tiefsetz-Steller** (engl.: Boost-buck converter).

Kennzeichnend für die Schaltung ist weiterhin die Tatsache, dass die Ausgangsspannung U_L eine andere Polarität hat als die Eingangsspannung U_d. Man spricht deshalb auch von einem **Invers-Gleichstromsteller**. Der parallel zur Versorgungsspannungsquelle liegende Kondensator (C_1) hat die Aufgabe, die Eingangsspannung U_d zu stützen. Gleichzeitig begrenzt dieser Kondensator Überspannungen, die beim Ausschalten von Tr durch die Induktivität des Eingangskreises entstehen. Der zweite Kondensator (C_2) dient zur Glättung der Ausgangsspannung U_L. Die Kapazität C_2 möge so groß sein, dass die Spannung U_L als vollständig geglättet angesehen werden kann. R ist der Lastwiderstand.

Beim Betrieb der Schaltung wird der Transistor Tr in schneller Folge ein- und ausgeschaltet. Im eingeschalteten Zustand steigt in Bild 5.5a der Strom i_L mit der Steilheit

$$\frac{di_L}{dt} = \frac{U_d}{L}$$

an, wobei L die Induktivität der Drosselspule darstellt. Die dadurch von der Spannungsquelle abgegebene Energie wird in der Spule gespeichert. Die Diode D verhindert hierbei eine Entladung des parallel zur Last liegenden Kondensators (C_2). Nach dem Ausschalten des Transistors fließt der Strom i_L – durch die Drosselspule getrieben – gegen die Spannung U_L weiter und hat hierbei die Steilheit

$$\frac{di_L}{dt} = -\frac{U_L}{L}.$$

5.2 Gleichstromsteller

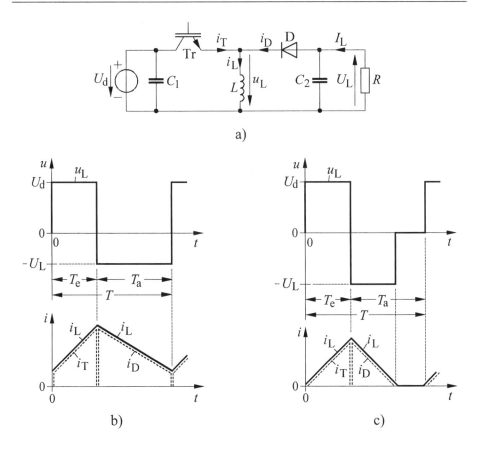

Bild 5.5 Hochsetz-Tiefsetz-Gleichstromsteller. a) Schaltung, b) Verlauf von Spannung und Strom im lückfreien Betrieb, c) Verlauf von Spannung und Strom im Lückbetrieb

Dabei wird Energie von der Spule an den aus dem Kondensator (C_2) und dem Lastwiderstand (R) bestehenden Ausgangskreis abgegeben. Den zeitlichen Verlauf der Spannung u_L sowie des Stromes i_L zeigt Bild 5.5b. In der Darstellung ist T_e die **Einschaltzeit** (Einschaltdauer) des Transistors. In dieser Zeit nimmt die Drossel Energie auf, und es gilt

$$u_L = U_d.$$

Während der Zeit T_a (Bild 5.5b) ist der Transistor ausgeschaltet. In dieser **Ausschaltzeit** gibt die Drosselspule Energie ab. Dann ist

$$u_L = -U_L.$$

Die Summe der beiden genannten Zeiten

$$T = T_e + T_a$$

stellt die **Periodendauer** dar. Da eine Drosselspule keine Gleichspannung aufnehmen kann, muss der zeitliche Mittelwert der Spannung u_L Null sein. Dies führt in Bild 5.5b zu der Beziehung

$$U_d T_e = U_L T_a.$$

Hieraus folgt für die Höhe der Ausgangsspannung

$$\boxed{U_L = \frac{T_e}{T_a} U_d,} \tag{5.9}$$

wobei man den Quotienten

$$\boxed{a = \frac{T_e}{T_a}}$$

als **Übersetzungsfaktor** bezeichnet. Zur Steuerung dieser Spannung können die in Abschnitt 5.2.2 beschriebenen Steuerverfahren **Pulsbreitensteuerung**, **Pulsfolgesteuerung** und **Aussteuerung mittels Zweipunktregelung** hier in gleicher Weise angewendet werden.

Beim Betrieb der in Bild 5.5a dargestellten Schaltung braucht der Transistor Tr keine Sperrspannung in Rückwärtsrichtung aufzunehmen. Daher können rückwärts leitende Leistungshalbleiter eingesetzt werden, die prinzipiell bessere Durchlasseigenschaften aufweisen als rückwärts sperrende. Die in Vorwärtsrichtung auftretende Sperrspannung ist gleich der Summe der Eingangsspannung U_d und der Ausgangsspannung U_L.

Aus Bild 5.5b geht hervor, dass der im Transistor Tr fließende Strom i_T *trapezförmig* verläuft. Das Gleiche gilt für den Diodenstrom i_D. Daher spricht man auch von einem „Betrieb mit trapezförmigem Stromverlauf" oder auch – da der in der Drosselspule fließende Strom i_L nicht lückt – von einem **lückfreien Betrieb**.

Man kann die Schaltung jedoch auch so auslegen und steuern, dass die Ströme i_T und i_D – wie in Bild 5.5c dargestellt – *dreieckförmig* verlaufen. Der sich dann ergebende Verlauf der Spannung u_L ist ebenfalls in Bild 5.5c angegeben. Man spricht in diesem Fall von einem „Betrieb mit dreieckförmigem Stromverlauf" oder – da der in der Drosselspule fließende Strom i_L lückt – vom **Lückbetrieb**. Vergleicht man die Bilder 5.5b und 5.5c, so stellt man fest, dass die Ausgangsspannung U_L im Lückbetrieb höher ist als im lückfreien Betrieb. Nachteilig hierbei ist, dass diese Spannung nicht mehr nur – wie im lückfreien Betrieb – vom eingestellten Wert des Quotienten T_e/T_a entsprechend Gl. (5.9) abhängig ist, sondern zusätzlich auch von der Größe des Laststromes I_L. Die Ausgangsspannung ist also **lastabhängig**.

Dagegen sind die im Transistor Tr (Bild 5.5a) auftretenden Schaltverluste bei dreieckförmigem Stromverlauf deutlich geringer als bei trapezförmigem Verlauf. Das liegt zum einen daran, dass im Lückbetrieb der Strom beim Einschalten des Transistors nur mit relativ geringer Steilheit ansteigt. Zum anderen wird der Transistor bei dreieckförmigem Stromverlauf im Einschaltaugenblick nicht mehr zusätzlich durch den **Sperrverzögerungsstrom** (Ausräumstrom) der Diode D belastet.

Beim Betrieb der in Bild 5.4a dargestellten Schaltung dient die vorhandene Drosselspule als **Zwischenspeicher**. Das bedeutet, dass beispielsweise zur Übertragung großer Leistungen auch eine entsprechend bemessene (große) Drosselspule erforderlich ist. Da dies relativ hohe Kosten verursacht, wird die betreffende Schaltung im Allgemeinen nicht bei größeren Leistungen eingesetzt.

5.2.4 Umkehrung der Energierichtung

Wird der Anker eines fremderregten Gleichstrommotors aus einer Gleichspannungsquelle mit konstanter Spannung (zum Beispiel aus einer Akkumulatorenbatterie) versorgt, so lässt sich durch Verwendung eines **Tiefsetz-Gleichstromstellers** die Ankerspannung auf nahezu jeden beliebigen Wert unterhalb der Versorgungsspannung einstellen (vergl. Abschnitt 5.2.1). Mit dieser Spannungsverstellung ist auch eine entsprechende Veränderung der Motordrehzahl verbunden. Der Aufbau einer solchen Schaltung ist in Bild 5.6a dargestellt.

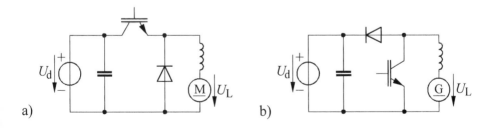

Bild 5.6 Drehzahlsteuerung bei einer Gleichstrommaschine. a) Verwendung eines Tiefsetzstellers zur Drehzahlverstellung, b) Anwendung eines Hochsetzstellers zur Abbremsung der Maschine

Häufig besteht nun der Wunsch, die Drehzahl der Gleichstrommaschine *schnell* zu verändern und demzufolge beispielsweise auch durch einen Abbremsvorgang *schnell* herabzusetzen. Letzteres ist dadurch möglich, dass der **Tiefsetz-Gleichstromsteller** nach Bild 5.6a in einen **Hochsetz-Gleichstromsteller** nach Bild 5.6b umgeändert wird (vergl. Abschnitt 5.2.2). Diese Schaltungsänderung kann beispielsweise durch Verwendung von mechanischen Schaltern vorgenommen werden.

Aufgrund der Drehbewegung des Ankers der Gleichstrommaschine kommt es bekanntlich zu einer Spannungsinduktion im Anker. Beim Betrieb der in Bild 5.6b dargestellten Schaltung wird diese Drehbewegung durch die Trägheit der sich drehenden Massen verursacht (aufrechterhalten), so dass die Maschine als **Gleichspannungsgenerator** arbeiten kann. Gibt diese hierbei elektrische Leistung an die Versorgungsspannungsquelle ab, so erfolgt eine Abbremsung der Maschine. Da jedoch die gelieferte Gleichspannung U_L in der Regel niedriger ist als die Gleichspannung U_d der Versorgungsquelle, sorgt der eingesetzte Hochsetz-Gleichstromsteller für die notwendige Spannungsanpassung. Voraussetzung für eine Leistungslieferung ist allerdings, dass die Quelle Energie aufnehmen kann (wie das zum Beispiel bei einer Akkumulatorenbatterie der Fall ist). Im Vergleich zum Motorbetrieb (Bild 5.6a) ergibt sich beim Betrieb der in Bild 5.6b dargestellten Schaltung also eine **Umkehrung der Energierichtung**. Bei dem Vorgang muss der in Gl. (5.8) enthaltene **Übersetzungsfaktor** T/T_a stets der Maschinendrehzahl angepasst werden, um auf diese Weise immer eine optimale Abbremsung vorzunehmen. Insbesondere darf der Übersetzungsfaktor nicht zu schnell verändert werden, da sonst der Strom unzulässig hoch wird. Im Allgemeinen wird dazu eine Regelschaltung eingesetzt, die für die Einhaltung bestimmter Stromwerte sorgt.

Die beschriebene Abbremsung hat zum einen den Vorteil, dass die gespeicherte kinetische Energie nicht verloren geht. Man spricht deshalb auch von einer **Nutzbremsung**. Zum anderen tritt beim Abbremsvorgang keine besondere Abnutzung der Anlage auf, wie das beispielsweise bei mechanischen Bremseinrichtungen oft der Fall ist.

5.2.5 Vierquadranten-Gleichstromsteller

Gleichstromstellerschaltungen können so konzipiert werden, dass sie einen **Vierquadrantenbetrieb** ermöglichen. Das bedeutet, dass sich in derartigen Anordnungen zum einen neben der **Höhe der Ausgangsspannung** auch deren **Polarität** verändern lässt. Zum anderen ist – unabhängig von der Polarität der Ausgangsspannung – eine **Änderung der Richtung des Ausgangsstromes** möglich. Den Aufbau einer solchen Schaltung zeigt Bild 5.7.

In der Anordnung dient der Kondensator (mit der Kapazität C_d) zur Stützung (Pufferung) der Versorgungsspannung U_d. Die Versorgungsspannungsquelle sei im Übrigen so beschaffen, dass sie sowohl Leistung abgeben wie auch aufnehmen kann. Beispielsweise könnte das eine Akkumulatorenbatterie sein. Die Belastung möge, wie dargestellt, aus einer fremderregten Gleichstrommaschine (MG) bestehen. L sei die Induktivität des Ankerkreises (einschließlich der einer gegebenenfalls vorhandenen Zusatzdrossel).

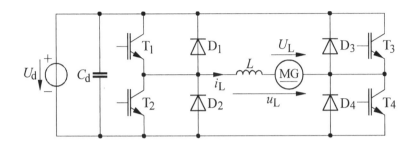

Bild 5.7 Schaltung eines Vierquadranten-Gleichstromstellers

Das Ein- und Ausschalten der Leistungshalbleiter erfolgt entsprechend dem in Bild 5.8a angegebenen Schema. Darin geben die jeweils schraffierten Felder die Zeitbereiche an, in denen die betreffenden Transistoren eingeschaltet sind. Die sich aus Bild 5.8a ergebende Zeit T_e wollen wir als **Einschaltzeit** bezeichnen. Die Summe aus der Einschaltzeit und der Ausschaltzeit eines Transistors (Bild 5.8a) nennen wir **Periodendauer** (T).

Aus Bild 5.8a ist ersichtlich, dass einerseits die Transistoren T_1 und T_2 und andererseits die Transistoren T_3 und T_4 jeweils im **Gegentakt** ein- und ausgeschaltet werden. Dabei sind zur Vermeidung eines Kurzschlusses der Versorgungsspannungsquelle kurze **Sicherheitszeiten** einzuhalten. So darf beispielsweise jeweils nach dem Ausschalten von T_1 der Transistor T_2 erst dann eingeschaltet werden, wenn die genannte Sicherheitszeit abgelaufen ist (und umgekehrt). Das Gleiche gilt für T_3 und T_4. In Bild 5.8a sind diese Sicherheitszeiten aus Gründen der Übersichtlichkeit nicht eingetragen.

Das Ein- und Ausschalten der Halbleiterbauelemente erfolgt außerdem so, dass jeweils zwischen den **Einschaltzeitpunkten** von T_1 und den von T_4 genau eine halbe Periodendauer ($T/2$) liegt. Die gleiche Zeit ($T/2$) muss auch jeweils zwischen den **Ausschaltzeitpunkten** der genannten Transistoren liegen. Weiterhin sind nach Bild 5.8a die Einschaltzeiten der Transistoren T_1 und T_4 gleich groß und größer als die der Transistoren T_2 und T_3. Dies führt in Bild 5.7 dazu, dass die an der Gleichstrommaschine liegende Gleichspannung U_L *positiv* ist.

Zur Erläuterung der Funktion der in Bild 5.7 angegebenen Schaltung gehen wir von der Darstellung nach Bild 5.8a aus. Danach sind im Bereich $0 < t < t_1$ die Transistoren T_1 und T_4 eingeschaltet. Nehmen wir hierbei an, dass die Gleichstrommaschine mechanisch belastet wird (also als Motor arbeitet), so fließt der Laststrom i_L in Bild 5.7 über T_1 und T_4. Dadurch ist

$$u_L = U_d.$$

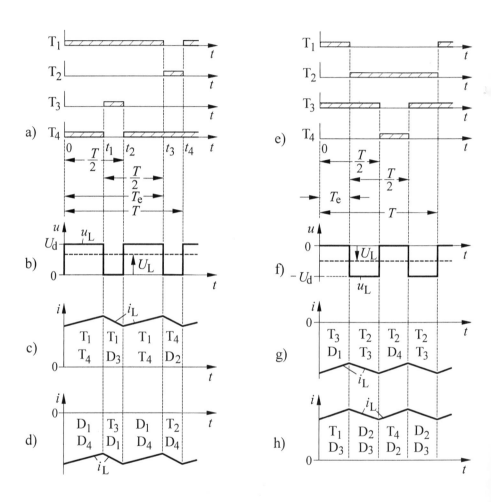

Bild 5.8 Zur Arbeitsweise des in Bild 5.7 dargestellten Vierquadranten-Gleichstromstellers.
a) Schaltschema der Transistoren für „Rechtslauf", b) zugehöriger Verlauf der Ausgangsspannung, c) zugehöriger Verlauf des Laststromes für „Motorbetrieb",
d) zugehöriger Verlauf des Laststromes für „Generatorbetrieb",
e) Schaltschema der Transistoren für „Linkslauf", f) zugehöriger Verlauf der Ausgangsspannung, g) zugehöriger Verlauf des Laststromes für „Motorbetrieb",
h) zugehöriger Verlauf des Laststromes für „Generatorbetrieb"

5.2 Gleichstromsteller

Gleichzeitig nimmt i_L mit der Steilheit

$$\frac{di_L}{dt} = \frac{U_d - U_L}{L}$$

zu. Im Zeitpunkt t_1 (Bild 5.8a) wird T_4 ausgeschaltet und kurz darauf – nach Einhaltung der oben erwähnten Sicherheitszeit – T_3 eingeschaltet. Jetzt fließt in Bild 5.7 der Strom i_L – durch die Induktivität L des Lastkreises getrieben – über den aus der Diode D_3 und dem Transistor T_1 gebildeten **Freilaufkreis**, so dass

$$u_L = 0$$

ist. Dadurch hat der Laststrom die Steilheit

$$\frac{di_L}{dt} = -\frac{U_L}{L}.$$

Er nimmt also ab. Im Zeitpunkt t_2 wird T_3 wieder ausgeschaltet und danach T_4 eingeschaltet. Hierdurch fließt der Laststrom i_L erneut über T_1 und T_4, wodurch wiederum $u_L = U_d$ ist. Im Zeitpunkt t_3 wird der Transistor T_1 ausgeschaltet und im Anschluss daran T_2 eingeschaltet. Das führt dazu, dass der Laststrom über den aus T_4 und D_2 gebildeten Freilaufkreis fließt. Somit ist wiederum $u_L = 0$. Schließlich wird im Zeitpunkt t_4 der Transistor T_2 wieder ausgeschaltet und danach T_1 eingeschaltet, so dass erneut $u_L = U_d$ wird.

Den sich so ergebenden Verlauf der auftretenden Spannung u_L zeigt Bild 5.8b und den des Laststromes i_L Bild 5.8c. Aus der letztgenannten Darstellung ergibt sich ferner, welche Leistungshalbleiter in den jeweiligen Zeitbereichen den Laststrom i_L führen. Die weiterhin aus Bild 5.8c ersichtliche *Schwankung* von i_L ist umso geringer (und damit die Glättung von i_L umso besser), je größer einerseits die Induktivität L des Lastkreises und andererseits die Pulsfrequenz der Lastspannung u_L ist. Dabei soll als *Pulsfrequenz* diejenige Frequenz angesehen werden, mit der die Lastspannung pulsiert.

Aus den Bilder 5.8a und 5.8b geht nun hervor, dass die genannte Pulsfrequenz doppelt so hoch ist wie die Schaltfrequenz

$$f = 1/T.$$

Das ist diejenige Frequenz, mit der die Leistungshalbleiter ein- und ausgeschaltet werden. Das beschriebene Steuerverfahren zeichnet sich also dadurch aus, dass auch bei relativ niedriger Schaltfrequenz und dementsprechend niedrigen Schaltverlusten sich (wegen der doppelt so großen Pulsfrequenz) trotzdem eine vergleichsweise gute Glättung des Laststromes erzielen lässt.

Die an der Gleichstrommaschine liegende Spannung U_L muss, wie aus Bild 5.7 ersichtlich ist, gleich dem zeitlichen Mittelwert der Spannung u_L sein. Aus Bild 5.8b finden wir für diesen Mittelwert mit den gekennzeichneten Zeiten T_e und T

$$U_L = \frac{[T/2 - (T - T_e)]}{T/2} U_d \, .$$

Hieraus wird

$$\boxed{U_L = \frac{2T_e - T}{T} U_d \, .} \qquad (5.10)$$

Zur Verstellung dieser Spannung können die in Abschnitt 5.2.1 beschriebenen Steuerverfahren **Pulsbreitensteuerung, Pulsfolgesteuerung** und **Aussteuerung mittels Zweipunktregelung** hier in gleicher Weise angewendet werden. In den meisten Fällen wird die Pulsbreitensteuerung eingesetzt. Das bedeutet, dass die Periodendauer T konstant gehalten und die Einschaltzeit T_e verändert wird.

Wir wollen der beschriebenen, sich aus den Bildern 5.8b und 5.8c ergebenden Betriebsart der Schaltung die Bezeichnung „**Motorbetrieb, Rechtslauf**" zuordnen. Nehmen wir jetzt an, dass in Bild 5.8a die Einschaltzeit T_e verringert wird, so nimmt nach Gl. (5.10) die an der Gleichstrommaschine liegende Spannung U_L ab. Dadurch wird die im Anker der Maschine induzierte Spannung größer als die von der Schaltung gelieferte Spannung U_L. Als Folge davon kehrt sich in Bild 5.7 die Richtung des Stromes i_L um. Die Gleichstrommaschine arbeitet jetzt als **Generator** und gibt demzufolge Leistung ab. Hierbei bleibt der Verlauf der Spannung u_L im Prinzip unverändert (Bild 5.8b), während sich für den Laststrom i_L sowie für die in den Leistungshalbleitern fließenden Ströme ein Verlauf nach Bild 5.8d ergibt. Wir erhalten die Betriebsart „**Generatorbetrieb, Rechtslauf**".

Zur Änderung der **Drehrichtung** der Gleichstrommaschine muss in Bild 5.8a die Einschaltzeit T_e soweit verringert werden, dass

$$T_e < T/2$$

wird. Dies führt nach Gl. (5.10) zu einer *negativen* Spannung U_L. In Bild 5.8e sind die Ein- und Ausschaltzeiten der vier Leistungshalbleiter für einen solchen Betriebszustand dargestellt. Der sich hierbei ergebende Verlauf der Spannung u_L ist in Bild 5.8f angegeben. Wird dabei die Gleichstrommaschine mechanisch belastet, so haben der Laststrom i_L und die in den Leistungshalbleitern fließenden Ströme den in Bild 5.8g angegebenen Verlauf. Wir erhalten die Betriebsart „**Motorbetrieb, Linkslauf**".

Wird schließlich in Bild 5.8e die Einschaltzeit T_e wieder vergrößert, so arbeitet die Gleichstrommaschine erneut als Generator. Für den Gleichstrom i_L sowie die in den Leistungshalbleitern fließenden Ströme ergibt sich der in Bild 5.8h dargestellte Verlauf. Der Verlauf der Spannung u_L bleibt dabei nach Bild 5.8f im Prinzip unverändert. Es besteht die Betriebsart „**Generatorbetrieb, Linkslauf**".

Die beschriebenen vier möglichen Betriebsarten besagen, dass sowohl die Gleichspannung U_L als auch – unabhängig davon – der Mittelwert des Gleichstromes i_L positive und negative Werte annehmen können. Trägt man beide Größen in Abhängigkeit voneinander auf, so kann man in dem betreffenden Koordinatenkreuz in allen vier Quadranten Kennlinien darstellen. Man spricht deshalb von einem **Vierquadranten-Gleichstromsteller**. Er wird vorwiegend zur Drehzahlsteuerung von *solchen* Gleichstrommaschinen eingesetzt, die zum einen aus einer **Gleichspannungsquelle** (mit konstanter Spannung) versorgt werden und die zum anderen in **beiden Drehrichtungen** betrieben werden müssen.

5.3 Selbstgeführte Wechselrichter

Selbstgeführte Wechselrichter sind Schaltungen, die eine **Gleichspannung** in eine **Wechselspannung mit frei einstellbarer Frequenz** umformen. Vielfach ermöglichen die Anordnungen auch eine Verstellung der **Höhe** der erzeugten Wechselspannung. Zur Speisung von Drehstromverbrauchern werden die Schaltungen **dreiphasig** ausgeführt, so dass sie Drehstrom liefern können.

Man unterscheidet Schaltungen, die mit **eingeprägter Gleichspannung** versorgt werden, von solchen, die mit **eingeprägtem Gleichstrom** arbeiten. Im ersten Fall spricht man von **Spannungs-Wechselrichtern** oder **U-Wechselrichtern**, im zweiten Fall von **Strom-Wechselrichtern** oder **I-Wechselrichtern**.

Kennzeichnend für alle Schaltungen dieser Art ist, dass – im Gegensatz zu netzgeführten Wechselrichtern – zur Sperrung der vorhandenen Ventile keine äußere Wechselspannung (Kommutierungsspannung) verwendet wird. Vielmehr werden die notwendigen Ein- und Ausschaltvorgänge (ohne äußere Einwirkung) in der Schaltung selbst vorgenommen. Man bezeichnet die betreffenden Anordnungen daher als **selbstgeführte Wechselrichter**.

5.3.1 Spannungs-Wechselrichter

Wie oben schon erwähnt, bezeichnet man diejenigen selbstgeführten Wechselrichter, die aus einer Quelle mit eingeprägter Gleichspannung versorgt werden, als **Spannungs-Wechselrichter** oder als **U-Wechselrichter**. Dabei wird in der Regel parallel zur Quelle noch ein Kondensator (Stütz- oder Pufferkondensator) geschaltet, damit die gelieferte Gleichspannung bei den auftretenden Schaltvorgängen möglichst wenig einbricht. Der Kondensator dient (bei induktiver Last) gleichzeitig als Speicher für den mit der Lieferung von Blindleistung verbundenen, periodisch auftretenden Energierücktransport. Die verschiedenen Ausführungsformen dieser Wechselrichterart werden nachstehend näher erläutert. Spannungs-Wechselrichter werden entweder **einphasig** oder **dreiphasig** ausgeführt.

5.3.1.1 Einphasiger Spannungs-Wechselrichter

Die Funktion eines **einphasigen Spannungs-Wechselrichters** sei am Beispiel der in Bild 5.9a dargestellten Schaltung beschrieben.

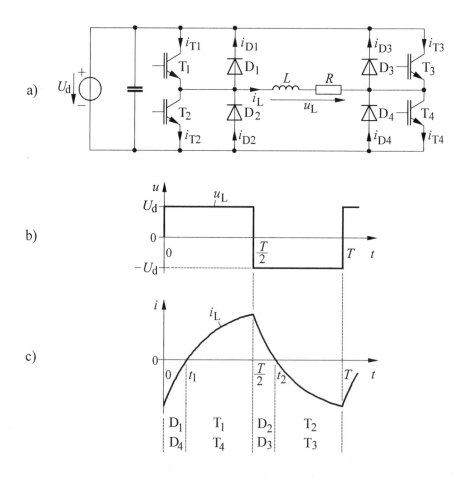

Bild 5.9 Einphasiger Spannungs-Wechselrichter. a) Schaltung, b) zeitlicher Verlauf der Ausgangsspannung, c) zeitlicher Verlauf des Ausgangsstromes

5.3 Selbstgeführte Wechselrichter

Die Anordnung hat im Prinzip den gleichen Aufbau wie der in Bild 5.7 angegebene Vierquadranten-Gleichstromsteller. Allerdings enthält der Lastzweig keinen Gleichstrom-, sondern einen Wechselstromverbraucher. Er möge ohmsch-induktives Verhalten haben, so dass wir ihn – wie in Bild 5.9a dargestellt – durch eine aus einer Spule (L) und einem ohmschen Widerstand (R) bestehende Reihenschaltung wiedergeben können.

Beim Betrieb der Schaltung werden die Transistoren T_1 und T_4 *gleichzeitig* (synchron) ein- und ausgeschaltet. Das Gleiche gilt für die Transistoren T_2 und T_3. Dabei werden die Leistungshalbleiter jeweils im **Gegentakt** zueinander geschaltet, wobei – zur Vermeidung eines Kurzschlusses der Versorgungsspannungsquelle – kurze Sicherheitszeiten eingehalten werden müssen. So dürfen beispielsweise jeweils nach dem Ausschalten von T_1 und T_4 die Transistoren T_2 und T_3 erst dann eingeschaltet werden, wenn die genannte Sicherheitszeit verstrichen ist (und umgekehrt).

Die Ein- und Ausschaltzeiten der vier Transistoren werden im Übrigen gleich groß gewählt. Dadurch ergibt sich in Bild 5.9a für die Ausgangsspannung u_L der in Bild 5.9b angegebene Verlauf. In der Darstellung ist T die Periodendauer. Lassen wir für die folgenden Betrachtungen die oben genannten Sicherheitszeiten unberücksichtigt, so sind nach Bild 5.9b im Bereich $0 < t < T/2$ die Transistoren T_1 und T_4 eingeschaltet und im Bereich $T/2 < t < T$ die Transistoren T_2 und T_3.

Zur weiteren Erläuterung nehmen wir an, dass im Zeitpunkt $t = 0$ der Laststrom i_L in Bild 5.9a negativ ist und – von der Drosselspule (L) des Lastkreises getrieben – über die Dioden D_1 und D_4 gegen die Gleichspannung U_d fließt. Gleichzeitig werden die Transistoren T_1 und T_4 in diesem Zeitpunkt eingeschaltet, bleiben aber zunächst noch stromlos. Es gilt

$$u_L = U_d,$$

$$i_{D1} = i_{D4} = -i_L.$$

Da die Gleichspannung U_d *gegen* den Laststrom i_L wirkt, wird dieser nach einer e-Funktion mit der Zeitkonstanten

$$\tau = \frac{L}{R}$$

kleiner. Der Verlauf ist in Bild 5.9c dargestellt. Im Zeitpunkt $t = t_1$ (Bild 5.9c) wird der Laststrom i_L Null. Er ändert anschließend seine Richtung und fließt dann nicht mehr über D_1 und D_4, sondern über T_1 und T_4 (vergl. Bild 5.9a). Jetzt gilt

$$u_L = U_d,$$

$$i_{T1} = i_{T4} = i_L.$$

Im Zeitpunkt $t = T/2$ werden die Transistoren T_1 und T_4 ausgeschaltet und kurz darauf die Transistoren T_2 und T_3 eingeschaltet. Die Drosselspule (L) des Lastkreises treibt den Laststrom i_L zunächst weiter, so dass dieser über die Dioden D_2 und D_3 gegen die Gleichspannung U_d fließt und dadurch nach einer e-Funktion mit der oben genannten Zeitkonstanten abnimmt. Es gilt

$$u_L = -U_d,$$

$$i_{D2} = i_{D3} = i_L.$$

Im Zeitpunkt $t = t_2$ (Bild 5.9c) ändert der Laststrom i_L wieder seine Richtung, so dass er von D_2 und D_3 auf T_2 und T_3 übergeht. Jetzt gilt

$$u_L = -U_d,$$

$$i_{T2} = i_{T3} = -i_L.$$

Im Zeitpunkt $t = T$ werden T_2 und T_3 ausgeschaltet und danach T_1 und T_4 wieder eingeschaltet. Die im Lastkreis vorhandene Drosselspule (L) hält den Laststrom jedoch zunächst aufrecht, so dass dieser über D_1 und D_4 gegen die Gleichspannung U_d fließt.

In Bild 5.9c ist der vollständige Verlauf des Laststromes i_L angegeben. Aus der Darstellung geht ferner hervor, welche Leistungshalbleiter jeweils den Laststrom führen. Die erzeugte Wechselspannung u_L hat, wie Bild 5.9b zeigt, einen **rechteckförmigen Verlauf**. Der Verlauf des Laststromes i_L wird maßgeblich durch den Lastkreis bestimmt. So verläuft i_L bei *großer* Zeitkonstante $\tau = L/R$ nahezu *dreieckförmig* und bei *kleiner* Zeitkonstante nahezu *rechteckförmig*.

Zu dem in Bild 5.9c dargestellten Verlauf des Laststromes i_L sei noch angemerkt, dass der oben erwähnte, mit der Lieferung von Blindleistung verbundene, periodisch auftretende Energierücktransport immer dann erfolgt, wenn die *Dioden* stromführend sind.

Die **Steuerung der Höhe der Ausgangsspannung** der Wechselrichterschaltung kann zum einen dadurch erfolgen, dass die Versorgungsgleichspannung U_d verstellt wird. Zum anderen besteht in Bild 5.9a die Möglichkeit, die Transistoren T_3 und T_4 zeitlich verzögert anzusteuern. Dabei bleibt die jeweilige Einschaltdauer dieser Transistoren erhalten. Die Ansteuerung der beiden anderen Leistungshalbleiter (T_1 und T_2) erfolgt gänzlich unverändert. Die beschriebene Steuerung führt zu einer Spannungskurvenform nach Bild 5.10. In der Darstellung ist auf der waagerechten Achse statt der Zeit t der Winkel ωt aufgetragen. Hierbei ist ω die Kreisfrequenz der in der Spannung u_L enthaltenen Grundschwingung. Der in Bild 5.10 eingetragene Winkel α wird als **Steuerwinkel** bezeichnet.

Bei dem Steuerverfahren nach Bild 5.10 wird der Laststrom i_L *zeitweise* über **Freilaufkreise** (beispielsweise in Bild 5.9a über T_1 und D_3 oder über D_2 und T_4)

geführt, so dass die Lastspannung u_L in diesen Zeitbereichen Null ist. Man bezeichnet die betreffende Steuerungsart als **Schwenksteuerung** oder als **Aussteuerung nach dem Schwenkverfahren**. Mit Hilfe dieses Verfahrens kann durch Vergrößern des Steuerwinkels α (Bild 5.10) die Höhe (der Effektivwert) der Ausgangsspannung u_L herabgesetzt werden. Zu beachten ist jedoch, dass der Oberschwingungsgehalt der Spannung u_L abhängig vom Steuerwinkel α ist und beispielsweise sehr groß wird, wenn α nahe bei 180° liegt. Das Verfahren eignet sich daher grundsätzlich nur in einem begrenzten Stellbereich.

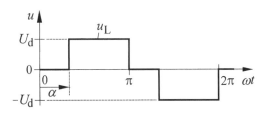

Bild 5.10 Zeitlicher Verlauf der in der Schaltung nach Bild 5.9a auftretenden Ausgangsspannung bei der Steuerung nach dem Schwenkverfahren

Ist eine Verstellung der Ausgangsspannung nicht erforderlich, so hat die Schwenksteuerung dennoch den Vorteil, dass sich durch die Wahl eines geeigneten Steuerwinkels α der Oberschwingungsgehalt der betreffenden Spannung auf ein Minimum verringern lässt.

5.3.1.2 Dreiphasiger Spannungs-Wechselrichter

Den grundsätzlichen Aufbau eines **dreiphasigen Spannungs-Wechselrichters** zeigt Bild 5.11. Der angeschlossene Drehstromverbraucher möge symmetrisch aufgebaut sein und, wie dargestellt, ohmsch-induktives Verhalten haben.

Die Transistoren T_1 bis T_6 werden entsprechend dem in Bild 5.12a dargestellten Schema ein- und ausgeschaltet. Dabei bedeuten die schraffierten Bereiche, dass die betreffenden Transistoren hier jeweils eingeschaltet und in der übrigen Zeit ausgeschaltet sind. Auf den waagerechten Achsen (Bild 5.12a) ist statt der Zeit t der Winkel ωt aufgetragen, wobei ω die Kreisfrequenz der Grundschwingung der zu erzeugenden Wechselspannung darstellt.

Aus Bild 5.12a geht hervor, dass beispielsweise der Transistor T_1 für die Dauer einer halben Periode der zu erzeugenden Ausgangsspannung – und somit im Bereich $0 < \omega t < \pi$ – eingeschaltet wird. Anschließend wird – nach Ablauf einer kurzen Sicherheitszeit zur Vermeidung eines Kurzschlusses der Versorgungsspannungsquelle – der Transistor T_4 (im Bereich $\pi < \omega t < 2\pi$) eingeschaltet. Nach Ablauf einer weiteren Sicherheitszeit wird dann wieder T_1 (für die Dauer einer halben

Periode) eingeschaltet. Aus Gründen der Übersichtlichkeit sind die genannten Sicherheitszeiten in Bild 5.12a nicht besonders dargestellt.

Das Ein- und Ausschalten der Transistoren T_3 und T_6 (Bild 5.11) wird, wie aus Bild 5.12a hervorgeht, in gleicher Weise vorgenommen, jedoch um den Winkel $2\pi/3$ (= 120°) zeitlich versetzt. T_5 und T_2 werden um einen weiteren Winkel von $2\pi/3$ (= 120°) zeitlich versetzt ein- und ausgeschaltet.

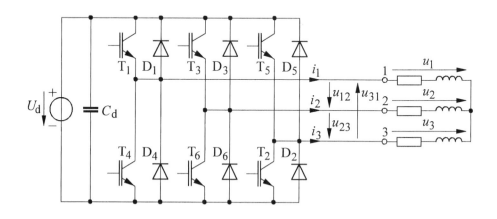

Bild 5.11 Dreiphasiger Spannungs-Wechselrichter

Wir wollen uns jetzt mit der Frage befassen, welchen Verlauf in Bild 5.11 die erzeugten **Leiterspannungen** u_{12}, u_{23} und u_{31} haben. Betrachten wir dabei zunächst nur die Leiterspannung u_{12}, so entnehmen wir aus Bild 5.12a, dass im Bereich $0 < \omega t < 2\pi/3$ die Transistoren T_1 und T_6 *gleichzeitig* eingeschaltet sind. Das bedeutet in Bild 5.11, dass der Leiter 1 mit dem Pluspol und der Leiter 2 mit dem Minuspol der Versorgungsspannungsquelle verbunden ist. Dadurch gilt

$u_{12} = U_d$.

Hierbei stellt U_d die Gleichspannung der Versorgungsquelle dar. Bei $\omega t = 2\pi/3$ wird T_6 ausgeschaltet und kurz darauf T_3 eingeschaltet. Dadurch kann in Bild 5.11 der (in diesem Zeitpunkt negative) Strom i_2 nicht mehr über T_6 fließen. Stattdessen fließt dieser Strom – durch die Induktivität des Lastkreises getrieben – über D_3. Ändert der Strom i_2 nach einiger Zeit seine Richtung, so fließt er über T_3. In beiden Fällen liegt der Leiter 2 am Pluspol der Gleichspannungsquelle. Da der Leiter 1 ebenfalls am Pluspunkt liegt, gilt im Bereich $2\pi/3 < \omega t < \pi$

$u_{12} = 0$.

5.3 Selbstgeführte Wechselrichter

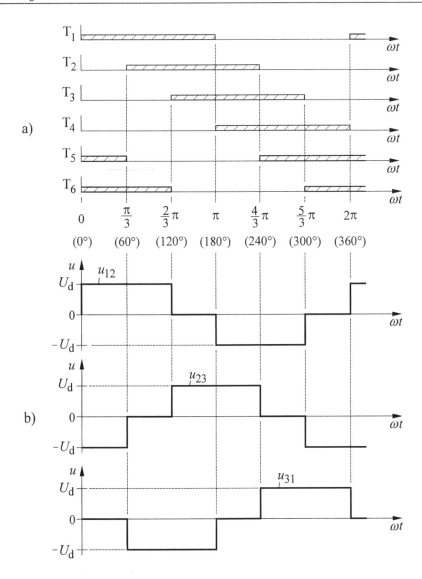

Bild 5.12 Zur Arbeitsweise des in Bild 5.11 dargestellten dreiphasigen Spannungs-Wechselrichters. a) Schaltschema der Transistoren, b) zeitlicher Verlauf der Leiterspannungen

Bei $\omega t = \pi$ wird T_1 ausgeschaltet und kurz darauf T_4 eingeschaltet (vergl. Bild 5.12a). Dadurch übernimmt die Diode D_4 den (durch die Lastkreisinduktivität aufrechterhaltenen) Strom i_1. Ändert dieser nach einiger Zeit seine Richtung, so fließt er über den Transistor T_4. In beiden Fällen ist der Leiter 1 in Bild 5.11 mit dem

Minuspol der Spannungsquelle verbunden. Da der Leiter 2 noch am Pluspol liegt, gilt im Bereich $\pi < \omega t < 5\pi/3$

$$u_{12} = -U_d.$$

Bei $\omega t = 5\pi/3$ wird T_3 ausgeschaltet und kurz darauf T_6 eingeschaltet (vergl. Bild 5.12a). Dadurch kommutiert in Bild 5.11 der Strom i_2 von T_3 auf D_6. Der Leiter 2 wird mit dem Minuspol der Spannungsquelle verbunden. Da der Leiter 1 ebenfalls noch am Minuspol liegt, gilt im Bereich $5\pi/3 < \omega t < 2\pi$

$$u_{12} = 0.$$

Der vollständige Verlauf der sich ergebenden Leiterspannung u_{12} ist in Bild 5.12b dargestellt. Die beiden anderen Leiterspannungen (u_{23} und u_{31}) haben die gleiche Kurvenform wie u_{12}, sind jedoch um 120° bzw. 240° zeitlich versetzt. Diese Kurven sind ebenfalls in Bild 5.12b angegeben. Die Verstellung der Höhe dieser Leiterspannungen ist dadurch möglich, dass die Versorgungsspannung U_d verändert wird.

Wir wollen uns jetzt mit der Frage befassen, welchen Verlauf in Bild 5.11 die **Strangspannungen** u_1, u_2 und u_3 haben. Dazu entnehmen wir aus Bild 5.12a, dass im Bereich $0 < \omega t < \pi/3$ die Transistoren T_1, T_5 und T_6 eingeschaltet sind. Somit sind in Bild 5.11 die Leiter 1 und 3 mit dem Pluspol der Spannungsquelle verbunden, und der Leiter 2 liegt am Minuspol. Hierdurch entsteht das in Bild 5.13a angegebene Ersatzschaltbild.

Darin liegen der obere und der untere Strang parallel, während der mittlere Strang mit dieser Parallelschaltung in Reihe liegt. Daher gilt in dem betreffenden Bereich

$$u_1 = \frac{1}{3}U_d, \qquad u_2 = -\frac{2}{3}U_d, \qquad u_3 = \frac{1}{3}U_d.$$

Nach Bild 5.12a sind im Bereich $\pi/3 < \omega t < 2\pi/3$ die Transistoren T_1, T_2 und T_6 eingeschaltet. Somit gilt in diesem Bereich die in Bild 5.13b angegebene Ersatzschaltung. Daraus folgt

$$u_1 = \frac{2}{3}U_d, \qquad u_2 = -\frac{1}{3}U_d, \qquad u_3 = -\frac{1}{3}U_d.$$

Im Bereich $2\pi/3 < \omega t < \pi$ sind nach Bild 5.12a die Transistoren T_1, T_2 und T_3 eingeschaltet, so dass die in Bild 5.13c angegebene Ersatzschaltung gilt. Daher erhalten wir in diesem Bereich

$$u_1 = \frac{1}{3}U_d, \qquad u_2 = \frac{1}{3}U_d, \qquad u_3 = -\frac{2}{3}U_d.$$

5.3 Selbstgeführte Wechselrichter

Der vollständige Verlauf der Strangspannung u_1 ist in Bild 5.13d dargestellt. Die beiden anderen Strangspannungen (u_2 und u_3) haben die gleiche Kurvenform, sind jedoch um 120° bzw. 240° zeitlich versetzt.

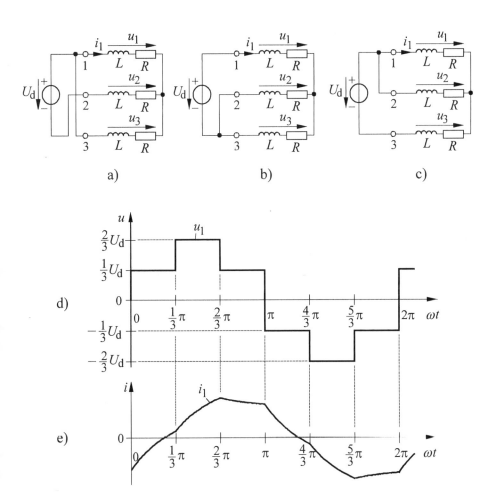

Bild 5.13 Zur Arbeitsweise des in Bild 5.11 dargestellten Spannungs-Wechselrichters. a) Ersatzschaltung für 0 < ωt < 60°, b) Ersatzschaltung für 60° < ωt < 120°, c) Ersatzschaltung für 120° < ωt < 180°, d) zeitlicher Verlauf der Strangspannung, e) zeitlicher Verlauf des Stromes

Die Ermittlung des zeitlichen Verlaufs der drei Ausgangsströme wollen wir am Beispiel des Stromes i_1 vornehmen (vergl. Bild 5.11). Nach Bild 5.13d ist die zugehörige Strangspannung u_1 *abschnittsweise* konstant, wobei sie sich bei $\omega t = 0$, $\omega t = \pi/3$, $\omega t = 2\pi/3$, $\omega t = \pi$ usw. jeweils *sprunghaft* ändert. Für den gesuchten

Strom i_1 ergeben sich dadurch (bei ohmsch-induktiver Last) abschnittsweise Kurven, die jeweils nach einer e-Funktion mit der Zeitkonstanten $\tau = L/R$ verlaufen. Dabei kann sich der betreffende Strom (wegen der vorhandenen Lastinduktivität) zu keinem Zeitpunkt *sprunghaft* ändern. In Bild 5.13e ist der vollständige Verlauf des Stromes i_1 prinzipiell dargestellt. Bei rein induktiver Last gehen die abschnittsweise vorhandenen e-Funktionen in geradlinig verlaufende Kurvenstücke über. Bei rein ohmscher Belastung hat der Strom die gleiche Kurvenform wie die Spannung.

5.3.1.3 Einphasiger Spannungs-Pulswechselrichter

Der in Abschnitt 5.3.1.1 beschriebene einphasige Spannungs-Wechselrichter ist dadurch gekennzeichnet, dass die Kurvenform des erzeugten Wechselstromes deutlich von der Sinusform abweicht. Es zeigt sich, dass durch ein verändertes Ein- und Ausschalten der Leistungshalbleiter eine Verbesserung erzielt werden kann. Hierauf soll nachfolgend näher eingegangen werden. Zum besseren Verständnis ist der *Leistungsteil* des betreffenden Wechselrichters in Bild 5.14 noch einmal dargestellt. Dabei nehmen wir der Einfachheit halber zunächst an, dass der Lastwiderstand der Schaltung rein induktiv sei, in Bild 5.14 also $R = 0$ ist.

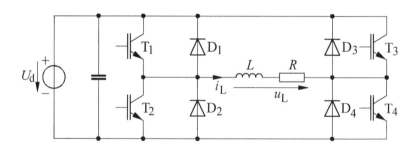

Bild 5.14 Einphasiger Spannungs-Pulswechselrichter

Die vier Transistoren T_1 bis T_4 werden so ein- und ausgeschaltet, dass die erzeugte Wechselspannung u_L (Bild 5.14) den in Bild 5.15a dargestellten Verlauf hat. Das bedeutet, dass jede Halbschwingung von u_L aus mehreren Spannungsimpulsen besteht. Diese sind jeweils am Beginn der positiven Halbschwingung relativ schmal, werden dann breiter und haben in der Mitte der Halbschwingung die größte Breite. Danach werden die Spannungsimpulse in gleicher Weise wieder schmaler. Für die negative Halbschwingung von u_L wird nach Bild 5.15a in gleicher Weise verfahren. In Bild 5.15a sind pro Halbschwingung lediglich fünf Spannungsimpulse dargestellt, meistens sind das aber sehr viel mehr.

Variiert man die Breite der einzelnen Spannungsimpulse – so wie in Bild 5.15a dargestellt – entsprechend dem Verlauf einer **Sinuskurve**, die bekanntlich am Beginn einer Halbschwingung niedrige Funktionswerte hat, in der Mitte größere und am Ende einer Halbschwingung wieder niedrigere, so spricht man von einer **sinusbewerteten Pulsbreitensteuerung**.

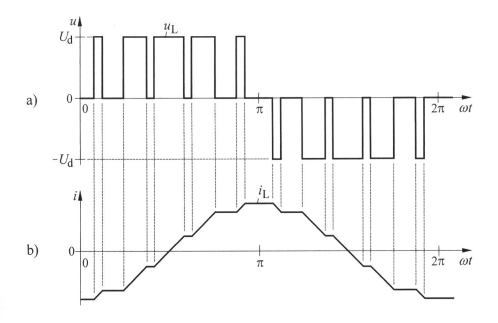

Bild 5.15 a) Zeitlicher Verlauf der erzeugten Ausgangsspannung beim einphasigen Puls-Wechselrichter mit sinusbewerteter Pulsbreitensteuerung, b) zeitlicher Verlauf des Ausgangsstromes (bei rein induktiver Last)

Aus Bild 5.15a ist ersichtlich, dass die Spannung u_L drei verschiedene Höhen (Augenblickswerte) annehmen kann, nämlich

$$u_L = U_d, \qquad u_L = 0 \qquad u_L = -U_d.$$

Da **drei** Spannungswerte möglich sind, spricht man auch von einem **Wechselrichter mit Dreipunktverhalten** oder von einem **Drei-Level-Wechselrichter**.

Zur Erzielung der in Bild 5.15a angegebenen Spannungskurvenform müssen in den jeweiligen Zeitbereichen ganz bestimmte Transistoren eingeschaltet und andere ausgeschaltet sein. So sind zur Erreichung des Augenblickswertes $u_L = U_d$ in Bild 5.14 die Transistoren T_1 und T_4 einzuschalten, während T_2 und T_3 ausgeschaltet sein müssen. Soll dagegen der Augenblickswert von u_L nach Bild 5.15a gleich Null sein, sind in Bild 5.14 entweder T_1 und T_3 einzuschalten oder aber T_2 und T_4. Hierdurch werden für den von der Lastinduktivität L getriebenen Strom i_L jeweils **Freilaufkreise** gebildet, wobei i_L eine beliebige Richtung haben darf und dabei in jedem Fall $u_L = 0$ ist. Für die Erzielung des Augenblickswertes $u_L = -U_d$ schließlich müssen in Bild 5.14 T_2 und T_3 eingeschaltet werden und T_1 und T_4 ausgeschaltet sein.

Der *zeitliche Verlauf* des in der Schaltung nach Bild 5.14 erzeugten **Wechselstromes** i_L wird – bei rein induktiver Last – durch die bekannte Gleichung

$$u_L = L \frac{di_L}{dt}$$

bestimmt, wobei L die **Induktivität** des Lastwiderstandes ist. Das bedeutet, dass der Strom i_L bei dem Spannungsaugenblickswert $u_L = U_d$ mit konstanter Steilheit zunimmt. Ist dagegen $u_L = -U_d$, so nimmt i_L in gleicher Weise ab. Bei $u_L = 0$ schließlich bleibt der Strom i_L konstant. Auf diese Weise ergibt sich für den Strom der in Bild 5.15b dargestellte Verlauf. Es zeigt sich, dass infolge der unterschiedlichen Impulsbreiten in Bild 5.15a der Strom eine nahezu sinusförmige Kurvenform annimmt. Ist der Lastwiderstand nicht rein induktiv, sondern ohmsch-induktiv, so erhält man ebenfalls einen nahezu sinusförmigen Stromverlauf.

Verringert man die Dauer *aller* in Bild 5.15a dargestellten Spannungsimpulse, so nimmt die **Höhe** (der **Effektivwert**) des fließenden Laststromes i_L ab. Damit ist neben der Verstellung der **Frequenz** eine Veränderung der **Höhe** des gelieferten Ausgangsstromes – bei Erhaltung der sinusförmigen Kurvenform – möglich.

Aus den Bildern 5.15a und 5.15b ist ersichtlich, dass die Kurvenform des erzeugten Wechselstromes i_L der Sinusform umso näher kommt, je mehr Spannungsimpulse also pro Halbschwingung verwendet werden, je höher also die **Pulsfrequenz** ist. Diese gibt an, wie oft ein Leistungshalbleiter in einer Sekunde ein- und ausgeschaltet wird. Zu beachten ist jedoch, dass mit steigender Pulsfrequenz auch die (in den Leistungshalbleitern auftretenden) Schaltverluste zunehmen. Daher kann in Wechselrichtern für höhere Leistungen in der Regel nur eine relativ niedrige Pulsfrequenz verwendet werden. Bei mittleren und insbesondere bei geringen Leistungen wird die Pulsfrequenz dagegen – nicht zuletzt auch mit Rücksicht auf die Geräuschentwicklung – häufig oberhalb von 16 kHz gewählt und damit in den (nicht hörbaren) Ultraschallbereich gelegt.

Im Übrigen kann die Zahl der pro Halbschwingung vorhandenen Spannungsimpulse (vergl. Bild 5.15a) umso höher gewählt werden, je niedriger die Frequenz des erzeugten Wechselstromes ist, die man als **Grundfrequenz** bezeichnet. In Schaltungen mit verstellbarer Grundfrequenz wird diese Zahl (und damit auch die Pulsfrequenz) in der Regel schrittweise angepasst. Dies kann – insbesondere bei höheren Leistungen – dazu führen, dass bei größerer Grundfrequenz sogar ganz auf eine Pulsung verzichtet wird. Man spricht dann vom **Übergang zum Blockbetrieb**.

Wir wollen uns jetzt der Frage zuwenden, wie die **Steuerschaltungen** (zum Ein- und Ausschalten der Leistungshalbleiter) konzipiert sind. Im Allgemeinen werden hierbei Schaltkreise eingesetzt, die sowohl die **Schaltzeitpunkte** für die Leistungshalbleiter (bzw. das Pulsmuster) vorgeben als auch die entsprechenden **Steuerimpulse zum Ein- und Ausschalten** erzeugen. Das können sein:

- **spezielle integrierte Schaltkreise** (ICs, die für die betreffenden Anwendungen speziell entwickelt wurden und allgemein zugänglich sind)
- **kundenspezifische integrierte Schaltkreise** (ICs, die firmenspezifisch konzipiert und daher nicht allgemein zugänglich sind)
- **Mikroprozessorschaltungen**

Bei den zuerst genannten Lösungen liegen die Pulsmuster meist hardwaremäßig fest. Beim Einsatz von Mikroprozessorschaltungen sind die Pulsmuster entweder softwaremäßig abgelegt, oder sie werden bei Bedarf berechnet.

5.3.1.4 Dreiphasiger Spannungs-Pulswechselrichter

Zur Versorgung von Drehstromverbrauchern werden Pulswechselrichter **dreiphasig** ausgeführt. Der Leistungsteil einer solchen Schaltung stimmt grundsätzlich mit dem eines nicht gepulsten dreiphasigen Wechselrichters (vergl. Bild 5.11) überein. In Bild 5.16 ist dieser Leistungsteil noch einmal dargestellt. In der Schaltung möge die Gleichspannung U_d durch zwei gleich große, in Reihe liegende Kondensatoren (C_d) gestützt werden. Den sich dadurch ergebenden Punkt M (Bild 5.16) wollen wir für die nachfolgenden Betrachtungen als **elektrischen Bezugspunkt** ansehen.

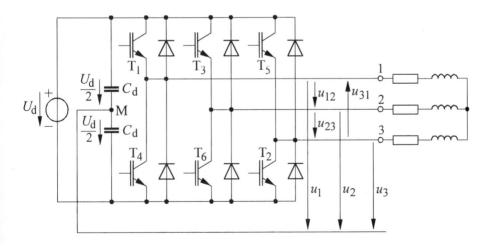

Bild 5.16 Aufbau eines dreiphasigen Spannungs-Pulswechselrichters

Die Ermittlung der für die Leistungshalbleiter erforderlichen Schaltzeitpunkte kann man nach einem Verfahren vornehmen, das sich aus Bild 5.17a ergibt und als **Pulsweitenmodulation** (Abkürzung: **PWM**) bezeichnet wird. In Bild 5.17a werden eine dreieckförmige Wechselspannung (u_{St}) und drei um 120° gegeneinander phasenverschobene, sinusförmige Wechselspannungen (u_R, u_S und u_T) miteinander verglichen. Wir wollen u_{St} als **Steuerspannung** bezeichnen und u_R, u_S, u_T als **Referenzspannungen**. Die Frequenz der Steuerspannung möge um ein ganzzahliges Vielfaches höher sein als die Frequenz der Referenzspannungen.

Betrachten wir in Bild 5.16 zunächst nur die Transistoren T_1 und T_4, so ergeben sich dessen Schaltzeitpunkte durch die *Schnittpunkte* der Spannungen u_{St} und u_R (vergl. Bild 5.17a). Das bedeutet, dass beispielsweise im Zeitbereich $0 < \omega t < \omega t_1$ der Transistor T_1 eingeschaltet und der Transistor T_4 ausgeschaltet ist. Hierdurch ist in Bild 5.16 der Leiter 1 mit dem Pluspol der Versorgungsspannungsquelle verbunden und somit

$$u_1 = \frac{U_d}{2}.$$

Im Zeitpunkt ωt_1 (Bild 5.17a) wird T_1 ausgeschaltet und – nach Ablauf einer kurzen Sicherheitszeit – T_4 wieder eingeschaltet. Dadurch wird in Bild 5.16 der Leiter 1 mit dem Minuspol der Versorgungsspannungsquelle verbunden, und es gilt

$$u_1 = -\frac{U_d}{2}.$$

Im Zeitpunkt ωt_2 (Bild 5.17a) wird T_4 ausgeschaltet und danach T_1 erneut eingeschaltet, so dass wiederum $u_1 = U_d/2$ ist. Die beschriebene Steuerung hat also zur Folge, dass die Spannung u_1 dauernd zwischen den Werten $U_d/2$ und $(-U_d/2)$ hin und her geschaltet wird. Der vollständige Verlauf dieser Spannung ist in Bild 5.17b dargestellt.

Die Schaltzeitpunkte der Transistoren T_3 und T_6 (Bild 5.16) ergeben sich aus Bild 5.17a in gleicher Weise durch die Schnittpunkte der Spannungen u_{St} und u_S. Das hat zur Folge, dass die Spannung u_2 den in Bild 5.17c angegebenen Verlauf annimmt. Schließlich werden die Transistoren T_5 und T_2 in den sich in Bild 5.17a durch die Schnittpunkte der Spannungen u_{St} und u_T ergebenden Zeitpunkten geschaltet. Dadurch entsteht die Spannung u_3 (vergl. Bild 5.17d). Aus den sich so ergebenden drei Spannungen u_1, u_2 und u_3 können wir in einfacher Weise die Außenleiterspannungen u_{12}, u_{23} und u_{31} gewinnen. So gilt beispielsweise in Bild 5.16

$$u_{12} = u_1 - u_2.$$

Führen wir die Subtraktion in Bild 5.17 grafisch aus, so erhalten wir den in Bild 5.17e angegebenen Verlauf. Die in der Darstellung gestrichelt eingetragene Linie stellt die **Grundschwingung** dieser Spannung dar.

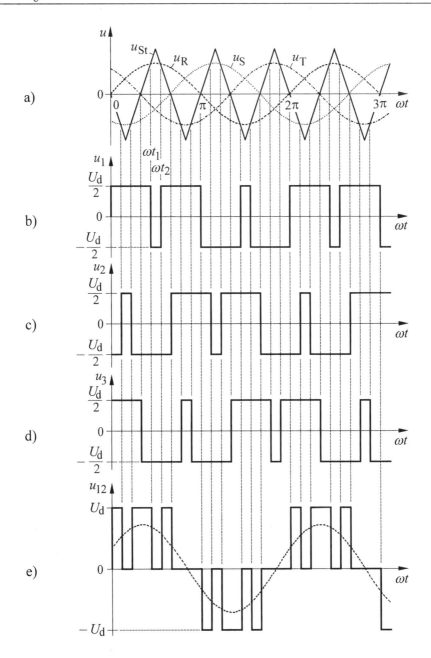

Bild 5.17 Entstehung der Ausgangsspannung bei einem dreiphasigen Pulswechselrichter. a) Ermittlung der Schaltzeitpunkte der Leistungshalbleiter, b) bis e) zeitlicher Verlauf der in Bild 5.16 gekennzeichneten Spannungen

Die Spannungen u_{23} und u_{31} können in gleicher Weise ermittelt werden. Das beschriebene Steuerverfahren führt – sofern die Frequenz der Steuerspannung u_{St} (Bild 5.17a) genügend groß ist – in Bild 5.16 zu nahezu sinusförmigen Ausgangsströmen. Zur Verstellung der **Höhe** (des Effektivwertes) der in Bild 5.16 gelieferten Ausgangsspannungen (u_{12}, u_{23} und u_{31}) wird in Bild 5.17a die **Höhe** der Referenzspannungen (u_R, u_S und u_T) verändert.

Eine **Variante der beschriebenen Pulsweitenmodulation** besteht darin, die Ein- und Ausschaltzeitpunkte der Transistoren in Bild 5.16 so zu verändern, dass beispielsweise für die Spannung u_1 ein Verlauf nach Bild 5.18 entsteht. Die gestrichelt eingetragene Linie gibt den zeitlichen Mittelwert der erzeugten Spannungsimpulse an. Aus der Darstellung ist ersichtlich, dass in der Mitte jeder Spannungshalbschwingung ein 60° breiter Spannungsblock eingefügt ist. Dadurch ergeben sich sowohl für die Spannungen u_1, u_2 und u_3 als auch für die Außenleiterspannungen u_{12}, u_{23} und u_{31} (Bild 5.16) höhere Effektivwerte als bei der Pulsweitenmodulation. Die gelieferten Ströme i_1, i_2 und i_3 (Bild 5.16) sind trotzdem gut sinusförmig. Man bezeichnet das Steuerprinzip als **Voltage-Vector-Control-Verfahren** (Abkürzung: **VVC-Verfahren**). Soll hierbei der Effektivwert der Spannung u_1 (Bild 5.18) herabgesetzt werden, so werden die 60° breiten Spannungsblöcke durch mehrere (einheitlich breite) Spannungsimpulse ersetzt und sämtliche Impulsbreiten verkleinert.

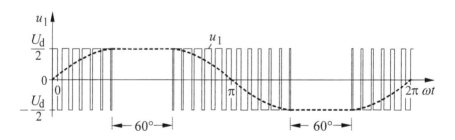

Bild 5.18 Spannungserzeugung nach dem Voltage-Vector-Control-Verfahren (VVC-Verfahren)

Für die Erzeugung der Steuerimpulse zur Ansteuerung der Leistungshalbleiter werden – sowohl bei der Pulsweitenmodulation (PWM) als auch beim Voltage-Vector-Control-Verfahren (VVC-Verfahren) – die in Abschnitt 5.3.1.3 genannten elektronischen Schaltungen hier in gleicher Weise eingesetzt. Die im selben Abschnitt enthaltenen Angaben bezüglich der Wahl der Pulsfrequenz gelten hier ebenfalls entsprechend.

Abschließend sei angemerkt, dass der hier beschriebene **dreiphasige Pulswechselrichter** eine wesentlich größere Bedeutung hat als die entsprechende einphasige Ausführung. Das liegt daran, dass die betreffende Schaltung häufig zur Drehzahlverstellung von Drehstrommotoren eingesetzt wird (vergl. hierzu die Abschnitte 7.1.1 und 8.3.2). Dabei sollte darauf geachtet werden, dass die zwischen dem Wechselrichter und dem Motor bestehenden Leitungslängen möglichst gering sind. Sonst kann es infolge der steilen Flanken der Spannungsimpulse zu hohen Überspannungen an den Wicklungseingängen des Motors kommen.

5.3.1.5 Dreiphasiger Spannungs-Wechselrichter mit Dreipunktverhalten

Bei der in Bild 5.16 angegebenen Schaltung werden die ausgangsseitigen Leiter 1, 2 und 3 – je nach dem Schaltzustand der Transistoren – entweder mit dem Pluspol oder mit dem Minuspol der Gleichspannungsquelle verbunden. Sehen wir dabei den in der Darstellung eingetragenen Punkt M als Bezugspunkt an, so können die betreffenden Leiter nur die Potenziale $+U_d/2$ und $(-U_d/2)$ (also nur zwei verschiedene Potenziale) annehmen. Man spricht daher auch von einem **Wechselrichter mit Zweipunktverhalten** oder von einem **Zwei-Level-Wechselrichter**. Die in Bild 5.19 dargestellte Schaltung unterscheidet sich von der in Bild 5.16 angegebenen dadurch, dass die Leiter 1, 2 und 3 nicht nur jeweils mit dem Plus- und mit dem Minuspol der Gleichspannungsquelle verbunden werden können, sondern zusätzlich auch mit dem Mittelpunkt M. Dadurch können die Leiter *drei* Potenziale annehmen (und zwar $+U_d/2$, $(-U_d/2)$ und 0). Man spricht dann von einem **Wechselrichter mit Dreipunktverhalten** oder ein **Drei-Level-Wechselrichter**.

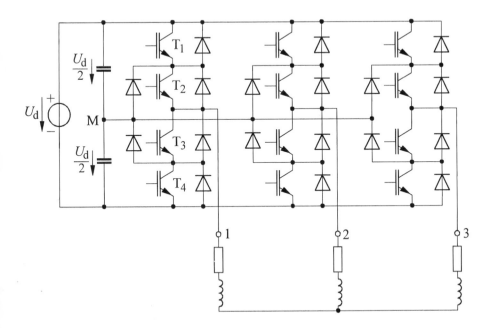

Bild 5.19 Aufbau eines dreiphasigen Spannungs-Wechselrichters mit Dreipunktverhalten

Am Beispiel des Leiters 1 in Bild 5.19 wollen wir jetzt untersuchen, welche Leistungshalbleiter jeweils eingeschaltet werden müssen, um die genannten drei Potenziale zu erhalten.

- Der Leiter 1 ist dann mit dem Pluspol der Gleichspannungsquelle verbunden, wenn die Transistoren T_1 und T_2 eingeschaltet werden und die Transistoren T_3 und T_4 ausgeschaltet sind.

- Soll der Leiter 1 mit dem Punkt M verbunden werden, so müssen die Transistoren T_2 und T_3 eingeschaltet werden und die Transistoren T_1 und T_4 ausgeschaltet sein.

- Das Einschalten der Transistoren T_3 und T_4 führt (bei ausgeschalteten Transistoren T_1 und T_2) dazu, dass der Leiter 1 mit dem Minuspol der Spannungsquelle verbunden wird.

Das Ein- und Ausschalten der Leistungshalbleiter wird meist nach einem Verfahren vorgenommen, das als **Raumzeiger-Modulation** bezeichnet wird (vergl. Abschnitt 8.3.2.1). Für die betrachtete Wechselrichterschaltung ist kennzeichnend, dass die verwendeten Leistungshalbleiter im gesperrten Zustand nur mit der halben Gleichspannung ($U_d/2$) beansprucht werden und nicht mit der gesamten Gleichspannung U_d. Das bedeutet, dass die Sperrspannungsbeanspruchung der Bauelemente nur halb so groß ist wie bei einem Zwei-Level-Wechselrichter nach Bild 5.16. Dagegen liegen im Durchlasszustand in Bild 5.19 jeweils zwei Leistungshalbleiter in Reihe, so dass gegenüber der Schaltung in Bild 5.17 grundsätzlich ein erhöhter Durchlassspannungsabfall auftritt. Sollten allerdings – zur Bewältigung hoher Sperrspannungen – ohnehin Leistungshalbleiter in Reihe geschaltet werden müssen, so treten keine vergrößerten Durchlassverluste auf. Das bedeutet, dass sich für derartige Fälle der Einsatz eines **Drei-Level-Wechselrichters** geradezu anbietet.

5.3.2 Strom-Wechselrichter

Wird auf der Gleichstromseite eines selbstgeführten Wechselrichters eine Drosselspule mit genügend großer Induktivität eingeschaltet, so wird der Schaltung – im Kurzzeitbereich – ein Gleichstrom eingeprägt. Man spricht dann von einem **Strom-Wechselrichter** oder einem **I-Wechselrichter**. Er wird vorwiegend dreiphasig ausgeführt und dient hauptsächlich zur Speisung *einzelner* Drehstrommotoren (meistens Asynchronmotoren mit Käfigläufern), deren Drehzahl verstellbar sein muss. Bei der Ausführung der Schaltung werden entweder abschaltbare Leistungshalbleiter oder konventionelle (nicht abschaltbare) Thyristoren eingesetzt.

5.3.2.1 Dreiphasiger Strom-Wechselrichter mit abschaltbaren Leistungshalbleitern

Den grundsätzlichen Aufbau eines mit abschaltbaren Leistungshalbleitern ausgerüsteten **dreiphasigen Strom-Wechselrichters** zeigt Bild 5.20. Die Schaltung möge mit einem Drehstrommotor belastet sein. In die Wicklungsstränge dieses Motors werden durch das magnetische Drehfeld – auch bei nichtsinusförmigen Strömen – etwa sinusförmig verlaufende Spannungen (u_{i1}, u_{i2} und u_{i3}) induziert. Vernachlässigt man den ohmschen Wicklungswiderstand, so besitzt jeder Motorstrang lediglich noch eine Induktivität L. Auf diese Weise kann ein Drehstrommotor durch die in Bild 5.20 (rechts) angegebene Ersatzschaltung wiedergegeben werden.

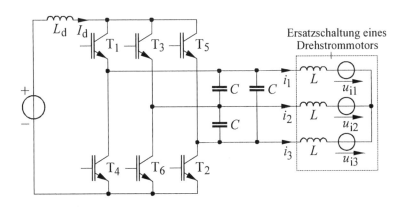

Bild 5.20 Aufbau eines dreiphasigen Strom-Wechselrichters mit abschaltbaren Leistungshalbleitern

Beim Betrieb der in Bild 5.20 dargestellten Schaltung werden die Leistungshalbleiter T_1, T_3 und T_5 so ein- und ausgeschaltet, dass sie nacheinander jeweils während eines Drittels der Periodendauer der erzeugten Ausgangsspannung den Gleichstrom I_d übernehmen. Das Gleiche gilt für die Elemente T_2, T_4 und T_6. Dabei muss darauf geachtet werden, dass der Gleichstrom I_d in keinem Zeitpunkt unterbrochen wird. So darf beispielsweise T_1 erst dann ausgeschaltet werden, wenn T_3 bereits eingeschaltet ist. Für die anderen Leistungshalbleiter gilt dies entsprechend. Es sind also kurze Überlappungen der Einschaltzeiten notwendig. Werden diese nicht eingehalten, so kommt es infolge der im Eingangskreis vorhandenen Drosselspule zu hohen Spannungsspitzen, die in der Regel die Transistoren zerstören. Um dieser Gefahr zu entgehen, werden Strom-Wechselrichter häufig auch – wie in Abschnitt 5.3.2.2 beschrieben – mit konventionellen Thyristoren aufgebaut. Hier besteht das genannte Problem nicht, da die genannten Überlappungen automatisch vorhanden sind.

Aus Bild 5.21a geht das Schaltschema zum Ein- und Ausschalten der sechs Leistungshalbleiter hervor. Dabei geben die schraffierten Felder jeweils an, in welchen Zeitbereichen die einzelnen Transistoren eingeschaltet sind und den Gleichstrom I_d führen. Die erwähnten Überlappungen sind der Einfachheit halber nicht besonders dargestellt.

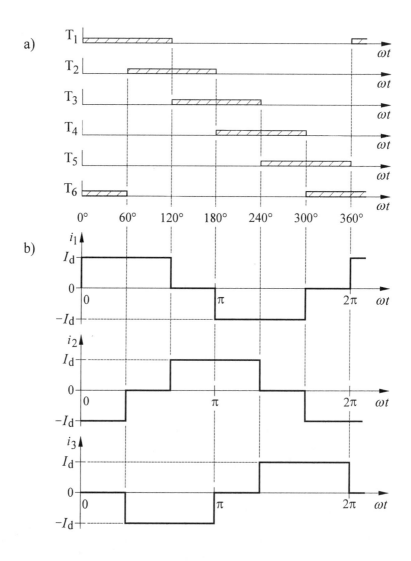

Bild 5.21 Zur Arbeitsweise des in Bild 5.20 dargestellten Strom-Wechselrichters.
a) Einschaltschema (Leitdauer) der einzelnen Leistungshalbleiter,
b) prinzipieller zeitlicher Verlauf der erzeugten Wechselströme

Bild 5.21b zeigt den sich auf diese Weise ergebenden grundsätzlichen Verlauf der auftretenden Ströme i_1, i_2 und i_3. Dabei ist zu beachten, dass infolge der *induktiven* Belastung jeweils bei der Kommutierung des Stromes von einem Transistor auf den anderen *Überspannungen* auftreten. Diese gefährden die Transistoren und müssen daher begrenzt werden. Eine einfache Möglichkeit dazu besteht darin, dass – wie in Bild 5.20 dargestellt – am Ausgang der Wechselrichterschaltung drei gleiche Kondensatoren (C) vorgesehen werden. Sie wirken zusätzlich als **Filter**, so dass gleichzeitig der Oberschwingungsgehalt der Wicklungsströme reduziert wird. Dies ist bei der Darstellung der Strom-Kurvenformen in Bild 5.21b nicht berücksichtigt.

Die Verwendung der genannten Kondensatoren ist jedoch auch mit Nachteilen verbunden. So kann es – bei Verwendung von Asynchronmotoren – im oberen Drehzahlbereich zur einer Selbsterregung der Maschine kommen. Ferner können in den schaltungsbedingt sich ergebenden Schwingkreisen unerwünschte Resonanzerscheinungen auftreten. Daher müssen die Konzeption der Schaltung sowie die Ansteuerung der Leistungshalbleiter möglichst so vorgenommen werden, dass die erwähnten Nachteile sich nicht störend auswirken.

5.3.2.2 Dreiphasiger Strom-Wechselrichter mit konventionellen Thyristoren

Ein Strom-Wechselrichter wird – wie schon in Abschnitt 5.3.2.1 erläutert – statt mit abschaltbaren Leistungshalbleitern häufig auch mit konventionellen Thyristoren ausgerüstet. In Bild 5.22 ist eine derartige Schaltung dargestellt.

Die Belastung besteht wieder, wie in Bild 5.20, aus einem Drehstrommotor. Die in Dreieck geschalteten Kondensatoren (C_1 bis C_6) ermöglichen die Löschung der Thyristoren und werden auch als **Kommutierungskondensatoren** bezeichnet (vergl. Abschnitt 5.1). Die Einschaltzeiten der Thyristoren sowie die Kurvenformen der Wicklungsströme stimmen prinzipiell mit den in Bild 5.21 enthaltenen Angaben überein.

Wir wollen uns jetzt mit dem Übergang des Stromes von *einem* Thyristor auf den *anderen*, also mit dem Ablauf der Kommutierung befassen. Sie erfolgt nach dem Prinzip der **Phasenfolgelöschung**. Das bedeutet, dass jeweils bei der Zündung *eines* Thyristors der in der Stromführung *abzulösende* Thyristor „automatisch" gelöscht (gesperrt) wird. Wir wollen dies in Bild 5.22 am Beispiel des Übergangs des Gleichstromes I_d von T_1 nach T_3 näher untersuchen.

Die Kondensatoren C_1 und C_5 seien auf die Spannungen $u_{C1} = U_C$ und $u_{C5} = -U_C$ aufgeladen, wobei U_C größer sein möge als der Scheitelwert der Außenleiterspannung u_{12}. (Anmerkung: Die Herkunft der Spannung U_C ergibt sich aus der nachfolgenden Beschreibung des Kommutierungsablaufs.) Am Kondensator C_3 liegt damit keine Spannung ($u_{C3} = 0$). Die Dioden D_1 bis D_6 haben die Aufgabe, ein Abfließen der Kondensatorladungen über die Last zu verhindern.

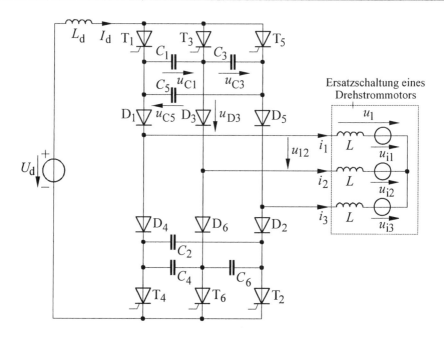

Bild 5.22 Aufbau eines dreiphasigen Strom-Wechselrichters mit konventionellen Thyristoren

Wird jetzt der Thyristor T_3 gezündet, so wirkt die an C_1 liegende Spannung u_{C1} sofort in Sperrrichtung am Thyristor T_1. Dieser wird dadurch augenblicklich stromlos. Der (eingeprägte) Gleichstrom I_d wird von T_3 übernommen und fließt zu *einem* Teil über C_1 und zu einem *anderen* Teil über die aus C_3 und C_5 bestehende Reihenschaltung. Dabei übernimmt C_1 *zwei Drittel* des Gleichstromes I_d und die aus C_3 und C_5 bestehende Reihenschaltung *ein Drittel*. Da die Diode D_3 zunächst noch mit negativer Sperrspannung beansprucht wird, fließt der Gleichstrom I_d anfangs weiterhin in voller Höhe über die Diode D_1, so dass nach wie vor $i_1 = I_d$ und $i_2 = 0$ ist. Durch den fließenden Strom wird C_1 umgeladen. Weiterhin wird C_5 entladen und C_3 aufgeladen. Für die an der Diode D_3 liegende Spannung finden wir aus Bild 5.22 (durch Anwendung der Maschenregel) bei leitender Diode D_1

$$u_{D3} = u_{12} - u_{C1}.$$

Ist die Umladung des Kondensators C_1 soweit fortgeschritten, dass $u_{D3} > 0$ wird, so wird die Diode D_3 leitend. Jetzt kommutiert der Gleichstrom I_d von D_1 nach D_3. Das bedeutet, dass dadurch i_1 abnimmt und i_2 einsetzt und zunimmt. Am Ende der Kommutierung wird die Diode D_1 stromlos. Dann betragen die Kondensatorspannungen in Bild 5.22

$$u_{C1} = -U_C, \qquad u_{C3} = U_C, \qquad u_{C5} = 0.$$

Die Polaritäten dieser Spannungen stellen sich gerade so dar, dass beim nachfolgenden Zünden von T_5 der Thyristor T_3 wieder gelöscht wird. Es kann aber auch statt T_5 der Thyristor T_1 erneut gezündet werden. Das bedeutet, dass beispielsweise in einfacher Weise eine Umkehr der Drehrichtung des angeschlossenen Drehstrommotors möglich ist.

Die Höhe der Kondensatorladespannung U_C ist deutlich größer als der Scheitelwert $\hat{u}$ der Grundschwingung der auftretenden Außenleiterspannung am Ausgang des Wechselrichters. U_C ist vom genannten Spannungsscheitelwert $\hat{u}$, vom eingespeisten Gleichstrom I_d, von der Induktivität L der angeschlossenen Last sowie von den Kapazitäten C_1 bis C_6 der Kommutierungskondensatoren abhängig. Die hohe Kondensatorladespannung U_C hat zur Folge, dass die Thyristoren und die Dioden einer starken Spannungsbeanspruchung unterliegen. Um diese in Grenzen zu halten, verwendet man für die Kommutierungskondensatoren entsprechend groß bemessene Kapazitätswerte. Dadurch ergeben sich zwangsläufig für die Thyristoren relativ große Schonzeiten, so dass keine besonders niedrigen Freiwerdezeiten benötigt werden. Es können deshalb die in Abschnitt 2.6.2.4 beschriebenen preisgünstigen **Netzthyristoren** verwendet werden. Der Einsatz der kostenaufwendigeren **Frequenzthyristoren** (mit kleinen Freiwerdezeiten) ist also in der Regel nicht erforderlich.

Die Obergrenze der Kapazitäten der Kommutierungskondensatoren ergibt sich aus der Forderung, dass die Kondensatorumladezeiten nicht zu groß sein dürfen. Diese bestimmen nämlich maßgebend den erreichbaren Höchstwert der vom Wechselrichter erzeugten Ausgangsfrequenz. Bei großen Kapazitätswerten lässt sich also nur eine relativ niedrige maximale Ausgangsfrequenz erzielen.

Beim Betrieb der in Bild 5.22 dargestellten Schaltung ergibt sich für die Strangspannung u_1 und für den Strom i_1 der in Bild 5.23 angegebene Verlauf. Die Darstellung zeigt, dass die Spannung u_1 während der Kommutierungsvorgänge wegen der dann vorhandenen starken *Änderung* des Stromes i_1 jeweils kurzzeitig relativ hohe Augenblickswerte annimmt. In dieser Zeit gilt (vergl. Bild 5.22)

$$u_1 = u_{i1} + L \frac{di_1}{dt}.$$

In der übrigen Zeit ist der Strom i_1 dagegen konstant. Hier gilt

$$u_1 = u_{i1}.$$

In Abschnitt 5.3.2.1 wurde erläutert, dass die durch das magnetische Drehfeld induzierte Spannung u_{i1} etwa sinusförmig verläuft. Da dies auch im vorliegenden Fall gilt, hat die in Bild 5.23 dargestellte Strangspannung u_1, wenn man von den Kommutierungsvorgängen absieht, eine nahezu sinusförmige Kurvenform.

Da die Induktivität der Wicklungsstränge des am Wechselrichter angeschlossenen Drehstrommotors sowie dessen Stromaufnahme die Kommutierungsvorgänge mit beeinflussen, müssen die Wechselrichterschaltung und der Motor aufeinander abgestimmt sein. Beide bilden somit eine Einheit und können daher nicht beliebig ausgetauscht werden.

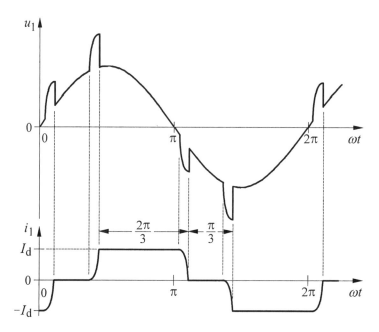

Bild 5.23 Zeitlicher Verlauf der Strangspannung und des Strangstromes beim dreiphasigen, mit konventionellen Thyristoren ausgerüsteten Strom-Wechselrichter (Bild 5.22)

5.3.2.3 Strom-Pulswechselrichter

Ebenso wie beim Spannungs-Wechselrichter (vergl. Abschnitte 5.3.1.3 und 5.3.1.4), so ist auch beim Strom-Wechselrichter ein **Pulsbetrieb** möglich. In Bild 5.24a ist der grundsätzliche Verlauf der drei Wicklungsströme beim dreiphasigen Strom-Wechselrichter im nicht gepulsten Betrieb (Blockbetrieb) – in Übereinstimmung mit Bild 5.21b – dargestellt.

Beim *gepulsten* Betrieb werden die Leistungshalbleiter (beispielsweise in der Schaltung nach Bild 5.20) jeweils *mehrmals* innerhalb einer Halbperiode der Grundschwingung des erzeugten Ausgangsstromes ein- und ausgeschaltet. Die Schaltzeitpunkte können dabei so variiert werden, dass die drei erzeugten Ausgangsströme den in Bild 5.24b angegebenen Verlauf erhalten. Für die in dieser Weise vorgenommene Pulsung ist kennzeichnend, dass jede Stromhalbschwingung in der Mitte einen Impuls mit einer Dauer von $\pi/3 = 60°$ enthält.

5.3 Selbstgeführte Wechselrichter

Die eigentliche Pulsung wird also jeweils nur im ersten und im letzten Drittel jeder Halbschwingung vorgenommen. Dabei muss, ebenso wie beim nicht gepulsten Betrieb, die sich aus Bild 5.20 ergebende Beziehung

$$i_1 + i_2 + i_3 = 0$$

in allen Zeitpunkten erfüllt sein.

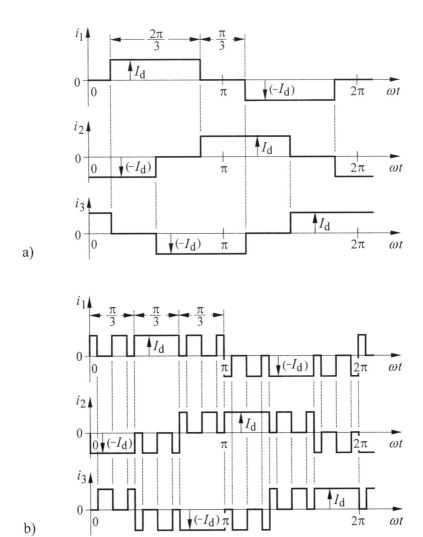

Bild 5.24 Zeitlicher Verlauf der Ausgangsströme beim dreiphasigen Strom-Wechselrichter, a) im Blockbetrieb, b) im Pulsbetrieb

Dies ist auch aus der in Bild 5.24b angegebenen Darstellung ersichtlich. Daraus geht ferner hervor, dass jeweils *ein* Leiter den Strom I_d führt, ein *zweiter* den Strom ($-I_d$) und im *dritten* Leiter der Strom Null ist.

Die Pulsung kann jedoch auch so vorgenommen werden, dass der eingespeiste Gleichstrom I_d nur in bestimmten Zeiten über die Wicklungen des angeschlossenen Drehstrommotors geführt wird und in anderen Zeiten über einen Freilaufkreis. Dieser lässt sich in Bild 5.20 beispielsweise dadurch bilden, dass die Transistoren T_1 und T_4 eingeschaltet werden. Ein derartiges Pulsverfahren hat den Vorteil, dass es vielfältigere Gestaltungsmöglichkeiten für die Kurvenform der zu erzeugenden Ströme bietet sowie bessere Regelmöglichkeiten bestehen.

Die beschriebene Pulsung hat (allgemein) zum einen den Vorteil, dass der angeschlossene Drehstrommotor eine bessere **Rundlaufgüte** hat als im Blockbetrieb (vor allem beim Anfahren und im unteren Drehzahlbereich). Zum anderen wird wegen des geringeren Oberschwingungsgehaltes der Wicklungsströme der **Wirkungsgrad** des Motors verbessert und die **Geräuschentwicklung** reduziert. Die Verbesserung des Wirkungsgrades bedeutet auch, dass der Motor stärker belastet und somit besser ausgenutzt werden kann.

5.4 Netzparallel betriebene selbstgeführte Stromrichter

Die in Abschnitt 3 beschriebenen **netzgeführten Stromrichter** sind dadurch gekennzeichnet, dass der vom Netz gelieferte oder der in das Netz eingespeiste Strom mehr oder weniger stark von der Sinusform abweicht. Zudem besteht vielfach eine nicht unerhebliche Phasenverschiebung zwischen der Stromgrundschwingung und der Netzspannung.

Diese Nachteile lassen sich durch den Einsatz von **selbstgeführten Stromrichtern** weitgehend vermeiden. Die betreffenden Schaltungen können dazu so konzipiert und gesteuert werden, dass der Netzstrom prinzipiell eine beliebig vorgegebene – und damit beispielsweise auch sinusförmige – Kurvenform annimmt. Am Ausgang dieser Schaltungen liegt stets eine **Gleichspannung**. Je nach ihrem Aufbau können die Stromrichter nur als **Gleichrichter** arbeiten (Energielieferung aus dem Netz in einen Verbraucher), oder es ist auch ein **Wechselrichterbetrieb** möglich (Energielieferung aus einer Gleichspannungsquelle in das Netz).

Die Schaltungen können aber auch so ausgeführt und gesteuert werden, dass ein periodisch ablaufender Energieaustausch in beiden Richtungen erfolgt. Das bedeutet, dass sich die Anordnungen zur Kompensation sowohl von Grundschwingungs- als auch von Oberschwingungsblindleistung eignen. Nachfolgend soll anhand verschiedener Beispiele die Funktion solcher Stromrichter erläutert werden.

5.4.1 Wechselstrom-Gleichstrom-Wandler mit sinusförmigem Eingangsstrom

Wir betrachten die in Bild 5.25a dargestellte Schaltung, die Wechselstrom in Gleichstrom umwandelt und somit grundsätzlich eine **Gleichrichterschaltung** darstellt. Die Anordnung besteht im Prinzip aus einer **ungesteuerten Gleichrichter-Brückenschaltung** (links) mit einem nachgeschalteten **Hochsetzsteller** (rechts).

Der Transistor T – er kann auch durch einen anderen abschaltbaren Leistungshalbleiter ersetzt werden – wird mit einer relativ hohen Schaltfrequenz ein- und ausgeschaltet.

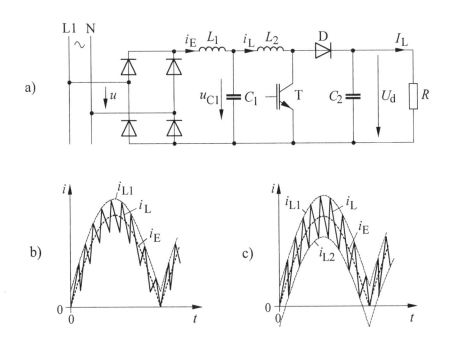

Bild 5.25 Wechselstrom-Gleichstrom-Wandler mit sinusförmigem Eingangsstrom.
a) Betrachtete Schaltung, b) Erzeugung eines sinusförmigen Stromverlaufs durch Pulsbreitensteuerung,
c) Erzeugung eines sinusförmigen Stromverlaufs mittels Steuerung durch Zweipunktregelung

Die Kapazität C_1 des links angeordneten Kondensators ist so bemessen, dass er für die genannte hohe Schaltfrequenz eine niedrige Impedanz besitzt, für die Netzfrequenz jedoch keinen nennenswerten Energiespeicher darstellt. Dies führt dazu, dass die am Kondensator (C_1) liegende Spannung (bei kleiner Induktivität L_1) etwa der Gleichung

$$u_{C1} = \hat{u} \cdot |\sin \omega t|$$

folgt. Hierbei sind $\hat{u}$ der Scheitelwert der Netzspannung und ω deren Kreisfrequenz. Der in Bild 5.25a rechts angeordnete Kondensator (C_2) dient zur Glättung der am Lastwiderstand R liegenden Ausgangsgleichspannung U_d. Dabei möge die Kapazität C_2 so groß sein, dass U_d als „ideal geglättet" angesehen werden kann.

Beim Betrieb der Schaltung steigt der in der Spule (mit der Induktivität L_2) fließende Strom i_L (Bild 5.25a) immer dann an, wenn der Transistor T eingeschaltet ist. Das liegt daran, dass dann an der Spule die Spannung u_{C1} liegt, die stets positiv ist. Die Steilheit, mit der der Strom ansteigt, beträgt

$$\frac{di_L}{dt} = \frac{u_{C1}}{L_2}.$$

Die Transistor-Einschaltzeit möge so gering sein, dass sich der Augenblickswert der Kondensatorspannung u_{C1} in dieser Zeit praktisch nicht verändert. Wird der Transistor T ausgeschaltet, so fließt der Strom i_L – durch die Drosselspule (L_2) getrieben – über die Diode D weiter. Jetzt liegt an der betreffenden Spule die Differenz der Spannungen u_{C1} und U_d. Folglich beträgt die Stromsteilheit jetzt

$$\frac{di_L}{dt} = \frac{u_{C1} - U_d}{L_2}.$$

Ist hierbei die Ausgangsgleichspannung U_d größer als der Scheitelwert von u_{C1} (und somit größer als der Scheitelwert der Netzspannung), so nimmt i_L in jedem Fall ab. Unter dieser Voraussetzung lässt sich in der Schaltung nach Bild 5.25a erreichen, dass der Strom i_L – je nach dem Schaltzustand des Transistors T – entweder zu- oder abnimmt. Durch Variation der Ein- und der Ausschaltzeit des Transistors T innerhalb einer Halbschwingung der Netzspannung kann man (bei genügend großer Schaltfrequenz) für den Strom i_L eine im Prinzip beliebige – und somit auch sinusförmige – Kurvenform erreichen. Die Ansteuerung des Transistors T in Bild 5.25a kann dabei nach unterschiedlichen Verfahren vorgenommen werden. Die beiden wichtigsten sind die **Pulsbreitensteuerung** und die **Steuerung durch Zweipunktregelung** (vergl. Abschnitt 5.2.1).

Bei der **Pulsbreitensteuerung** wird der Transistor T in Bild 5.25a mit einer bestimmten (festen) Schaltfrequenz ein- und ausgeschaltet. Das bedeutet, dass der betreffende Leistungshalbleiter jeweils immer genau zu bestimmten Zeitpunkten (mit festen Zeitabständen) *eingeschaltet* wird. Die *Ausschaltzeitpunkte* werden dagegen variiert. Dazu kann beispielsweise der Strom i_L erfasst und nach Bild 5.25b mit einer Sollwertgröße (i_{L1}) verglichen werden, die aus Sinushalbschwingungen besteht. Diese lassen sich von der Netzspannung ableiten. Erreicht der Strom i_L den Wert von i_{L1}, so wird der Transistor jeweils abgeschaltet.

Man kann die Pulsbreitensteuerung auch so vornehmen, dass i_L nicht *direkt* mit der Sollwertgröße i_{L1} verglichen, sondern zunächst einem Tiefpass zugeführt wird. Dadurch bekommt man ein Signal, das die (durch die Schaltvorgänge) in i_L enthaltenen Schwankungen nicht mehr enthält. Man erhält also einen „mittleren" Wert für i_L. Ist dieser in den jeweiligen Zeitpunkten kleiner als i_{L1}, so werden in Bild 5.25a die Einschaltzeiten des Transistors T – durch Verwendung einer Regelschaltung – vergrößert und im umgekehrten Fall verkleinert.

Die beschriebene Steuerung führt dazu, dass der Strom i_L im Mittel etwa dem Betrag der Sinusfunktion folgt. Die noch vorhandenen Stromschwankungen sind umso geringer, je größer die Induktivität L_2 und je höher die Schaltfrequenz ist. Weiterhin wirkt die aus L_1 und C_1 bestehende Anordnung (Bild 5.25a) als **Filter**. Das hat zur Folge, dass der Strom i_E in der Regel recht genau dem Betrag der Sinusfunktion folgt und damit auch der Netzstrom nahezu sinusförmig verläuft. Zudem lässt sich durch eine entsprechende Vorgabe der Sollwertgröße i_{L1} in einfacher Weise erreichen, dass der Netzstrom und die Netzspannung in Phase liegen. Dadurch erreicht man einen Leistungsfaktor von nahezu eins.

Zur Erzielung einer *konstanten* Ausgangsgleichspannung U_d (auch bei schwankendem Laststrom I_L) wird im Allgemeinen eine besondere Regelschaltung eingesetzt. Sie sorgt dafür, dass der *Scheitelwert* der sinusförmig verlaufende Sollwertgröße i_{L1} in Bild 5.25b jeweils so eingestellt wird, dass U_d den vorgegebenen Wert annimmt.

Bei der **Steuerung durch Zweipunktregelung** werden nach Bild 5.25c *zwei* zeitabhängige Sollwertgrößen (i_{L1} und i_{L2}) für den Strom i_L vorgegeben. Dabei wird in Bild 5.25a der Transistor T immer dann ausgeschaltet, wenn i_L den Wert von i_{L1} erreicht und eingeschaltet, wenn i_L den Wert von i_{L2} annimmt. Die Schaltfrequenz stellt sich hierbei frei ein, ist also prinzipiell nicht konstant. Verlaufen die beiden Sollwertgrößen i_{L1} und i_{L2} sinusförmig, so erhält auch der Strom i_L im Mittel eine sinusförmige Kurvenform.

Die Sollwertgröße i_{L2} (Bild 5.25c) kann auch gleich Null gewählt werden. In diesem Fall arbeitet die Schaltung *kontrolliert* an der **Lückgrenze**. Vorteilhaft ist hierbei, dass in Bild 5.25a der **Sperrverzögerungsstrom** (Ausräumstrom) der Diode D, der sonst den Transistor T im Einschaltaugenblick merklich belastet, dann kaum noch auftritt. Da zudem der Transistorstrom nach dem Einschalten relativ langsam ansteigt, ergeben sich nur geringe Einschaltverluste.

Die Tatsache, dass bei der **Steuerung durch Zweipunktregelung** die Schaltfrequenz nicht konstant bleibt, stellt einen Nachteil des Verfahrens dar. Dieser Nachteil besteht insbesondere darin, dass die Bauelemente der Schaltung nicht für eine feste (vorgegebene) Frequenz optimiert werden können. Abhilfe ist dadurch möglich, dass in Bild 5.25c der Abstand zwischen den beiden Sollwertgrößen i_{L1} und i_{L2} – man spricht hierbei vom **Hystereseband** – so variiert wird, dass die Schaltfrequenz sowohl innerhalb einer Halbperiode der Netzspannung als auch bei Veränderung des Laststromes etwa konstant bleibt.

Für die Ansteuerung des Transistors T in Bild 5.25a stehen sowohl für die **Pulsbreitensteuerung** als auch für die **Steuerung durch Zweipunktregelung** speziell entwickelte integrierte Schaltkreise (ICs) zur Verfügung. Sie sorgen in der Regel nicht nur für einen sinusförmigen, mit der Netzspannung in Phase liegenden Eingangsstrom, sondern ermöglichen zusätzlich auch eine Regelung der erzeugten Ausgangsgleichspannung.

5.4.2 Wechselstrom-Gleichstrom- und Gleichstrom-Wechselstrom-Wandler mit sinusförmigem Netzstrom

Die nachstehend beschriebenen Schaltungen können ebenfalls Wechselstrom in Gleichstrom umformen, wobei allerdings auch eine Umkehrung der Leistungsrichtung möglich ist, also Leistung in das Wechselstromnetz eingespeist werden kann. Für die Anordnungen ist kennzeichnend, dass sich für den Netzstrom grundsätzlich eine beliebige Kurvenform – insbesondere auch die Sinusform – erreichen lässt. Die Schaltungen werden entweder einphasig oder dreiphasig ausgeführt.

5.4.2.1 Einphasiger Wechselstrom-Gleichstrom und Gleichstrom-Wechselstrom-Wandler mit sinusförmigem Netzstrom

Wir betrachten die in Bild 5.26a dargestellte Schaltung. Die in der Anordnung vorhandene Gleichspannungsquelle (mit der Spannung U_d) möge in der Lage sein, sowohl Leistung aufzunehmen als auch abzugeben (wie dies beispielsweise bei einer Akkumulatorenbatterie der Fall ist). Weiterhin möge U_d größer sein als der Scheitelwert der Netzspannung u_1. Der Kondensator (mit der Kapazität C_d) dient zur Stützung der Gleichspannung.

Das Ein- und Ausschalten der Transistoren wird so vorgenommen, dass einerseits die Transistoren T_1 und T_2 und andererseits die Transistoren T_3 und T_4 jeweils im **Gegentakt** ein und ausgeschaltet werden. Das bedeutet, dass beispielsweise nach dem Ausschalten von T_1 (und nach Ablauf einer kurzen Sicherheitszeit zur Vermeidung eines Kurzschlusses der Gleichspannungsquelle) der Transistor T_2 sofort wieder eingeschaltet wird (und umgekehrt). Das Gleiche gilt für T_3 und T_4.

Wir wollen jetzt die Funktion der in Bild 5.26a dargestellten Schaltung unter der Voraussetzung betrachten, dass vom Netz Leistung abgegeben wird. Dazu betrachten wir zunächst die *positive* Halbschwingung der Netzspannung u_1 (und des Stromes i). In dieser Halbschwingung möge der Transistor T_4 dauernd eingeschaltet (und T_3 dauernd ausgeschaltet) sein. Wird jetzt (bei ausgeschaltetem Transistor T_1) der Transistor T_2 eingeschaltet, so fließt der Strom i – von der Netzspannung u_1 getrieben – über diesen Transistor und über die Diode D_4. Es wird also ein

Kurzschluss gebildet, so dass $u_2 = 0$ ist. An der Drosselspule (L) liegt dann die Netzspannung u_1. Als Folge davon nimmt der Strom i zu mit der Steilheit

$$\frac{\mathrm{d}i}{\mathrm{d}t} = \frac{u_1}{L}.$$

Hierbei ist L die Induktivität der vorhandenen Drosselspule.

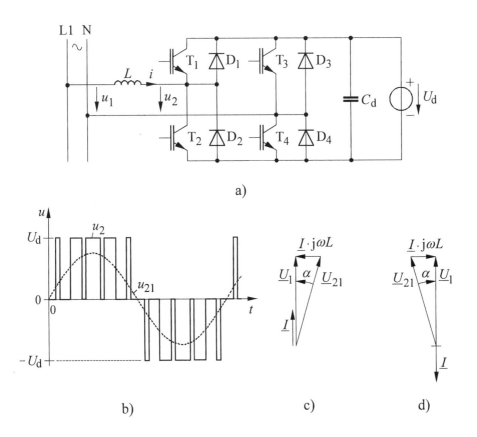

Bild 5.26 Wechselstrom-Gleichstrom- und Gleichstrom-Wechselstrom-Wandler mit sinusförmigem Netzstrom. a) Schaltung, b) Spannungsverlauf, c) Zeigerdiagramm für „Leistungsentnahme aus dem Netz", d) Zeigerdiagramm für „Leistungseinspeisung in das Netz"

Wird danach der Transistor T_2 ausgeschaltet und der Transistor T_1 wieder eingeschaltet, so wird der Strom i – durch die Drosselspule (L) getrieben – über die Dioden D_1 und D_4 sowie über Gleichspannungsquelle geführt. Dadurch wird

$u_2 = U_d$, so dass an der Drosselspule die Differenz der Spannungen u_1 und U_d liegt. Der Strom i ändert sich folglich mit der Steilheit

$$\frac{di}{dt} = \frac{u_1 - U_d}{L}.$$

Da nach Voraussetzung U_d stets größer als u_1 ist, nimmt der Strom i in jedem Fall ab. Je nach dem Schaltzustand der Transistoren lässt sich also erreichen, dass der Strom i entweder zu- oder abnimmt.

Bei der *negativen* Halbschwingung von u_1 (und von i) ist der Transistor T_3 dauernd eingeschaltet (und T_4 dauernd ausgeschaltet). Ist jetzt der Transistor T_1 eingeschaltet (und der Transistor T_2 ausgeschaltet), so fließt der Strom i – von der Netzspannung u_1 getrieben – über die Diode D_3 und den Transistor T_1. Es besteht also ein Kurzschluss ($u_2 = 0$), und der Strom i wird (betragsmäßig) größer. Wird anschließend T_1 ausgeschaltet und T_2 wieder eingeschaltet, so fließt der Strom – durch die Drosselspule (L) getrieben – über die Dioden D_3 und D_2 sowie über die Gleichspannungsquelle. Der Strom nimmt hierbei (betragsmäßig) ab.

Durch eine Variation der Ein- und Ausschaltzeiten der Transistoren kann man für den Strom i grundsätzlich jede beliebige Kurvenform und damit auch einen nahezu sinusförmigen Verlauf erzielen. Die bei dem letztgenannten Stromverlauf vom Stromrichter erzeugte Spannung u_2 (Bild 5.26a) hat den in Bild 5.26b dargestellten zeitlichen Verlauf. Die gestrichelt eingetragene, mit u_{21} gekennzeichnete Linie stellt die in der Spannung u_2 enthaltene Grundschwingung dar.

Bei der Ansteuerung der Leistungshalbleiter kann man zwei verschiedene Verfahren anwenden. Eines dieser Verfahren besteht darin, dass in Bild 5.26a der *Augenblickswert i* des Netzstromes erfasst und mit dem einer von der Netzspannung abgeleiteten und mit ihr in Phase liegenden sinusförmigen Größe (Sollwertgröße) verglichen wird. Dadurch wird es möglich, die Ein- und Ausschaltzeiten der Leistungshalbleiter so zu variieren, dass der betreffende Strom etwa die gleiche Kurvenform annimmt wie die Sollwertgröße. Hierbei wird in der Regel entweder die **Pulsbreitensteuerung** oder die **Steuerung durch Zweipunktregelung** angewendet (vergl. Abschnitt 5.4.1). Ändert man das Vorzeichen der genannten Sollwertgröße, so führt dies zu einer Umkehrung der Leistungsrichtung.

Eine andere Möglichkeiten der Ansteuerung der Transistoren ergibt sich dadurch, dass in Bild 5.26a aus der Gleichspannung U_d – ohne Erfassung des *Augenblickswertes* des Netzstromes i – durch eine **sinusbewertete Pulsbreitensteuerung** (wie in Abschnitt 5.3.1.3 beschrieben) eine Wechselspannung u_2 mit dem in Bild 5.26b dargestellten Verlauf – synchron zur Netzspannung – erzeugt wird. Dabei müssen allerdings die Schaltzeitpunkte der betreffenden Leistungshalbleiter so gewählt werden, dass der Netzstrom i einen passenden Effektivwert hat und mit der Netzspannung in Phase ist. Dies erfordert in jedem Fall den Einsatz einer Regelschaltung.

Für die weiteren Erläuterungen dieses Verfahrens betrachten wir das in Bild 5.26c angegebene Zeigerdiagramm. Darin sind $\underline{U}_1$, $\underline{U}_{21}$ und $\underline{I}$ die den Größen u_1, u_{21} und i zugeordneten *Zeiger*. Die Beträge der genannten Zeiger seinen die *Effektivwerte* der betreffenden Größen. ωL ist der bei Netzfrequenz bestehende induktive Widerstand der in Bild 5.26a vorhandenen Drosselspule.

Aus Bild 5.26c ist ersichtlich, welche Größe und welche Phasenlage der Zeiger $\underline{U}_{21}$ der von der Stromrichterschaltung erzeugten Wechselspannung haben muss, damit der Netzstrom $\underline{I}$ mit der Netzspannung $\underline{U}_1$ in Phase ist. Die Darstellung gilt dabei für den oben beschriebenen Betriebszustand „Leistungsentnahme aus dem Netz" und zeigt, dass $\underline{U}_{21}$ hierbei gegenüber $\underline{U}_1$ nacheilen muss. Eine Vergrößerung des Winkels α (Bild 5.26c), verbunden mit einer (geringen) Veränderung der Spannung U_{21} nach der Gleichung

$$U_{21} = \frac{U_1}{\cos \alpha}$$

führt zu einer Erhöhung des Netzstromes, wobei dessen Phasenlage erhalten bleibt. Für den Betriebszustand „Leistungseinspeisung in das Netz" gilt das in Bild 5.26d angegebene Zeigerdiagramm. Hier muss die Spannung $\underline{U}_{21}$ der Spannung $\underline{U}_1$ voreilen.

Veranschaulicht man sich (allgemein) die Funktion des in Bild 5.26a dargestellten Stromrichters, so findet man, dass er bei einer Leistungsentnahme aus dem Netz als **Hochsetzsteller** arbeitet und bei einer Leistungseinspeisung in das Netz als **Tiefsetzsteller** (vergl. Abschnitt 5.2).

Die in der Schaltung vorhandene Gleichspannungsquelle kann bei ausschließlicher Leistungsentnahme aus dem Netz auch durch einen beliebigen (passiven) Verbraucher ersetzt werden. In diesem Fall muss mit Hilfe einer Regelschaltung die Ansteuerung der Leistungshalbleiter so beeinflusst werden, dass die am Kondensator (C_d) liegende Ausgangsgleichspannung U_d konstant bleibt und dabei – wie oben gefordert – stets größer als der Scheitelwert der Netzspannung ist.

Es sei noch angemerkt, dass der auftretende Netzstrom natürlich nicht genau sinusförmig verläuft, sondern einen in der Regel geringen (von der Höhe der verwendeten Pulsfrequenz abhängigen) Oberschwingungsgehalt hat. Dieser kann, falls erforderlich, durch kleine Netzfilter weiter verringert werden.

Das zuerst erläuterte Steuerverfahren (Erfassung des *Augenblickswertes* des Netzstromes und Vergleich mit einem periodisch zeitabhängigen Sollwert) bietet – im Gegensatz zu dem zuletzt beschriebenen – die Möglichkeit, dass durch Vorgabe einer entsprechenden (auch nichtsinusförmigen) Kurvenform für die Sollwertgröße der Netzstrom nahezu jeden beliebigen Verlauf annehmen kann. Der Stromrichter ist dadurch grundsätzlich auch in der Lage, zusätzlich (oder auch ausschließlich) Grund- und Oberschwingungsblindleistung zu kompensieren. Hierauf wird in Abschnitt 5.4.3 näher eingegangen.

5.4.2.2 Dreiphasiger Wechselstrom-Gleichstrom und Gleichstrom-Wechselstrom-Wandler mit sinusförmigem Netzstrom

Für größere Leistungen wird der Stromrichter im Allgemeinen in Drehstromtechnik ausgeführt. Bild 5.27 zeigt den grundsätzlichen Aufbau einer solchen Schaltung. Die erforderliche Gleichspannung möge – wie dargestellt – aus zwei in Reihe geschalteten Teilquellen zur Verfügung gestellt werden. Die Gleichspannung ($U_d/2$) jeder Quelle muss so gewählt werden, dass sie größer ist als der Scheitelwert der Sternspannung des Drehstromnetzes. Die Transistoren T_1 und T_4 werden jeweils im *Gegentakt* ein- und ausgeschaltet. Das bedeutet, dass unmittelbar nach dem Ausschalten von T_1 (und nach Ablauf einer kurzen Sicherheitszeit) T_4 sofort wieder eingeschaltet wird (und umgekehrt). Die Transistoren T_3 und T_6 sowie T_5 und T_2 werden entsprechend geschaltet.

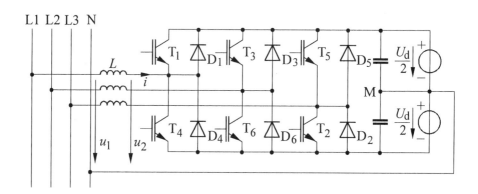

Bild 5.27 Gleichstrom-Wechselstrom- und Wechselstrom-Gleichstrom-Wandler mit sinusförmigem Netzstrom in Drehstromtechnik

Wird der Neutralleiter N des Drehstromnetzes nach Bild 5.27 mit dem Punkt M verbunden, so können die Netzströme unabhängig voneinander gesteuert werden. Beispielsweise wird dann die Kurvenform des in Bild 5.27 gekennzeichneten Stromes *i* nur durch die Schaltzustände der Transistoren T_1 und T_4 (und nicht durch die Schaltzustände der übrigen Transistoren) bestimmt.

Zur Erläuterung der Funktion der Schaltung nehmen wir an, dass Leistung vom Drehstromnetz an die Gleichspannungsquellen geliefert werden soll. Wir betrachten dabei zunächst die positive Halbschwingung der in Bild 5.27 gekennzeichneten Netz-Sternspannung u_1 (und die positive Halbschwingung des Stromes *i*).

Ist der Transistor T_4 eingeschaltet (und der Transistor T_1 ausgeschaltet), so fließt der Strom *i* über T_4 und über die untere Gleichspannungsquelle. Dadurch wird $u_2 = -U_d/2$. Da an der Drosselspule (L) die Differenz der Spannungen u_1 und u_2 liegt (Bild 5.27), nimmt der Strom *i* mit der Steilheit

$$\frac{\mathrm{d}i}{\mathrm{d}t} = \frac{u_1 - u_2}{L} = \frac{u_1 - (-U_\mathrm{d}/2)}{L} = \frac{u_1 + U_\mathrm{d}/2}{L}$$

zu, wobei L die Induktivität darstellt.

Wird danach der Transistor T_4 ausgeschaltet und der Transistor T_1 wieder eingeschaltet, so treibt die Drosselspule (L) den Strom i weiter. Er fließt jetzt über die Diode D_1 und über die obere Gleichspannungsquelle. Dadurch wird $u_2 = U_\mathrm{d}/2$. Der Strom ändert sich jetzt mit der Steilheit

$$\frac{\mathrm{d}i}{\mathrm{d}t} = \frac{u_1 - u_2}{L} = \frac{u_1 - U_\mathrm{d}/2}{L}.$$

Da (nach Voraussetzung) die Spannung $U_\mathrm{d}/2$ stets größer ist als die Spannung u_1, nimmt der Strom i in Bild 5.27 ab.

Bei der negativen Halbschwingung der Spannung u_1 (und des Stromes i) nimmt i immer dann (betragsmäßig) zu, wenn der Transistor T_1 eingeschaltet ist und (betragsmäßig) ab, wenn der Transistor T_4 eingeschaltet ist.

Je nachdem, ob der Transistor T_4 eingeschaltet ist oder der Transistor T_1, nimmt der Strom i also zu oder ab. Durch Variation der Einschaltzeiten der Transistoren lässt sich somit für den Strom eine im Prinzip beliebige Kurvenform – insbesondere auch eine sinusförmige Kurvenform – erreichen. Die Möglichkeit, beliebige Stromkurvenformen erzielen zu können, beinhaltet auch, dass die Leistungsrichtung leicht umgekehrt werden kann.

Vielfach ist eine *getrennte* Steuerung der Höhe und der Kurvenform der einzelnen Netzströme nicht erforderlich, so dass sich für das Drehstromnetz eine **symmetrische Belastung** (oder eine **symmetrische Einspeisung**) ergibt. In diesem Fall kann man in Bild 5.27 auf den Neutralleiter verzichten. Gleichzeitig können die beiden vorhandenen Gleichspannungsquellen zu einer Quelle zusammengefasst werden. Es entsteht die Schaltung nach Bild 5.28a.

Darin muss die Gleichspannung U_d höher sein als der Scheitelwert der Außenleiterspannung u_1 des Drehstromnetzes. Die Steuerung der Stromrichterschaltung wird meistens so vorgenommen, dass – ohne Erfassung der *Augenblickswerte* der fließenden Netzströme – von der Schaltung drei (aus Impulsen mit einer sinusbewerteten Pulsbreitensteuerung bestehende) Wechselspannungen (Außenleiterspannungen) – synchron zu den Außenleiterspannungen des Drehstromnetzes – erzeugt werden. Bild 5.28b zeigt den zeitlichen Verlauf der in Bild 5.28a gekennzeichneten Außenleiterspannung u_2. Die in Bild 5.28b gestrichelt eingetragene, mit u_{21} gekennzeichnete Linie stellt die Grundschwingung von u_2 dar. Die Grundschwingungen der beiden anderen erzeugten Spannungen müssen gegenüber der in Bild 5.28b dargestellten um 120° (bzw. 240°) phasenverschoben sein.

Die Erzeugung der drei Spannungen kann prinzipiell nach dem gleichen Verfahren vorgenommen werden, das in Abschnitt 5.3.1.4 erläutert ist. Durch die Veränderung der Breite (Dauer) aller Spannungsimpulse (Bild 5.28b) lässt sich der Effektivwert der erzeugten Spannungen einstellen. Die sinusbewerteten Impulsbreiten führen zu einem nahezu sinusförmigen Strom.

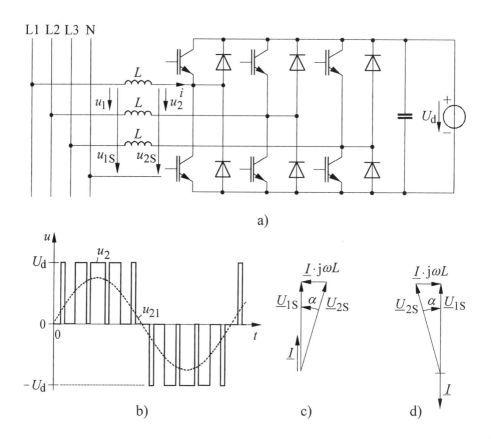

Bild 5.28 Gleichstrom-Wechselstrom- und Wechselstrom-Gleichstrom-Wandler in Drehstromtechnik bei symmetrischem Betrieb. a) Schaltung, b) Verlauf der erzeugten Außenleiterspannung, c) Zeigerdiagramm für „Leistungsentnahme aus dem Netz", d) Zeigerdiagramm für „Leistungseinspeisung in das Netz"

Teilen wir den Effektivwert der Grundschwingung u_{21} der erzeugten Außenleiterspannung u_2 (Bild 5.28b) durch den Faktor $\sqrt{3}$, so erhalten wir den Effektivwert der Grundschwingung der zugehörigen Sternspannung u_{2S} (Bild 5.28a). Wir wollen diesen Effektivwert mit U_{2S} bezeichnen. Für den Effektivwert der Netz-Sternspannung u_{1S} (Bild 5.28a) wählen wir das Symbol U_{1S}.

Für die weiteren Erläuterungen betrachten wir das in Bild 5.28c angegebene Zeigerdiagramm. Darin sind $\underline{U}_{2S}$ und $\underline{U}_{1S}$ die Zeiger der Grundschwingungen der in Bild 5.28a eingetragenen Spannungen u_{2S} und u_{1S}. Der Zeiger $\underline{I}$ ist in Bild 5.28a dem Strom i zugeordnet. ωL ist der bei Netzfrequenz bestehende induktive Widerstand der in Bild 5.28a eingeschalteten Drosselspulen (L).

Aus Bild 5.28c ist ersichtlich, welche Größe und welche Phasenlage die Spannung $\underline{U}_{2S}$ haben muss, damit der Netzstrom $\underline{I}$ mit der Netzspannung $\underline{U}_{1S}$ in Phase ist. Die Darstellung gilt dabei für den Betriebszustand „Leistungsentnahme aus dem Netz" und zeigt, dass die Grundschwingungen der erzeugten Spannungen um einen bestimmten, sich aus Bild 5.28c ergebenden Winkel α gegenüber den zugehörigen Netzspannungen nacheilen müssen. Eine Vergrößerung des Winkels α (Bild 5.28c), verbunden mit einer (geringen) Veränderung der Höhe der Spannung nach der Gleichung

$$U_{2S} = \frac{U_{1S}}{\cos \alpha}$$

führt zu einer Vergrößerung des gelieferten Netzstromes, wobei dessen Phasenlage erhalten bleibt. Für den Betriebszustand „Leistungseinspeisung in das Netz" gilt das Zeigerdiagramm nach Bild 5.28d. Daraus ist ersichtlich, dass die von der Stromrichterschaltung erzeugten Spannungen gegenüber den zugehörigen Netzspannungen um einen bestimmten Winkel α voreilen müssen.

5.4.3 Blindleistungsstromrichter

Die in Abschnitt 5.4.2 behandelten Stromrichter können – wie beschrieben – so gesteuert werden, dass der Netzstrom im Prinzip jede beliebig vorgegebene Kurvenform annimmt. Wählt man diese nun so, dass bei sinusförmigem Verlauf eine Phasenverschiebung von 90° gegenüber der Netzspannung besteht, so nimmt der Stromrichter ausschließlich Blindleistung (Grundschwingungsblindleistung) auf. Das bedeutet, dass die Schaltung zur Kompensation sowohl von induktiver als auch von kapazitiver Blindleistung eingesetzt werden kann. Aber auch die Kompensation von Verzerrungsleistung (Oberschwingungsblindleistung) ist bei Vorgabe einer entsprechenden, vom sinusförmigen Verlauf abweichenden Stromkurvenform möglich. Man spricht dann auch von einem **aktiven Oberschwingungskompensator** (Active Power Filter). Allgemein bezeichnet man die genannten, zur Kompensation von Blindleistung eingesetzten Stromrichter als **Blindleistungsstromrichter**. Bild 5.29 zeigt den grundsätzlichen Aufbau einer solchen Schaltung in einphasiger Ausführung.

Der dargestellte Stromrichter unterscheidet sich von der in Bild 5.26a angegebenen Anordnung im Prinzip nur dadurch, dass auf der Gleichspannungsseite keine besondere Spannungsquelle, sondern lediglich ein Kondensator (C_d) vorgesehen ist. Er dient zum einen als Speicher für den mit der Lieferung von Blindleistung verbundenen, periodisch auftretenden Energieaustausch und muss dazu eine entsprechend bemessene Kapazität besitzen. Zum anderen stellt der Kondensator die für die Funktion der Schaltung notwendige Gleichspannung U_d zur Verfügung, die – wie in Abschnitt 5.4.2 beschrieben – größer als der Scheitelwert der Netzspannung sein muss. Dazu werden mit Hilfe einer Regelschaltung die Ein- und Ausschaltzeitpunkte der Leistungshalbleiter so beeinflusst, dass die Spannung U_d die erforderliche Höhe hat und konstant bleibt.

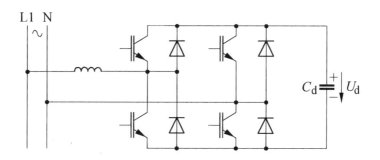

Bild 5.29 Blindleistungsstromrichter in einphasiger Ausführung

Kennzeichnend für den betrachteten Stromrichter ist, dass sich die Blindleistungsaufnahme *schnell* verstellen (steuern) lässt. Die Schaltung wird daher insbesondere zur Kompensation von zeitlich schnell schwankenden Blindleistungen parallel liegender Verbraucher eingesetzt. Man spricht dann von **dynamischer Blindleistungskompensation**. Das Hauptanwendungsgebiet liegt im mittleren und oberen Leistungsbereich. Die Schaltungen werden dazu überwiegend in Drehstromtechnik ausgeführt.

Bild 5.30 zeigt den grundsätzlichen Aufbau eines solchen Stromrichters. Die angegebene Schaltung ermöglicht nur eine **symmetrische Blindleistungskompensation**. Soll dagegen die Kurvenform der einzelnen Netzströme getrennt steuerbar sein, so muss der Neutralleiter mit angeschlossen werden (vergl. Bild 5.27).

Der in Bild 5.30 dargestellte Stromrichter wird grundsätzlich in der gleichen Weise betrieben wie die in Bild 5.28a angegebene Schaltung. Der Kondensator muss auf eine (konstante) Gleichspannung U_d aufgeladen werden, die größer ist als der Scheitelwert der Außenleiterspannung des Drehstromnetzes. Die Transistoren der Schaltung werden so ein- und ausgeschaltet, dass am Ausgang drei aus Impulsen (mit sinusbewerteter Pulsbreitensteuerung) bestehende Wechselspannungen (Außenleiterspannungen) – synchron zu den Außenleiterspannungen des Drehstromnetzes – erzeugt werden. Bild 5.30b zeigt den Verlauf der Spannung u_2 (Bild 5.30a). Die gestrichelt eingetragene, mit u_{21} gekennzeichnete Linie stellt die in u_2 enthaltene Grundschwingung dar. Die Grundschwingungen der beiden anderen von der Stromrichterschaltung erzeugten Wechselspannungen müssen gegenüber der Grundschwingung u_{21} um 120° (bzw. 240°) phasenverschoben sein.

Teilen wir den Effektivwert der Grundschwingung der von der Stromrichterschaltung erzeugten Außenleiterspannung u_{21} durch den Faktor $\sqrt{3}$, so erhalten wir den Effektivwert der Grundschwingung der zugehörigen Sternspannung. Wir wollen diese Spannung mit U_{2S} bezeichnen. Für den Effektivwert der Netz-Sternspannung u_{1S} (Bild 5.30a) verwenden wir das Symbol U_{1S}.

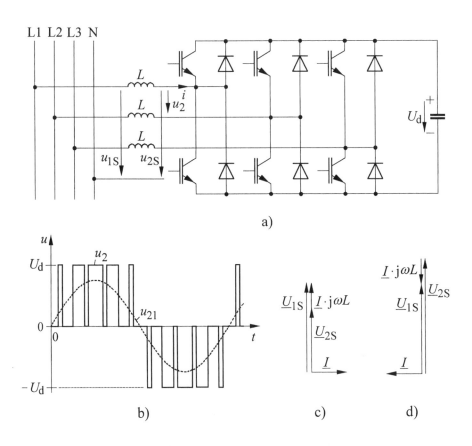

Bild 5.30 Blindleistungsstromrichter in dreiphasiger Ausführung. a) Schaltung, b) zeitlicher Verlauf der vom Stromrichter erzeugten Außenleiterspannung, c) Zeigerdiagramm bei induktivem Verhalten, d) Zeigerdiagramm bei kapazitivem Verhalten

Für die weiteren Erläuterungen betrachten wir das Zeigerdiagramm nach Bild 5.30c. Daraus ist ersichtlich, dass der Strom $\underline{I}$ gegenüber der Netz-Sternspannung $\underline{U}_{1S}$ um 90° nacheilt. Das bedeutet, dass die in Bild 5.30a angegebene Schaltung im vorliegenden Fall als induktiver Verbraucher wirkt. Um diesen Zustand zu erreichen, müssen zum einen die beiden Spannungen $\underline{U}_{1S}$ und $\underline{U}_{2S}$ in Phase sein. Zum anderen muss der Betrag von $\underline{U}_{2S}$ kleiner sein als der Betrag von $\underline{U}_{1S}$.

Soll der Stromrichter dagegen als kapazitiver Verbraucher wirken, so muss – bei unveränderter Phasenlage – der Betrag der Spannung $\underline{U}_{2S}$ soweit erhöht werden, dass er größer ist als der Betrag von $\underline{U}_{1S}$. Es entsteht das Zeigerdiagramm nach Bild 5.30d. Die Erhöhung der vom Stromrichter erzeugten Wechselspannungen ist zum einen dadurch möglich, dass in Bild 5.30b die Breite *aller* Spannungsimpulse vergrößert wird. Zum anderen kann aber auch in Bild 5.30a dem auf der Gleichspannungsseite vorhandenen Kondensator (C_d) durch eine entsprechende Veränderung der Schaltzeitpunkte der Leistungshalbleiter kurzzeitig Wirkleistung zugeführt und dadurch die Kondensatorspannung U_d vergrößert werden.

Die in der Schaltung verwendete Pulsfrequenz wird mit Rücksicht auf die in den Leistungshalbleitern entstehenden Schaltverluste umso niedriger gewählt, je höher die Leistung ist. Bei sehr großen Leistungen wird sogar oft ganz auf eine Pulsung verzichtet und somit nur mit der Grundfrequenz (Netzfrequenz) geschaltet. In diesem Fall ist nur eine Kompensation von Grundschwingungsblindleistung möglich, und es werden sogar vom Stromrichter Stromoberschwingungen verursacht. Um diese klein zu halten, können beispielsweise zwei Stromrichter parallel geschaltet werden, von denen der eine über einen Transformator in Stern-Stern-Schaltung (oder über drei Drosselspulen) und der andere über einen Transformator in Dreieck-Stern-Schaltung mit dem Drehstromnetz verbunden wird. Dies führt zu einer Erhöhung der Pulszahl (vergl. Abschnitt 3.5) und damit zu einer Reduzierung des Oberschwingungsgehaltes der gelieferten Ströme.

5.4.4 Netzspannungsstabilisierung

In elektrischen Versorgungsnetzen kann die Spannung infolge der durch die Belastungsströme an den Leitungsimpedanzen verursachten Spannungsabfälle erheblich vom gewünschten Wert abweichen. Dies trifft besonders für solche Stellen des Netzes zu, die von den Einspeisepunkten weit entfernt liegen. So treten beispielsweise größere Spannungsabsenkungen häufig dann auf, wenn leistungsstarke Verbraucher (etwa größere Motoren mit hohen Anlaufströmen) zugeschaltet werden. Durch solche Spannungsabweichungen kann es zu Störungen beim Betrieb der angeschlossenen Verbraucher kommen. Es stellt sich daher die Frage, durch welche Maßnahmen diese Störungen vermieden werden können.

Eine Möglichkeit dazu besteht darin, dass zur Stützung der Netzspannung eine **Speicheranlage** vorgesehen wird. Diese kann nach Bild 5.31 aus einer Akkumulatorenbatterie bestehen, die über einen Stromrichter mit dem Netz verbunden ist.

Der Stromrichter lässt sich dabei so konzipieren und steuern, dass er die Einspeisung (oder Entnahme) von Netzströmen mit beliebig vorgegebenen Kurvenformen ermöglicht (vergl. Abschnitte 5.4.2 und 5.4.3). Dadurch kann sowohl

Wirkleistung wie auch Blindleistung (einschließlich Oberschwingungsblindleistung) jederzeit zwischen dem Netz und dem Speicher ausgetauscht werden. Die eingespeisten (oder entnommenen) Ströme verursachen an den Netzimpedanzen Spannungsabfälle, die (bei passenden Stromstärken und entsprechenden Stromkurvenformen) die laststrombedingten Spannungsabweichungen deutlich verringern und so eine **Netzspannungsstabilisierung** bewirken.

Durch die in Bild 5.31 zwischen dem Neutralleiter (N) und dem Batterie-Mittelpunkt (M) bestehende Verbindungsleitung wird es möglich, die in den drei Außenleitern des Netzes eingespeisten (oder entnommenen) Ströme unabhängig voneinander zu steuern. Dadurch lässt sich (bei etwa vorhandener unsymmetrischer Netzbelastung) eine **Symmetrierung** der Leiterspannungen vornehmen.

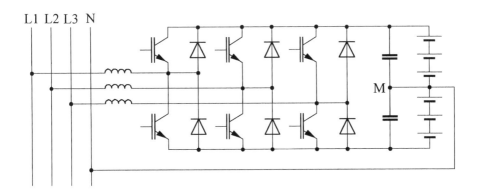

Bild 5.31 Stromrichterschaltung zur Stabilisierung der Netzspannung

Beim Betrieb der Schaltung müssen die Steuerung und Regelung im **Kurzzeitbereich** so vorgenommen werden, dass keine Überlastungen auftreten. Im **Langzeitbereich** ist dagegen darauf zu achten, dass die Akkumulatorenbatterie weder unzulässig weit entladen noch überladen wird. Wird zur Netzspannungsstabilisierung auf einen Wirkleistungsaustausch verzichtet und nur **Blindleistung** eingespeist, so kann in Bild 5.30 die Akkumulatorenbatterie entfallen (vergl. Abschnitt 5.4.3).

6 Lastgeführte Wechselrichter

Wechselrichter wandeln bekanntlich Gleichstrom in Wechselstrom um. Das gilt auch für **lastgeführte Wechselrichter**. Sie unterscheiden sich von anderen Wechselrichterschaltungen jedoch dadurch, dass die Kommutierung des Stromes von einem Ventil auf das andere durch Einwirkung einer Spannung erfolgt, die von der **Last** zur Verfügung gestellt wird. Dadurch lassen sich – ebenso wie dies bei *netzgeführten* Stromrichtern der Fall ist – konventionelle (nicht abschaltbare) Thyristoren einsetzen, ohne dass besonderen Löscheinrichtungen notwendig sind. Hierdurch ergeben sich – im Vergleich zu selbstgeführten Wechselrichtern – relativ einfach aufgebaute und vergleichsweise preisgünstige Schaltungen.

Wie später noch näher erläutert wird, ist es für den Betrieb eines lastgeführten Wechselrichters erforderlich, dass der Laststrom eine *kapazitive* Komponente aufweist. Diese Bedingung können Parallel- und Reihenschwingkreise sowie übererregte Synchronmaschinen erfüllen. Entsprechend unterscheidet man zwischen **Parallelschwingkreis-Wechselrichtern**, **Reihenschwingkreis-Wechselrichtern** und **maschinengeführten Wechselrichtern**. Auf die letztgenannte Wechselrichterart wird in Abschnitt 8.3.4 näher eingegangen. Wird die zur Versorgung von Parallel- oder Reihenschwingkreis-Wechselrichtern erforderliche Gleichspannung mit Hilfe einer Gleichrichterschaltung erzeugt, so liegt ein **Wechselstromumrichter** vor, der auch als **Schwingkreis-Umrichter** bezeichnet wird.

6.1 Parallelschwingkreis-Wechselrichter

Der Parallelschwingkreis-Wechselrichter dient – ebenso wie der später beschriebene Reihenschwingkreis-Wechselrichter – in erster Linie zur Versorgung von **Induktionserwärmungsanlagen**. Diese bestehen im Prinzip aus einer Spule, in deren Innern sich ein Behälter mit Schmelzgut aus leitfähigem Material befindet. Fließt in der Spule ein Wechselstrom, so wird das Schmelzgut von dem vom Strom verursachten Magnetfeld durchsetzt. Dadurch werden im Schmelzgut Spannungen induziert. Sie verursachen Ströme, die als **Wirbelströme** bezeichnet werden. Hierdurch kommt es zu einer Erwärmung des Materials. Solche Induktionserwärmungsanlagen besitzen einen ohmsch-induktiven Widerstand. Schaltet man hierzu einen Kondensator parallel, so entsteht ein **Parallelschwingkreis**. Erweitert man diese Schaltung so wie in Bild 6.1a angegeben, erhält man einen **Parallelschwingkreis-Wechselrichter**.

6.1 Parallelschwingkreis-Wechselrichter

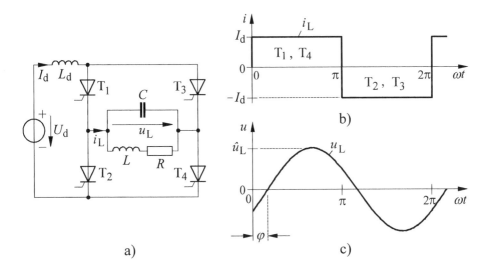

Bild 6.1 Parallelschwingkreis-Wechselrichter. a) Schaltung, b) zeitlicher Verlauf des Laststromes, c) zeitlicher Verlauf der Lastspannung

In der Darstellung sind R der ohmsche Widerstand der Last, L deren Induktivität und C die Kapazität des parallel liegenden Kondensators. Die **Eigenfrequenz** des frei schwingenden Lastkreises (Bild 6.1a) beträgt, wenn wir ihn als *verlustlos* ansehen,

$$f_0 = \frac{1}{2\pi\sqrt{LC}}. \tag{6.1}$$

Berücksichtigen wir die Verluste (also den ohmschen Widerstand R), so ergibt sich für die Eigenfrequenz

$$f_R = f_0\sqrt{1-\delta^2}. \tag{6.2}$$

Dabei beträgt der hierin enthaltene **Dämpfungsgrad** δ mit der Kreisfrequenz $\omega_0 = 2\pi f_0$

$$\delta = \frac{R}{2\omega_0 L}. \tag{6.3}$$

Die Thyristoren des Wechselrichters müssen so gezündet werden, dass die **Betriebsfrequenz** (das ist die Frequenz der erzeugten, an der Last liegenden Wechselspannung) größer ist als die Eigenfrequenz des Schwingkreises. Dadurch wird erreicht, dass die Last das für den Betrieb notwendige kapazitive Verhalten zeigt.

Die in Bild 6.1a enthaltene Glättungsdrossel (L_d) hat zur Folge, dass der Wechselrichterschaltung – im Kurzzeitbereich – ein annähernd zeitlich konstanter Strom (Gleichstrom) I_d eingeprägt wird. Dies führt nach Bild 6.1b zu einem etwa rechteckförmigen Laststrom i_L. Die an der Last liegende Spannung u_L verläuft nach Bild 6.1c – durch den Schwingkreis bedingt – annähernd sinusförmig. Das kapazitive Verhalten der Schaltung führt dazu, dass die Lastspannung u_L gegenüber der Grundschwingung des Laststromes i_L um einen Phasenverschiebungswinkel φ nacheilt.

Zur Erläuterung der Funktion der Schaltung gehen wir von Bild 6.1b aus. Daraus ist ersichtlich, dass der Gleichstrom I_d im Bereich $0 < \omega t < \pi$ über die Thyristoren T_1 und T_4 fließt (vergl. Bild 6.1a). Bei $\omega t = \pi$ werden die Thyristoren T_2 und T_3 gezündet. Hierdurch wirkt die durch das kapazitive Verhalten der Last in diesem Zeitpunkt noch positive Lastspannung u_L (vergl. Bild 6.1c) als negative Sperrspannung an den Thyristoren T_1 und T_4. Diese werden dadurch – wenn wir die Kommutierungsdauer vernachlässigen – augenblicklich stromlos, und der Gleichstrom I_d kommutiert auf die Thyristoren T_2 und T_3. Dadurch ändert sich die Richtung des Laststromes i_L sprunghaft. Der in Bild 6.1c eingetragene Phasenverschiebungswinkel φ – er wird auch als **Voreilwinkel** bezeichnet – stellt (bei vernachlässigbarer Kommutierungsdauer) gleichzeitig den **Löschwinkel** γ der Thyristoren dar. Er ist abhängig von der Differenz, die zwischen der gewählten Betriebsfrequenz und der Eigenfrequenz des Schwingkreises besteht. Diese Differenz muss so hoch gewählt werden, dass die **Schonzeit** der Thyristoren

$$t_c = \frac{\gamma}{\omega} = \frac{\varphi}{\omega}.$$ (6.4)

größer ist als deren **Freiwerdezeit**. Dabei ist ω die Kreisfrequenz der an der Last liegenden Wechselspannung. Wird die Bedingung nicht eingehalten, so gehen die jeweils zu löschenden Thyristoren nicht in den Sperrzustand über.

Den Effektivwert der auftretenden Lastspannung u_L erhalten wir aus der Überlegung, dass diejenige Energie, die die Last in einer Halbperiode des Stromes i_L aufnimmt, gleich der Energie sein muss, die die Gleichspannungsquelle im gleichen Zeitraum abgibt. Dies führt, wenn wir in Bild 6.1 den Bereich $0 < \omega t < \pi$ betrachten, zu der Gleichung

$$U_d I_d \pi = \int_0^\pi u_L\, i_L\, d\omega t.$$ (6.5)

6.1 Parallelschwingkreis-Wechselrichter

Hierbei kann die Lastspannung nach Bild 6.1c, wenn wir sie näherungsweise als genau sinusförmig verlaufend ansehen, durch

$$u_L = \hat{u}_L \sin(\omega t - \varphi) \tag{6.6}$$

wiedergegeben werden ($\hat{u}_L$ = Scheitelwert der Spannung). Für den Laststrom gilt nach Bild 6.1b im genannten Bereich

$$i_L = I_d. \tag{6.7}$$

Setzen wir die Gln. (6.6) und (6.7) in Gl. (6.5) ein, so erhalten wir

$$U_d I_d \pi = I_d \int_0^\pi \hat{u}_L \sin(\omega t - \varphi)\, d\omega t.$$

Nach der Integration und dem Einsetzen der Grenzen wird

$$U_d I_d \pi = I_d \hat{u}_L \left[-\cos(\omega t - \varphi)\right]_0^\pi = 2 I_d \hat{u}_L \cos\varphi.$$

Daraus erhalten wir mit

$$\hat{u}_L = \sqrt{2}\, U_L$$

für den Effektivwert der Lastspannung

$$U_L = U_d \frac{\pi}{\sqrt{2}\cdot 2\cdot \cos\varphi}.$$

Fassen wir die Zahlenwerte zusammen, so erhalten wir

$$\boxed{U_L = 1{,}11\, \frac{U_d}{\cos\varphi}.} \tag{6.8}$$

Die Verstellung (Steuerung) dieser Spannung kann aufgrund dieses Ergebnisses prinzipiell entweder durch Verändern der Eingangsspannung U_d oder durch Verändern der Betriebsfrequenz und damit des Phasenverschiebungswinkels φ erfolgen. Allerdings ist eine *Herabsetzung* der Spannung U_L durch Verändern der Betriebsfrequenz nach Gl. (6.8) kaum möglich, da stets $\cos\varphi < 1$ ist. Daher wird zur Steuerung von U_L fast ausschließlich die Eingangsspannung U_d verändert.

Zum Anschwingen der Schaltung ist eine besondere **Starteinrichtung** erforderlich. Sie lädt den Kondensator auf und sorgt so dafür, dass die zur Löschung der Thyristoren notwendige Kommutierungsspannung nach dem Einschalten des Stromrichters zur Verfügung steht.

6.2 Reihenschwingkreis-Wechselrichter

Ergänzt man einen ohmsch-induktiven Lastwiderstand durch einen Reihenkondensator, so erhält man einen **Reihenschwingkreis**. Erweitert man die Schaltung so wie in Bild 6.2a angegeben, ergibt sich ein **Reihenschwingkreis-Wechselrichter**. Der in der Schaltung enthaltene Kondensator mit der Kapazität C_d dient zur Stützung (Pufferung) der Versorgungsgleichspannung U_d. Für die **Eigenfrequenz** des frei schwingenden Lastkreises gelten die in den Gln. (6.1) bis (6.3) angegebenen Beziehungen hier in gleicher Weise.

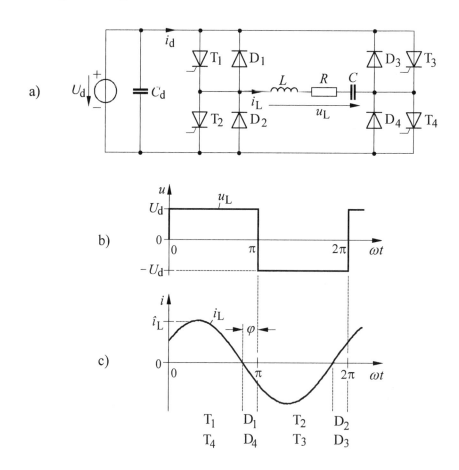

Bild 6.2 Reihenschwingkreis-Wechselrichter. a) Schaltung, b) zeitlicher Verlauf der Lastspannung, c) zeitlicher Verlauf des Laststromes

6.2 Reihenschwingkreis-Wechselrichter

Beim Betrieb des Wechselrichters müssen die Thyristoren so gezündet werden, dass die sich ergebende **Betriebsfrequenz** (das ist die Frequenz des im Lastkreis fließenden Wechselstromes) *niedriger* ist als die Eigenfrequenz des Schwingkreises. Dadurch erhält die Last das für die Löschung der Ventile notwendige kapazitive Verhalten.

Die Wechselrichterschaltung wird, wie in Bild 6.2a dargestellt, mit einer (zeitlich konstanten) Gleichspannung (U_d) versorgt. Das hat zur Folge, dass sich für die Lastspannung u_L ein *rechteckförmiger* Verlauf nach Bild 6.2b ergibt. Der Reihenschwingkreis erzwingt für den Laststrom i_L eine nahezu *sinusförmige* Kurvenform. Dabei hat das *kapazitive* Verhalten des Schwingkreises zur Folge, dass der Strom i_L gegenüber der Grundschwingung der Lastspannung u_L um einen bestimmten Phasenverschiebungswinkel φ *voreilt*. In Bild 6.2c ist der Verlauf des Laststromes i_L angegeben. Aus der Darstellung ergibt sich ferner, welche Leistungshalbleiter in den verschiedenen Zeitabschnitten den Laststrom führen.

Zur Erläuterung der Funktion des Wechselrichters gehen wir von Bild 6.2c aus. Daraus ist ersichtlich, dass der Laststrom i_L im Bereich $0 < \omega t < (\pi - \varphi)$ *positiv* ist und daher über die Thyristoren T_1 und T_4 fließt. Somit gilt für die Lastspannung in Bild 6.2a

$$u_L = U_d.$$

Nach Bild 6.2c ändert der Laststrom bei $\omega t = (\pi - \varphi)$ seine Richtung. Er kommutiert dadurch von den Thyristoren T_1 und T_4 auf die Dioden D_1 und D_4. Das hat zur Folge, dass die Thyristoren T_1 und T_4 stromlos werden und daher in Sperrung übergehen. Die Lastspannung u_L bleibt hierbei unverändert.

Bei $\omega t = \pi$ werden die Thyristoren T_2 und T_3 gezündet. Dadurch kommutiert der Laststrom in Bild 6.2a von den Dioden D_1 und D_4 auf die Thyristoren T_2 und T_3. Dies führt zu einer sprunghaften Änderung der Lastspannung von $u_L = U_d$ auf

$$u_L = - U_d.$$

Der Phasenverschiebungswinkel φ in Bild 6.2c stellt – bei vernachlässigbarer Kommutierungsdauer – gleichzeitig den **Löschwinkel** γ der Thyristoren dar. φ ist abhängig von der bestehenden Differenz zwischen der Eigenfrequenz des Schwingkreises und der verwendeten Betriebsfrequenz. Diese Differenz muss so groß gewählt werden, dass die **Schonzeit** der Thyristoren

$$\boxed{t_c = \frac{\gamma}{\omega} = \frac{\varphi}{\omega}.} \tag{6.9}$$

größer ist als deren **Freiwerdezeit**. In Gl. (6.9) stellt ω die Kreisfrequenz des Laststromes dar. Zu beachten ist dabei, dass während der Schonzeit nur eine *sehr ge-*

ringe negative Sperrspannung an den Thyristoren wirksam ist, die vom Durchlassspannungsabfall der stromführenden parallel liegenden Dioden herrührt. Dadurch ergibt sich eine etwas vergrößerte Freiwerdezeit.

Die Höhe (den Effektivwert) des auftretenden Laststromes i_L erhalten wir aus der Überlegung, dass die in einer Halbperiode von der Gleichspannungsquelle abgegebene Energie gleich derjenigen Energie sein muss, die die Last im gleichen Zeitraum aufnimmt. Dies führt bei Betrachtung des Bereiches $0 < \omega t < \pi$ (Bild 6.2) zu der Gleichung

$$\int_0^\pi U_d\, i_d\, \mathrm{d}\omega t = \int_0^\pi u_L\, i_L\, \mathrm{d}\omega t. \tag{6.10}$$

Im genannten Bereich beträgt die Lastspannung nach Bild 6.2b

$$u_L = U_d. \tag{6.11}$$

Der Laststrom kann, wenn wir ihn näherungsweise als genau sinusförmig verlaufend ansehen, nach Bild 6.2c durch die Gleichung

$$i_L = \hat{i}_L \sin(\omega t + \varphi) \tag{6.12}$$

wiedergegeben werden ($\hat{i}_L$ = Scheitelwert des Stromes). Setzen wir die Gln. (6.11) und (6.12) in Gl. (6.10) ein, und führen wir darüber hinaus den zeitlichen Mittelwert des von der Gleichspannungsquelle gelieferten Stromes

$$I_d = \frac{1}{\pi}\int_0^\pi i_d\, \mathrm{d}\omega t \tag{6.13}$$

ein, so erhalten wir

$$U_d\, I_d\, \pi = U_d \int_0^\pi \hat{i}_L \sin(\omega t + \varphi)\, \mathrm{d}\omega t. \tag{6.14}$$

Nach der Integration und dem Einsetzen der Grenzen wird

$$U_d\, I_d\, \pi = U_d\, \hat{i}_L \left[-\cos(\omega t + \varphi)\right]\Big|_0^\pi = 2\, U_d\, \hat{i}_L \cos\varphi. \tag{6.15}$$

Führen wir den Effektivwert des Laststromes (I_L) ein, so wird mit

$$\hat{i}_L = \sqrt{2}\, I_L$$

aus Gl. (6.15)

6.2 Reihenschwingkreis-Wechselrichter

$$I_L = I_d \frac{\pi}{\sqrt{2} \cdot 2 \cdot \cos\varphi}.$$

Fassen wir die Zahlenwerte zusammen, so erhalten wir

$$\boxed{I_L = 1{,}11 \frac{I_d}{\cos\varphi}.} \qquad (6.16)$$

Der Reihenschwingkreis-Wechselrichter hat gegenüber der entsprechenden Schaltung mit Parallelschwingkreis (Abschnitt 6.1) den Nachteil, dass der gesamte Laststrom über die Thyristoren fließt. Bei der letztgenannten Schaltung wird dagegen der große Blindleistungsbedarf der Last direkt aus dem parallel liegenden Kondensator bezogen. Darüber hinaus ist der Parallelschwingkreis-Wechselrichter bei auftretenden Störungen (zum Beispiel bei Kurzschlüssen) gegenüber einem Reihenschwingkreis-Wechselrichter betriebssicherer, da die auf der Gleichstromseite vorhandenen Drosselspule keine steilen Stromanstiege zulässt. Aus den genannten Gründen wird der Reihenschwingkreis-Wechselrichter relativ selten angewendet.

7 Umrichter

Bleibt bei der Umwandlung von elektrischen Spannungen oder Strömen die *Stromart* (Gleichstrom oder Wechselstrom) erhalten, so bezeichnet man die betreffende Stromrichterschaltung als **Umrichter**. Man unterscheidet dabei zwischen **Wechselstromumrichtern** und **Gleichstromumrichtern**.

Mit **Wechselstromumrichtern** lassen sich die Höhe einer Wechselspannung, die Frequenz sowie – bei mehrphasigen Systemen – die Phasenzahl und die Phasenfolge ändern. Häufig bezeichnet man die betreffenden Schaltungen auch als **Frequenzumrichter**.

Bei **Gleichstromumrichtern** kann die Höhe der Gleichspannung und deren Polarität verändert werden.

Vielfach bestehen Gleich- oder Wechselstromumrichter aus der Kombination einer Gleichrichterschaltung und einer Wechselrichterschaltung. Der zwischen beiden Schaltungen vorhandene Stromkreis (Gleichstromkreis oder Wechselstromkreis) wird als **Zwischenkreis** bezeichnet. Man spricht dann auch von **Zwischenkreis-Umrichtern**.

Umrichter, die keinen Zwischenkreis enthalten, nennt man **Direktumrichter**. Zu dieser Gruppe gehören auch die in Abschnitt 4.2 behandelten Wechsel- und Drehstromsteller sowie die in Abschnitt 5.2 beschriebenen Gleichstromsteller.

7.1 Zwischenkreis-Wechselstromumrichter

Ein Zwischenkreis-Wechselstromumrichter besteht grundsätzlich aus der Hintereinanderschaltung einer Gleichrichterschaltung und einer Wechselrichterschaltung. Man unterscheidet Schaltungen mit einem **Gleichspannungs-Zwischenkreis** von solchen mit einem **Gleichstrom-Zwischenkreis**. Erstere bezeichnet man (kurz) auch als **U-Umrichter**, letztere (kurz) als **I-Umrichter**.

Ein wichtiges Anwendungsgebiet für derartige Umrichter ist die Versorgung von Drehstrommotoren, deren Drehzahl verstellbar sein muss. Dabei werden – zur Steuerung der Drehzahl – die Frequenz der Umrichter-Ausgangsspannung und (in der Regel proportional dazu) auch die Spannungshöhe (der Effektivwert der Spannung) verändert. Auf die Besonderheiten derartiger Umrichter wird in Abschnitt 8.3 ausführlich eingegangen. Nachfolgend sollen einige grundlegenden Betrachtungen angestellt sowie die wichtigsten Konzeptionen von Zwischenkreis-Wechselstromumrichtern vorgestellt werden. Dabei wird auf die innere Funktion der Schaltungen nicht eingegangen, da die betreffenden Stromrichter in vorangegangenen Abschnitten bereits detailliert beschrieben worden sind. Weiterhin beschränken wir uns auf Umrichter, die ausgangsseitig *Drehstrom* liefern und (beispielsweise) nach den Bildern 7.1a bis 7.1f einen Drehstrommotor (M) versorgen.

7.1.1 Wechselstromumrichter mit Gleichspannungs-Zwischenkreis (U-Umrichter)

Wechselstromumrichter mit einem **Gleichspannungs-Zwischenkreis** können unterschiedlich aufgebaut sein. Grundsätzlich bestehen solche Umrichter nach Bild 7.1a aus einer Gleichrichterschaltung (G), einem Gleichspannungs-Zwischenkreis (Z) und einer Wechselrichterschaltung (W). Alle Schaltungen sind dadurch gekennzeichnet, dass sie im Zwischenkreis Z mit einer **eingeprägten Gleichspannung** (U_Z) arbeiten. Diese kann dabei verstellbar oder konstant sein.

Die Zwischenkreis-Gleichspannung U_Z wird in der Regel nach Bild 7.1 durch einen Kondensator (mit relativ großer Kapazität) gestützt. Dieser hat (mit Ausnahme der Schaltungen nach Bild 7.1f und Bild 7.1h) zur Folge, dass beim Nachladen auf der Eingangsseite der Gleichrichterschaltungen hohe steile Stromimpulse auftreten (vergl. Abschnitt 3.1.2). Um diese zu vermeiden, werden die betreffenden Schaltungen eingangsseitig meist über entsprechend bemessene Drosselspulen versorgt. Sie verlängern die Stromflusszeit und reduzieren die Höhe der Stromimpulse. Die genannten Drosselspulen sind in Bild 7.1 nicht besonders dargestellt. Statt netzseitig Drosselspulen vorzusehen, können auch am Ausgang der Gleichrichterschaltungen jeweils Drosselspulen eingeschaltet werden.

Bild 7.1a zeigt einen Umrichter, der eingangsseitig einen **gesteuerten Gleichrichter** G enthält. Er ermöglicht die Verstellung der Zwischenkreis-Gleichspannung U_Z. Der nachgeschaltete Wechselrichter W (Spannungs-Wechselrichter, vergl. Abschnitt 5.3.1.2) erzeugt eine blockförmige Ausgangsspannung u mit dem in Bild 7.1b angegebenen Verlauf. Der Effektivwert von u kann durch Verstellen der Spannung U_Z verändert werden. Nachteilig ist dabei, dass – je nach Höhe des eingestellten Steuerwinkels – netzseitig eine relativ große Blindleistung (Steuerblindleistung) auftreten kann. Nachteilig ist auch, dass sowohl der Eingangsstrom des Umrichters als auch der Ausgangsstrom von der Sinusform abweichen.

Der Umrichter nach Bild 7.1c enthält netzseitig statt eines gesteuerten einen **ungesteuerten Gleichrichter** (G). Dadurch wird im Prinzip keine Steuerblindleistung benötigt. Allerdings weicht auch hier der Eingangsstrom von der Sinusform ab. Zur Verstellung der Zwischenkreisspannung U_Z ist dem Gleichrichter G ein **Gleichstromsteller** S nachgeschaltet. Nachteilig sind der dadurch verursachte erhöhte Aufwand sowie die im Gleichstromsteller auftretenden Verluste.

Bild 7.1d zeigt einen Umrichter mit einem **ungesteuerten Gleichrichter** G und somit *konstanter* Zwischenkreisspannung U_Z. Der nachgeschaltete Wechselrichter W wird als **Pulswechselrichter** betrieben. Er erzeugt eine Ausgangsspannung mit dem in Bild 7.1e angegebenen Verlauf (vergl. Abschnitt 5.3.1.4).

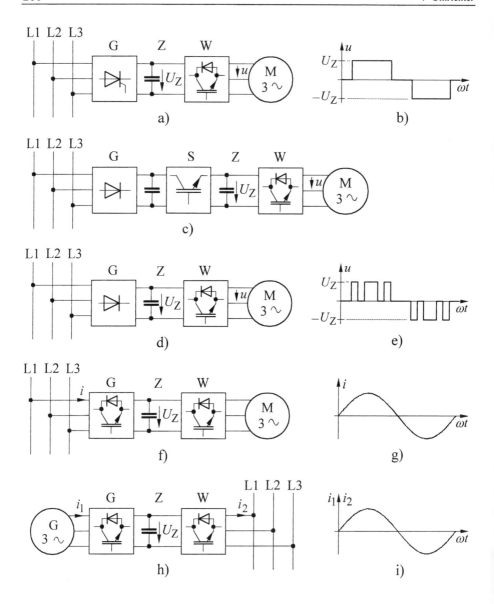

Bild 7.1 Wechselstromumrichter mit Gleichspannungs-Zwischenkreis
(G = Gleichrichterschaltung, Z = Zwischenkreis, S = Gleichstromsteller, W = Wechselrichterschaltung)
a) Umrichter mit verstellbarer Zwischenkreisspannung und blockförmiger Ausgangsspannung, b) zeitlicher Verlauf der Ausgangsspannung, c) Verwendung eines Gleichstromstellers S zur Verstellung der Zwischenkreisspannung, d) Umrichter mit konstanter Zwischenkreisspannung und pulsförmiger Ausgangsspannung, e) zeitlicher Verlauf der Ausgangsspannung, f) Umrichter mit sinusförmigem Eingangsstrom und pulsförmiger Ausgangsspannung, g) zeitlicher Verlauf des Eingangsstromes, h) Umrichter für den Einsatz in Windkraftanlagen, i) zeitlicher Verlauf von Eingangs- und Ausgangsstrom

Die Schaltung nach Bild 7.1d hat den Vorteil, dass sich sinusförmige Ausgangsströme erzielen lassen und sich außerdem die Höhe (der Effektivwert) der Ausgangsspannung durch Veränderung der Breite (Dauer) aller Impulse verstellen lässt. Vorteilhaft ist auch, dass der eingangsseitig vorhandene ungesteuerte Gleichrichter prinzipiell keine Steuerblindleistung verursacht und zudem einfach aufgebaut ist. Allerdings weicht auch hier der Eingangsstrom von der Sinusform ab.

Die Schaltung nach Bild 7.1f unterscheidet sich von der Schaltung nach Bild 7.1d dadurch, dass eingangsseitig ein **netzparallel betriebener selbstgeführter Stromrichter** G (vergl. Abschnitt 5.4.2.2) eingesetzt wird. Dadurch lassen sich sinusförmige Netzströme mit einem Verlauf nach Bild 7.1g erzielen. Diese sind zudem grundsätzlich mit den zugehörigen Netzspannungen in Phase, so dass sich ein Leistungsfaktor von nahezu eins ergibt. Darüber hinaus ist eine Umkehrung der Leistungsrichtung möglich, so dass beispielsweise beim Abbremsen des Drehstrommotors die Bremsleistung in das Netz zurückgeführt werden kann (vergl. Abschnitt 8.3.2.4).

Bild 7.1h zeigt einen Umrichter, der häufig bei Windkraftanlagen eingesetzt wird. Der Drehstrom-Synchrongenerator (links) wird – zur Optimierung der Leistungsabgabe bei unterschiedlichen Windgeschwindigkeiten – mit unterschiedlichen Drehzahlen betrieben. Dadurch ist die Frequenz der vom Generator erzeugten Spannung nicht konstant. Die erzeugte Spannung wird durch einen **netzparallel betriebenen selbstgeführten Stromrichter** G (vergl. Abschnitt 5.4.2.2) gleichgerichtet. Die gelieferte Leistung wird über den nachgeschalteten, in gleicher Weise ausgeführten **Stromrichter** W (vergl. Abschnitt 5.4.2.2) in das Netz eingespeist. Beide Stromrichter sorgen dafür, dass sowohl am Eingang wie auch am Ausgang des Umrichters sinusförmige Ströme auftreten, die zudem mit den zugehörigen Spannungen in Phase sind und sich so Leistungsfaktoren von ungefähr eins ergeben. Bild 7.1i zeigt den zeitlichen Verlauf dieser Ströme.

7.1.2 Wechselstromumrichter mit Gleichstrom-Zwischenkreis (I-Umrichter)

Wechselstromumrichter mit einem **Gleichstrom-Zwischenkreis** – sie werden bekanntlich auch als **I-Umrichter** bezeichnet – bestehen nach Bild 7.2a aus einer Gleichrichterschaltung (G) und einer nachgeschalteten Wechselrichterschaltung (W). Im dazwischen liegenden Gleichstrom-Zwischenkreis (Z) befindet sich eine Drosselspule mit relativ großer Induktivität. Dadurch ergibt sich – im Kurzzeitbereich – ein eingeprägter Gleichstrom. Die Gleichrichterschaltung G wird stets gesteuert ausgeführt, um die Ausgangsgleichspannung verstellen zu können. Der nachgeschaltete Wechselrichter kann unterschiedlich ausgeführt werden.

So enthält der Umrichter nach Bild 7.2a einen **selbstgeführten Wechselrichter** (Strom-Wechselrichter, vergl. Abschnitt 5.3.2), der entweder *abschaltbare* Leistungshalbleiter enthält oder aber konventionelle Thyristoren, die nach dem Prinzip der Phasenfolgelöschung ein- und ausgeschaltet werden. Derartige selbstgeführte Wechselrichter sind immer dann erforderlich, wenn die angeschlossene Last keine Kommutierungsspannung zur Verfügung stellen kann. Beispielsweise trifft das für Asynchronmotoren zu.

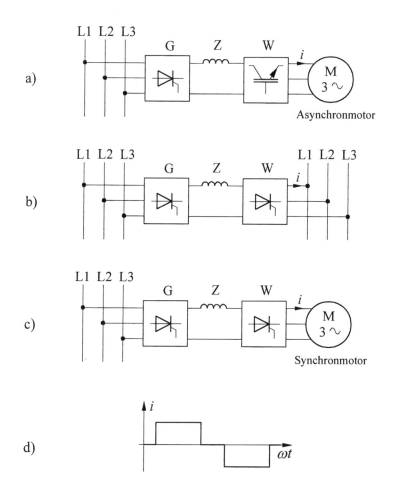

Bild 7.2 Wechselstromumrichter mit Gleichstrom-Zwischenkreis.
(G = gesteuerter Gleichrichter, Z = Gleichstrom-Zwischenkreis, W = Wechselrichter)
a) mit selbstgeführtem Wechselrichter, b) mit netzgeführtem Wechselrichter,
c) mit lastgeführtem Wechselrichter, d) zeitlicher Verlauf der vom Umrichter gelieferten Ströme

Stehen dagegen Kommutierungsspannungen zur Verfügung, so kann der Wechselrichter aus konventionellen Thyristoren aufgebaut werden. Das trifft zum Beispiel dann zu, wenn nach Bild 7.2b Leistung von *einem* spannungsführenden Netz in ein *anderes* spannungsführendes Netz (mit anderer Frequenz) geliefert werden soll. Man spricht dann auch von einem **netzgeführten Wechselrichter**.

Darüber hinaus können aus Thyristoren aufgebaute Wechselrichter dann eingesetzt werden, wenn nach Bild 7.2c die Last Kommutierungsspannungen liefern kann. Das trifft zum Beispiel dann zu, wenn Schwingkreise oder Synchronmotoren zu versorgen sind (vergl. Abschnitt 6 und Abschnitt 8.3.4). Man spricht dann von **lastgeführten Wechselrichtern**.

Bei allen drei Umrichterarten hat der ausgangsseitig gelieferte Strom prinzipiell den in Bild 7.2d angegebenen zeitlichen Verlauf. Kennzeichnend für Umrichter mit einem Gleichstrom-Zwischenkreis ist weiterhin, dass die Leistungsrichtung leicht umgekehrt werden kann (vergl. Abschnitt 8.3.3).

7.2 Netzgeführte Direktumrichter

Wir betrachten die in Bild 7.3 angegebene Schaltung. Sie ermöglicht die Erzeugung einer (einphasigen) Wechselspannung (u_L) mit niedriger Frequenz. Da die Anordnung keinen Gleichspannungs-Zwischenkreis enthält, liegt ein **Direktumrichter** vor. Das Netz liefert die Kommutierungsspannungen zur Löschung der Thyristoren, so dass man auch von einem **netzgeführten Direktumrichter** spricht.

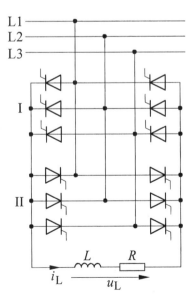

Bild 7.3 Direktumrichter zur Erzeugung einer (einphasigen) Wechselspannung

In Bild 7.4 ist der Verlauf der sich ergebenden Ausgangsspannung u_L bei ohmscher Belastung dargestellt. Darin sind T_1 die Periodendauer der Eingangsspannung (Netzspannung) und T_2 die der Ausgangsspannung u_L. In der ersten Hälfte der Periodendauer der Spannung u_L wird in Bild 7.3 der Stromrichter I angesteuert und in der zweiten Hälfte der Stromrichter II (jeweils als Gleichrichter mit Vollaussteuerung, vergl. Abschnitt 3.4). Nach der sich ergebenden Kurvenform der Ausgangsspannung bezeichnet man die Schaltung auch als **Trapezumrichter**.

Bei *ohmscher* Belastung hat der fließende Ausgangsstrom i_L die gleiche Kurvenform wie die in Bild 7.4 dargestellte Spannung u_L. Das trifft für andere Belastungsarten nicht zu. Dies muss auch bei der Ansteuerung der Thyristoren berücksichtigt werden.

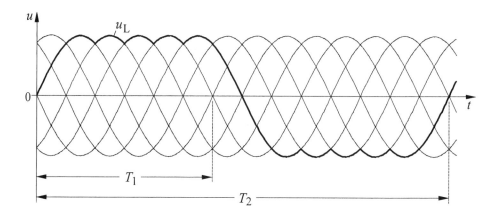

Bild 7.4 Zeitlicher Verlauf der erzeugten Wechselspannung eines Direktumrichters (Trapezumrichters) bei ohmscher Belastung

So werden die Leistungshalbleiter in Bild 7.3 bei *ohmsch-induktiver* Belastung derart angesteuert, dass die Ausgangsspannung u_L den in Bild 7.5a dargestellten Verlauf hat. Die Kurvenform des dabei auftretenden Ausgangsstromes i_L zeigt Bild 7.5b. Die eingetragenen Zeiten T_a bis T_d dienen dazu, nachfolgend die Arbeitsweise der Stromrichter in Bild 7.3 zu beschreiben.

In der Zeit T_a arbeitet der Stromrichter II im *Wechselrichterbetrieb* (an der Wechselrichtertrittgrenze). Dadurch wird der (negative) Ausgangsstrom i_L (betragsmäßig) kleiner (vergl. Bild 7.5). Ist i_L Null, so wird nach Ablauf einer kurzen Sicherheitszeit der Stromrichter I (Bild 7.3) in der Zeit T_b als *Gleichrichter* (bei Vollaussteuerung) betrieben, und der Strom i_L wird positiv und nimmt zu.

Der gleiche Stromrichter arbeitet anschließend – in der Zeit T_c – als *Wechselrichter* (an der Wechselrichtertrittgrenze). Hierdurch nimmt der Strom i_L wieder ab (vergl. Bild 7.5). Ist i_L Null, so wird nach Ablauf einer kurzen Sicherheitszeit der Stromrichter II – im Zeitbereich T_d – als *Gleichrichter* (bei Vollaussteuerung) betrieben.

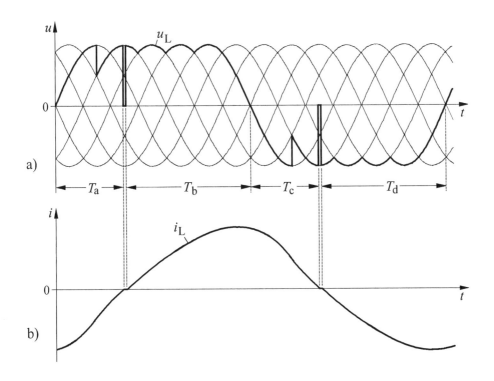

Bild 7.5 Zeitlicher Verlauf der erzeugten Wechselspannung (a) und des fließenden Ausgangsstromes (b) beim Direktumrichter (Trapezumrichter) für ohmsch-induktive Belastung

Die sich aus Bild 7.5a ergebende *trapezförmige* Kurvenform der Ausgangsspannung u_L lässt sich durch eine entsprechende Ansteuerung der Thyristoren besser der Sinusform annähern. Dazu wird der Steuerwinkel innerhalb einer Halbschwingung der Ausgangsspannung u_L so variiert, dass sich im Mittel ein etwa *sinusförmiger* Verlauf ergibt. Bild 7.6a zeigt den sich auf diese Weise für u_L ergebenden zeitlichen Verlauf. Die gestrichelt eingetragene Linie gibt den *mittleren* Verlauf von u_L an. Das Verfahren führt zu einem Strom, der nach Bild 7.6b ebenfalls mehr der Sinusform angenähert ist.

Man bezeichnet die so betriebene Schaltung als **Steuerumrichter**. Er hat nicht nur den Vorteil, dass die Kurvenformen der Ausgangsgrößen besser der Sinusform angenähert sind, sondern ermöglicht darüber hinaus auch eine Verstellung der Höhe der erzeugten Wechselspannung.

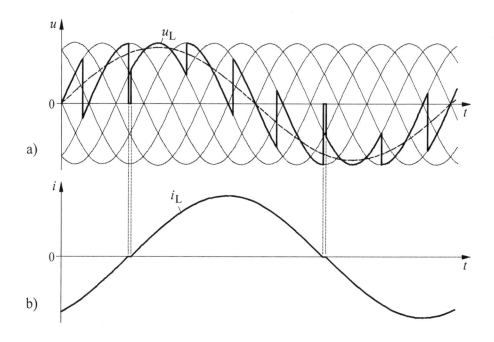

Bild 7.6 Zeitlicher Verlauf der erzeugten Wechselspannung (a) und des Ausgangsstromes (b) beim Direktumrichter (Steuerumrichter) für ohmsch-induktive Belastung

Der beschriebene *einphasige* Direktumrichter wird relativ selten ausgeführt. Durch die Kombination von drei einphasigen Schaltungen erhält man einen *dreiphasigen* Direktumrichter. Er kann beispielsweise zur Versorgung großer Drehstrommotoren eingesetzt werden, deren Drehzahl verstellbar sein muss. Es können sowohl Synchron- als auch Asynchronmotoren versorgt werden. Die Ausgangsfrequenz des Direktumrichters ist bei einer Netzfrequenz von 50 Hz maximal auf einen Wert von etwa 25 Hz begrenzt. In Abschnitt 8.3.5 sind weitere Einzelheiten dargestellt.

7.3 Zwischenkreis-Gleichstromumrichter

Die nachstehend beschriebenen Schaltungen dienen – ebenso wie *Gleichstromsteller* – zur Umformung von Gleichstrom mit bestimmter Spannung in Gleichstrom mit anderer Spannung. Auch eine Verstellung der Höhe der Ausgangsspannung ist möglich. Im Gegensatz zu Gleichstromstellern enthalten Zwischenkreis-Gleichstromumrichter jedoch eine **Wechselrichterschaltung** und eine **Gleichrichterschaltung**, die über einen **Wechselstrom-Zwischenkreis** miteinander verbunden sind. Er ermöglicht den Einsatz eines Transformators, so dass die beiden Gleichstromkreise galvanisch voneinander getrennt werden können.

Häufig werden Zwischenkreis-Gleichstromumrichter zur Realisierung von Stromversorgungsgeräten eingesetzt. Dabei wird die Netzwechselspannung zunächst gleichgerichtet und ein Zwischenkreis-Gleichstromumrichter nachgeschaltet. Der hierbei eingesetzte Transformator wird mit einer verhältnismäßig hohen Frequenz betrieben, so dass sich nur eine relativ geringe Baugröße ergibt. Man bezeichnet derart konzipierte Stromversorgungsgeräte als **Schaltnetzteile**. Sie haben gegenüber konventionell aufgebauten Stromversorgungsgeräten ein geringeres Gewicht und einen höheren Wirkungsgrad.

Bei der Realisierung von Zwischenkreis-Gleichstromumrichtern gibt es verschiedene Möglichkeiten, auf die nachfolgend näher eingegangen wird.

7.3.1 Durchflusswandler

Wir betrachten die in Bild 7.7a dargestellte Anordnung, die einen mit drei Wicklungen versehenen (Hochfrequenz-)Transformator (Trf) enthält. Man bezeichnet die Schaltung als **Eintakt-Durchflusswandler** (engl.: Single transistor forward converter).

Beim Betrieb der Schaltung wird der Leistungs-Feldeffekttransistor Tr – er kann auch durch einen anderen abschaltbaren Leistungshalbleiter ersetzt werden – in schneller Folge ein- und ausgeschaltet. Im eingeschalteten Zustand liegt die Versorgungsspannung U_d an der Primärwicklung des Transformators an. Daher gilt in dieser Zeit

$$u_1 = U_d.$$

Zur gleichen Zeit beträgt die Sekundärspannung des Transformators, wenn wir dessen Übersetzungsverhältnis (Windungsverhältnis) als $ü$ bezeichnen,

$$u_2 = \frac{U_d}{ü}.$$

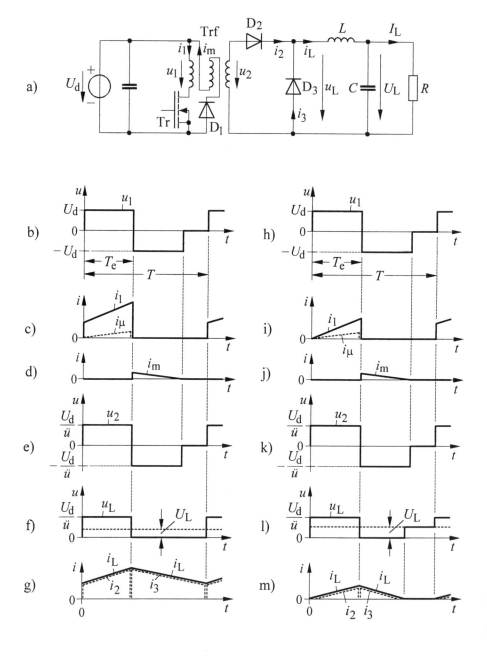

Bild 7.7 Eintakt-Durchflusswandler. a) Schaltung, b) bis g) zeitlicher Verlauf der auftretenden Spannungen und Ströme im lückfreien Betrieb, h) bis m) zeitlicher Verlauf der auftretenden Spannungen und Ströme im Lückbetrieb

Sehen wir in Bild 7.7a die Kapazität C des parallel zum Lastwiderstand R geschalteten Kondensators als sehr groß an, so kann die Ausgangsspannung U_L der Schaltung als „ideal geglättet" betrachtet werden. Unter dieser Voraussetzung steigt der Transformator-Sekundärstrom $i_2 = i_L$ während der Einschaltzeit des Transistors Tr mit der konstanten Steilheit

$$\frac{di_2}{dt} = \frac{di_L}{dt} = \frac{u_L - U_L}{L} = \frac{\frac{U_d}{\ddot{u}} - U_L}{L}$$

an. Dabei ist L die Induktivität der im Sekundärkreis vorhandenen Drosselspule. Der im gleichen Zeitraum auftretende Transformator-Primärstrom kann dargestellt werden durch

$$i_1 = \frac{i_2}{\ddot{u}} + i_\mu.$$

Hierin ist i_μ der zum **Aufmagnetisieren des Transformatorkerns** (zum Aufbau des Magnetfeldes) notwendige Strom. Dieser wird bekanntlich auch als **Magnetisierungsstrom** bezeichnet. Er ist umso kleiner, je höher die Permeabilitätszahl des im Transformator verwendeten Eisenkerns ist.

Beim Ausschalten des Transistors Tr (Bild 7.7a) wird i_1 Null. Jetzt muss das im Transformatorkern aufgebaute Magnetfeld durch eine *negative* Transformatorspannung wieder abgebaut werden. Zu diesem Zweck enthält der Transformator eine besondere Wicklung, die als **Entmagnetisierungswicklung** bezeichnet wird und entsprechend Bild 7.7a – mit einer Diode (D_1) in Reihe liegend – geschaltet ist. Durch das *abnehmende* Magnetfeld werden in die Transformatorwicklungen Spannungen induziert, die eine andere Polarität haben als beim Aufmagnetisieren des Kerns. Dadurch wird die Diode D_1 leitend und somit die gewünschte (negative) Spannung ($-U_d$) am Transformator wirksam.

Die gespeicherte Energie wird durch den **Entmagnetisierungsstrom** i_m (Bild 7.7a) wieder der Versorgungsspannungsquelle (bzw. dem dazu parallel liegenden Kondensator) zugeführt. Sind hierbei die Windungszahlen der Transformator-Primärwicklung und der Entmagnetisierungswicklung gleich groß, so wird zum *Entmagnetisieren* die gleiche Zeit benötigt wie zum *Aufmagnetisieren* des Kerns (Spannungs-Zeit-Flächen beim Aufmagnetisieren und beim Abmagnetisieren sind gleich groß). Während der Entmagnetisierung gilt dann in Bild 7.7a

$$u_1 = -U_d, \qquad u_2 = -\frac{U_d}{\ddot{u}}.$$

Ist das Magnetfeld vollständig abgebaut, so wird $u_1 = u_2 = 0$.

Auf der Sekundärseite der Schaltung in Bild 7.7a kommutiert der Strom i_L beim Ausschalten des Transistors Tr von der Diode D_2 auf die Diode D_3. Dadurch wird

$u_L = 0$. Das hat zur Folge, dass der (durch die Drosselspule aufrechterhaltene) Strom $i_L = i_3$ sich mit der Steilheit

$$\frac{di_L}{dt} = \frac{di_3}{dt} = -\frac{U_L}{L}$$

ändert, also abnimmt. In den Bildern 7.7b bis 7.7g ist der Verlauf der in der Schaltung auftretenden Spannungen und Ströme dargestellt. Dabei sind T_e die Einschaltzeit des Transistors und T die Periodendauer.

Zum Verlauf des Stromes i_L (Bild 7.7g) sei noch angemerkt, dass dessen *zeitlicher Mittelwert* gleich dem im Lastwiderstand R fließenden Strom ist. Er beträgt

$$I_L = \frac{U_L}{R}.$$

Die Höhe der Ausgangsspannung U_L erhalten wir dabei aus der Überlegung, dass die Drosselspule (L) in Bild 7.7a keine Gleichspannung aufnehmen kann. Daher muss U_L gleich dem zeitlichen Mittelwert von u_L sein. Dies führt nach Bild 7.7f zu der Gleichung

$$T_e \frac{U_d}{\ddot{u}} = T U_L.$$

Hieraus folgt für die von der Schaltung (Bild 7.7a) gelieferte Ausgangsspannung

$$\boxed{U_L = \frac{T_e}{T} \cdot \frac{U_d}{\ddot{u}}.} \qquad (7.1)$$

Diese Beziehung gilt allerdings nur unter der Voraussetzung, dass der Strom i_L nicht lückt (vergl. Bilder 7.7a und 7.7g). Das in Gl. (7.1) angegebene Ergebnis besagt, dass die Ausgangsspannung U_L zum einen durch das **Übersetzungsverhältnis** $\ddot{u}$ des Transformators bestimmt wird und zum anderen durch das **Tastverhältnis**

$$\boxed{a = \frac{T_e}{T}.} \qquad (7.2)$$

Da das Tastverhältnis a in einfacher Weise verändert werden kann, lässt sich die Ausgangsspannung U_L auf diese Weise leicht steuern (oder regeln). Zu beachten ist jedoch, dass a stets kleiner als 0,5 sein muss, da sonst jeweils nach dem Ausschalten des Transistors keine vollständige Entmagnetisierung des Transformatorkerns erfolgt und daher eine magnetische Sättigung des Kerns auftritt.

Im **Lückbetrieb** (Bilder 7.7h bis 7.7m) wird der Strom i_L nach Bild 7.7m bereits Null, bevor der Transistor Tr wieder eingeschaltet wird. Bei $i_L = 0$ wird $u_L = U_L$ (vergl. Bilder 7.7a und 7.7l). Das bedeutet, dass die Ausgangsspannung U_L größer ist als im lückfreien Betrieb (vergl. Bilder 7.7f und 7.7l) und zudem abhängig ist von der Höhe des Laststromes I_L. Hieraus ergibt sich der Nachteil, dass sich U_L nicht mehr eindeutig durch das Tastverhältnis $a = T_e/T$ gemäß Gl. (7.1) einstellen lässt. Allerdings sind die im Transistor Tr auftretenden Schaltverluste deutlich geringer als im lückfreien Betrieb.

Die beschriebene Schaltung (Bild 7.7a) ist dadurch gekennzeichnet, dass bei eingeschaltetem Transistor Tr vom Transformator sowohl eingangsseitig Leistung aufgenommen als auch (gleichzeitig) ausgangsseitig Leistung abgegeben wird. Man bezeichnet die Anordnung deshalb als **Durchflusswandler** oder (genauer) – wie anfangs schon erwähnt – als **Eintakt-Durchflusswandler**. Für die Ansteuerung des Transistors stehen speziell entwickelte integrierte Schaltkreise zur Verfügung, die man auch als **Schaltnetzteil-ICs** bezeichnet.

Eine Variante dieser Ausführung stellt der in Bild 7.8 angegebene **Gegentakt-Durchflusswandler** (engl.: Push-pull converter) dar.

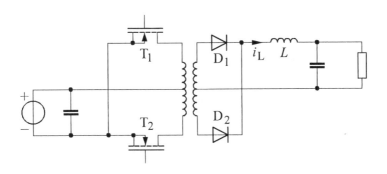

Bild 7.8 Gegentakt-Durchflusswandler

Beim Betrieb der Anordnung werden die Transistoren T_1 und T_2 jeweils *abwechselnd* ein- und ausgeschaltet. Bei eingeschaltetem Transistor T_1 (und ausgeschaltetem Transistor T_2) fließt der in Bild 7.8 gekennzeichnete Strom i_L über die Diode D_2 und nimmt hierbei *zu*. Wird T_1 ausgeschaltet, so wirken die Dioden D_1 und D_2 parallel als Freilaufdioden für den durch die Drosselspule (L) aufrechterhaltenen Strom i_L. Dieser nimmt hierbei *ab*. Zusätzlich fließt in der Transformator-Sekundärwicklung aufgrund des zuvor im Kern aufgebauten Magnetfeldes ein *Entmagnetisierungsstrom,* der sich in der Diode D_1 zum hier fließenden Anteil des

Stromes i_L addiert und in der Diode D_2 von dem dort vorhandenen Anteil von i_L subtrahiert. Allerdings findet hierbei kaum eine Entmagnetisierung des Kerns statt, da die betreffende Wicklung durch die beiden leitenden Dioden praktisch kurzgeschlossen ist.

Beim Einschalten des Transistors T_2 übernimmt die Diode D_1 den Strom i_L, der danach wieder größer wird. Gleichzeitig wird eine *Ummagnetisierung* des Transformatorkerns vorgenommen. Eine besondere Entmagnetisierungswicklung ist also hier nicht erforderlich. Nach dem Ausschalten von T_2 wirken D_1 und D_2 wieder parallel als Freilaufdioden für den Strom i_L. Gleichzeitig tritt auch wieder ein Entmagnetisierungsstrom auf, der allerdings eine andere Richtung hat als nach dem Ausschalten von T_1.

Die Höhe der Ausgangsspannung kann durch Verändern des **Tastverhältnisses** verstellt (gesteuert) werden. Dabei soll als Tastverhältnis derjenige Quotient angesehen werden, der sich aus der jeweiligen Einschaltdauer von T_1 (oder von T_2) und der Zeitdifferenz ergibt, die jedes Mal zwischen dem Einschaltzeitpunkt von T_1 und dem Einschaltzeitpunkt von T_2 (und umgekehrt) besteht.

Beim Betrieb der in Bild 7.8 dargestellten Schaltung muss sichergestellt sein, dass die beiden Transistoren zu keinem Zeitpunkt gleichzeitig leitend sind. Dies würde zu einem kurzschlussartigen Stromanstieg führen. Darüber hinaus ist bei der Auswahl der Transistoren – und insbesondere bei deren Ansteuerung – eine sehr gute *Symmetrierung* erforderlich. Das heißt, dass die Einschaltzeiten der beiden Transistoren möglichst genau übereinstimmen müssen. Sonst kommt es zu einer Gleichstromvormagnetisierung des Transformatorkerns und daraus folgend unter Umständen zu einer deutlichen Zunahme des eingangsseitig fließenden Stromes. Vielfach wird der Transformator deshalb auch überdimensioniert, damit geringe Unsymmetrien sich nicht gleich störend auswirken.

In Bild 7.9 sind einige **Schaltungsvarianten des Durchflusswandlers** dargestellt. So zeigt Bild 7.9a eine Abwandlung des Eintakt-Durchflusswandlers, die als **Asymmetrischer Halbbrücken-Durchflusswandler** (engl.: Two transistors forward converter) bezeichnet wird. Darin werden die Transistoren T_1 und T_2 *synchron* ein- und ausgeschaltet. Die Dioden D_1 und D_2 ermöglichen hierbei jeweils eine Entmagnetisierung des Transformatorkerns. Beim Betrieb der Schaltung dürfen die Einschaltzeiten der beiden Transistoren nicht größer sein als deren Ausschaltzeiten. Sonst erfolgt keine vollständige Entmagnetisierung des Transformatorkerns.

Eine Modifikation des Gegentakt-Durchflusswandlers ist in Bild 7.9b wiedergegeben. Die Anordnung wird als **Symmetrischer Halbbrücken-Durchflusswandler** bezeichnet (engl.: Single-ended push-pull converter). Die Transistoren T_1 und T_2 werden genauso angesteuert wie in der Schaltung nach Bild 7.8. Auch hier muss darauf geachtet werden, dass die Einschaltzeiten der Transistoren T_1 und T_2 möglichst gleich groß sind. Sonst werden die dargestellten Kondensatoren auf unterschiedlich große Spannungen aufgeladen.

Eine weitere Modifikation des Gegentakt-Durchflusswandlers zeigt Bild 7.9c. Die Schaltung wird als **Vollbrücken-Durchflusswandler** bezeichnet (engl.: Fullbridge push-pull converter). In der Anordnung werden die Transistoren T_1 und T_4 *synchron* ein- und ausgeschaltet. Das Gleiche gilt für die Transistoren T_2 und T_3. Im Übrigen werden die Transistoren T_1 und T_2 in der gleichen Weise ein- und ausgeschaltet wie in Bild 7.8. So wie in der Schaltung nach Bild 7.8 ist es auch in der Anordnung nach Bild 7.9c wichtig, dass die Einschaltzeiten der Transistoren möglichst gleich sind. Sonst kommt es zu einer unerwünschten Vormagnetisierung des Eisenkerns.

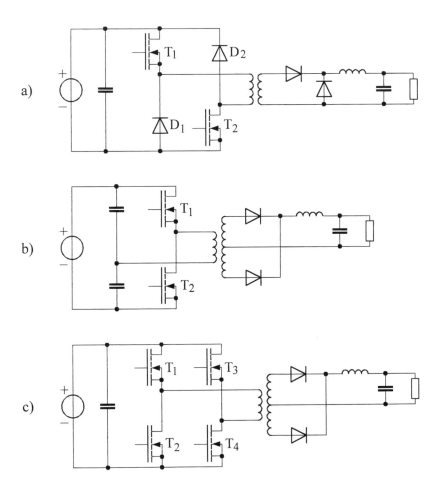

Bild 7.9 Schaltungsvarianten von Durchflusswandlern. a) Asymmetrischer Halbbrücken-Durchflusswandler, b) symmetrischer Halbbrücken-Durchflusswandler, c) Vollbrücken-Durchflusswandler

Gegentaktwandler haben gegenüber Eintaktausführungen den Vorteil, dass die in der Ausgangsspannung vorhandene Welligkeit die doppelte Frequenz besitzt. Dadurch kann der zur Glättung erforderliche Aufwand verringert werden. Vorteilhaft ist weiterhin die Tatsache, dass der Transformator beim Gegentaktwandler in *beiden* Richtungen magnetisiert wird und nicht – wie beim Eintaktwandler – nur in einer Richtung.

Nachteilig beim Gegentaktwandler ist die oft nicht leicht zu erfüllende Forderung, dass die Schaltung – wie beschrieben – sehr genau symmetrisch betrieben werden muss. Während Eintaktwandler vorzugsweise bei geringeren Leistungen eingesetzt werden, kommen Gegentaktwandler eher bei etwas größeren Leistungen zur Anwendung.

7.3.2 Sperrwandler

Eine andere Art der Gleichspannungswandlung ergibt sich aus Bild 7.10a. Die dort angegebene Schaltung verhält sich etwa so wie der in Abschnitt 5.2.3 beschriebene Hochsetz-Tiefsetz-Gleichstromsteller, besitzt jedoch eine galvanische Trennung zwischen dem Eingangs- und dem Ausgangskreis. Man bezeichnet die Anordnung als **Sperrwandler** (engl.: Flyback converter).

In Bild 7.10a stellt der Widerstand R einen Lastwiderstand dar. Parallel dazu liegt ein Kondensator, der zur Glättung der Ausgangsspannung U_L dient. Wir wollen die Kapazität C hierbei als so groß ansehen, dass U_L als „ideal geglättet" angenommen werden kann.

Beim Betrieb der Schaltung wird der Transistor Tr – er kann auch durch andere abschaltbare Leistungshalbleiter ersetzt werden – in schneller Folge ein- und ausgeschaltet. Im eingeschalteten Zustand liegt die Versorgungsgleichspannung U_d an der Primärwicklung des Transformators an. Bei einem Übersetzungsverhältnis (Windungsverhältnis) $ü$ beträgt hierbei die Transformator-Sekundärspannung

$$u_2 = \frac{U_d}{ü}.$$

Die Diode D (Bild 7.10a) wird in dieser Zeit in Sperrrichtung betrieben, so dass der Strom i_2 Null ist. Der Primärstrom i_1 steigt mit der Steilheit

$$\frac{di_1}{dt} = \frac{U_d}{L_1}$$

an, wobei L_1 die primärseitig wirksame Transformatorinduktivität ist. Die hierbei von der Gleichspannungsquelle abgegebene Energie wird in dem sich im Transformator aufbauenden Magnetfeld gespeichert.

Nach dem Ausschalten des Transistors Tr nimmt das aufgebaute Magnetfeld wieder ab. Als Folge davon ändert sich die Polarität der Spannung u_2, und die Diode D wird leitend. Hierdurch wird in Bild 7.10a

$u_2 = -U_L$.

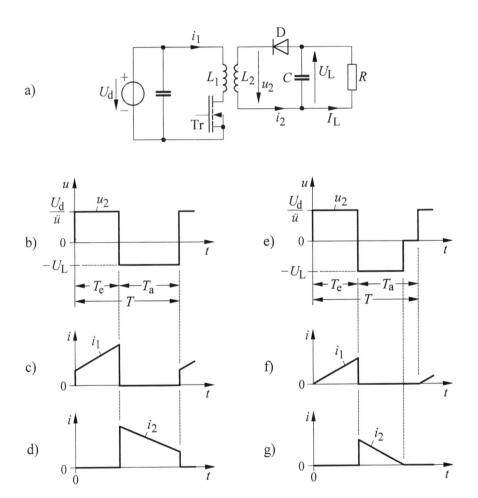

Bild 7.10 Sperrwandler. a) Schaltung, b) bis d) zeitlicher Verlauf der Transformator-Sekundärspannung und der auftretenden Ströme bei trapezförmigem Stromverlauf, e) bis g) zeitlicher Verlauf der Transformator-Sekundärspannung und der auftretenden Ströme bei dreieckförmigem Stromverlauf

Jetzt gibt der Transformator Energie an den Ausgangskreis ab. Dabei ändert sich der Transformator-Sekundärstrom mit der Steilheit

$$\frac{di_2}{dt} = -\frac{U_L}{L_2}, \tag{7.3}$$

wobei L_2 die sekundärseitig wirksame Transformatorinduktivität darstellt. Der Strom i_2 nimmt also ab.

Beim Betrieb des Sperrwandlers gibt es zwei Möglichkeiten, der Betrieb mit **trapezförmigem Strom** und der mit **dreieckförmigem Strom**. Bei einem trapezförmigem Strom haben die Transformator-Sekundärspannung u_2 sowie die beiden Transformatorströme i_1 und i_2 den in den Bildern 7.10b bis 7.10d dargestellten Verlauf. Der Verlauf des Stromes i_2 wird dabei außer durch Gl. (7.3) dadurch bestimmt, dass sein Mittelwert gleich dem Laststrom

$$I_L = \frac{U_L}{R}$$

sein muss. Der Betrieb mit dreieckförmigem Stromverlauf bedeutet, dass in Bild 7.10a der Strom i_2 schon jeweils zu einem Zeitpunkt Null wird, wo der Transistor Tr noch nicht wieder eingeschaltet ist. Der sich dann ergebende Verlauf der Spannung u_2 sowie der der Ströme i_1 und i_2 ist in den Bildern 7.10e bis 7.10g dargestellt. Dabei ist berücksichtigt, dass bei $i_2 = 0$ (und $i_1 = 0$) auch $u_2 = 0$ sein muss.

Die Höhe der am Ausgang der Schaltung erzeugten Gleichspannung U_L erhalten wir – sowohl bei trapezförmigem als auch bei dreieckförmigem Strom – aus der Überlegung, dass die Transformatorspannung u_2 keinen Gleichspannungsanteil enthalten kann. Dies führt bei trapezförmigem Strom zu der sich aus Bild 7.10b ergebenden Gleichung

$$\frac{U_d}{ü} T_e = U_L T_a.$$

Hieraus folgt für die von der Schaltung in Bild 7.10a gelieferte Ausgangsspannung

$$\boxed{U_L = \frac{T_e}{T_a} \cdot \frac{U_d}{ü}.} \tag{7.4}$$

Dabei sind T_e die Einschaltzeit und T_a die Ausschaltzeit des Transistors. Die Summe der genannten Zeiten stellt die **Periodendauer** T dar. Es gilt also

$$T = T_e + T_a.$$

Das in Gl. (7.4) angegebene Ergebnis besagt, dass die Ausgangsspannung U_L zum einen vom Übersetzungsverhältnis $ü$ des Transformators abhängig ist und zum anderen vom Quotienten T_e/T_a. Durch Verstellen dieses Quotienten kann die Ausgangsspannung in einfacher Weise verändert (gesteuert oder geregelt) werden.

Vergleicht man Bild 7.10e mit Bild 7.10b, so findet man, dass die Ausgangsspannung U_L bei *dreieckförmigem* Stromverlauf höher ist als bei *trapezförmigem*. Zudem zeigt sich, dass U_L bei dreieckförmigem Stromverlauf abhängig von der Größe des Laststromes I_L ist. Damit ist der Nachteil verbunden, dass U_L nicht mehr eindeutig durch das Verhältnis T_e/T_a eingestellt werden kann (wie dies beispielsweise bei trapezförmigem Strom nach Gl. (7.4) der Fall ist).

Der dreieckförmige Stromverlauf hat gegenüber dem trapezförmigen dagegen den Vorteil, dass die im Transistor auftretenden Schaltverluste geringer sind. Das liegt zum einen daran, dass der dreieckförmig verlaufende Strom beim Einschalten des Transistors nur mit einer relativ geringen Steilheit ansteigt. Zum anderen wird der Transistor bei diesem Stromverlauf im Einschaltaugenblick nicht mehr zusätzlich durch den sekundärseitig auftretenden und sich primärseitig auswirkenden *Sperrverzögerungsstrom* (Ausräumstrom) der Diode D belastet (vergl. Bild 7.10a).

Die in Bild 7.10a dargestellte Schaltung ist dadurch gekennzeichnet, dass die beiden Transformatorwicklungen zeitlich nacheinander (und nicht gleichzeitig) einen Strom führen. Der Transformator dient hierbei als **Zwischenspeicher**. Dieses Prinzip hat zur Folge, dass nur vergleichsweise niedrige Leistungen übertragen werden können. Der Sperrwandler wird daher eher für geringe Leistungen als für etwas größere eingesetzt.

8 Stromrichteranwendungen in der elektrischen Antriebstechnik

Ein wichtiges Anwendungsgebiet für Stromrichterschaltungen ist die **elektrische Antriebstechnik**. Dabei werden Stromrichter verschiedenster Bauart als **Stellglieder** für fast alle Arten von Maschinen (Elektromotoren) eingesetzt. Man bezeichnet die sich so ergebenden Anordnungen als **Stromrichterantriebe**. Die Stromrichter werden dazu meistens so konzipiert, dass sich die **Drehzahl** der Maschinen verstellen lässt. Oft erfüllen die Schaltungen aber auch gleichzeitig mehrere Aufgaben. So ist neben der Möglichkeit der Drehzahlverstellung häufig auch eine **Regelung der Drehzahl** vorgesehen. Zusätzlich kann beispielsweise dafür gesorgt werden, dass die Beschleunigung nicht zu hoch ist, das entwickelte Drehmoment begrenzt wird, keine unzulässig hohen Ströme auftreten. Stromrichterantriebe können aber auch so konzipiert sein, dass ein Motor sich nicht kontinuierlich dreht, sondern stattdessen lediglich ein bestimmter Drehwinkel zurückgelegt wird.

Bei der Realisierung von Stromrichterantrieben werden drehzahlverstellbare **Drehstromantriebe** am häufigsten ausgeführt. Das liegt daran, dass die dabei verwendeten Motoren (insbesondere Drehstrom-Asynchronmotoren) kostengünstig und sehr robust sind. Daneben sind aber auch andere Lösungen von Bedeutung. Genannt seien hier der **Gleichstrommotor**, der **Wechselstrom-Reihenschlussmotor** (Reihenschluss-Kommutatormotor) mit vorgeschaltetem Wechselstromsteller, der **elektronisch kommutierte Motor** (Elektronikmotor) und der **Schrittmotor**. Nachfolgend sollen verschiedene Stromrichterantriebe näher betrachtet werden.

8.1 Gleichstromantriebe

8.1.1 Schaltungsaufbau und Betriebsverhalten der fremderregten, stromrichtergespeisten Gleichstrommaschine

Bei der Realisierung eines **Gleichstromantriebs** wird in den meisten Fällen eine **fremderregte Gleichstrommaschine** eingesetzt. Die Bezeichnung „fremderregt" bedeutet, dass die (im Läufer untergebrachte) **Ankerwicklung** und die (im Ständer untergebrachte) **Erregerwicklung** aus *verschiedenen* Spannungsquellen gespeist werden und dadurch eine getrennte Spannungseinstellung bei beiden Stromkreisen möglich ist. Bei kleinen Maschinen werden im Ständer auch **permanente Magnete** verwendet, so dass keine Erregerwicklung notwendig ist.

Als Beispiel für einen Gleichstromantrieb betrachten wir die in Bild 8.1 angegebene Schaltung, in der ein fremderregter Gleichstrommotor aus einem Drehstromnetz über zwei netzgeführte Stromrichterschaltungen (I und II) – im vorliegenden Fall handelt es sich um Sechspuls-Brückenschaltungen – versorgt wird.

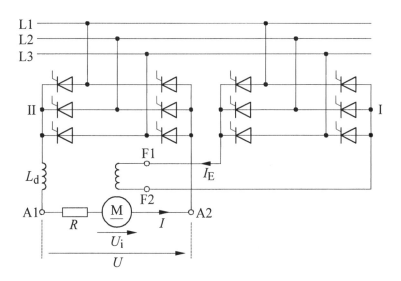

Bild 8.1 Versorgung einer fremderregten Gleichstrommaschine über netzgeführte Stromrichter aus dem Drehstromnetz

Der Stromrichter I erzeugt einen Gleichstrom (Erregerstrom) I_E, der der Erregerwicklung über deren Anschlüsse (F1 – F2) zugeführt wird. Der dadurch verursachte magnetische Fluss Φ durchsetzt den Anker (Läufer). Zur Versorgung der Ankerwicklung sind deren Anschlüsse (A1 – A2) mit dem Stromrichter II verbunden, so dass ein Ankerstrom I fließen kann. Die eingeschaltete Drosselspule (L_d) dient zur Glättung dieses Stromes. Nicht selten wird allerdings aus Kostengründen auch auf eine solche Glättungsdrossel verzichtet, so dass lediglich die verbleibende Ankerkreisinduktivität wirksam ist.

Der von der Erregerwicklung erzeugte magnetische Fluss (Erregerfluss) Φ übt auf die stromführende Ankerwicklung ein Drehmoment aus, das durch

$$\boxed{M = k\,\Phi\,I} \tag{8.1}$$

dargestellt werden kann. Das bedeutet, dass das vom Motor entwickelte Drehmoment proportional zum Erregerfluss Φ und proportional zum Ankerstrom I ansteigt. Die Größe k ist eine Maschinenkonstante.

Durch das Drehmoment kommt es zu einer Drehung des Läufers. Dies führt dazu, dass infolge des vorhandenen magnetischen Flusses Φ in die Ankerwicklung eine Spannung U_i induziert wird. Sie steigt proportional zur Drehzahl des Ankers und proportional zur Größe des Flusses Φ an. Mit dieser Spannung ergibt sich aus Bild 8.1 die Gleichung

$$U = U_i + IR, \qquad (8.2)$$

wobei U die am Anker liegende Spannung ist und R der Ankerkreiswiderstand.

Multiplizieren wir Gl. (8.2) mit dem Ankerstrom I, so erhalten wir

$$UI = U_i I + I^2 R.$$

In dieser Gleichung stellt der Ausdruck UI die dem Ankerkreis zugeführte elektrische Leistung dar und der Ausdruck $I^2 R$ die im Anker auftretende Verlustleistung. Folglich muss der Ausdruck $U_i I$ die vom Motor abgegebene mechanische Leistung sein. Diese kann auch durch den Ausdruck $M\omega$ dargestellt werden, wobei M das vom Motor entwickelte Drehmoment ist und ω die Winkelgeschwindigkeit des sich drehenden Ankers. Es muss also unter Beachtung von Gl. (8.1) gelten

$$U_i I = M\omega = k\Phi I \omega.$$

Hieraus erhalten wir, wenn wir durch I teilen, die Beziehung

$$U_i = k\Phi\omega. \qquad (8.3)$$

Dabei können wir bei der Drehzahl n des Motors die Winkelgeschwindigkeit darstellen durch

$$\omega = 2\pi n.$$

Die in den Gln. (8.1) bis (8.3) angegebenen Beziehungen bestimmen das Betriebsverhalten der Gleichstrommaschine. So folgt aus Gl. (8.1), dass bei leerlaufender (mechanisch nicht belasteter) Maschine und vernachlässigbarem Reibungsmoment wegen $M = 0$ auch $I = 0$ sein muss. Aus Gl. (8.2) finden wir für $I = 0$, dass die im Anker induzierte Spannung U_i gleich der am Anker anliegenden

Spannung U ist. Damit folgt aus Gl. (8.3) die sich einstellende **Leerlaufwinkelgeschwindigkeit** des Gleichstrommotors als

$$\boxed{\omega_0 = \frac{U}{k\,\Phi}\,.} \tag{8.4}$$

Zur Veränderung (Steuerung) dieser Winkelgeschwindigkeit gibt es folgende Möglichkeiten:

- Verstellung der Ankerspannung U,
- Verstellung des Erregerflusses Φ durch Verändern des Erregerstromes I_E.

So ist aus Gl. (8.4) ersichtlich, dass beispielsweise zur *Herabsetzung* der Leerlaufwinkelgeschwindigkeit ω_0 entweder die Ankerspannung U verkleinert oder der magnetische Fluss Φ vergrößert werden muss. Hierbei ist die Vergrößerung des Flusses jedoch nur in sehr begrenztem Maße möglich, da schon sehr bald eine magnetische Eisensättigung auftritt. Daher wird die Drehzahlverstellung in der Regel folgendermaßen vorgenommen:

- Unterhalb der Nenndrehzahl (also unterhalb der üblicherweise verwendeten Betriebsdrehzahl) wird die Drehzahlverstellung grundsätzlich nur durch Verändern der Ankerspannung U (bei konstantem magnetischen Fluss Φ) vorgenommen. In Bild 8.1 wird hierzu der Steuerwinkel des Stromrichters II entsprechend verstellt.

- Zur Erzielung höherer Drehzahlen (oberhalb der Nenndrehzahl) wird grundsätzlich zunächst die Ankerspannung U soweit erhöht, wie dies möglich ist. Eine begrenzte weitere Drehzahlerhöhung lässt sich durch eine Verringerung des Erregerstromes I_E (bei konstanter Ankerspannung U) erreichen. Man spricht dann vom **Feldschwächbereich**. Hierbei kann die Maschine bei vorgegebenem (zulässigem) Ankerstrom I nach Gl. (8.1) nicht mehr mit dem vollen Drehmoment belastet werden.

Ist eine Drehzahlerhöhung oberhalb der Nenndrehzahl nicht erforderlich, so kann der Stromrichter I in Bild 8.1 auch *ungesteuert* ausgeführt werden. Allerdings ist dann eine *Regelung* des Erregerstromes I_E nicht möglich. Diese wird häufig deshalb vorgenommen, damit der betreffende Strom bei der durch die Erwärmung der Erregerwicklung bedingten Widerstandserhöhung nicht abnimmt, sondern möglichst konstant bleibt.

Wir wollen jetzt die *Lastabhängigkeit* der Winkelgeschwindigkeit ω näher untersuchen und lösen dazu Gl. (8.3) nach ω auf. Es ergibt sich

$$\omega = \frac{U_i}{k\,\Phi} \tag{8.5}$$

Berücksichtigen wir hierbei, dass nach Gl. (8.2)

$$U_i = U - IR$$

ist, so wird aus Gl. (8.5)

$$\omega = \frac{U - IR}{k\Phi}.$$

Berücksichtigen wir weiterhin, dass nach Gl. (8.1)

$$I = \frac{M}{k\Phi}$$

ist, so erhalten wir

$$\boxed{\omega = \frac{U}{k\Phi} - \frac{R}{(k\Phi)^2} M.} \qquad (8.6)$$

Diese Beziehung gibt die Abhängigkeit der Winkelgeschwindigkeit ω vom Drehmoment (Belastungsmoment) M an. Dabei zeigt sich, dass ω bei ausgeführten Maschinen im Allgemeinen nur relativ wenig von M abhängig ist. Das gilt insbesondere für große Maschinen, da hier der in Gl. (8.6) enthaltene Ankerkreiswiderstand R vergleichsweise niedrig ist. Dagegen kann bei kleinen Maschinen der Ankerkreiswiderstand R – herstellungsbedingt – nicht entsprechend gering gehalten werden, so dass sich für die Drehzahl eine etwas größere Lastabhängigkeit ergibt. In Bild 8.2 ist der typische (prinzipielle) Verlauf der in Gl. (8.6) angegebenen Geraden zum einen für eine große Maschine (a) und zum anderen für eine kleine Maschine (b) – in normierter Form – dargestellt.

Man bezeichnet die dargestellten Kennlinien auch als **Betriebskennlinien**. In Bild 8.2 stellt M_N das **Nennmoment** des Motors dar. Das ist dasjenige Drehmoment, für das der Motor ausgelegt ist und das der Motor (im Dauerbetrieb) abgeben kann, ohne überlastet zu sein. Die Größe ω_0 ist die Leerlaufwinkelgeschwindigkeit.

Zum Anlaufen der in Bild 8.1 dargestellten Gleichstrommaschine muss zunächst der Erregerstrom I_E eingeschaltet (bzw. eingestellt) werden. Danach wird durch Verstellen des Steuerwinkels des Stromrichters II die Ankerspannung U von kleinen Werten aus langsam erhöht, bis die gewünschte Drehzahl erreicht ist. Zur Änderung der Drehrichtung der Maschine muss entweder die Ankerspannung umgepolt oder die Richtung des Erregerstromes geändert werden.

8.1 Gleichstromantriebe

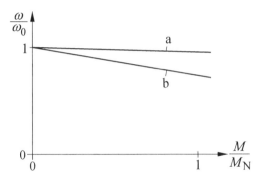

Bild 8.2 Prinzipieller Verlauf der Betriebskennlinien von fremderregten Gleichstrommotoren (in normierter Form) für eine große Maschine (a) und für eine kleine Maschine (b)

Die in der Schaltung nach Bild 8.1 enthaltene Drosselspule (mit der Induktivität L_d) wird aus Kostengründen nicht unnötig groß gewählt, oder es wird – wie schon erwähnt – sogar ganz auf diese Drossel verzichtet. Das hat zur Folge, dass der Ankerstrom I oft eine nicht unerhebliche Welligkeit besitzt. Bei geringer Maschinenbelastung kommt es häufig zum **Gleichstromlücken** (vergl. Abschnitt 3.1.13). Zu beachten ist hierbei, dass ein *welliger* Gleichstrom grundsätzlich folgende Nachteile mit sich bringt:

- Die im Gleichstrom enthaltene Welligkeit (bzw. der dem Gleichstrom überlagerte Wechselstrom) verursacht zusätzliche Verluste.

- Es können nicht zu vernachlässigende *Pendelmomente* (periodisch verlaufende Drehmomentschwankungen) und hörbare zusätzliche *Geräusche* auftreten.

- Es kann zu Beeinträchtigungen bei der Stromwendung in der Maschine kommen. (Abhilfe ist hier dadurch möglich, dass auch der Ständer der Maschine geblecht ausgeführt wird.)

Eine Verringerung der Stromwelligkeit kann (neben einer Vergrößerung der Glättungsinduktivität) auch dadurch erreicht werden, dass der Anker der Maschine in Bild 8.1 über eine *ungesteuerte Gleichrichterschaltung* mit nachgeschaltetem *Gleichstromsteller* (vergl. Abschnitt 5.2) versorgt wird. Diese Lösung hat auch den Vorteil, dass – wegen der geringeren Totzeit – eine schnellere Spannungsverstellung möglich ist (siehe auch Abschnitt 8.1.4).

Wird die in Bild 8.1 dargestellte Gleichstrommaschine aus einer *Gleichspannungsquelle* versorgt – wie dies beispielsweise in Fahrzeugen häufig der Fall ist – so sind die netzgeführten Stromrichter I und II durch *Gleichstromsteller* zu ersetzen. Gegebenenfalls kann der Stromrichter I aber auch ersatzlos entfallen, wenn eine Verstellung des Erregerstromes I_E nicht erforderlich ist.

8.1.2 Drehrichtungsumkehr mit einem Umkehrstromrichter

Wie oben schon erwähnt, muss zur Umkehr der Drehrichtung des Gleichstrommotors entweder die Ankerspannung umgepolt oder die Richtung des Erregerstromes verändert werden. Meistens wird die Ankerspannung umgepolt, da eine Richtungsänderung des Erregerstromes wegen der im Allgemeinen großen Induktivität der Erregerwicklung relativ viel Zeit in Anspruch nimmt. Eine häufig angewendete Methode ergibt sich aus der Schaltung nach Bild 8.3a.

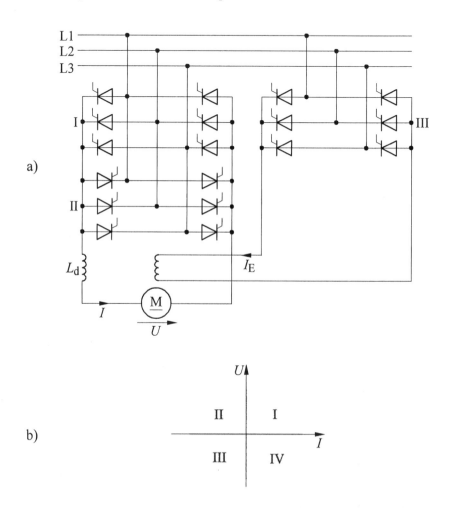

Bild 8.3 Drehrichtungsumkehr von Gleichstrommotoren durch Verwendung eines Umkehrstromrichters. a) Schaltung, b) Darstellung des Vierquadrantenbetriebes

8.1 Gleichstromantriebe

In der Schaltung dient der Stromrichter III zur Erzeugung des Erregerstromes I_E der Gleichstrommaschine. Die Stromrichter I und II sind für die Lieferung der Ankerspannung U bzw. des Ankerstromes I zuständig.

Die Steuerung der Stromrichter I und II wird so vorgenommen, dass immer nur einer der beiden Schaltungen (I oder II) Steuerimpulse erhält. Daher genügt es, für beide zusammen einen gemeinsamen Steuersatz vorzusehen. Hierbei muss sichergestellt werden, dass die Steuerimpulse stets zu dem Stromrichter gelangen, der den Gleichstrom I liefern muss oder – falls der Gleichstrom Null ist – diesen anschließend übernehmen soll.

Zur Erläuterung der Funktion der in Bild 8.3a dargestellten Schaltung nehmen wir an, dass der Stromrichter I Steuerimpulse erhält und dabei als Gleichrichter arbeitet. Dann fließt der Gleichstrom (Ankerstrom) I in der angegebenen Richtung, ist also positiv. Soll jetzt beispielsweise die Drehrichtung der angeschlossenen Gleichstrommaschine (möglichst schnell) geändert werden, so werden folgende Schritte nacheinander ausgeführt:

1. Der Steuerwinkel α wird bis auf den Wert der Wechselrichtertrittgrenze vergrößert. Dadurch wird der fließende Gleichstrom I relativ schnell abgebaut.
2. Nachdem der Gleichstrom I Null geworden ist, werden die dem Stromrichter I zugeführten Steuerimpulse gesperrt.
3. Nach Ablauf einer Sicherheitszeit, die größer als die Freiwerdezeit der Thyristoren sein muss, werden die Steuerimpulse für den Stromrichter II freigegeben.
4. Der Steuerwinkel α wird vom Wert der Wechselrichtertrittgrenze aus verkleinert. Dadurch verursacht die im Anker der Gleichstrommaschine induzierte Spannung einen Gleichstrom, der vom Stromrichter II geliefert wird und entgegengesetzt der in Bild 8.3a eingetragenen Pfeilrichtung fließt, also negativ ist. Hierdurch kommt es zu einer Abbremsung der Gleichstrommaschine, und die Ankerspannung U nimmt ab. Bei dem Vorgang sollte der Steuerwinkel α zeitabhängig jeweils so eingestellt (verstellt) werden, dass der Gleichstrom I nach der Freigabe der Steuerimpulse zwar zunächst schnell ansteigt, jedoch danach nicht unzulässig groß wird.
5. Nach dem Stillstand der Gleichstrommaschine läuft diese bei weiterer Verkleinerung des Steuerwinkels α in umgekehrter Drehrichtung wieder an, da die gelieferte Gleichspannung U dann negativ wird (also eine andere Polarität hat als vorher). Bei der Verkleinerung des Steuerwinkels α sollten Werte unterhalb von etwa 30° vermieden werden. Sonst besteht die Gefahr, dass bei einer erneuten Umkehrung der Drehrichtung (oder bei einer Herabsetzung der Drehzahl) ein zu großer Strom auftritt. Das liegt daran, das die von der Gleichstrommaschine gelieferte Gleichspannung dann deutlich höher sein kann als die größtmögliche einstellbare Wechselrichter-Gegenspannung.

Die Durchführung des beschriebenen Umschaltvorganges wird bei ausgeführten Schaltungen durch eine entsprechende Elektronik (in der Regel eine Mikroprozessorschaltung) automatisch vorgenommen. Die Schaltung sorgt also dafür, dass die oben genannten Schritte nacheinander – entsprechend der Beschreibung – in der richtigen Reihenfolge ausgeführt werden. Gleichzeitig wird durch eine Erfassung und Regelung des fließenden Gleichstromes sichergestellt, dass dieser die gewünschte Höhe zwar schnell erreicht, aber nicht überschreitet.

Trägt man in einem Koordinatenkreuz nach Bild 8.3b die Ankerspannung U in Abhängigkeit vom Ankerstrom I auf, so kann man in allen vier Quadranten (I, II, III und IV) Kennlinien aufnehmen. Man sagt deshalb auch, dass die betreffende Schaltung (Bild 8.3a) einen **Vierquadrantenbetrieb** ermöglicht. Wird hierbei – zum Beispiel bei der Herabsetzung der Drehzahl – die Gleichstrommaschine vorübergehend abgebremst, so wird die gelieferte Leistung dem Drehstromnetz zugeführt. Da diese Leistung somit nicht verloren geht, sondern genutzt wird, spricht auch von einer **Nutzbremsung**.

8.1.3 Drehzahlgeregelter Gleichstromantrieb mit fremderregter Gleichstrommaschine

Häufig werden Gleichstromantriebe mit einer **Drehzahlregelung** nach Bild 8.4 versehen. Die Schaltung ermöglicht gleichzeitig eine Begrenzung des Ankerstromes, der sonst leicht unzulässig hohe Werte annehmen kann.

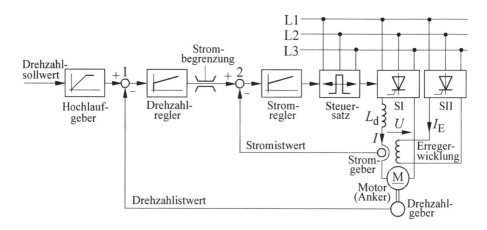

Bild 8.4 Aufbau eines drehzahlgeregelten Gleichstromantriebs mit unterlagerter Stromregelung

In der Darstellung ist der Aufbau der Schaltung sowie das Zusammenwirken der einzelnen Komponenten in Form eines **Blockschaltbildes** wiedergegeben. Darin wird aus Gründen der Übersichtlichkeit auf die Darstellung schaltungstechnischer Einzelheiten weitgehend verzichtet, so dass das grundsätzliche Funktionsprinzip überschaubar bleibt.

In der Anordnung liefert der Stromrichter SI den Ankerstrom I für den Gleichstrommotor. Die eingeschaltete Glättungsdrossel (L_d) dient zur Glättung des Ankerstromes. Nicht selten wird aber – wie schon erwähnt – aus Kostengründen auch auf eine besondere Glättungsdrossel verzichtet, so dass nur die Induktivität der Ankerwicklung wirksam ist. Soll der Gleichstrommotor in *beiden* Drehrichtungen betrieben werden, so wird der Stromrichter SI in Bild 8.4 als **Umkehrstromrichter** (vergl. Abschnitt 8.1.2) ausgeführt.

Die Erregerwicklung des Gleichstrommotors (Bild 8.4) wird von der Stromrichterschaltung SII versorgt, die prinzipiell nicht unbedingt steuerbar sein muss. Sie wird jedoch häufig gesteuert ausgeführt. Dadurch besteht zum einen die Möglichkeit, den eingespeisten Erregerstrom I_E verändern zu können. Zum anderen kann durch Verwendung einer Regelschaltung dafür gesorgt werden, dass sich die temperaturbedingte Widerstandsänderung der Erregerwicklung nicht auf die Höhe des eingespeisten Stromes auswirkt.

Wir wollen jetzt die Funktion der Drehzahlregelung untersuchen. Die gewünschte Motordrehzahl wird durch ein von außen zugeführtes elektrisches Signal vorgegeben, das in Bild 8.4 mit **Drehzahlsollwert** bezeichnet ist. Das betreffende elektrische Signal, das beispielsweise eine elektrische Spannung sein kann, wird häufig – wie dargestellt – über einen **Hochlaufgeber** dem **Drehzahlregler** zugeführt. Der Hochlaufgeber sorgt dafür, dass bei gewünschten Drehzahländerungen die Beschleunigung nicht zu groß wird. Es lassen sich aber beispielsweise auch bestimmte Drehzahlwerte einstellen, die nicht überschritten oder unterschritten werden sollen. Grundsätzlich kann aber auch auf einen solchen Hochlaufgeber verzichtet werden.

Der in Bild 8.4 vom Motor angetriebene **Drehzahlgeber** wandelt die Drehzahl in ein elektrisches Signal (zum Beispiel in eine elektrische Spannung) um. Der Wert dieses Signals, das der Drehzahlgeber liefert, heißt **Drehzahlistwert**. Er wird im Vergleichspunkt 1 (Bild 8.4) mit dem oben erwähnten Sollwert verglichen. Besteht zwischen beiden Werten eine Differenz, so führt dies am Ausgang des Drehzahlreglers zu einem entsprechenden Signal. Es wird dem nachgeschalteten Stromregler zugeführt. Der Wert des betreffenden Signals stellt den *Sollwert* für den Stromregler dar.

Der in Bild 8.4 enthaltene **Stromgeber** wandelt den Ankerstrom I in ein elektrisches Signal (beispielsweise in eine elektrische Spannung) um. Der Wert dieses Signals, das der Stromgeber liefert, heißt **Stromistwert**. Im Vergleichspunkt 2 (Bild 8.4) werden der Soll- und der Istwert des Stromes miteinander verglichen. Eine Differenz beider Werte führt zu einem entsprechenden Ausgangssignal am Stromregler. Dieses Signal wird dem Steuersatz zugeführt, der wiederum über den Stromrichter SI die Höhe der Ankerspannung U und damit gleichzeitig die Maschinendrehzahl steuert.

Man bezeichnet die gesamte Regelung als **Drehzahlregelung mit unterlagerter Stromregelung**. Da der Wert des Ausgangssignals des Drehzahlreglers den Sollwert für den Ankerstrom I dargestellt, kann durch eine Begrenzung dieses Wertes (Bild 8.4) eine **Strombegrenzung** – also eine Begrenzung des Ankerstromes – vorgenommen werden. Damit ist gleichzeitig auch die wichtigste Aufgabe des Stromreglers beschrieben. Er sorgt nämlich dafür, dass der fließende Ankerstrom I nicht unzulässig hoch werden kann. Mit der Vorgabe des maximal möglichen Ankerstromes wird (bei einem konstanten Erregerstrom) zusätzlich auch die Obergrenze für das vom Motor entwickelte Drehmoment festgelegt.

Der Drehzahlregler und der Stromregler werden jeweils mit einem geeigneten **Zeitverhalten**, beispielsweise – wie in Bild 8.5 schon symbolisch dargestellt – mit einem **proportional-integralem Zeitverhalten (PI-Verhalten)** versehen. Dazu werden bestimmte **Reglerparameter** vorgegeben. Das sind Konstanten, die in den Reglern eingestellt (bzw. verändert) werden können. Sie sollten so gewählt werden,

- dass die Abweichung der tatsächlichen Motordrehzahl vom vorgegeben Sollwert möglichst gering ist,
- dass beispielsweise bei einer Verstellung des Drehzahlsollwertes oder bei einer Veränderung des Belastungsmoments oder bei einer Netzspannungsänderung die vorgegebene Drehzahl möglichst schnell (wieder) erreicht wird,
- dass die Schaltung stabil arbeitet, die Maschine also beispielsweise nach einer Verstellung des Drehzahlsollwertes die neue Drehzahl zwar schnell erreicht, jedoch keine störenden Schwingungen auftreten.

Dazu ist es erforderlich, die Reglerparameter richtig (optimal) an den Gleichstromantrieb anzupassen. Man spricht hierbei auch von der **Optimierung der Regelkreise**. Diese Optimierung kann – beispielsweise bei der Inbetriebnahme der Anlage – entweder „von Hand" vorgenommen werden oder aber auch automatisch (durch die Schaltung selbst) erfolgen. Man spricht im letztgenannten Fall von **Selbstoptimierung**.

Regler können grundsätzlich in analoger oder in digitaler Technik ausgeführt werden. Beim *analogen* Regler werden die betreffenden Soll- und Istwerte vielfach in Form von *elektrischen Spannungen* von maximal ± 10 V dargestellt. Der Regler selbst besteht in den meisten Fällen aus einem beschalteten Operationsverstärker, wobei die Art der Beschaltung auch die Reglerparameter und damit das Zeitverhalten bestimmt.

Meistens werden *digital arbeitende* Regler eingesetzt. Hierbei übernimmt im Allgemeinen eine *Mikroprozessorschaltung* sowohl die Regelaufgaben als auch die Erzeugung der Impulse zur Ansteuerung der Leistungshalbleiter. Die das Regelverhalten bestimmenden Parameter können softwaremäßig – beispielsweise über eine Tastatur – eingegeben oder verändert werden. Bei der oben genannten *Selbstoptimierung* erfolgt die Einstellung der Reglerparameter automatisch. Digital arbeitende Regler erlauben darüber hinaus einen Schutz der Anlage (durch Selbsttests) sowie eine Überwachung des Antriebs (durch entsprechende Anzeigen im Display).

Bei geringer Belastung des Gleichstrommotors kommt es vielfach zu einem Lücken des Ankerstromes (vergl. Abschnitt 3.1.13). Dies führt dazu, dass die im lückfreien Zustand vorgenommene Optimierung der Regler dann nicht mehr dem gewünschten Optimum entspricht. Als Folge davon können regelungstechnische Probleme auftreten. Eine Verbesserung ist dadurch möglich, dass beim Einsetzen des Gleichstromlückens die Reglerparameter automatisch angepasst werden. Man spricht dabei vom Einsatz **adaptiver Regler**.

Werden bei Gleichstromantrieben besondere Anforderungen an die **Dynamik der Regelung** gestellt, so kann der in Bild 8.4 enthaltene gesteuerte Stromrichter SI durch eine *ungesteuerte* Schaltung mit nachgeschaltetem *Gleichstromsteller* ersetzt werden. Die verbesserte *Regeldynamik* kommt dadurch zustande, dass ein Gleichstromsteller mit wesentlich höherer Frequenz betrieben wird und sich dadurch eine deutlich geringere *Totzeit* ergibt als bei einem netzgeführten Stromrichter (vergl. Abschnitt 3.1.5).

8.1.4 Drehzahlverstellung und Drehrichtungsumkehr mit einem Vierquadranten-Gleichstromsteller

Eine Drehzahlverstellung sowie eine Umkehrung der Drehrichtung ist bei einer Gleichstrommaschine auch dadurch möglich, dass eine Gleichrichterschaltung mit einem nachgeschalteten Vierquadraten-Gleichstromsteller (vergl. Abschnitt 5.2.5) eingesetzt wird. Derartige Lösungen bieten sich – wegen der geringen Totzeit – vor allem dann an, wenn die Drehzahl *schnell* verstellt werden muss. Das trifft häufig für **Servoantriebe** („dienende" Antriebe) zu. Hierbei handelt es sich um Antriebe, die die unterschiedlichsten Aufgaben erfüllen, wobei die Leistung oft nicht so hoch, die Drehzahl jedoch vielfach schnell veränderbar sein muss.

Bei der Ausführung der Schaltungen gibt es verschiedene Möglichkeiten, von denen die wichtigsten in Bild 8.5 dargestellt sind.

Bild 8.5a zeigt eine Anordnung mit einem **ungesteuerten Eingangsgleichrichter** G. Der nachgeschaltete **Vierquadranten-Gleichstromsteller** S (vergl. Abschnitt 5.2.5) ermöglicht sowohl eine Drehzahlverstellung als auch eine Drehrichtungsumkehr des angeschlossenen Motors M. Der in Bild 8.5a rechts dargestellte Magnet E bringt zum Ausdruck, dass die Erregung des Gleichstrommotors – wie bei kleineren Gleichstrommotoren häufig der Fall – durch einen permanenten Magneten erfolgt.

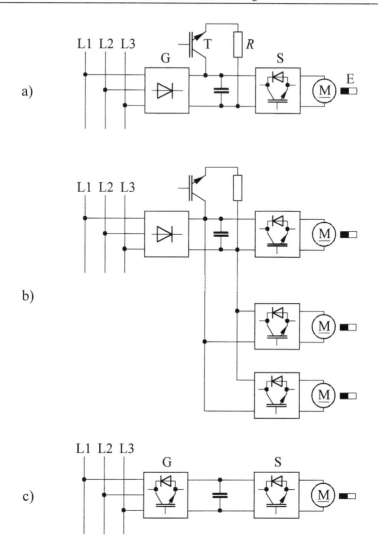

Bild 8.5 Drehzahlverstellung und Drehrichtungsumkehr von Gleichstrommaschinen durch eine Gleichrichterschaltung mit nachgeschaltetem Vierquadranten-Gleichstromsteller. a) Versorgung nur eines Motors, b) Versorgung mehrerer Motoren, c) Schaltung mit netzparallel betriebenem selbstgeführten Gleichrichter

Die Ausgangsspannung der Gleichrichterschaltung G (Bild 8.5a) wird durch einen Kondensator (Zwischenkreiskondensator) gestützt und geglättet. Nachteilig hierbei ist, dass beim Nachladen des Kondensators netzseitig hohe steile Stromimpulse auftreten (vergl. Abschnitt 3.1.2). Um diese zu vermeiden, kann die Gleichrichterschaltung über entsprechend bemessene Drosselspulen versorgt werden. Sie verlängern die Stromflusszeit und reduzieren die Höhe der Stromimpulse. Die genannten Drosselspulen sind in Bild 8.5a nicht besonders dargestellt. Statt netzseitig eingeschalteter Drosselspulen kann auch am Ausgang der Gleichrichterschaltung eine Drosselspule vorgesehen werden.

Wird die in Bild 8.5a vom Gleichstromsteller S gelieferte Gleichspannung verringert (um die Motordrehzahl herabzusetzen), so arbeitet die Gleichstrommaschine vorübergehend als Generator. Dies führt zu einer Abbremsung der Maschine, wobei die gelieferte elektrische Energie dem Zwischenkreiskondensator zugeführt wird. Hierbei besteht die Gefahr, dass die Kondensatorspannung unzulässig hohe Werte annimmt. Der in Bild 8.5a aus dem Transistor T und dem Widerstand R bestehende Zweig dient dazu, den Kondensator bei Bedarf zu entladen und so die Kondensatorspannung zu begrenzen.

Hierbei wird der Transistor T dann eingeschaltet, wenn die Kondensatorspannung einen bestimmten Wert überschritten hat und ausgeschaltet, wenn ein anderer (niedrigerer) Wert unterschritten worden ist. Dies führt in der Regel dazu, dass – wenn eine Bremsung des Motors erfolgt – der Transistor T in Bild 8.4a in *schneller Folge* ein- und ausgeschaltet wird. Man bezeichnet die so vorgenommene Pulsung des Kondensatorentladestromes als **Choppen** und die aus dem Transistor T und dem Widerstand R bestehende Anordnung entsprechend als **Brems-Chopper**.

Bild 8.5b zeigt eine Anordnung, in der mehrere Motoren aus dem gleichen Gleichspannungs-Zwischenkreis versorgt werden. Hierbei besteht die Möglichkeit, dass die anfallende Bremsenergie *eines* Motors über den Zwischenkreis den *anderen* Motoren zugeführt wird. Folglich ergeben sich geringere Energieverluste.

In Bild 8.5c schließlich ist der Eingangsgleichrichter als *netzparallel betriebener selbstgeführter Stromrichter* ausgeführt (vergl. Abschnitt 5.4.2). Er hat bekanntlich zum einen den Vorteil, dass sinusförmige, mit der Netzspannung in Phase liegende Netzströme auftreten und zum anderen eine Rückspeisung der Bremsenergie in das Netz möglich ist. Daher können hier Brems-Chopper entfallen.

Die beschriebenen Schaltungen werden im Allgemeinen mit einer Drehzahlregelung ausgestattet, die entsprechend der Darstellung nach Bild 8.6 ausgeführt sein kann. Dadurch wird gleichzeitig sichergestellt, dass keine unzulässig hohen Motorströme auftreten können.

Die gewünschte Motordrehzahl wird nach Bild 8.6 durch ein von außen zugeführtes elektrisches Signal vorgegeben, das mit **Drehzahlsollwert** bezeichnet ist. Der in Bild 8.6 vom Motor angetriebene **Drehzahlgeber** wandelt die Drehzahl in ein elektrisches Signal (zum Beispiel in eine elektrische Spannung) um. Der Wert dieses Signals, das der Drehzahlgeber liefert, heißt **Drehzahlistwert**. Er wird im Vergleichspunkt 1 (Bild 8.6) mit dem oben erwähnten Sollwert verglichen. Besteht zwischen beiden Werten eine Differenz, so führt dies am Ausgang des Drehzahlreglers zu einem entsprechenden Signal. Es wird dem nachgeschalteten Stromregler zugeführt. Der Wert des betreffenden Signals stellt den *Sollwert* für den Stromregler dar.

Der in Bild 8.6 enthaltene **Stromgeber** wandelt den Motorstrom I in ein elektrisches Signal (beispielsweise in eine elektrische Spannung) um. Der Wert dieses Signals, das der Stromgeber liefert, heißt **Stromistwert**. Im Vergleichspunkt 2 (Bild 8.6) werden der Soll- und der Istwert des Stromes miteinander verglichen. Eine Differenz beider Werte führt zu einem entsprechenden Ausgangssignal am Stromregler. Dieses Signal wird dem Steuersatz zugeführt, der wiederum über den Gleichstromsteller die Höhe der Motorspannung U und damit gleichzeitig die Maschinendrehzahl steuert.

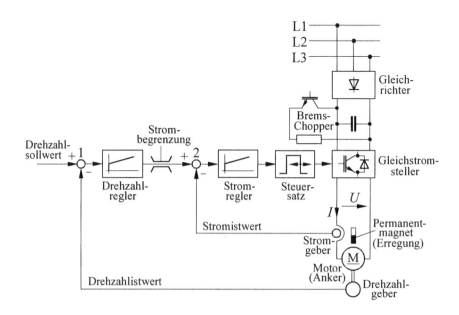

Bild 8.6 Regelung der Drehzahl eines über einen Vierquadranten-Gleichstromsteller versorgten Gleichstrommotors

Da der Wert des Ausgangssignals des Drehzahlreglers den Sollwert für den Motorstrom I dargestellt, kann durch eine Begrenzung dieses Wertes (Bild 8.6) eine **Strombegrenzung** – also eine Begrenzung des vom Motor aufgenommenen Stromes – vorgenommen und so der Motor geschützt werden. Mit der Vorgabe des maximal möglichen Motorstromes wird zusätzlich auch die Obergrenze für das vom Motor entwickelte Drehmoment festgelegt.

Bei einer Herabsetzung der Drehzahl wird die Gleichstrommaschine abgebremst, wobei die dabei von der Maschine gelieferte elektrische Energie dem Zwischenkreiskondensator zugeführt wird. Der vorhandene Brems-Chopper (Bild 8.6) sorgt dafür, dass die Kondensatorspannung hierbei keine unzulässig hohen Werte annehmen kann.

8.1.5 Gleichstromantrieb mit Reihenschlussmaschine

Bei einer **Gleichstrom-Reihenschlussmaschine** sind die Anker- und die Erregerwicklung *in Reihe* geschaltet. Bild 8.7a zeigt prinzipiell den Aufbau der Schaltung.

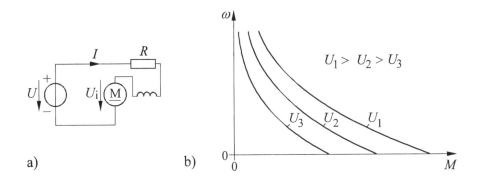

Bild 8.7 Gleichstrom-Reihenschlussmaschine.
a) Schaltung, b) Betriebskennlinien für verschiedene Versorgungsspannungen

Darin stellt R den Gesamtwiderstand der Anker- und der Erregerwicklung dar. Die Spannung U_i ist diejenige Spannung, die durch die Drehung des Ankers in der Ankerwicklung induziert wird. U ist die Versorgungsspannung und I der fließende Strom.

Zur Bestimmung des Betriebsverhaltens des Motors gehen wir von den bekannten, in den Gln. (8.1) bis (8.3) angegebenen Beziehungen

$$M = k\Phi I, \tag{8.7}$$

$$U = U_i + IR, \tag{8.8}$$

$$U_i = k\Phi\omega \tag{8.9}$$

aus. Hierbei sind M das vom Motor abgegebene Drehmoment, Φ der von der Erregerwicklung erzeugte magnetische Fluss, ω die Winkelgeschwindigkeit des sich drehenden Motors und k eine Maschinenkonstante.

Durch die Reihenschaltung beider Wicklungen sind – bei magnetisch nicht gesättigter Maschine (bzw. im linearen Teil der Magnetisierungskennlinie) – der Strom I und der von der Erregerwicklung erzeugte magnetische Fluss Φ einander proportional. Es gilt also

$$\Phi = CI, \tag{8.10}$$

wobei C eine Maschinenkonstante darstellt. Setzen wir Gl. (8.10) in die Gln. (8.7) und (8.9) ein, so ergibt sich

$$M = k\Phi I = kCI^2 = K^2 I^2, \qquad (8.11)$$

$$U_i = k\Phi\omega = kCI\omega = K^2 I\omega. \qquad (8.12)$$

Dabei ist $K^2 = kC$ eine weitere Maschinenkonstante. Wir setzen Gl. (8.12) in Gl. (8.8) ein und erhalten

$$U = U_i + IR = K^2 I\omega + IR. \qquad (8.13)$$

Diese Gleichung stellen wir nach ω um. Es ergibt sich

$$\omega = \frac{U - IR}{K^2 I} = \frac{U}{K^2 I} - \frac{R}{K^2}. \qquad (8.14)$$

Setzen wir hierin die sich aus Gl. (8.11) ergebende Beziehung

$$I = \frac{\sqrt{M}}{K} \qquad (8.15)$$

ein, so erhalten wir das Ergebnis

$$\boxed{\omega = \frac{U}{K\sqrt{M}} - \frac{R}{K^2}.} \qquad (8.16)$$

In Bild 8.7b ist die durch Gl. (8.16) beschriebene Abhängigkeit der Winkelgeschwindigkeit ω vom Drehmoment M für verschieden große Motorspannungen (U_1, U_2 und U_3) dargestellt. Die sich ergebenden Kennlinien bezeichnet man bekanntlich als **Betriebskennlinien**. Aus dem Verlauf dieser Kennlinien ist ersichtlich, dass die Winkelgeschwindigkeit ω vergleichsweise stark vom Drehmoment M abhängig ist. So muss die Maschine beispielsweise stets belastet werden, da sonst ω unzulässig hoch wird.

Aus Gl. (8.11) geht hervor, dass das von der Maschine entwickelte Drehmoment M – und damit auch das Anlaufmoment – *quadratisch* zum Motorstrom I ansteigt. Das bedeutet, dass Reihenschlussmaschinen ein relativ hohes Anlaufmoment entwickeln können.

Kennzeichnend für Reihenschlussmaschinen ist weiterhin, dass sie in einem relativ großen Drehzahlbereich – bei teilweise auch sehr hohen Drehzahlen – eingesetzt werden können. Zur Verstellung der Drehzahl muss nach Gl. (8.16) die Motorspannung U verändert werden. Dazu kann beispielsweise eine Schaltung nach Bild 8.8 eingesetzt werden, die eine ungesteuerte Gleichrichterschaltung G enthält, der ein Gleichstromsteller S nachgeschaltet ist. Dieser ermöglicht eine Verstellung der Ausgangsspannung und damit der Motordrehzahl.

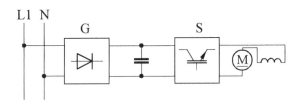

Bild 8.8 Versorgung eines Gleichstrom-Reihenschlussmotors über eine ungesteuerte Gleichrichterschaltung (G) und nachgeschaltetem Gleichstromsteller (S)

8.2 Reihenschlussmotor mit Wechselstromsteller

Werden bei einem Gleichstrom-Reihenschlussmotor die Anker- und die Erregerwicklung *gleichzeitig* umgepolt, so bleibt die Drehrichtung erhalten. Das bedeutet, dass ein solcher Motor grundsätzlich auch mit Wechselspannung versorgt werden kann. Man spricht deshalb bei diesem Motortyp auch von einem **Universalmotor**. Allerdings sind bei der baulichen Ausführung des Motors einige Änderungen erforderlich. So darf beispielsweise der Ständer nicht aus massivem Eisen bestehen, sondern muss geblecht ausgeführt werden.

Das Betriebsverhalten des Reihenschlussmotors unterscheidet sich bei der Versorgung mit Wechselspannung nicht wesentlich von der Versorgung mit Gleichspannung. So führt in beiden Fällen eine Verstellung der Motorspannung zu einer Drehzahländerung. Beim Betrieb mit Wechselspannung werden hierzu vorwiegend **Wechselstromsteller** (vergl. Abschnitt 4.2.1) eingesetzt. Bild 8.9 zeigt eine entsprechende Schaltung.

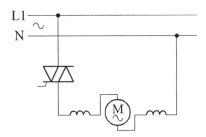

Bild 8.9 Reihenschlussmotor (mit Wechselstromsteller zur Drehzahlsteuerung)

Bei kleineren Leistungen wird – wie dargestellt – zur Realisierung des Wechselstromstellers meistens ein **Triac** verwendet. In der Anordnung (Bild 8.9) ist die Erregerwicklung des Motors geteilt. Dadurch wird erreicht, dass beide Erregerwicklungshälften als *Drosselspulen* für die vom Kommutator des Motors verursachten Störungen wirken. Darüber hinaus werden vielfach *Filter* zur weiteren Störunterdrückung eingesetzt.

Das Hauptanwendungsgebiet von Reihenschlussmotoren mit Wechselstromstellern liegt bei der Realisierung von drehzahlverstellbaren Antrieben *kleiner Leistung*. Genannt seien hier nur die Handbohrmaschine mit einstellbarer Drehzahl und ähnliche Anordnungen.

8.3 Drehstromantriebe

Drehstrommotoren – insbesondere Asynchronmotoren mit Käfigläufer – haben gegenüber Gleichstrommotoren folgende Vorteile:

- einfacherer und robusterer Aufbau (kein Kommutator),
- kleinere Abmessungen und geringeres Gewicht,
- geringerer Wartungsaufwand,
- größere kurzzeitige Stromüberlastbarkeit (zum Beispiel beim Anlauf),
- bessere Einsatzmöglichkeit bei ungünstigen Umweltbedingungen (beispielsweise beim Vorhandensein aggressiver Gase),
- geringere Kosten.

Nachteilig ist dagegen die Tatsache, dass sich die Drehzahl des Drehstrommotors in nicht so einfacher Weise (mit so geringen Mitteln) verstellen lässt wie dies beim Gleichstrommotor möglich ist. Die beschriebenen Vorteile des Drehstrommotors (gegenüber dem Gleichstrommotor) haben jedoch zu einer rasanten Entwicklung von drehzahlverstellbare Drehstromantrieben geführt, so dass sie bezüglich ihrer Eigenschaften entsprechenden Gleichstromantrieben in nichts nachstehen. Das hat dazu geführt, dass sich drehzahlverstellbare Drehstromantriebe in vielen Anwendungsbereichen durchgesetzt haben.

8.3.1 Aufbau und Arbeitsweise von Drehstrommotoren

Bevor auf Schaltungen zur Drehzahlverstellung von Drehstrommotoren eingegangen wird, sei kurz der Aufbau und die Arbeitsweise der genannten Motoren betrachtet. Im Ständer solcher Maschinen befindet sich stets eine **Drehstromwicklung**. Sie wird mit Drehstrom versorgt und hat die Aufgabe, ein **magnetisches Drehfeld** zu erzeugen. Der Läufer von Drehstrommotoren kann verschieden ausgeführt werden. Dadurch entstehen die nachfolgend beschriebenen unterschiedlichen Motorarten.

8.3.1.1 Drehstrom-Synchronmotor

Beim **Drehstrom-Synchronmotor** enthält der Läufer **Magnetpole**, die längs des Läuferumfangs angeordnet sind. Das magnetische Feld der Pole kann durch eine **Erregerwicklung** erzeugt werden, die mit Gleichstrom versorgt wird. Die Verstellung des Stromes ermöglicht eine Veränderung des von der Erregerwicklung erzeugten magnetischen Flusses. Damit verbunden ist auch eine Veränderung des Leistungsfaktors $\cos\varphi$ der Maschine. Wird der Erregergleichstrom so eingestellt, dass der Leistungsfaktor gleich eins ist, so ist der auf der Ständerseite (in den Drehstromwicklungen) fließende Strom am geringsten. Bei vielen Maschinen werden statt der Erregerwicklung **Permanentmagnete** eingesetzt.

Die Drehung des Läufers kommt dadurch zustande, dass das magnetische Läuferfeld vom Ständer-Drehfeld mitgenommen wird. Dadurch haben der Läufer und das Ständer-Drehfeld stets die gleiche Drehzahl. Der Läufer dreht sich also **synchron** zum Drehfeld. Daher spricht man von einem **Synchronmotor**.

Im Betrieb – insbesondere bei plötzlicher Änderung des Belastungsmomentes – können Drehschwingungen auftreten. Zu deren Dämpfung enthält der Läufer meist eine **Kurzschlusswicklung**, die auch **Dämpferwicklung** genannt wird. Sie hat normalerweise die Form eines Käfigs und wird daher auch als **Läuferkäfig** bezeichnet. Die Kurzschlusswicklung dämpft aber nicht nur Schwingungen, sondern ermöglicht – zum Beispiel beim 50-Hz-Betrieb – auch einen (asynchronen) Anlauf. Wird der Synchronmaschine – beispielsweise durch einen Antriebsmotor – ein Drehmoment zugeführt, so kehrt sich die Leistungsrichtung um. Man spricht dann vom **Generatorbetrieb**.

Die Drehzahl des Ständer-Drehfeldes und damit auch die des Läufers wird zum einen durch die **Zahl der Magnetpole** (Polzahl der Maschine) bestimmt und zum anderen durch die **Frequenz** der verwendeten Ständerspannung. Damit besteht zur *kontinuierlichen* (stetigen) Drehzahlverstellung nur die Möglichkeit, die Maschine mit Drehstrom *variabler* (einstellbarer) Frequenz zu versorgen.

In diesem Zusammenhang ist zu beachten, dass (bei vernachlässigbaren Ständerwicklungswiderständen) zwischen dem magnetischen Fluss Φ des Drehfeldes, der Höhe der Ständerspannung U und deren Frequenz f die Abhängigkeit

$$U = c\,f\,\Phi \tag{8.17}$$

besteht, wobei c eine Maschinenkonstante darstellt. Das bedeutet, dass zur Erzielung eines konstanten magnetischen Flusses Φ bei Veränderung der Frequenz f prinzipiell auch die Spannung U proportional dazu mit verstellt werden muss.

8.3.1.2 Drehstrom-Asynchronmotor

Der **Drehstrom-Asynchronmotor** kann entweder mit einem **Schleifringläufer** oder einem **Käfigläufer** versehen werden.

Der **Schleifringläufer** enthält eine Drehstromwicklung, die prinzipiell genauso aufgebaut ist wie die Ständerwicklung. Die Wicklungsstränge werden meistens in Stern geschaltet und die drei Wicklungseingänge über Schleifringe und Kohlebürsten nach außen geführt. Durch die beschriebene Ausführung besteht die Möglichkeit, die Wicklungen in unterschiedlicher Weise zu verwenden. So können diese beispielsweise kurzgeschlossen werden. Stattdessen lassen sich aber auch Widerstände anschließen oder Spannungen anlegen.

Beim **Käfigläufer** befinden sich in den Läufernuten Stäbe, die beidseitig über Ringe (Kurzschlussringe) verbunden sind. Die so gestaltete Läuferwicklung hat die Form eines Käfigs und wird daher als **Käfigläuferwicklung** bezeichnet. Sie ist nach außen hin nicht elektrisch zugänglich. Der Käfigläufer zeichnet sich durch einen besonders einfachen, robusten Aufbau aus, so dass er sehr viel häufiger angewendet wird als der Schleifringläufer. Der betreffende Motor stellt gewissermaßen die **Standardausführung** eines Drehstrom-Asynchronmotors dar.

Beim Betrieb des Asynchronmotors hat der Läufer in der Regel nahezu die gleiche Drehzahl wie das Ständer-Drehfeld. Allerdings besteht stets eine (meistens kleine) Differenz zwischen beiden Drehzahlen. Der Läufer dreht sich also *nicht* synchron (und somit **asynchron**) zum Drehfeld. Man spricht deshalb von einem **Asynchronmotor**. Durch die asynchrone Drehung des Läufers gegenüber dem Ständer-Drehfeld induziert dieses in die Leiter der Läuferwicklung Spannungen. Sie führen zu Läuferströmen, auf die das Drehfeld wiederum Kräfte (Tangentialkräfte) ausübt. Hierdurch entwickelt die Maschine das gewünschte Drehmoment.

Wird der Läufer der Asynchronmaschine durch einen Antriebsmotor in Drehrichtung des Ständer-Drehfeldes mit einer Drehzahl angetrieben, die (etwas) größer ist als die Drehfelddrehzahl, so kehrt sich die Leistungsrichtung in der Maschine um. Man spricht dann vom **Generatorbetrieb**. Voraussetzung für diesen Betrieb ist aber, dass die Maschine mit einem Drehstromnetz verbunden ist bzw. mit Spannungen versorgt wird. Ein eigenständiger Generatorbetrieb ist nicht möglich.

Trägt man das Drehmoment M, das eine Asynchronmaschine abgibt (oder aufnimmt) in Abhängigkeit von der Läuferdrehzahl n bei konstanter Ständerspannung und -frequenz auf, so erhält man die in Bild 8.10 angegebene **Betriebskennlinie**. Darin stellt n_d die Drehzahl des Ständerdrehfeldes dar. Sie ist gleichzeitig die ideale **Leerlaufdrehzahl** der Maschine und heißt auch **synchrone Drehzahl**. n_d ist zum einen von der **Frequenz** der Ständerspannung abhängig und zum anderen von der durch die Wicklungsart bestimmten **Polzahl** der Maschine.

In Bild 8.10 können die folgenden drei Drehzahlbereiche unterschieden werden:
- **Motorbetrieb** (Läufer und Ständerdrehfeld haben die gleiche Drehrichtung, wobei die die Läuferdrehzahl n im Bereich $0 < n < n_d$ liegt.)
- **Generatorbetrieb** (Läufer und Ständerdrehfeld haben die gleiche Drehrichtung, wobei die die Läuferdrehzahl n größer als die Drehfelddrehzahl n_d ist.)
- **Gegenstrombremsbetrieb** (Der Läufer dreht sich gegen die Drehrichtung des Drehfeldes, so dass die Läuferdrehzahl n negativ ist).

Das von der Maschine im Motorbetrieb entwickelte Drehmoment erreicht nach Bild 8.10 bei einer bestimmten Drehzahl n_K ein Maximum. Man bezeichnet dieses als **Kippmoment**. Die zugehörige Drehzahl n_K nennt man **Kippdrehzahl**.

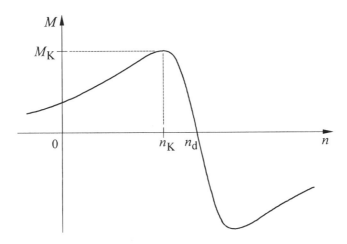

Bild 8.10 Betriebskennlinie der Asynchronmaschine bei konstanter Spannung und Frequenz

Der relative Unterschied zwischen der Drehfelddrehzahl n_d und der Läuferdrehzahl n

$$s = \frac{n_d - n}{n_d} \qquad (8.18)$$

heißt **Schlupf**. Aus Gl. (8.18) folgt

$$n = n_d (1 - s). \qquad (8.19)$$

Zur *kontinuierlichen* (stetigen) Verstellung der Drehzahl n gibt es nach Gl. (8.19) folgende Möglichkeiten:

- Verändern der Drehfelddrehzahl n_d durch **Verstellen der Frequenz** der Ständerspannung,
- Verändern des Schlupfes s durch **Verstellen der Höhe der Ständerspannung**, (Bei abnehmender Ständerspannung und belasteter Maschine erhöht sich der Schlupf.)
- Verändern des Schlupfes s durch **Einschalten eines Widerstandes in den Läuferkreis** oder **Einführung einer Zusatzspannung in den Läuferkreis** (nur beim Schleifringläufer möglich).

Bei einer Drehzahlverstellung durch Verändern der Frequenz der Ständerspannung muss nach Gl. (8.17) zur Erzielung eines konstanten magnetischen Flusses Φ die Ständerspannung U proportional zur Frequenz f mit verändert werden.

Anmerkung: In den meisten Fällen wird zur Drehzahlverstellung von Drehstrom-Asynchronmotoren die Frequenz verändert. Zu diesem Zweck werden die betreffenden Motoren über Umrichter betrieben. Hierbei verwendet man vielfach spezielle Motoren mit relativ geringer magnetischer Streuung und einem dementsprechend hohen Kippmoment. Beim 50-Hz-Betrieb haben solche Motoren den Nachteil, dass sie einen relativ hoher Anlaufstrom aufnehmen.

8.3.1.3 Drehstrom-Reluktanzmotor

Ein **Drehstrom-Reluktanzmotor** ist ähnlich aufgebaut wie ein Drehstrom-Synchronmotor. Allerdings sind im Läufer weder Permanentmagnete angeordnet noch ist eine Erregerwicklung vorhanden. Der Läufer weist lediglich ausgeprägte Pole auf. Sie führen dazu, dass der Läufer vom Ständer-Drehfeld mitgenommen wird. Ständer-Drehfeld und Läufer drehen sich also **synchron**.

In der Regel enthält der Läufer – so wie auch der Läufer eines Drehstrom-Synchronmotors – eine Kurzschlusswicklung (Dämpferwicklung). Diese ermöglicht – beispielsweise beim Betrieb am 50-Hz-Netz – einen asynchronen Anlauf. Nach dem Hochlaufen wird der Läufer – infolge der vorhandenen ausgeprägten Pole – vom magnetischen Drehfeld des Ständers synchron mitgenommen. Drehstrom-Reluktanzmotoren zeichnen sich – so wie Drehstrom-Asynchronmotoren mit Käfigläufer – durch einen einfachen, robusten Aufbau aus. Da der Läufer synchron zum Drehfeld umläuft, besteht zur *kontinuierlichen* (stetigen) Drehzahlverstellung nur die Möglichkeit, die Maschine mit Drehstrom *variabler* (einstellbarer) Frequenz zu versorgen.

8.3.2 Drehzahlverstellung durch Umrichter mit Spannungszwischenkreis (U-Umrichter)

Bei dieser Art der Drehzahlsteuerung wird ein Drehstrommotor über einen **Umrichter mit Gleichspannungszwischenkreis** (vergl. Abschnitt 7.1.1) versorgt.

Man bezeichnet den betreffenden Umrichter auch (kurz) als **U-Umrichter**. Zur Verstellung der Motordrehzahl wird die **Frequenz** der vom Umrichter erzeugten Spannung verändert. Man spricht deshalb auch von einem **Frequenzumrichter**. Als Drehstrommotoren können hierbei sowohl Synchron- wie auch Asynchronmotoren (einschließlich Reluktanzmotoren) verwendet werden. In den meisten Fällen werden Asynchronmotoren mit Käfigläufer genutzt. Vielfach kommen aber auch permanentmagneterregte Synchronmotoren zum Einsatz. Diese sind zwar nicht so robust wie Asynchronmotoren, haben jedoch folgende Vorteile:

- geringeres Läufer-Trägheitsmoment (bei schnellen Drehzahländerungen von Bedeutung),

- höherer Wirkungsgrad, da keine Läuferverluste auftreten.

Umrichter mit einem Gleichspannungszwischenkreis (U-Umrichter) – zur Versorgung von Drehstrommotoren – können unterschiedlich betrieben werden. Hierauf soll nachfolgend näher eingegangen werden.

8.3.2.1 Kurvenform der erzeugten Spannungen und Raumzeiger-Ortskurve des magnetischen Drehflusses

Wir betrachten zunächst einen Drehstrommotor, der aus einem symmetrischen Drehstromnetz mit sinusförmiger Spannung versorgt wird. In diesem Fall entsteht in der Maschine ein mit konstanter Winkelgeschwindigkeit umlaufendes Drehfeld, dessen magnetischer Fluss Φ ebenfalls konstant ist. Stellen wir diesen Fluss durch einen **Zeiger** ($\underline{\Phi}$) dar, so beschreibt dessen Spitze einen Kreis. Man bezeichnet den genannten Zeiger als **Raumzeiger** und den erwähnten Kreis als **Raumzeiger-Ortskurve**. In Bild 8.11 sind der Raumzeiger ($\underline{\Phi}$) und die Raumzeiger-Ortskurve für die beschriebene Anordnung dargestellt (ω = Winkelgeschwindigkeit).

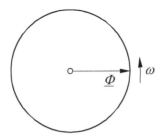

Bild 8.11 Ortskurve des Raumzeigers $\underline{\Phi}$ des magnetischen Drehflusses eines Drehstrommotors bei Speisung aus einem symmetrischen Drehstromnetz mit sinusförmiger Spannung (ω = Winkelgeschwindigkeit des Raumzeigers)

Speist man nun denselben Motor über einen **Umrichter**, so wird die dem Motor zugeführte Spannung nicht durch einen rotierenden Generator, sondern mit Hilfe von elektronischen Schaltern aus einer Gleichspannung gewonnen. Die so vorgenommene Spannungserzeugung ist in den Abschnitten 5.3.1.2 und 5.3.1.4 beschrieben. Nachfolgend sollen noch weitere Betrachtungen unter dem Gesichtspunkt angestellt werden, dass die betreffende Spannung einem **Drehstrommotor** zugeführt wird, bzw. im Motor ein **magnetisches Drehfeld** zu erzeugen ist.

Bild 8.12 zeigt den Aufbau eines U-Umrichters, der bekanntlich aus einem Gleichrichter G, einem Gleichspannungs-Zwischenkreis Z und einem Wechselrichter W besteht. In der Darstellung sind die üblicherweise im Wechselrichter vorhandenen sechs Transistoren (mit jeweils antiparallel geschalteten Dioden) – zur Veranschaulichung der Vorgänge – als *Schalter* (Umschalter) wiedergegeben. Jeder der Schalter S_1, S_2 oder S_3 hat nur zwei Schalterstellungen (0 und 1).

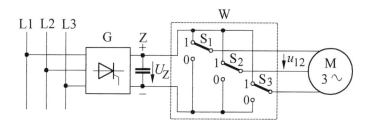

Bild 8.12 Umrichter mit Gleichspannungs-Zwischenkreis und vereinfachter Darstellung des Wechselrichters (G = Gleichrichter, Z = Gleichspannungs-Zwischenkreis, W = Wechselrichter)

Aus Bild 8.12 geht hervor, dass – wie auch schon in den Abschnitten 5.3.1.2 und 5.3.1.4 beschrieben – jede der drei Eingangsleitungen des Drehstrommotors M mit Hilfe der Schalter entweder mit dem *Pluspol* der Zwischenkreis-Gleichspannung U_Z verbunden werden kann (Schalterstellung 1) oder mit dem *Minuspol* (Schalterstellung 0). Je nachdem, welche Kurvenform die zu erzeugende Spannung haben soll, werden die Schalter in unterschiedlicher Weise geschaltet. Dabei können die nachstehenden Verfahren angewendet werden.

Blockbetrieb

Soll durch die Schaltung in Bild 8.12 eine blockförmige (nicht gepulste) Außenleiterspannung u_{12} nach Bild 8.13a (von beispielsweise 50 Hz) erzeugt werden, so wird bekanntlich S_1 abwechselnd jeweils 10 ms lang in die Schalterstellung 1 gebracht und danach ebenso lange in die Schalterstellung 2. Der Schalter S_2 wird in gleicher Weise geschaltet, nur um 6,67 ms (und somit 120°) zeitlich verzögert. S_3 wird um weitere 120° zeitlich verzögert geschaltet (vergl. Abschnitt 5.3.1.2). Zur

8.3 Drehstromantriebe

Verstellung der *Höhe* der erzeugten Spannung wird in Bild 8.12 die Zwischenkreisspannung U_Z – mit Hilfe der gesteuerten Gleichrichterschaltung G – verändert. Nachteilig hierbei ist, dass durch die Herabsetzung der Zwischenkreisspannung netzseitig *Steuerblindleistung* verursacht wird (vergl. Abschnitt 3.1.10).

Bei dem beschriebenen Verfahren wird nur in Abständen von 60° jeweils ein Schalter umgeschaltet. Die an den Wicklungssträngen liegenden Augenblickswerte der Spannungen ändern sich jeweils bei Betätigung eines Schalters *sprunghaft*, bleiben aber in der übrigen Zeit konstant (vergl. Bild 5.13d, Seite 217). Der von den Wicklungen erzeugte magnetische Fluss wird durch die *Spannungs-Zeit-Flächen* der Strangspannungen bestimmt, also durch die über die Zeit *integrierten* Spannungen. Es entsteht ein magnetisches Drehfeld mit der in Bild 8.13b dargestellten (sechseckförmigen) Raumzeiger-Ortskurve.

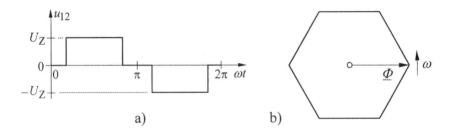

Bild 8.13 a) Zeitlicher Verlauf der vom Umrichter (Bild 8.12) erzeugten Spannung im Blockbetrieb, b) zugehörige Ortskurve des Raumzeigers $\underline{\Phi}$ des magnetischen Drehflusses

Diese von der Kreisform abweichende Ortskurve hat zur Folge, dass das vom Motor entwickelte Drehmoment zeitlich nicht konstant ist. Es treten also Drehmomentschwankungen auf, die man als **Pendelmomente** bezeichnet. Sie wirken sich nachteilig auf den **Rundlauf der Maschine** aus.

Damit hat der Blockbetrieb insgesamt folgende Nachteile:

– Die blockförmige Ausgangsspannung des Umrichters verursacht nichtsinusförmige Ströme. Die darin enthaltenen Oberschwingungen führen im angeschlossenen Motor zu zusätzlichen Verlusten.

– Die notwendige Verstellung der Zwischenkreisspannung verursacht – bei Verwendung einer netzgeführten Gleichrichterschaltung – auf der Netzseite Steuerblindleistung.

– Die von der Kreisform abweichende Raumzeiger-Ortskurve des magnetischen Drehflusses wirkt sich nachteilig auf den Rundlauf des Motors aus.

Sinusbewertete Pulsweitenmodulation (PWM)

Zur Verbesserung des Verfahrens kann der Wechselrichter W in Bild 8.12 – wie in Abschnitt 5.3.1.4 beschrieben – mit einer **sinusbewerteten Pulsbreitensteuerung** (Pulsweitenmodulation, Abkürzung: PWM) betrieben werden. Dadurch entsteht für die vom Umrichter (Bild 8.12) erzeugte Spannung u_{12} prinzipiell der in Bild 8.14a dargestellte zeitliche Verlauf. Zur Verstellung der Höhe (des Effektivwertes) der Spannung lässt sich die Breite (Dauer) aller Spannungsimpulse verändern. Dadurch kann die Zwischenkreisspannung U_Z (Bild 8.12) konstant gehalten und somit eine ungesteuerte Eingangsgleichrichterschaltung G verwendet werden.

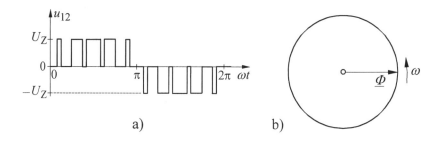

Bild 8.14 a) Zeitlicher Verlauf der vom Umrichter (Bild 8.12) erzeugten Spannung bei einer sinusbewerteten Pulsweitenmodulation, b) zugehörige Ortskurve des Raumzeigers $\underline{\Phi}$ des magnetischen Drehflusses bei relativ hoher Pulsfrequenz

Bei dem Verfahren ergeben sich – sofern die Pulsfrequenz genügend groß ist – nahezu sinusförmige Motorströme. Zudem verläuft die Raumzeiger-Ortskurve des magnetischen Flusses nach Bild 8.14 b etwa kreisförmig. Eine Anwendung des **VVC-Verfahrens** (vergl. Abschnitt 5.3.1.4) bewirkt noch eine leichte Vergrößerung des magnetischen Flusses Φ (und führt somit in Bild 8.14b zu einem etwas größeren Kreisdurchmesser). Insgesamt hat der beschriebene Pulsbetrieb gegenüber dem Blockbetrieb die nachstehenden Vorteile.

- Die Ausgangsspannung des Umrichters verursacht nahezu sinusförmige Ströme. Es entstehen also keine Zusatzverluste durch Stromoberschwingungen.

- Der Umrichter kann eingangsseitig mit einem ungesteuerten Gleichrichter versehen werden, so dass netzseitig keine Steuerblindleistung auftritt.

- Die Raumzeiger-Ortskurve des magnetischen Drehflusses ist etwa kreisförmig, so dass der Motor einen guten Rundlauf hat.

Raumzeiger-Modulation

Bei der sinusbewerteten Pulsweitenmodulation wird (grundsätzlich) das Ziel verfolgt, in jedem einzelnen Leiter einen möglichst sinusförmigen Strom zu erreichen. Nicht besonders beachtet werden dagegen die zwischen den drei Wicklungssträngen bestehenden Wechselwirkungen.

Bei dem nachstehend beschriebenen, von der sinusbewerteten Pulsweitenmodulation abweichenden Verfahren steht die Erzielung eines guten **Maschinen-Rundlaufs** im Vordergrund. Dabei geht man davon aus, dass bei drei vorhandenen Schaltern (Bild 8.12) – jeder Schalter besitzt zwei Schalterstellungen – insgesamt acht (= 2^3) Schaltzustände möglich sind. Bei zwei dieser Schaltzustände, wenn alle drei Ausgangsleitungen entweder am Pluspol oder am Minuspol der Zwischenkreisspannung liegen, sind die Wicklungen des Motors kurzgeschlossen.

Bei der Steuerung werden geeignete Schaltzustände mit jeweils passender Dauer so aneinandergereiht, dass die Raumzeiger-Ortskurve des magnetischen Drehfeldes möglichst genau einen Kreis ergibt und der Raumzeiger zudem mit möglichst konstanter Winkelgeschwindigkeit umläuft. Man bezeichnet ein in dieser Form durchgeführtes Steuerverfahren als **Raumzeiger-Modulation**. Es führt zu einem guten **Rundlauf** der Maschine.

Beim Betrieb der in Bild 8.12 dargestellten Schaltung kann jede Ausgangsleitung entweder mit dem Pluspol oder mit dem Minuspol der Zwischenkreisspannung verbunden werden kann. Es sind daher jeweils nur *zwei* elektrische Potenziale möglich. Man spricht daher auch von einem **Wechselrichter mit Zweipunktverhalten** oder von einem **Zwei-Level-Wechselrichter**. Man kann die Schaltung – wie in Abschnitt 5.3.1.5 beschrieben – jedoch auch so konzipieren, dass jeder Schalter nach Bild 8.15 *drei* Schalterstellungen besitzt. Dann ergeben sich insgesamt 27 (= 3^3) mögliche Schaltzustände. Da jede Ausgangsleitung jetzt drei verschiedene elektrische Potenziale annehmen kann, spricht man von einem **Wechselrichter mit Dreipunktverhalten** oder von einem **Drei-Level-Wechselrichter**.

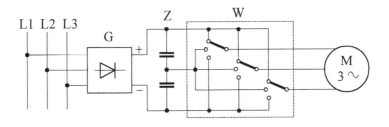

Bild 8.15 Umrichter mit einem Drei-Level-Wechselrichter
(G = Gleichrichter, Z = Zwischenkreis, W = Drei-Level-Wechselrichter)

Durch die höhere Zahl an Schaltzuständen lässt sich für die Ausgangsspannung eine gewünschte Kurvenform besser erreichen als dies mit einem Zwei-Level-Wechselrichter möglich ist. Zudem treten in den Leistungshalbleitern (prinzipiell) geringere Schaltverluste auf. Das Verfahren wird jedoch wegen des relativ großen Aufwands im Allgemeinen nur bei höheren Leistungen angewendet.

8.3.2.2 Spannungs-Frequenz-Kennlinien und Kennlinien-Steuerung

Frequenzumrichter zur Speisung von Drehstrommotoren werden grundsätzlich so betrieben, dass die Frequenz f und die Motorspannung U proportional zueinander verstellt werden ($U/f =$ konstant). Dies führt nach Gl. (8.17) dazu, dass der magnetische Fluss Φ des Drehfeldes bei jeder Frequenz den gleichen Wert hat. In ausgeführten Schaltungen zeigt sich allerdings, dass beim Betrieb mit höherer Frequenz die Motorspannung oft nicht in dem Maße gesteigert werden kann, wie dies Gl. (8.17) vorgibt. Das liegt daran, dass die im Frequenzumrichter eingangsseitig vorhandene Gleichrichterschaltung die dafür notwendige hohe Spannung nicht liefern kann.

Daher wird oberhalb einer bestimmten Frequenz die Motorspannung in der Regel konstant gehalten. In diesem Fall führt nach Gl. (8.17) jede Frequenzerhöhung zu einer **Feldschwächung**. Zu beachten ist hierbei, dass der Motor – zur Vermeidung einer thermischen Überlastung – nicht mehr mit dem vollen Drehmoment belastet werden kann. In Bild 8.16a ist die beschriebene Abhängigkeit zwischen der Motorspannung U und der Frequenz f in idealisierter Form dargestellt.

Diejenige Frequenz f_N, bis zu der die Spannung U und die Frequenz f proportional zueinander verstellt werden, heißt **Eckfrequenz**. U_N ist die maximal einstellbare Spannung und damit auch diejenige Spannung, die bei Frequenzen oberhalb der Eckfrequenz am Motor liegt.

Die in Bild 8.16a angegebene *idealisierte* Kennlinie wird bei ausgeführten Schaltungen im Allgemeinen abgewandelt. So kann nach Bild 8.16b eine Mindestspannung vorgesehen werden, die nicht unterschritten werden kann. Man kann auch nach Bild 8.16c die Spannung im gesamten Frequenzbereich $0 < f < f_N$ anheben, um den an den Wicklungswiderständen des Motors auftretenden Spannungsabfall zu kompensieren. Da bei niedrigen Frequenzen hierbei vor allen Dingen die ohmschen Wicklungswiderstände von Bedeutung sind, spricht man auch von einer *I·R*-**Kompensation**.

Die genannte Spannungsanhebung lässt sich entweder lastunabhängig oder lastabhängig vornehmen. Eine lastabhängige Spannungsanhebung bedeutet, dass bei einer großen Motorbelastung die anliegende Spannung stärker angehoben wird als bei einer kleinen. Die Höhe der Motorbelastung wird dabei im Allgemeinen aus der Höhe des fließenden Stromes abgeleitet.

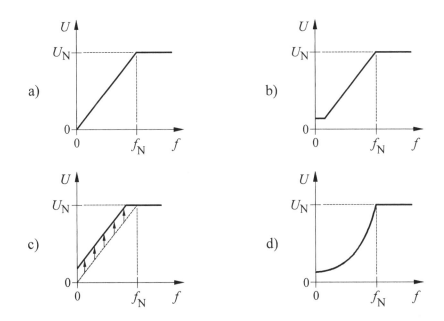

Bild 8.16 Spannungs-Frequenz-Kennlinien für Frequenzumrichter. a) Idealisierte Kennlinie, b) Kennlinie mit Einstellung einer Mindestspannung, c) Anhebung der Spannung zur Berücksichtigung der Wicklungswiderstände, d) Kennlinie für einen Kreiselpumpen- oder einen Lüfterantrieb

Weiterhin kann das Drehmoment-Drehzahl-Verhalten der anzutreibenden Arbeitsmaschine bei der Wahl der Kennlinie berücksichtigt werden. Wird beispielsweise ein Drehstrommotor zum Antrieb einer Kreiselpumpe oder eines Lüfters eingesetzt, so nimmt das vom Motor abzugebende Drehmoment mit fallender Drehzahl stark ab. In diesem Fall kann bei niedrigen Frequenzen der magnetische Fluss des Drehfeldes kleiner gehalten werden als bei höheren Frequenzen. Dies führt zu einer Kennlinie nach Bild 8.16d. Der bei niedrigen Frequenzen vorhandene kleinere magnetische Fluss führt zu geringeren Verlusten in der Maschine und damit zu einem besseren Wirkungsgrad.

Man bezeichnet die beschriebene Steuerung, bei der die Motorspannung U und die Frequenz f durch Kennlinien (beispielsweise entsprechend den in Bild 8.16 dargestellten) einander zugeordnet sind, als **Kennlinien-Steuerung**. Frequenzumrichter mit Kennlinien-Steuerung sind in der Regel so konzipiert, dass sich die Spannungs-Frequenz-Kennlinie in vielfältiger Weise einstellen lässt. Dadurch wird eine optimale Anpassung an die jeweils anzutreibende Arbeitsmaschine sowie die Erzielung eines insgesamt guten Wirkungsgrades möglich.

8.3.2.3 Feldorientierte Regelung

Die beschriebene Kennliniensteuerung hat den Nachteil, dass bei dynamischen Vorgängen – wenn also die Drehzahl *schnell* verändert werden muss – vom Motor nicht das dazu notwendige hohe Drehmoment entwickelt wird. Das nachstehend beschriebene Verfahren bringt hier eine Verbesserung und führt bei einer angeschlossenen Asynchronmaschine zu einem Betriebsverhalten, dass dem einer Gleichstrommaschine in nichts nachsteht.

Zur Erläuterung des Verfahrens betrachten wir zunächst eine **Gleichstrommaschine** nach Bild 8.17a.

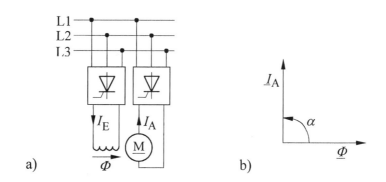

Bild 8.17 Zur Drehmomentbildung bei einer Gleichstrommaschine.
a) Schaltung, b) Raumzeiger der drehmomentbildenden Größen Φ und I_A
(Φ = vom Erregerstrom erzeugter magnetischer Fluss, I_A = Ankerstrom)

Der Erregerstrom I_E verursacht einen magnetischen Fluss Φ, den wir durch einen **Raumzeiger** ($\underline{\Phi}$) darstellen können. Senkrecht dazu verläuft ein weiterer magnetischer Fluss, der vom Ankerstrom I_A erzeugt wird. Stellen wir auch diesen Fluss durch einen Raumzeiger dar, so stehen beide Raumzeiger senkrecht aufeinander. Ersetzen wir hierbei den Raumzeiger des Ankerflusses durch den des Ankerstromes ($\underline{I}_A$), so entsteht die in Bild 8.17b angegebene Darstellung. Für das von der Maschine entwickelte Drehmoment gilt, wenn wir berücksichtigen, dass der in Bild 8.17b gekennzeichnete Winkel $\alpha = 90°$ beträgt,

$$M \sim \Phi I_A \sin \alpha = \Phi I_A.$$

Die drehmomentbildenden Größen Φ (bzw. I_E) und I_A können in einfacher Weise erfasst und unabhängig voneinander gesteuert (oder geregelt) werden, so dass sich – auch bei dynamischen Vorgängen – ein gutes Betriebsverhalten erreichen lässt.

Zum Vergleich wollen wir jetzt die Drehmomentbildung bei einer **Asynchronmaschine** untersuchen. Wir betrachten dazu das in Bild 8.18a angegebene (für sinusförmig verlaufende Versorgungsspannung geltende) vereinfachte Ersatzschaltbild eines Wicklungsstranges der Maschine.

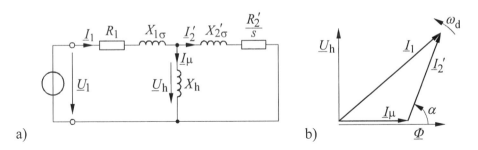

a) b)

Bild 8.18 Zur Drehmomentbildung bei einer Asynchronmaschine. a) Vereinfachtes Ersatzschaltbild eines Wicklungsstranges, b) Raumzeiger-Diagramm

Darin sind R_1 der ohmsche Widerstand und $X_{1\sigma}$ der induktive Streublindwiderstand eines Stranges der Ständerwicklung. R_2' und $X_{2\sigma}'$ sind die entsprechenden Läufergrößen, umgerechnet auf die Ständerseite. X_h ist der Hauptblindwiderstand eines Stranges und s der Schlupf. In dem zugehörigen Diagramm nach Bild 8.18b wollen wir den Ständerstrom $\underline{I}_1$, den (auf die Ständerseite umgerechneten) Läuferstrom $\underline{I}_2'$, den Magnetisierungsstrom $\underline{I}_\mu$ und den magnetischen Drehfluss (Luftspaltfluss) $\underline{\Phi}$ als **Raumzeiger** auffassen, die mit der Winkelgeschwindigkeit ω_d (= Winkelgeschwindigkeit des Drehfeldes) umlaufen.

Das von der Maschine entwickelte Drehmoment können wir in unterschiedlicher Weise darstellen. Sehen wir beispielsweise $\underline{\Phi}$ und $\underline{I}_2'$ als drehmomentbildende Größen an, so gilt für das entwickelte Moment

$$M \sim \Phi I_2' \sin \alpha.$$

Dabei ist α der zwischen $\underline{\Phi}$ und $\underline{I}_2'$ bestehende Winkel. Beim Betrieb der Asynchronmaschine sind bei konstanter Versorgungsspannung U_1 sowohl I_2' als auch α *lastabhängig* (in geringem Maße auch Φ). Da diese Größen nicht in einfacher Weise – unabhängig voneinander – verstellt werden können, hat eine Asynchronmaschine bei *dynamischen* Vorgängen prinzipiell nicht so gute Betriebseigenschaften wie eine Gleichstrommaschine.

Zur Verbesserung dieser Betriebseigenschaften kann ein Verfahren angewendet werden, das als **feldorientierte Regelung** bezeichnet wird. Dabei gibt es verschiedene Möglichkeiten. Bei der **läuferflussorientierten Regelung** wird der mit der *Läuferwicklung verkettete* magnetische Fluss Φ_2 erfasst. Dafür ist allerdings ein relativ aufwendiges Verfahren notwendig, bei dem aus messtechnisch zugänglichen Größen (wie Ständerspannung, Ständerstrom, Drehzahl oder Luftspaltfluss) die Größe Φ_2 gewonnen wird. Ist der Fluss Φ_2 bekannt, so wird es möglich, den

Ständerstrom $\underline{I}_1$ entsprechend Bild 8.19 in die beiden Komponenten $\underline{I}_{1x}$ und $\underline{I}_{1y}$ zu zerlegen.

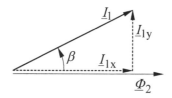

Bild 8.19 Zerlegung des Ständerstromes der Asynchronmaschine in eine flussbildende und in eine drehmomentbildende Komponente (Φ_2 = magnetischer Läuferfluss)

Dabei stellt

$$I_{1y} = I_1 \sin \beta$$

den Betrag der senkrecht auf $\underline{\Phi}_2$ stehende Ständerstrom-Komponente dar, die zusammen mit Φ_2 das Drehmoment

$$M \sim \Phi_2 \, I_{1y}$$

bildet. β ist der zwischen $\underline{\Phi}_2$ und $\underline{I}_1$ bestehende Winkel. Die Größe

$$I_{1x} = I_1 \cos \beta$$

ist der Betrag derjenigen Ständerstrom-Komponente, die die gleiche Richtung wie $\underline{\Phi}_2$ hat und somit die Größe dieses magnetischen Flusses bestimmt.

Durch die beschriebene Zerlegung des Ständerstromes kann unabhängig voneinander durch Veränderung von I_{1x} auf den Magnetisierungszustand der Maschine eingewirkt werden und durch Veränderung von I_{1y} auf das Drehmoment. Zur getrennten Steuerung dieser Strom-Komponenten müssen *Amplitude, Frequenz* und *Phasenlage* der Grundschwingung der Ständerspannung (oder des Ständerstromes) jeweils passend eingestellt werden. Dies wiederum lässt sich durch eine entsprechende Veränderung der Schaltzeitpunkte der im Frequenzumrichter eingesetzten Leistungshalbleiter erreichen.

Üblicherweise werden dem beschriebenen System zwei getrennte Regelungen überlagert. Dies können zum Beispiel eine **Läuferflussregelung** und eine **Drehzahlregelung** sein. Die Läuferflussregelung sorgt durch Steuerung der Ständerstrom-Komponente I_{1x} für einen stets optimalen Magnetisierungszustand der Maschine. Die Drehzahlregelung steuert die Ständerstrom-Komponente I_{1y} und wirkt somit – ohne dass der mit der Läuferwicklung verkettete magnetische Fluss verändert wird – direkt auf das Drehmoment ein. Durch die beschriebene Steuerung lässt sich (bei dynamischen Vorgängen) mit Asynchronmaschinen ein Betriebsverhalten erreichen, das dem einer fremderregten Gleichstrommaschine gleichkommt.

Neben der läuferflussorientierten Regelung gibt es weitere feldorientierte Regelverfahren wie beispielsweise die luftspaltflussorientierte Regelung. Hier wird der Ständerstrom so in Komponenten zerlegt, dass *eine* Komponente in Richtung des Luftspaltflusses zeigt, und die *andere* Komponente senkrecht dazu steht. Statt des mit der Läuferwicklung verketteten Flusses wird der Luftspaltfluss geregelt.

Die feldorientierte Regelung bietet neben der Erzielung eines guten dynamischen Betriebsverhaltens auch die Möglichkeit, den *Wirkungsgrad* der Leistungsumformung zu verbessern. Mit Hilfe dieses Verfahrens können nämlich der Motorstrom und der Maschinenfluss bei unterschiedlicher Belastung jeweils so dosiert werden, dass die Drehmomentbildung mit möglichst geringen Verlusten erfolgt.

8.3.2.4 Bremsbetrieb

Wird bei einem U-Umrichter nach Bild 8.20a die Ausgangsfrequenz verringert, um die Motordrehzahl herabzusetzen, so arbeitet die angeschlossene Maschine vorübergehend als Generator. Dies führt zu einer Abbremsung der Maschine, wobei die gelieferte elektrische Energie über die Wechselrichterschaltung W dem Zwischenkreiskondensator zugeführt wird. Eine Rücklieferung der Energie über die Gleichrichterschaltung G in das Netz ist bei der dargestellten (ungesteuerten) Gleichrichterschaltung nicht möglich. Daher besteht die Gefahr, dass die Kondensatorspannung unzulässig hohe Werte annimmt. Der in Bild 8.20a aus dem Transistor T und dem Widerstand R bestehende Zweig dient nun dazu, den Kondensator bei Bedarf zu entladen und so die Kondensatorspannung zu begrenzen.

Hierbei wird der Transistor T immer dann eingeschaltet, wenn die Kondensatorspannung einen bestimmten vorgegebenen Wert überschritten hat und ausgeschaltet, wenn ein anderer (niedrigerer) Wert unterschritten worden ist. Dies führt in der Regel dazu, dass – im Fall einer Bremsung des Motors – der Transistor T in Bild 8.20a in *schneller Folge* ein- und ausgeschaltet wird. Man bezeichnet die so vorgenommene Pulsung des Kondensatorentladestromes auch als **Choppen** und daher die aus dem Transistor T und dem Widerstand R bestehende Anordnung entsprechend als **Brems-Chopper**.

Bild 8.20b zeigt eine Schaltung, in der mehrere Motoren aus dem gleichen Gleichspannungs-Zwischenkreis versorgt werden. Bei einer solchen Anordnung besteht die Möglichkeit, die anfallende Bremsenergie *eines* Motors über den Zwischenkreis den *anderen* Motoren zuzuführen und somit zu nutzen. Zur Sicherheit enthält die Schaltung aber auch noch einen Brems-Chopper (falls die anfallende Bremsenergie nicht von den parallel liegenden Motoren aufgenommen werden kann.)

In Bild 8.20c schließlich ist der Eingangsgleichrichter als *netzparallel betriebener selbstgeführter Stromrichter* ausgeführt (vergl. Abschnitt 5.4.2). Er hat bekanntlich zum einen den Vorteil, dass sinusförmige, mit der Netzspannung in Phase liegende Netzströme auftreten und zum anderen eine Rückspeisung der Bremsenergie in das Netz möglich ist. Daher können hier Brems-Chopper entfallen. Da die anfallende Bremsenergie in das Netz eingespeist und somit *genutzt* wird, spricht man auch von einer **Nutzbremsung**.

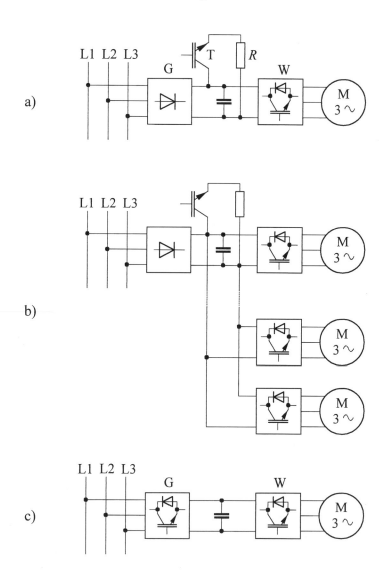

Bild 8.20 Bremsung von über U-Umrichter versorgte Drehstrommotoren. a) Verwendung eines Brems-Choppers, b) Verteilung der Bremsenergie im Gleichspannungs-Zwischenkreis, c) Rückspeisung der Bremsenergie in das Netz durch netzparallel betriebenen selbstgeführten Stromrichter

8.3.2.5 Schlupfkompensation

Bei einem Asynchronmotor nimmt der Schlupf mit steigender Belastung zu, so dass die Drehzahl zurückgeht. Dies ist vor allem bei niedrig eingestellten Drehzahlen in der Regel deutlich spürbar. Soll ein derartiger Drehzahlrückgang verhindert werden, so kann man eine Drehzahlregelung vorsehen. Dabei wird die tatsächliche Drehzahl erfasst und mit einem vorgegebenen Sollwert verglichen. Besteht eine Abweichung, so wird die Ausgangsfrequenz des Umrichters entsprechend verstellt.

Der mit der Drehzahlerfassung verbundene Aufwand kann vermieden werden, wenn der Umrichter mit einer **Schlupfkompensation** versehen wird. Hierbei wird der vom Motor aufgenommene *Wirkstrom* – das ist bekanntlich diejenige Stromkomponente, die mit der Spannung in Phase ist – im Umrichter erfasst. Der Wirkstrom ist in etwa ein Maß für das Drehmoment, das der Motor abgibt. Bei steigendem Wirkstrom wird die Ausgangsfrequenz des Umrichters so vergrößert, dass die Drehzahl nahezu konstant bleibt.

8.3.2.6 Überstromschutz

Beim Betrieb von Umrichtern muss darauf geachtet werden, dass bei Beschleunigungsvorgängen oder bei zu großer mechanischer Belastung des Motors der fließende Strom nicht zu groß wird. Daher wird in der Regel eine **Strombegrenzung** vorgesehen. Sie wird im Allgemeinen so konzipiert, dass bei einer *Überlastung* Frequenz und Spannung abgesenkt werden. Auf diese Weise lässt sich eine Überbeanspruchung vermeiden, die unter Umständen auch zu einer Beschädigung des Umrichters führen kann. Meistens besitzen Umrichter zudem einen **Kurzschlussschutz**. Hierbei wird im Allgemeinen die Ansteuerung der Leistungshalbleiter sofort unterbunden, wenn ein Kurzschluss vorliegt.

8.3.3 Drehzahlverstellung durch Umrichter mit Stromzwischenkreis (I-Umrichter)

Bei dieser Art der Drehzahlsteuerung wird, wie schon in Abschnitt 7.1.2 beschrieben, ein Drehstrommotor über einen **Umrichter** mit einem **Gleichstromzwischenkreis** versorgt. Man bezeichnet den betreffenden Umrichter bekanntlich auch als **I-Umrichter**. In Bild 8.21a ist die Anordnung noch einmal dargestellt. Der Eingangsgleichrichter G muss stets *gesteuert* ausgeführt werden, um die Zwischenkreisspannung verstellen zu können. Im Zwischenkreis Z befindet sich eine Drosselspule mit relativ großer Induktivität. Der Strom-Wechselrichter W (Bild 8.21a) kann entweder mit abschaltbaren Leistungshalbleitern ausgerüstet sein (vergl. Abschnitt 5.3.2.1) oder aber mit Thyristoren, die nach dem Prinzip der Phasenfolgelöschung ausgeschaltet werden (vergl. Abschnitt 5.3.2.2). Als Motor wird in der Regel ein Drehstrom-Asynchronmotor mit Käfigläufer eingesetzt. Im Allgemeinen versorgt der Wechselrichter nur *einen* Motor (und nicht mehrere, wie das beim U-Umrichter häufiger der Fall ist). Der vom Wechselrichter gelieferte Strom hat in der Regel die in Bild 8.21b dargestellte blockförmige Kurvenform. Zur Erzielung eines besseren Motorrundlaufs kann der Strom allerdings auch gepulst werden (vergl. Abschnitt 5.3.2.3). Die am Motor liegende Spannung ist – bedingt durch das umlaufende magnetische Drehfeld – etwa sinusförmig.

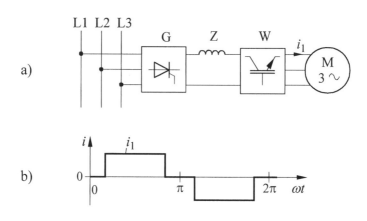

Bild 8.21 Umrichter mit Gleichstromzwischenkreis (I-Umrichter).
a) Schaltung, b) zeitlicher Verlauf der gelieferten Ströme

Drehzahlverstellung

Zur Verstellung der Drehzahl des Motors wird die Frequenz f der erzeugten Ströme verändert. Dabei muss die Motorspannung U entsprechend dem Verlauf einer vorgegebenen U-f-Kennlinie – so wie in Abschnitt 8.3.2.2 für den U-Umrichter beschrieben – mit verändert werden. Bei kleinen Drehzahlen und dementsprechend geringer Zwischenkreisspannung benötigt die Gleichrichterschaltung G (Bild 8.21a) eine relativ hohe Steuerblindleistung, so dass sich dann netzseitig ein niedriger Leistungsfaktor ergibt.

Diese Eigenschaft stellt einen Nachteil des I-Umrichters dar. Nachteilig ist auch die Tatsache, dass die Motorströme nicht sinusförmig verlaufen und somit Oberschwingungen enthalten. Dadurch entstehen zusätzliche Verluste in den Wicklungen des Motors. Bei niedriger Drehzahl führt eine Pulsung der Wicklungsströme – wie in Abschnitt 5.3.2.3 beschrieben – zu einer Verbesserung des Rundlaufs der Maschine.

Bremsung

Zum Abbremsen der Maschine wird in Bild 8.21a die Gleichrichterschaltung G als Wechselrichter ausgesteuert. Dadurch kehrt sich die Polarität der Zwischenkreisspannung um, während die Richtung des Zwischenkreisstromes erhalten bleibt. Die anfallende Bremsenergie wird dem Netz zugeführt. Die ohne zusätzlichen Aufwand bestehende Bremsmöglichkeit stellt den eigentlichen Vorteil dar, den der I-Umrichter gegenüber dem U-Umrichter hat. Dies ist umso bedeutender, je höher die Leistung des Antriebs bzw. die beim Bremsvorgang anfallende Energie ist und je häufiger Bremsungen vorgenommen werden müssen.

Beim U-Umrichter ist dagegen ein Bremsbetrieb bekanntlich nur dann möglich, wenn die Schaltung entsprechend erweitert wird. Zudem geht die Bremsenergie vielfach verloren (zum Beispiel dann, wenn ein Brems-Chopper eingesetzt wird). Dagegen wird die Bremsenergie beim I-Umrichter in jedem Fall dem Netz zugeführt und somit stets genutzt.

8.3.4 Stromrichtermotor

Zur Drehzahlverstellung eines **Drehstrom-Synchronmotors** kann eine Schaltung nach Bild 8.22a verwendet werden. Die Ständerwicklungen der Maschine werden über die beiden Stromrichterschaltungen I und II versorgt. Dabei wird die Schaltung I in der Regel als Gleichrichter betrieben und die Schaltung II als Wechselrichter. Die im Zwischenkreis eingeschaltete Drosselspule (L_d) dient zur Glättung des fließenden Gleichstromes I_d und zur Entkopplung beider Stromrichter. Der rechts dargestellte Stromrichter III dient zur Lieferung des Erregerstromes der Maschine.

Da eine Synchronmaschine – im Gegensatz zu einer Asynchronmaschine – *netzunabhängig* als Generator arbeiten kann, ist sie in der Lage, die für die Löschung der Thyristoren notwendigen Kommutierungsspannungen zu liefern. Deshalb sind zum Aufbau des Stromrichters II in Bild 8.22a keine abschaltbaren Leistungshalbleiter erforderlich. Stattdessen können – wie dargestellt – Thyristoren verwendet werden.

Da die Kommutierungsspannungen von der Synchronmaschine (und damit von der Last) geliefert werden, spricht man bei der Stromrichterschaltung II (Bild 8.22a) auch von einem **lastgeführten Wechselrichter**. Wie in Abschnitt 6 näher ausgeführt, muss beim Betrieb von solchen Wechselrichtern die Last stets eine kapazitive Komponente aufweisen. Andernfalls werden die Thyristoren nicht gelöscht. Im vorliegenden Fall wird deshalb die eingesetzte Synchronmaschine übererregt betrieben, so dass sie das benötigte kapazitive Verhalten bekommt.

Man bezeichnet die in Bild 8.22a dargestellte Anordnung als **Stromrichtermotor**. Der im Zwischenkreis fließende, durch die Drosselspule – im Kurzzeitbereich – eingeprägte Gleichstrom I_d führt in der angeschlossenen Synchronmaschine zu annähernd rechteckförmig verlaufenden Wicklungsströmen mit dem in Bild 8.22b dargestellten Verlauf. Diese rechteckförmigen Wicklungsströme haben jedoch nur einen geringen Einfluss auf die Kurvenform der an den Wicklungen liegenden Spannungen. Deren Verlauf wird maßgeblich durch die Spannungsinduktion des sich drehenden Magnetfeldes bestimmt und ist etwa sinusförmig.

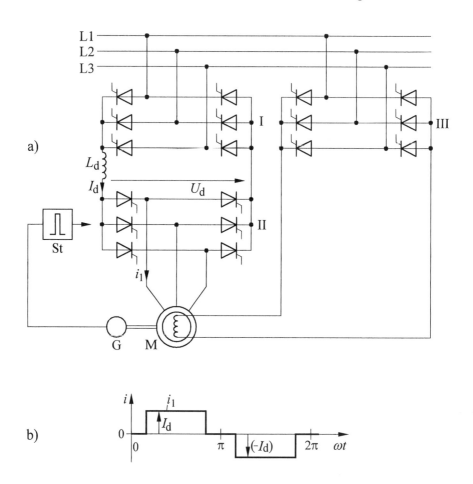

Bild 8.22 Stromrichtermotor. a) Schaltung, b) zeitlicher Verlauf der eingespeisten Ständerströme

Die Zündung der Thyristoren des Stromrichters II (Bild 8.22a) muss synchron zu der von der Synchronmaschine gelieferten Spannung vorgenommen werden. Zur Ermittlung der notwendigen Lage der Steuerimpulse kann beispielsweise nach Bild 8.22a ein **Stellungsgeber** (G) eingesetzt werden, der – in der Regel berührungslos – die Stellung des Läufers an den Steuersatz St weitergibt. Man kann die

Lage der Steuerimpulse aber auch von der Spannung ableiten, die die Synchronmaschine liefert. Darüber hinaus muss die Phasenlage der erzeugten Steuerimpulse – in Bezug zu der von der Synchronmaschine gelieferten Spannung (und somit der betreffende Steuerwinkel) – eingestellt werden können.

Beim Betrieb des Stromrichtermotors wird der Steuerwinkel des Stromrichters II in der Regel auf einen möglichst großen Wert (ca. 150° bis 160°) eingestellt, um auf der Seite der Synchronmaschine eine geringe Steuerblindleistung und somit einen hohen Leistungsfaktor zu erhalten. Zur Vermeidung des Wechselrichterkippens darf jedoch die **Wechselrichtertrittgrenze** nicht überschritten werden.

Der betreffende Steuerwinkel kann bei ausgeführten Schaltungen auch *geregelt* werden, und zwar in einer Weise, dass sich – bei unterschiedlichen Drehzahlen und Drehmomenten – jeweils ein möglichst großer Leistungsfaktor ergibt. Man spricht dann von einem „Betrieb an der Wechselrichtertrittgrenze" durch **Regelung des Löschwinkels** (vergl. Abschnitt 3.1.9).

Die Drehzahl der Synchronmaschine stellt sich so ein, dass die in Bild 8.22a vom Wechselrichter (Stromrichter II) aufgebaute *Gegenspannung* etwa gleich der Gleichspannung wird, die vom Gleichrichter (Stromrichter I) geliefert wird. Das Betriebsverhalten der Synchronmaschine entspricht dadurch in etwa dem eines fremderregten Gleichstrommotors. Die Drehzahl lässt sich somit durch Verstellen des Steuerwinkels des Stromrichters I – also durch Verstellen der von dieser Schaltung erzeugten Gleichspannung U_d – verändern. Je höher U_d ist, umso höher ist auch die Drehzahl der Synchronmaschine.

Zu beachten ist allerdings, dass bei kleinen Drehzahlen die von der Synchronmaschine gelieferte Spannung nicht zur Löschung der Thyristoren ausreicht. Das bedeutet, dass die Maschine nicht bei kleinen Drehzahlen betrieben werden kann und insbesondere nicht (ohne weiteres) selbständig anlaufen kann.

Zum Anfahren der Maschine und beim Betrieb mit kleinen Drehzahlen kann jedoch eine **Zwischenkreistaktung** vorgenommen werden. Hierbei wird in Bild 8.22a vor dem Weiterschalten des Zwischenkreisstromes im Stromrichter II auf den jeweils nächsten Ventilzweig der Stromrichter I kurz zur Wechselrichtertrittgrenze hin umgesteuert. Dadurch wird der Zwischenkreisstrom kurzzeitig Null, so dass der zu löschende Thyristor in Sperrung übergehen kann. Danach wird der nächste Thyristor gezündet und der Zwischenkreisstrom durch Aufsteuern des Stromrichters I wieder aufgebaut.

Der Leistungsfaktor der in Bild 8.22a dargestellten Anordnung ist – vom Drehstromnetz aus betrachtet – abhängig von der Aussteuerung des netzseitigen Stromrichters (I) und damit von der Drehzahl der Synchronmaschine. Je näher der Steuerwinkel dieses Stromrichters bei Null liegt (je höher also die eingestellte Drehzahl ist), umso größer ist der Leistungsfaktor. Wird die Drehzahl jedoch herabgesetzt, so nimmt der Leistungsfaktor ab.

Die Schaltung ermöglicht in einfacher Weise eine Umkehrung der Leistungsrichtung. Dazu wird der Stromrichter (II) als Gleichrichter ausgesteuert und der Stromrichter I als Wechselrichter. Dies führt zu einer Abbremsung der angeschlossenen Synchronmaschine. Das Hauptanwendungsgebiet des Stromrichtermotors liegt bei der Realisierung von drehzahlverstellbaren Antrieben großer Leistung (in der Regel von 100 kW an aufwärts).

8.3.5 Drehzahlverstellung durch Direktumrichter

Der in Abschnitt 7.2 beschriebene **Direktumrichter** ermöglicht die Erzeugung einer (einzelnen) Wechselspannung mit niedriger Frequenz. Verwendet man nun drei solcher Schaltungen, so kann man nach Bild 8.23 einen Drehstrommotor versorgen. Die betreffenden Schaltungen werden so angesteuert, dass die drei dem Motor (M) zugeführten Ströme um 120° gegeneinander phasenverschoben sind.

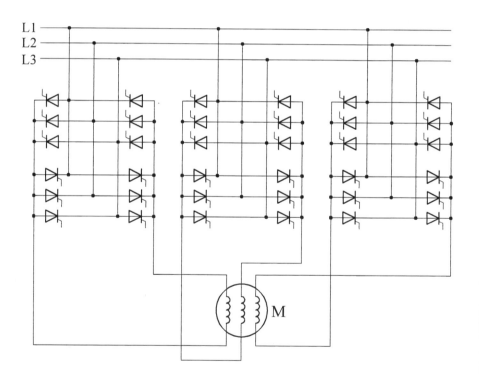

Bild 8.23 Versorgung eines Drehstrommotors durch einen Direktumrichter

Durch Verstellen der Frequenz der erzeugten Spannung lässt sich die Motordrehzahl verändern. Dabei kann sowohl eine Asynchronmaschine mit Käfigläufer wie auch eine Synchronmaschine eingesetzt werden. Die Stromrichterschaltungen können entweder als **Trapezumrichter** oder als **Steuerumrichter** betrieben werden (vergl. Abschnitt 7.2). Der Betrieb als Trapezumrichter führt zu einer höheren Ausgangsspannung. Dagegen ist beim Betrieb als Steuerumrichter die Spannungskurvenform mehr der Sinusform angenähert. Nachteilig hierbei ist allerdings, dass Steuerblindleistung verursacht wird und dadurch der (netzseitige) Leistungsfaktor geringer ist als beim Trapezumrichter.

Zur Erzielung einer bestimmten Motordrehzahl werden die Frequenz und – passend dazu (vergl. Abschnitt 8.3.2.2) – die Höhe der erzeugten Spannung entsprechend eingestellt. Zur Herabsetzung der Spannung werden die Stromrichter in Teilaussteuerung betrieben. Hierdurch wird allerdings Steuerblindleistung verursacht, so dass der Leistungsfaktor abnimmt.

Wegen des relativ großen Aufwands wird der beschriebene Direktumrichter nur dann angewendet, wenn langsam laufende Antriebe mit großen Leistungen (oberhalb von mehreren hundert Kilowatt) realisiert werden müssen. Die Anordnungen haben einen guten Wirkungsgrad. Der Leistungsfaktor ist abhängig von der Aussteuerung der Stromrichter und somit abhängig von der eingestellten Drehzahl. Wird die Drehzahl herabgesetzt, so nimmt auch der Leistungsfaktor ab.

8.3.6 Drehzahlverstellung durch Steuerung der Ständerspannung

Die bisher betrachteten Verfahren zur Verstellung der Drehzahl von Drehstrommotoren sind dadurch gekennzeichnet, dass jeweils eine **Veränderung der Frequenz der Ständerspannung** vorgenommen wird. Bei Asynchronmotoren besteht daneben die Möglichkeit, die Drehzahl durch **Verändern der Höhe der Ständerspannung** zu verstellen. Hierzu wird meistens nach Bild 8.24 ein Drehstromsteller eingesetzt. Man kann dabei zwischen dem **gesteuerten** und dem **geregelten** Betrieb unterscheiden.

Beim *gesteuerten* Betrieb wird die Drehzahl *nicht* erfasst und geregelt. Setzt man die Ständerspannung herab, so kommt es durch die dadurch verursachte Schwächung des magnetischen Drehfeldes zu einem größeren Schlupf und damit zu einem Drehzahlrückgang. Voraussetzung dafür ist allerdings, dass der Motor belastet (abgebremst) wird. Es zeigt sich jedoch, dass der Drehzahlrückgang beim „normalen" Asynchronmotor in der Regel gering ist. Daher verwendet man für diese Art der Drehzahlverstellung meistens Maschinen (in der Regel mit Käfigläufer), die einen erhöhten ohmschen Läuferwiderstand besitzen. Man spricht hierbei auch von **Maschinen mit Widerstandsläufer**.

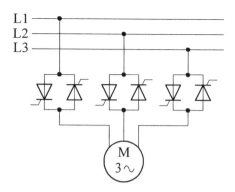

Bild 8.24 Drehzahlverstellung beim Drehstrom-Asynchronmotor durch Verstellen der Ständerspannung mit Hilfe eines Drehstromstellers

Bild 8.25a zeigt die Betriebskennlinien eines „normalen" Asynchronmotors (1) und eines Motors mit Widerstandsläufer (2). In der Darstellung sind n die Motordrehzahl und M das abgegebene Drehmoment.

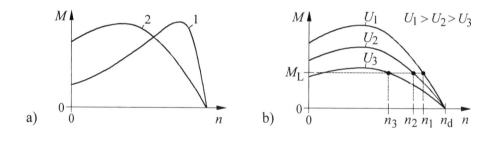

Bild 8.25 Betriebskennlinien von Drehstrom-Asynchronmotoren a) bei unterschiedlich großem ohmschen Läuferwiderstand (1 „normaler" Motor, 2 Motor mit Widerstandsläufer), b) bei unterschiedlich großer Ständerspannung

Die Kennlinie 2 in Bild 8.25a hat für die beschriebene Drehzahlsteuerung gegenüber der Kennlinie 1 den Vorteil, dass zum einen die Drehzahl bei Belastung stärker absinkt und zum anderen das **Anlaufmoment** relativ groß ist. Setzt man die Ständerspannung herab, so verändert sich die Betriebskennlinie so wie in Bild 8.25b angegeben. Dabei sind U_1, U_2 und U_3 die jeweils vorhandenen Ständerspannungen, wobei $U_1 > U_2 > U_3$ ist. Wird der betreffende Motor beispielsweise mit einem Drehmoment (Lastmoment) M_L belastet, so stellen sich nach Bild 8.25b bei den genannten Ständerspannungen die Drehzahlen n_1, n_2 und n_3 ein. Bei einer vollständigen Entlastung des Motors wird allerdings stets wieder die Leerlaufdrehzahl n_d erreicht.

Beim gesteuerten Betrieb ist also die Drehzahl stark **lastabhängig**. Daher ist die Anwendung des gesteuerten Betriebes nur dann sinnvoll, wenn eine konstante (dauernde) Belastung vorliegt. Dies ist zum Beispiel beim **Antrieb eines Lüfters** der Fall. Hier lässt sich durch eine Herabsetzung der Ständerspannung die Drehzahl gut verringern.

Ist die Belastung (zeitlich) nicht konstant, so sollte eine **Drehzahlregelung** vorgesehen werden. Hierbei wird die Drehzahl erfasst und mit einem vorgegebenen Sollwert verglichen. Besteht eine Abweichung, so wird die Ständerspannung mit Hilfe des Drehstromstellers soweit nachgestellt, dass die betreffende Solldrehzahl erreicht ist. Damit lässt sich – auch im unbelasteten Zustand – jede beliebige Drehzahl (unterhalb der synchronen Drehzahl) einstellen.

Die beschriebene Drehzahlverstellung durch Veränderung der Ständerspannung hat den Vorteil, dass mit geringem Aufwand ein robuster, wartungsarmer drehzahlverstellbarer Antrieb realisiert werden kann. Nachteilig ist der – besonders bei herabgesetzter Drehzahl vorhandene – niedrige Wirkungsgrad und die damit verbundene starke Erwärmung der Maschine. Daher wird die Lösung nur bei kleinen Leistungen und meistens nur dann ausgeführt, wenn der Antrieb im Kurzzeit- und Aussetzbetrieb arbeitet. Wegen der großen Verlustleistung muss stets darauf geachtet werden, dass der Motor sich nicht zu stark erwärmt. Dies gilt besonders dann, wenn die Maschine mit stark herabgesetzter Drehzahl arbeitet.

8.3.7 Die untersynchrone Stromrichterkaskade

Bei dieser Antriebslösung wird nach Bild 8.26a eine **Asynchronmaschine mit Schleifringläufer** (M) eingesetzt. Die Ständerwicklung der Maschine ist mit dem Drehstromnetz verbunden. Dreht sich der Läufer unterhalb der *synchronen* Drehzahl, so werden in die Läuferwicklungen durch das umlaufende magnetische Drehfeld Spannungen induziert. Dadurch liefert der Läufer über die Schleifringe Drehstrom, dessen Spannung und Frequenz vom Läuferschlupf abhängig sind. Dieser Drehstrom wird durch die ungesteuerte Stromrichterschaltung G (Bild 8.26a) gleichgerichtet.

Die sich ergebende (vom Läufer abgegebene) elektrische Leistung (Schlupfleistung) wird über die im Wechselrichterbetrieb arbeitende Stromrichterschaltung W und den Transformator T wieder dem Drehstromnetz zugeführt. Bei der Bemessung der Dioden der Gleichrichterschaltung G ist zu beachten, dass der Läuferstrom eine im Vergleich zu 50 Hz sehr niedrige Frequenz hat.

Stellt man den Steuerwinkel α der Stromrichterschaltung W in Bild 8.26a auf 90° ein, so ist die *Wechselrichtergegenspannung* $U_{d\alpha} = 0$. Der Drehstrommotor verhält sich dann etwa so wie bei kurzgeschlossenen Läuferwicklungen. Vergrößert man dagegen den Steuerwinkel α über 90° hinaus, so baut die betreffende Wechselrichterschaltung eine Gegenspannung $U_{d\alpha}$ auf. In diesem Fall kann nur dann ein Läuferstrom fließen, wenn die gleichgerichtete Läuferspannung U_d den

Wert von $U_{d\alpha}$ annimmt (bzw. diesen Wert geringfügig übersteigt). Dazu ist ein entsprechender *Läuferschlupf* notwendig.

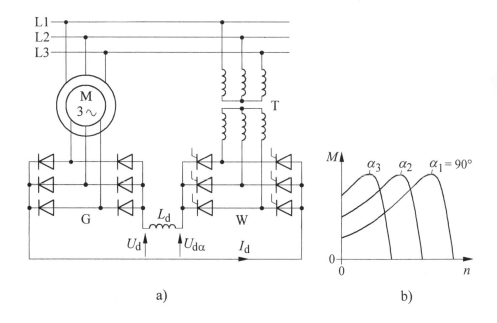

Bild 8.26 Untersynchrone Stromrichterkaskade. a) Schaltung, b) Betriebskennlinien

Die Motordrehzahl lässt sich somit durch Verändern des Steuerwinkels α der Wechselrichterschaltung W einstellen. Bild 8.26b zeigt die sich ergebenden Betriebskennlinien für verschieden große Steuerwinkel α_1, α_2 und α_3. Bezüglich der Größe dieser Steuerwinkel gilt $\alpha_3 > \alpha_2 > \alpha_1$. In der Darstellung sind M das Drehmoment und n die Drehzahl. Die Kennlinien gelten unter der Voraussetzung, dass der fließende Gleichstrom I_d nicht lückt. Zur Verhinderung des Gleichstromlückens sollte die Induktivität L_d der Glättungsdrossel in Bild 8.26a entsprechend bemessen sein. Die Drossel dient im Übrigen zur Entkopplung beider Stromrichterschaltungen.

Der Transformator T dient zum Anpassen der Läuferspannung an die Spannung des Drehstromnetzes. Dadurch erhält man bei der Verstellung der Drehzahl für den Steuerwinkel α einen größeren *Stellbereich*. Dies hat zum einen den Vorteil, dass sich die Drehzahl besser einstellen lässt. Zum anderen liegt der Steuerwinkel α dadurch im Allgemeinen näher bei 180°. Dies hat den Vorteil, dass die von der Wechselrichterschaltung benötigte *Steuerblindleistung* geringer ist.

Zum Anfahren des Motors wird die Läuferseite häufig zunächst mit ohmschen Widerständen (Anfahrwiderständen) verbunden. Nach dem Hochlaufen erfolgt dann eine Umschaltung, so dass die in Bild 8.26a dargestellte Schaltung entsteht. Da die Motordrehzahl *unterhalb* der synchronen Drehzahl liegt, bezeichnet man die Anordnung als **untersynchrone Stromrichterkaskade**. Sie wird im Allgemeinen nur dann angewendet, wenn drehzahlverstellbare Antriebe größerer Leistung (oberhalb von etwa 100 kW) realisiert werden müssen. Der Wirkungsgrad ist infolge der in das Netz zurück gelieferten Läufer-Schlupfleistung relativ hoch.

Die Anwendung der Schaltung bietet sich vor allem dann an, wenn die Drehzahl lediglich in einem relativ engen Bereich (direkt unterhalb der synchronen Drehzahl) verstellt werden muss. In diesem Fall ergibt sich nur eine vergleichsweise geringe Schlupfleistung, so dass auch die nachgeschalteten Stromrichter und der Transformator für diese geringe Leistung ausgelegt werden können.

8.3.8 Asynchronmaschine mit gepulstem Läuferwiderstand

Eine Alternative zu der untersynchronen Stromrichterkaskade besteht darin, auf die Rückführung der Schlupfleistung in das Netz zu verzichten und stattdessen die betreffende Leistung einem äußeren ohmschen Widerstand zuzuführen. Wir betrachten dazu zunächst die Schaltung nach Bild 8.27a. Ist hierin die Läuferdrehzahl des Motors M niedriger als die Drehfelddrehzahl, so induziert das magnetische Drehfeld in die Läuferwicklungen Spannungen. Der dadurch vom Läufer gelieferte Drehstrom wird durch die vorhandene Stromrichterschaltung gleichgerichtet. Der Gleichstrom wird über einen (einstellbaren) ohmschen Widerstand R geführt, so dass die vom Läufer abgegebene elektrische Leistung hier in Wärme umgewandelt wird.

Ist in der Schaltung nach Bild 8.27a der Widerstand R gleich Null, so sind die Läuferwicklungen kurzgeschlossen. Für den Motor ergibt sich dann die in Bild 8.27b mit $R = 0$ gekennzeichnete Betriebskennlinie (n = Drehzahl, M = vom Motor entwickeltes Drehmoment). Wird der Widerstand R dagegen von $R = 0$ aus vergrößert (zum Beispiel auf $R = R_1$ oder $R = R_2$, wobei $R_2 > R_1$ ist), so ergeben sich die beiden anderen in Bild 8.27b dargestellten Betriebskennlinien. Nehmen wir weiterhin an, dass der Motor mit einem konstanten Drehmoment belastet ist, so nimmt die Drehzahl umso mehr ab, so größer der Widerstand R ist. Auf diese Weise ist also eine Drehzahlverstellung möglich.

Statt einen veränderbaren Widerstand R nach Bild 8.27a zu verwenden, kann auch eine Schaltung nach Bild 8.27c eingesetzt werden, die ohne mechanische Kontakte auskommt. Hierbei wird der von der Stromrichterschaltung gelieferte Gleichstrom (i_L) über eine Drosselspule (mit der Induktivität L) geführt. Der Transistor Tr wird in schneller Folge ein- und ausgeschaltet. Ist dabei Tr eingeschaltet, so ist der Widerstand R kurzgeschlossen. Folglich fließt der Strom i_L über den Transistor ($i_L = i_T$) und nimmt hierbei zu. Wird danach Tr ausgeschaltet, so wird der Strom i_L über den Widerstand R geführt ($i_L = i_R$) und nimmt dabei ab. In Bild

8.27d ist der sich so ergebende zeitliche Verlauf von i_L dargestellt. Hierbei ist T_e die Einschaltdauer des Transistors und T die Periodendauer.

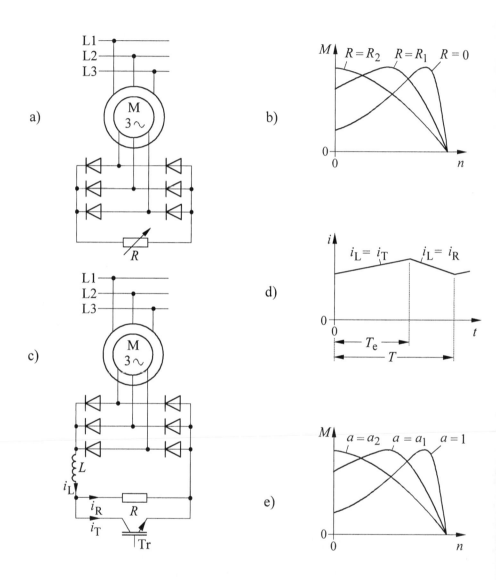

Bild 8.27 a) Schleifringläufermaschine mit verstellbarem Läuferwiderstand, b) zugehörige Betriebskennlinien, c) Schleiringläufermotor mit pulsgesteuertem Widerstand, d) zeitlicher Verlauf des Ausgangsstromes, e) zugehörige Betriebskennlinien

Durch das periodische Kurzschließen des Widerstandes R wird der im Läuferkreis **wirksame Widerstand**, den wir R_V nennen wollen, verkleinert. Zur Bestimmung des Widerstandes R_V stellen wir eine *Leistungsbilanz* auf. Hierbei bezeichnen den Effektivwert des Stromes i_L als I_L und berücksichtigen, dass dieser Strom innerhalb der Periodendauer T nur in der Zeit $(T - T_e)$ über den Widerstand R geführt wird (vergl. Bild 8.27d). Daher können wir die vom Läufer abgegebene Wirkleistung darstellen durch

$$I_L^2 R_V = I_L^2 R \frac{T-T_e}{T} = I_L^2 R (1-a). \tag{8.20}$$

Den in Gl. (8.20) enthaltenen Quotienten

$$\boxed{a = \frac{T_e}{T}} \tag{8.21}$$

wollen wir als **Tastverhältnis** bezeichnen. Wir lösen Gl. (8.20) nach R_V auf und erhalten so den wirksamen Läuferwiderstand als

$$\boxed{R_V = (1-a)\,R.} \tag{8.22}$$

Da sich das Tastverhältnis zwischen $a = 0$ und $a = 1$ verstellen lässt, kann somit der wirksame Läuferwiderstand kontinuierlich zwischen den Werten $R_V = R$ und $R_V = 0$ verändert werden. Bild 8.27e zeigt die sich ergebenden Betriebskennlinien für verschiedene Tastverhältnisse a, wobei $a_2 < a_1$ ist.

Der beschriebene Antrieb hat den Nachteil, dass – besonders bei herabgesetzter Drehzahl – eine relativ hohe Verlustleistung auftritt. Daher wird das Verfahren nur bei kleineren Leistungen angewendet und darüber hinaus meistens auch nur dann, wenn die Anordnung im Kurzzeitbetrieb oder Aussetzbetrieb arbeitet. Nachteilig ist auch die Tatsache, dass die Drehzahl stark lastabhängig ist. Gegenüber dem in Abschnitt 8.3.6 beschriebenen Verfahren (Drehzahlverstellung durch Verändern der Ständerspannung) besteht hier jedoch der Vorteil, dass die Verlustleistung nicht im Motor selbst entsteht, sondern in einem äußeren Widerstand. Dadurch ist eine Gefährdung des Motors durch eine Überhitzung hier nicht gegeben.

8.3.9 Doppelt gespeiste Asynchronmaschine mit Spannungszwischenkreis-Umrichter

Für die in Abschnitt 8.3.7 beschriebene *untersynchrone Stromrichterkaskade* ist kennzeichnend, dass die angeschlossene Asynchronmaschine grundsätzlich nur als Motor arbeitet und zwar mit einer Drehzahl, die *unterhalb* der synchronen Drehzahl liegt. Die Einsatzmöglichkeiten der Maschine können jedoch dadurch erweitert werden, dass diese nach Bild 8.28 *doppelseitig* gespeist wird. Dabei ist auch eine höhere Drehzahl als die synchrone Drehzahl erreichbar. Weiterhin sind sowohl ein Motorbetrieb wie auch ein Generatorbetrieb möglich. Darüber hinaus ist die Maschine in der Lage, induktive Blindleistung abzugeben. Die betreffende Schaltung wird häufig bei der Realisierung von Windkraftanlagen eingesetzt, wobei die Asynchronmaschine – wie in Bild 8.28 dargestellt – als *Generator* arbeitet.

Aus der Darstellung in Bild 8.28 geht hervor, dass die Ständerwicklungen direkt mit dem Drehstromnetz verbunden sind. Die Läuferwicklungen werden dagegen über einen **Umrichter** (mit Spannungs-Zwischenkreis) versorgt. Er besteht aus einem **netzparallel betriebenen selbstgeführten Stromrichter (I)** (vergl. Abschnitt 5.4.2.2) und einem **Spannungs-Pulswechselrichter (II)** (vergl. Abschnitt 5.3.1.4). Auf beiden Seiten des Umrichters sind die Ströme (nahezu) *sinusförmig*.

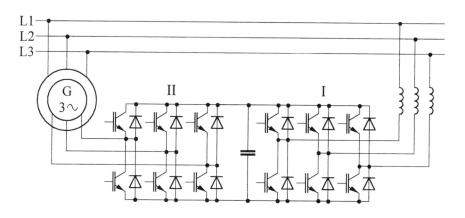

Bild 8.28 Doppeltgespeiste Asynchronmaschine (mit einem Spannungszwischenkreis-Umrichter)

Steht der Läufer der Maschine still, so werden durch das umlaufende Ständerdrehfeld in die Läuferwicklungsstränge Spannungen induziert, deren Frequenz gleich der der Netzspannung ist. Wird gleichzeitig die Stromrichterschaltung II (Bild 8.28) so gesteuert, dass sie gleichgroße Spannungen (mit gleicher Phasenfolge und gleicher Phasenlage) erzeugt, so fließen keine (nennenswerten) Läuferströme. In diesem Fall führen die *Ständerwicklungen* – wenn wir eine verlustfreie Maschine annehmen – lediglich die zur Erzeugung des umlaufenden magnetischen Drehfeldes notwendigen Magnetisierungsströme. Die Maschine wirkt (auf der Ständerseite) also *induktiv* und benötigt somit induktive Blindleistung.

Werden nun die von der Stromrichterschaltung II in Bild 8.28 erzeugten Spannungen vergrößert (wobei die Frequenz und die Phasenlage unverändert bleiben), so werden in die Läuferwicklungen Ströme eingespeist mit der Folge, dass die Ständerströme abnehmen. Das liegt daran, dass jetzt die Läuferwicklungen einen Teil der notwendigen Magnetisierungsströme übernehmen.

Durch eine weitere Vergrößerung der von der Stromrichterschaltung II in Bild 8.28 erzeugten Spannungen kann schließlich erreicht werden, dass die Ständerwicklungen ein kapazitives Verhalten zeigen. Die Maschine verhält sich wie eine Synchronmaschine, die bekanntlich bei einem kleinen Erregerstrom netzseitig induktiv wirkt und bei einem großen Erregerstrom netzseitig kapazitiv.

Wird jetzt die *Frequenz* der von der Stromrichterschaltung II in Bild 8.28 erzeugten Spannungen verkleinert (und gleichzeitig – wie in Abschnitt 8.3.2.2 beschrieben – auch die Höhe der Spannungen), so dreht sich der Läufer in Richtung des umlaufenden Ständerdrehfeldes. Dabei gilt für die Drehzahl der Maschine

$$n = \frac{f_1 - f_2}{p}.$$

Hierin sind f_1 die Frequenz der Ständerströme, f_2 die Frequenz der Läuferströme und p die Polpaarzahl der Maschine. Bei $f_2 = 0$ wird die synchrone Drehzahl erreicht. Kehrt man danach die Phasenfolge der eingespeisten Läuferströme um, so steigt die Drehzahl weiter an. Man spricht hierbei von übersynchroner Drehzahl oder vom übersynchronen Betrieb. In der oben angegebenen Gleichung ist dann die Frequenz f_2 der eingespeisten Läuferströme *negativ* einzusetzen.

Bei jeder beliebigen Drehzahl kann die Maschine entweder belastet werden oder aber angetrieben. Im ersten Fall arbeitet die Maschine als Motor, im zweiten Fall als Generator. Die Maschine verhält sich dabei wie eine Synchronmaschine, hat also eine starre (lastunabhängige) Drehzahl. Von Bedeutung ist die Tatsache, dass der Umrichter nicht die gesamte von der Maschine zu übertragene Leistung übernehmen muss. Die vom Umrichter zu übertragene Leistung – und dadurch auch die Kosten des Umrichters – sind vielmehr umso niedriger, je näher die Maschinendrehzahl bei der synchronen Drehzahl liegt. Wird die Maschine in Windkraftanlagen eingesetzt, so kann – zur Optimierung der Leistungsabgabe der Maschine – die gewählte Drehzahl an die Windgeschwindigkeit angepasst werden.

8.4 Elektronisch kommutierte Maschine (Elektronikmotor)

8.4.1 Aufbau und Arbeitsweise

In der nachfolgend beschriebenen Anordnung wird als Motor stets eine **Synchronmaschine** eingesetzt. Das Läufermagnetfeld der Maschine wird in der Regel – wie bei Synchronmotoren im kleinen und mittleren Leistungsbereich vielfach üblich – durch **Permanentmagnete** erzeugt. Dabei werden meistens zwei oder vier Magnetpole vorgesehen, es sind aber auch höhere Polzahlen möglich.

Der Ständer enthält in der Regel mehrere räumlich versetzte Wicklungsstränge. Meistens werden drei Wicklungsstränge vorgesehen, so dass dann im Prinzip eine

Drehstrom-Synchronmaschine vorliegt. Maschinen mit mehr als vier Strängen sind selten. Die Wicklungen werden über eine Stromrichterschaltung mit Strömen versorgt.

Der am häufigsten verwendete Aufbau ergibt sich aus Bild 8.29a. Darin wird eine Drehstrom-Synchronmaschine (mit permanentmagneterregtem Läufer) aus einem U-Umrichter versorgt. Dieser enthält eingangsseitig eine ungesteuerte Gleichrichterschaltung (G), die zum Beispiel aus einer Sechspuls-Brückenschaltung bestehen kann (vergl. Abschnitt 3.4). Die gelieferte Gleichspannung wird durch einen Zwischenkreiskondensator gestützt. Der nachgeschaltete Wechselrichter W ist als dreiphasiger Spannungs-Pulswechselrichter ausgeführt. Dieser in Abschnitt 5.3.1.4 beschriebene Wechselrichter liefert die Ströme (Wicklungsströme) für den angeschlossenen Synchronmotor M.

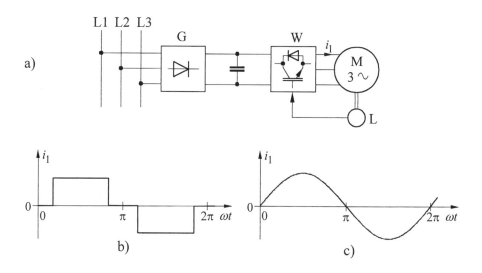

Bild 8.29 a) Aufbau einer elektronisch kommutierten Maschine
(G = Gleichrichterschaltung, W = Wechselrichterschaltung, L = Läuferlagegeber, M = Synchrommotor).
b) blockförmiger Strom, c) sinusförmiger Strom

Insgesamt ergibt sich also eine Anordnung, bei der eine Synchronmaschine über einen U-Umrichter versorgt wird. Bezüglich der Steuerung des Umrichters besteht jedoch ein wesentlicher Unterschied zu den in Abschnitt 7.1.1 beschriebenen Umrichterschaltungen. Die in Bild 8.29a dargestellte Schaltung enthält nämlich einen **Läuferlagegeber** (L). Er erfasst die Lage (Stellung) des Läufers und gibt sie an den Wechselrichter W weiter. Die Wicklungsstränge des Synchronmotors werden nun so mit Strömen versorgt, dass ein möglichst großes Drehmoment auf den Läufer ausgeübt wird. Das ist (grundsätzlich) dann der Fall, wenn zwischen dem von den Wicklungsströmen erzeugten Magnetfeld und dem Magnetfeld des Läufers ein

Winkel von 90° (elektrischer Winkel) besteht. Es liegt ein Zustand vor, der dem in einer Gleichstrommaschine vorhandenen ähnelt. Dort sorgt bekanntlich der Kommutator dafür, dass zwischen dem von der Ankerwicklung verursachten Magnetfeld und dem Magnetfeld der Erregerwicklung ein Winkel von 90° (elektrischer Winkel) besteht und somit das größtmögliche Drehmoment entwickelt wird.

Für den Betrieb des Motors ist also, wie beschrieben, zum einen eine **Stromrichterschaltung** (zur Einspeisung der Wicklungsströme) erforderlich und zum anderen ein **Läuferlagegeber** zur Erfassung der Lage des Läufers. Die genannten Teile sind aufeinander abgestimmt und bilden somit – zusammen mit der Maschine – eine Einheit. Man bezeichnet die gesamte Anordnung als **elektronisch kommutierten Motor** oder auch (kurz) als **Elektronikmotor**.

Der in Abschnitt 8.3.4 beschriebene **Stromrichtermotor** arbeitet im Prinzip nach dem gleichen Verfahren. Allerdings besteht die dort verwendete Wechselrichterschaltung aus Thyristoren (und nicht aus abschaltbaren Leistungshalbleitern). Zudem arbeitet die Schaltung nicht mit einer eingeprägten Gleichspannung, sondern einem eingeprägten Gleichstrom. Der Stromrichtermotor kann als Sonderform einer elektronisch kommutierten Maschine angesehen werden.

8.4.2 Bestromung der Wicklungen

Die Versorgung der Wicklungsstränge mit Strömen bezeichnet man (allgemein) als **Bestromung**. Bei der elektronisch kommutierten Maschine gibt es dazu zwei mögliche Verfahren. Es können **blockförmige Ströme** (Bild 8.29b) eingespeist werden oder **sinusförmige Ströme** (Bild 8.29c). Beide Verfahren werden angewendet. Die unterschiedlichen Strom-Kurvenformen werden im Wechselrichter W (Bild 8.29a) durch geeignetes Spannungspulsen aus der Zwischenkreis-Gleichspannung gewonnen (vergl. Abschnitt 5.3.1.4). Dazu wird die Breite (Dauer) der erzeugten Spannungsimpulse so gewählt (bzw. variiert), dass die erzeugten Ströme die gewünschte Kurvenform haben.

Die Synchronmaschine muss konstruktiv an die betreffende Stromkurvenform angepasst werden. So muss beispielsweise der permanentmagneterregte Läufer einer Maschine, die mit sinusförmigen Strömen arbeitet, so gestaltet sein, dass bei der Drehung des Läufers sinusförmige Spannungen in die Wicklungen induziert werden. Dazu ist es notwendig, dass der Luftspalt jeweils in der Mitte eines Läufer-Magnetpols kleiner ist als seitlich. Bei Maschinen mit blockförmigen Strömen müssen die induzierten Spannungen dagegen (nahezu) blockförmig sein.

8.4.3 Betriebsverhalten

Die elektronisch kommutierte Maschine verhält sich so wie eine fremderregte Gleichstrommaschine (vergl. Abschnitt 8.1.1). Das bedeutet (grundsätzlich), dass die am Motor liegende Spannung und die Drehzahl der Maschine einander proportional sind. Ebenfalls einander proportional sind (grundsätzlich) der Maschinenstrom und das vom Motor abgegebene Drehmoment.

Zur Verstellung der Drehzahl muss also die am Motor liegende Spannung verändert werden. Dies geschieht in Bild 8.29a dadurch, dass die Breite (Dauer) der im Wechselrichter W erzeugten Spannungsimpulse verändert wird. Somit kann der Eingangsgleichrichter G in Bild 8.29a ungesteuert ausgeführt werden. In der Regel ist eine elektronisch kommutierte Maschine mit einer Drehzahlregelung ausgestattet. Dabei wird durch eine unterlagerte Stromregelung auch sichergestellt, dass keine unzulässig hohen Ströme auftreten können (vergl. Abschnitt 8.1.3).

Beim Abbremsen arbeitet die Synchronmaschine als Generator. Die gelieferte Energie wird in Bild 8.29a dem Zwischenkreiskondensator zugeführt. Um dabei eine unzulässig hohe Zwischenkreisspannung zu vermeiden, können die in Abschnitt 8.3.2.4 beschriebenen Maßnahmen – zur Begrenzung der genannten Spannung – auch hier angewendet werden.

Allgemein ist das Betriebsverhalten einer elektronisch kommutierten Maschine gekennzeichnet durch ein gutes *Anlaufmoment*, durch eine große *Zuverlässigkeit* des Antriebs und durch einen nahezu *wartungsfreien Einsatz*. Gegenüber einem konventionellen Gleichstrommotor hat der elektronisch kommutierte Motor auch den Vorteil, dass es kein Bürstenfeuer gibt. Dieses verursacht bekanntlich oft unerwünschte elektromagnetische Störungen. Erwähnt sei auch die Tatsache, dass der beschriebene Motor in einfacher Weise ein **Haltemoment** aufbringen kann. Dazu kann zum Beispiel – unabhängig von der Stellung des Läufers – einer der Wicklungsstränge mit Gleichstrom versorgt werden.

8.4.4 Gebersysteme

Eine elektronisch kommutierte Maschine benötigt, wie beschrieben, stets einen Läuferlagegeber. Er wird entweder in die Maschine integriert oder axial über Kupplungen angebaut. Seine Aufgabe besteht insbesondere darin, durch eine Erfassung der Lage des Läufers für eine richtige Bestromung der Wicklungen zu sorgen. Darüber hinaus kann der Läuferlagegeber auch dazu eingesetzt werden, den vom Läufer zurückgelegten Drehwinkel zu erfassen. Das ist zum Beispiel dann erforderlich, wenn die Maschine als **Positionierantrieb** eingesetzt wird, der Läufer sich also nicht kontinuierlich, sondern nur um einen bestimmten Winkel drehen soll.

Letztlich hat ein Läuferlagegeber also die Aufgabe, einen (mechanischen) Winkel in eine elektrische Ausgangsgröße umzuformen. Dabei gibt mehrere Ausführungsformen, die – je nach den Erfordernissen – teilweise sehr einfach, teilweise aber auch sehr aufwendig aufgebaut sind. Allgemein bezeichnet man die betreffenden Einrichtungen als **Gebersysteme**. Nachfolgend sollen zwei verschiedene Ausführungen vorgestellt werden.

8.4.4.1 Inkrementalgeber

Wir betrachten die in Bild 8.30a dargestellte Anordnung. Darin wird das von der Lampe (links) ausgesendete Licht über eine Linse sowie über eine Blende geführt und fällt danach auf den Fotoempfänger. Zwischen der Blende und dem Fotoempfänger befindet sich eine Scheibe, die sich (mit dem Läufer des Motors) dreht. Sie enthält am Umfang Öffnungen, wodurch das Licht entweder durchgelassen oder unterbrochen wird. Wird das Licht durchgelassen, so dass es auf den Fotoempfänger auftrifft, liefert dieser eine Spannung. Wird das Licht dagegen unterbrochen, entsteht keine Spannung.

Insgesamt gibt es drei Spuren, die in Bild 8.30a mit A, B und R gekennzeichnet sind. Diese liefern – in Abhängigkeit vom zurückgelegten Drehwinkel α – die in Bild 8.30b dargestellten Spannungsimpulse. Die Impulse der Spur A sind – wie dargestellt – gegenüber den Impulsen der Spur B versetzt. Die Spur R liefert pro Umdrehung nur einen Impuls, der als Referenzsignal dient. Die betreffenden Impulse werden einer besonderen Auswerteelektronik zugeführt, die daraus die notwendigen Signale zur Erfassung der Lage des Läufers erzeugt.

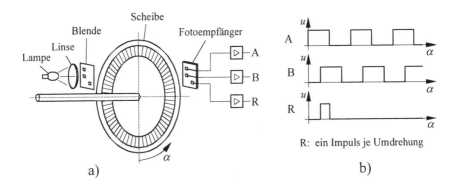

Bild 8.30: a) Prinzipieller Aufbau eines Inkrementalgebers,
b) zeitlicher Verlauf der gelieferten elektrischen Signale

Bei dem beschriebenen Geber, den man als **Inkrementalgeber** bezeichnet, wird die Läuferlage mit Hilfe von *optischen* Signalen erfasst. Stattdessen kann man auch *magnetische* Signale verwenden. Hierauf wird im folgenden Abschnitt eingegangen.

8.4.4.2 Resolver

Wir betrachten die Anordnung nach Bild 8.31a. Eine feststehende Wicklung (A) wird mit einer Wechselspannung u versorgt, die in der Regel eine Frequenz von mehreren Kilohertz hat. Die Wicklung stellt die Primärseite eines Transformatorsystems dar, von dem die Sekundärseite (B) sich im unteren (drehbaren) Teil der Anordnung befindet. Die hier induzierte Spannung versorgt eine dritte Wicklung (C), die ebenfalls im drehbaren Teil untergebracht ist.

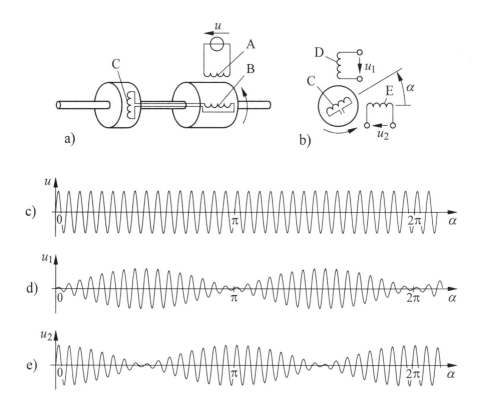

Bild 8.31 a) und b) Aufbau eines Resolvers (Prinzip), c) Verlauf der eingekoppelten Spannung, d) Verlauf der erzeugten Spannung der Sinus-Spur, e) Verlauf der erzeugten Spannung der Cosinus-Spur

In Bild 8.31b ist die Wicklung C noch einmal dargestellt. Der darin fließende Wechselstrom verursacht in zwei weiteren feststehenden, um 90° versetzten Wicklungen D und E – durch Induktion – die Spannungen u_1 und u_2. Die Höhe dieser Spannungen ist von der Lage der (drehbar angeordneten) Wicklung C, also vom eingetragenen Winkel α abhängig. Ist zum Beispiel $\alpha = 90°$, ist der Effektivwert der Spannung u_1 am größten, während der Effektivwert der Spannung u_2 Null ist. Bei $\alpha = 0°$ ist es genau umgekehrt.

Gehen wir von der Annahme aus, dass sich der drehbare Teil (Wicklung C) mit einer bestimmten Drehzahl dreht, so zeigen die Bilder 8.31d und 8.31e den Verlauf der erzeugten Spannungen u_1 und u_2 (in Abhängigkeit vom Winkel α). Zum Vergleich ist in Bild 8.31c der Verlauf der verwendeten (eingekoppelten) Spannung u (Bild 8.31a) dargestellt. Nach dem Verlauf der Spannungen u_1 und u_2 spricht man bei der ersten Spannung (Bild 8.31d) auch von einer **Sinus-Spur** und bei der zweiten (Bild 8.31e) von einer **Cosinus-Spur**.

Die gelieferten Spannungen u_1 und u_2 werden einer Auswerteelektronik zugeführt, die daraus die Signale zur Erfassung der Lage des Läufers der Maschine liefert. Man bezeichnet die beschriebene Anordnung als **Resolver**.

8.5 Schrittmotoren

8.5.1 Aufbau und Arbeitsweise

Zur Erläuterung des prinzipiellen Aufbaus und der Arbeitsweise eines **Schrittmotors** betrachten wir Bild 8.32. Darin wird die Versorgungsspannung U meist von einem Gleichspannungs-Zwischenkreis (vergl. Abschnitt 7.1.1) zur Verfügung gestellt. Aus der Darstellung geht hervor, dass sich zwischen den Polen zweier Ständer (1 und 2) ein Permanentmagnetläufer (N/S) befindet. Jeder der beiden Ständer enthält eine Wicklung mit Mittelanzapfung, also zwei Wicklungshälften. Diese können durch die Transistoren T_1 bis T_4 mit Strömen versorgt werden. Ist beispielsweise der Transistor T_1 eingeschaltet, so sind (bei ausgeschaltetem Transistor T_2) im Ständer 1 unten ein Nordpol und oben ein Südpol vorhanden. Bei gleichzeitig eingeschaltetem Transistor T_3 (und ausgeschaltetem Transistor T_4) befindet sich im Ständer 2 rechts ein Nordpol und links ein Südpol. Das bedeutet, dass sich der Läufer so einstellt wie in Bild 8.32 angegeben.

Wird jetzt T_3 ausgeschaltet und kurz darauf T_4 eingeschaltet, so kehrt sich das im Ständer 2 vorhandene Magnetfeld um. Dies hat zur Folge, dass sich der Läufer um 90° im Uhrzeigersinn dreht. Schaltet man danach T_1 aus und T_2 ein, so dreht sich der Läufer um weitere 90°. Durch eine entsprechende Fortsetzung der Umschaltung der Transistoren kann eine (dauernde) Drehbewegung erreicht werden.

Bei der beschriebenen Steuerung führt jede Umschaltung der Transistoren zu einer Läuferdrehung um 90°. Der Läufer dreht sich also *schrittweise* weiter. Man bezeichnet die Anordnung deshalb als **Schrittmotor**. Er wird vorwiegend dann eingesetzt, wenn der Läufer einen bestimmten **Drehwinkel** zurücklegen soll. Der pro Schritt zurückgelegte Winkel (im vorliegenden Fall beträgt der Wert 90°) heißt **Schrittwinkel**.

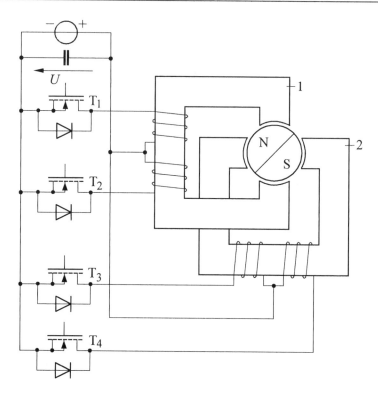

Bild 8.32 Zur Erläuterung des Aufbaus und der Arbeitsweise eines Schrittmotors

8.5.2 Vollschrittbetrieb, Halbschrittbetrieb, Mikroschrittbetrieb

Die beschriebene Ansteuerung der Transistoren wird als **Vollschrittbetrieb** bezeichnet. Daneben gibt es andere Steuerverfahren. Werden beispielsweise in Bild 8.32 die Transistoren T_1 und T_3 eingeschaltet, so nimmt der Läufer – wie schon beschrieben – die dargestellte Lage ein. Schaltet man nun T_3 aus, so dreht sich der Läufer um 45° weiter. Wird hiernach T_4 eingeschaltet, so führt das zu einer weiteren Drehung um 45°. Der Schrittwinkel ist also jetzt nicht 90°, sondern 45°. Da sich der Schrittwinkel im Vergleich zum Vollschrittbetrieb halbiert hat, spricht man vom **Halbschrittbetrieb**.

Zu einer weiteren Verkleinerung des Schrittwinkels gelangt man dadurch, dass man die in den beiden Ständerwicklungen fließenden Ströme gegeneinander abstuft und diese Abstufung bei jedem Schritt ändert. Auf diese Weise kann der

Schrittwinkel in Bruchteile eines vollen Schrittes unterteilt werden. Man spricht dann vom **Mikroschrittbetrieb**.

8.5.3 Unipolare und bipolare Ansteuerung

Bei der in Bild 8.32 dargestellten Schaltung wird zur Umkehrung des von jedem Ständer erzeugten Magnetfeldes der Strom von einer Wicklungshälfte auf die andere umgeschaltet. Die *Richtung* des in der Wicklung fließenden Stromes lässt sich also nicht verändern. Man bezeichnet dieses Verfahren deshalb als **unipolare Ansteuerung**. Dagegen ermöglicht die in Bild 8.33 angegebene Schaltung eine *Umkehrung* des Wicklungsstromes.

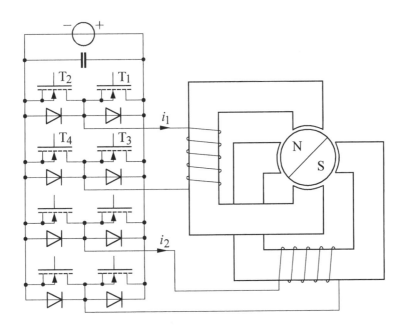

Bild 8.33 Schrittmotor mit bipolarer Ansteuerung

Soll zum Beispiel in Bild 8.33 der Strom i_1 in der angegebenen Richtung fließen, so müssen die Transistoren T_1 und T_4 eingeschaltet werden. Zur Umkehrung dieses Stromes werden die Transistoren T_1 und T_4 ausgeschaltet und kurz darauf die Transistoren T_2 und T_3 wieder eingeschaltet. Die Richtung des Stromes i_2 kann in der gleichen Weise umgekehrt werden. Man spricht bei dem betreffenden Steuerverfahren von einer **bipolaren Ansteuerung**. Das Verfahren hat gegenüber der unipolaren Ansteuerung den Vorteil, dass für jeden Ständer nur *eine* Wicklung notwendig ist. Dadurch ergeben sich sowohl einfachere Wicklungsanordnungen als auch eine bessere Ausnutzung der Wicklungen. Allerdings ist hierbei der Schaltungsaufwand zur Realisierung der Ansteuerung größer als bei der unipolaren Ansteuerung.

8.5.4 Strangzahlen und Polpaarzahlen von Schrittmotoren

Der in Bild 8.33 dargestellte Schrittmotor enthält zwei um 90° gegeneinander versetzte Ständer (mit je einer Wicklung) und somit *zwei Wicklungsstränge*. Der Läufer besitzt zwei Magnetpole und demzufolge *ein Polpaar*. Es handelt sich daher um einen Motor mit der *Strangzahl* $m = 2$ und der *Polpaarzahl* $p = 1$.

Man kann den Motor jedoch auch mit drei, vier oder fünf Ständern versehen. So zeigt Bild 8.34 beispielsweise einen Schrittmotor mit drei Ständern und somit der *Strangzahl* $m = 3$. Die *Polpaarzahl* beträgt (so wie in Bild 8.33) $p = 1$. Beim **Vollschrittbetrieb** werden die einzelnen Strangströme zeitlich nacheinander umgeschaltet. Hierbei ist der Schrittwinkel umso kleiner, je höher die Strangzahl ist. Im vorliegenden Fall (bei $m = 3$ und $p = 1$) beträgt der Schrittwinkel 60°.

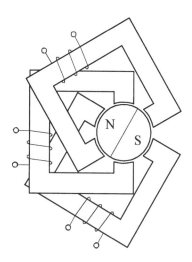

Bild 8.34 Schrittmotor mit drei Ständern

Neben der Erhöhung der Strangzahl kann auch die Polpaarzahl des Motors vergrößert werden. Das bedeutet, dass der Läufer nicht nur mit zwei Magnetpolen versehen wird, sondern mit vier, sechs, acht (oder mehr) Polen. Eine solche Vergrößerung der Polpaarzahl führt, ebenso wie eine Erhöhung der Strangzahl, zu ciner Verkleinerung des Schrittwinkels. Die Maßnahme ist vergleichbar mit der Vergrößerung der Polzahl bei einem Drehstrommotor, die bekanntlich zu einer niedrigeren Drehzahl führt. Bei einem Schrittmotor mit m Strängen und p Polpaaren beträgt der Schrittwinkel im Vollschrittbetrieb (allgemein)

$$\boxed{\alpha = \frac{360°}{2\,p\,m}}$$

So ergibt sich beispielsweise für einen vierpoligen Schrittmotor ($p = 2$) mit drei Wicklungssträngen ($m = 3$) ein Schrittwinkel im Vollschrittbetrieb von

$$\alpha = \frac{360°}{2\,p\,m} = \frac{360°}{2 \cdot 2 \cdot 3} = \underline{30°}.$$

8.5.5 Ausführungsformen (Bauformen)

Schrittmotoren werden in unterschiedlichen Ausführungsformen hergestellt. Der den bisherigen Betrachtungen zugrunde liegende Aufbau wird als **permanentmagneterregter Mehrständermotor** bezeichnet. In Bild 8.35a ist das Prinzip dieser Bauform noch einmal schematisch dargestellt.

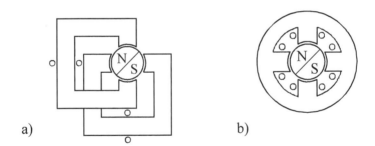

Bild 8.35 Ausführungsformen (Bauformen) von Schrittmotoren. a) Mehrständermotor (mit zwei Ständern und somit ebenfalls zwei Wicklungssträngen), b) Einständermotor (mit zwei Wicklungssträngen)

Bild 8.35b zeigt (schematisch) eine gegenüber Bild 8.35a veränderte Ständerform, die als **Einständerausführung** bezeichnet wird. Die dargestellte Anordnung enthält zwei Wicklungsstränge. Die Wicklungen sind in Nuten eingelegt. Der Läufer der beiden in Bild 8.35 dargestellten Schrittmotoren hat meist eine zylindrische

Form und besitzt längs des Umfangs zwei, vier, sechs (oder auch mehr) Magnetpole.

Eine Variante stellt der **Scheibenmagnet-Schrittmotor** dar. Hier hat der Läufer die Form einer Scheibe mit *axialer* Magnetisierung. Die Ständerwicklungen sind seitlich vom Läufer so angeordnet, dass deren Magnetfeld die Scheibe axial durchsetzt. Ein solcher Motor hat ein geringes Trägheitsmoment. Zudem kann der Motor mit einer hohen Polzahl versehen werden, so dass sich kleine Schrittwinkel erreichen lassen.

Beim **Reluktanz-Schrittmotor** besteht der Läufer aus einem *weichmagnetischen* Material. Der Läufer hat im Prinzip die Form eines Zahnrades. Wird durch die Ständerwicklungen ein Magnetfeld erzeugt, so stellt sich der Läufer so in dieses Feld ein, dass sich für den magnetischen Fluss der geringste magnetische Widerstand ergibt. Kennzeichnend für solche Schrittmotoren ist, dass bei nicht vorhandenem Ständermagnetfeld kein Haltemoment auftritt.

Eine weitere Schrittmotor-Bauform stellt der *permanentmagneterregte* Motor in **Gleichpolbauweise** dar. Er wird auch als **Hybridmotor** bezeichnet. In Bild 8.36 ist eine mögliche Ausführungsform eines solchen Motors dargestellt.

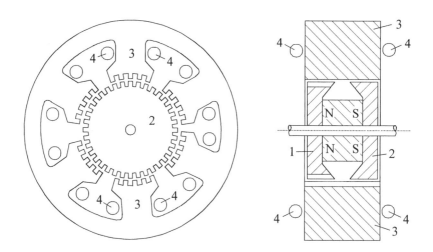

Bild 8.36 Aufbau eines permanentmagneterregten Schrittmotors in Gleichpol-Bauweise mit drei Ständerwicklungssträngen. (N, S Dauermagnet, 1, 2 gezahnte Weicheisen-Polkränze, 3 Ständerpole von einem der drei Stränge, 4 Wicklung eines der drei Stränge)

Im *Läufer* dieses Motors befindet sich ein *Permanentmagnet* (N/S) mit *axialer* Magnetisierung. Auf beiden Seiten des Magneten sind *gezahnte Polkränze* aus *Weicheisen* (1 und 2) angebracht. Die Zähne dieser beiden Teile sind gegeneinander um eine *halbe Teilung* versetzt und bilden auf der einen Seite nur Nordpole

8.5 Schrittmotoren

und auf der anderen Seite nur Südpole. Die Ständerpole (3) sind ebenfalls gezahnt (vergl. Bild 8.36) und enthalten jeweils eine konzentrierte Wicklung (4). Die Zahl der Ständerpole kann unterschiedlich gewählt werden. So enthält der in Bild 8.36 dargestellte Motor beispielsweise sechs Ständerpole mit (insgesamt) drei Wicklungssträngen. Allgemein wird die Strangzahl meist zwischen zwei und fünf gewählt.

Beim *Vollschrittbetrieb*, wenn die in den Wicklungssträngen fließenden Ströme also zeitlich nacheinander *umgeschaltet* werden, beträgt der *Schrittwinkel* bei z vorhandenen Läuferzähnen und m Ständerwicklungssträngen

$$\alpha = \frac{360°}{2\,m\,z}.$$

Da die Zahl der Läuferzähne (z) relativ groß gewählt werden kann, lassen sich sehr kleine Schrittwinkel erreichen. Sie können sogar ohne weiteres auch Bruchteile von einem Grad betragen.

8.5.6 Bestromung der Wicklungen

Beim Betrieb von Schrittmotoren müssen die einzelnen Wicklungen nach einem bestimmten System mit Strömen versorgt werden. Dabei kann die Ansteuerung entweder unipolar oder bipolar vorgenommen werden. Wichtig ist stets, dass die Steuerelektronik und der Schrittmotor gut aufeinander abgestimmt sind.

Für die Einspeisung der Wicklungsströme werden verschiedene Spannungs-Kurvenformen verwendet. Wir betrachten dazu Bild 8.37.

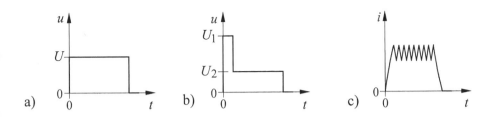

Bild 8.37 Verfahren zur Einspeisung der Wicklungsströme. a) Konstant-Spannungsbetrieb, b) Bi-Level-Ansteuerung, c) Chopperansteuerung (Pulsbreitensteuerung oder Steuerung durch Zweipunktregelung)

Beim **Konstant-Spannungsbetrieb** nach Bild 8.37a wird der jeweilige Wicklungsstrang während der Strom-Einspeisezeit an eine konstante Spannung U gelegt. Dieses Verfahren hat bei höheren Schrittfrequenzen jedoch den Nachteil, dass der Strom i – bedingt durch die Zeitkonstante des Stromkreises – nicht schnell genug ansteigt.

Hier stellt die **Bi-Level-Ansteuerung** nach Bild 8.37b eine Verbesserung dar. Bei diesem Verfahren wird zunächst eine relativ hohe Spannung U_1 angelegt, so dass der Strom i schnell ansteigt. Danach wird die Spannung auf einen geringeren Wert U_2 abgesenkt.

Ein häufig angewendetes Verfahren ist die **Chopperansteuerung** nach Bild 8.37c. Hier wird der Wicklungsstrom i durch eine **Pulsbreitensteuerung** der Spannung u oder durch eine **Steuerung mittels Zweipunktregelung** (vergl. Abschnitt 5.2.1) nahezu eingeprägt. Dadurch sind im Prinzip beliebige Strom-Kurvenformen möglich. In den meisten Fällen werden dabei entweder rechteckförmige oder sinusförmige Ströme verwendet. Im ersten Fall spricht man von einer **Blockbestromung** und im zweiten Fall von einer **Sinusbestromung**. Beide Bestromungsarten sollen nachfolgend unter der Voraussetzung betrachtet werden, dass der betreffende Schrittmotor drei Wicklungsstränge besitzt, also im Prinzip einen **Drehstrom-Synchronmotor** darstellt. Der permanentmagneterregte Läufer möge für die folgenden Betrachtungen zwei Pole besitzen.

8.5.6.1 Blockbestromung

Wir betrachten den in Bild 8.38a dargestellten Schrittmotor mit den Wicklungssträngen 1 – 1', 2 – 2' und 3 – 3'. In diese Wicklungsstränge werden die in den Bildern 8.38d bis 8.38f dargestellten Ströme eingespeist. Wir betrachten zunächst den Bereich $0 < \omega t < \omega t_1$. In diesem Bereich sind die Ströme i_1 und i_3 positiv, während der Strom i_2 negativ ist. Folglich haben die Ständerströme die in Bild 8.38a eingetragene Richtung. Diese Ströme verursachen ein zweipoliges Ständermagnetfeld, wobei der Nordpol (N) rechts oben liegt und der Südpol (S) links unten. Als Folge davon stellt sich der Läufer so ein wie in Bild 8.38a eingetragen.

Aus Bild 8.38f ist ersichtlich, dass der Strom i_3 bei $\omega t = \omega t_1$ sein Vorzeichen ändert. Dadurch bekommen die Ständerströme die in Bild 8.38b eingetragene Richtung. Der Nordpol (N) des Ständermagnetfeldes befindet sich jetzt auf der rechten Seite und der Südpol (S) auf der linken Seite. Als Folge davon dreht sich der Läufer – gegenüber Bild 8.38a – um 60° im Uhrzeigersinn weiter.

Aus Bild 8.38e ist ersichtlich, dass der Strom i_2 bei $\omega t = \omega t_2$ seine Richtung ändert. Dies führt zu einer weiteren Drehung des Läufers um 60°, und es entsteht die Läuferstellung nach Bild 8.38c.

Die Bilder 8.38d bis 8.38f ist zeigen, dass die Wicklungsströme zeitlich nacheinander (in einem Abstand von $\pi/3 = 60°$) umgeschaltet werden. Man spricht hierbei – wie schon in Abschnitt 8.5.2 erläutert – vom **Vollschrittbetrieb**.

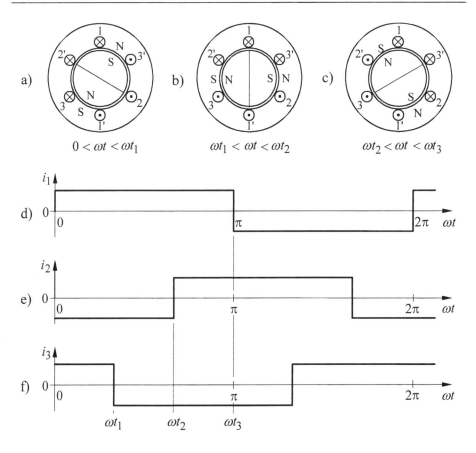

Bild 8.38 Blockbestromung von Schrittmotoren (Vollschrittbetrieb). a) bis c) Stellung des Läufers nach Ausführung jeweils eines Schrittes, d) bis f) Kurvenform der eingespeisten Strangströme

Im vorliegenden Fall beträgt der Schrittwinkel 60°. Durch eine Vergrößerung der Zahl der Magnetpole lassen sich – wie schon in Abschnitt 8.5.2 beschrieben – kleinere Schrittwinkel erreichen.

Eine Verkleinerung des Schrittwinkels ist auch dadurch möglich, dass die eingespeisten Wicklungsströme die in den Bildern 8.39d bis 8.39f dargestellte Kurvenform haben. Im Bereich $0 < \omega t < \omega t_1$ haben die Ständerströme die in Bild 8.39a eingetragene Richtung, so dass der Läufer die hier dargestellte Lage einnimmt. Bei dem Winkel $\omega t = \omega t_1$ wird nach Bild 8.39f der Strom i_3 gleich Null. Dadurch dreht sich der Läufer nach Bild 8.39b um 30° weiter. Bei dem Winkel $\omega t = \omega t_2$ wird der Strom i_3 negativ. Der Läufer dreht sich nach Bild 8.39c um weitere 30° weiter.

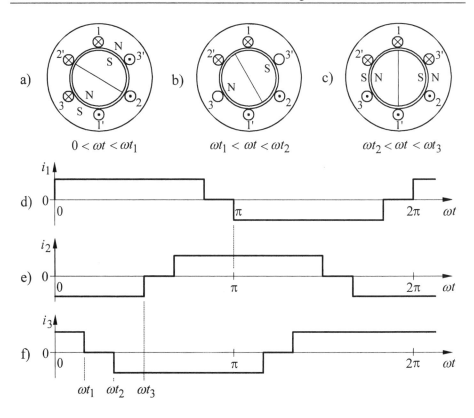

Bild 8.39 Blockbestromung von Schrittmotoren (Halbschrittbetrieb). a) bis c) Stellung des Läufers nach Ausführung jeweils eines Schrittes, d) bis f) Kurvenform der eingespeisten Strangströme

Insgesamt dreht sich der Läufer bei jedem Schritt nicht um 60°, wie beim Vollschrittbetrieb, sondern lediglich um 30° weiter. Man spricht deshalb – wie schon in Abschnitt 8.5.2 beschrieben – vom **Halbschrittbetrieb**.

Wählt man die Kurvenform so wie in Bild 8.40 dargestellt, so ergibt sich ein Schrittwinkel von 15°. Man spricht dann vom **Viertelschrittbetrieb**. Auch hier kann durch eine Erhöhung der Polzahl der Schrittwinkel weiter verkleinert werden.

Allgemein lässt sich feststellen, dass die Rundlaufeigenschaften des Motors umso besser sind, je kleiner der Schrittwinkel ist. Das ist besonders dann von Bedeutung, wenn die Frequenz der eingespeisten Wicklungsströme niedrig ist. Weiterhin sei darauf hingewiesen, dass der Läufer einer Synchronmaschine bekanntlich zu mechanischen Schwingungen neigt. Auch hier wirken sich kleine Schrittwinkel positiv aus.

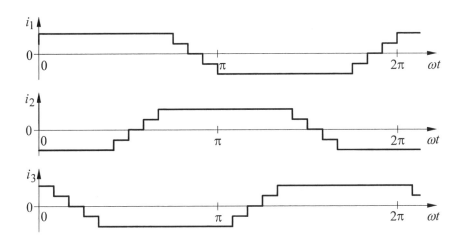

Bild 8.40 Kurvenform der eingespeisten Strangströme bei der Blockbestromung im Viertelschrittbetrieb

8.5.6.2 Sinusbestromung

Eine andere Art der Bestromung der Wicklungen besteht darin, dass man die Kurvenform der eingespeisten Wicklungsströme so wählt wie in Bild 8.41 angegeben. Im Vergleich zur Blockbestromung werden relativ viele Stromstufen verwendet, so dass man auch von einem **Mikroschrittbetrieb** spricht. Darüber hinaus sind bei dem betreffenden Verfahren die Stromstufen so gewählt, dass sich (insgesamt) für die Strangströme eine nahezu sinusförmige Kurvenform ergibt. Ein Unterschied zur beschriebenen Blockbestromung besteht auch darin, dass bei jeder einzelnen Stufe *alle* drei Ströme verändert werden.

Die Anzahl der pro Umdrehung vorhandenen Schritte des Motors erhält man aus der Gleichung

$$z = k\, p\,.$$

Dabei ist p die Polpaarzahl der Maschine und k die Anzahl der in einer Periode vorhandenen Stufen des Strangstromes. So enthalten die in Bild 8.41 dargestellten Strangströme pro Periode 24 Stufen, so dass hier $k = 24$ ist.

Allgemein hat die Sinusbestromung den Vorteil, dass die Wicklungsströme nur einen geringen Oberschwingungsgehalt haben. Dadurch können die Leistungsverluste klein gehalten werden. Außerdem ergibt sich – auch bei hohen Drehzahlen – nur eine vergleichsweise geringe Geräuschentwicklung.

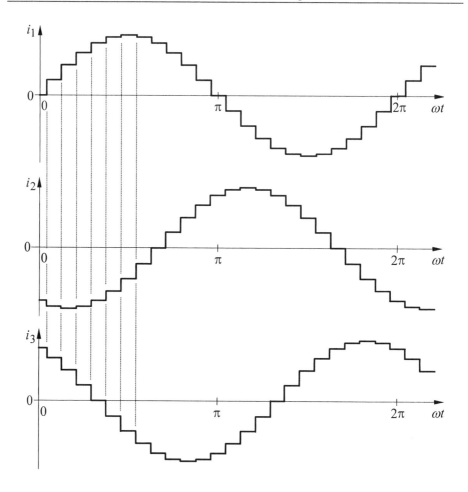

Bild 8.41 Kurvenform der eingespeisten Strangströme bei der Sinusbestromung (bei einem Motor mit drei Wicklungssträngen)

8.5.7 Anwendung und Betrieb von Schrittmotoren

Ein Schrittmotor wird insbesondere für **Positionieraufgaben** eingesetzt. Bei dieser Anwendung dreht sich der Läufer des Motors nicht kontinuierlich, sondern legt nur einen bestimmten **Drehwinkel** zurück. Der Schrittmotor hat hier gegenüber anderen Motoren den Vorteil, dass eine genaue Positionierung möglich ist, ohne dass die Lage des Läufers erfasst werden muss.

Bei der Ausführung solcher Positionieraufgaben muss die Schrittfrequenz an den zurückzulegenden Drehwinkel angepasst werden. Das bedeutet in der Regel, dass die Schrittfrequenz beim Hochlaufen des Motors zunächst von kleinen Werten aus gesteigert wird, um die gewünschten Endposition *schnell* zu erreichen. Rechtzeitig vor dem Erreichen der Endposition muss die Frequenz jedoch wieder reduziert und somit der Bremsvorgang eingeleitet werden. Sonst können unerwünschte Schrittfehler auftreten. Man verwendet meistens bei der Beschleunigung des Motors geeignete Frequenz-Zeit-Hochlauframpen. Hierbei können zur Erzielung kurzer Beschleunigungszeiten auch kurzzeitig höhere Ströme eingespeist werden. Entsprechendes gilt für die Abbremsung des Motors.

Verzeichnis der wichtigsten Symbole

(Abschnittsnummer des erstmaligen Auftretens in Klammern)

a	Tastgrad (5.2.1)	I_E	Erregerstrom (8.1.1)
B	Stromverstärkung (2.3.1)	I_F	Durchlassstrom (2.2.2)
C	Kapazität (2.2.3.2)	I_G	Steuerstrom (2.6.1)
C_{DS}	Drain-Source-Kapazität (2.4.2)	I_H	Haltestrom (2.6.1)
C_{GD}	Gate-Drain-Kapazität (2.4.2)	I_L	Laststrom (5.1)
C_{GS}	Gate-Source-Kapazität (2.4.2)	I_P	Effektivwert des primären Transformatorstromes (3.1.4)
C_R	Sperrschichtkapazität (2.6.2.2)		
C_J	Wärmekapazität des Halbleitermaterials (2.9.2)	I_{P1}	Effektivwert der Grundschwingung des Transformatorprimärstromes (3.1.10)
C_C	Wärmekapazität des Gehäuses (2.9.2)	I_R	Sperrstrom (2.2.2)
D	Verzerrungsleistung / Oberschwingungsblindleistung (3.1.10)	I_{RRM}	Höchstwert des Ausräumstromes / Sperrverzögerungsstromes (2.2.3.2)
D_r	ohmsche Gleichspannungsänderung (3.1.8)	I_S	Effektivwert des sekundären Transformatorstromes (3.1.4)
D_x	induktive Gleichspannungsänderung (3.1.8)	I_T	Thyristorstrom (2.6.1)
f	Frequenz (2.9.1.2)	I_{AV}	zeitlicher Mittelwert eines Stromes (2.9.1.1)
f_0	Eigenfrequenz bei verlustloser Schaltung (6.1)	I_{RMS}	Effektivwert eines Stromes (2.9.1.1)
f_R	Eigenfrequenz bei verlustbehafteter Schaltung (6.1)	I_μ	Magnetisierungsstrom (8.3.2.3)
I_B	Basisstrom (2.3.1)	I_1	Ständerstrom (8.3.2.3)
I_C	Kollektorstrom (2.3.1)	I_2'	Läuferstrom, umgerechnet auf die Ständerseite (8.3.2.3)
I_d	Gleichstrom (3.1.3)		
I_E	Emitterstrom (2.3.1)	i	Augenblickswert eines Stromes (2.9.1.1)

Verzeichnis der wichtigsten Symbole 347

i_d	Augenblickswert des (welligen) Gleichstromes (3.1.1)	m	Strangzahl (8.5.4)
i_F	Augenblickswert des Durchlassstromes (2.2.3.1)	n	Drehzahl (8.1.1)
		n_d	synchrone Drehzahl (8.3.1.2)
i_{FG}	Augenblickswert des Vorwärtssteuerstromes (2.6.5.2)	P	Wirkleistung (3.1.10)
		P_D	Durchlassverluste (2.9.1.1)
i_G	Augenblickswert des Steuerstromes (3.1.5)	P_d	Gleichstromleistung (3.1.4)
		P_S	Schaltverluste (2.9.1.2)
i_K	Augenblickswert des Kommutierungsstromes (3.1.7)	P_V	Verlustleistung (3.1.10)
i_L	Augenblickswert des Leiterstromes (3.3.1)	p	Zahl der Kommutierungen pro Periode (3.1.8)
i_P	Augenblickswert des Transformator-Primärstromes (3.1.3)	p	Polpaarzahl (8.3.9)
		Q	Blindleistung (3.1.10)
i_R	Augenblickswert des Ausräumstromes / Sperrverzögerungsstromes (2.2.3.2)	Q_1	Grundschwingungsblindleistung (3.1.10)
		Q_{rr}	Ausräumladung / Sperrverzögerungsladung (2.2.3.2)
i_{RG}	Augenblickswert des Rückwärtssteuerstromes (2.6.5.2)	Q_T	Tailladung (2.5.2)
i_{S1}	Augenblickswert des sekundären Transformatorstrangstromes / Strang 1 (3.1.1)	R	(elektrischer) Widerstand (2.2.3.2)
		R_C	Widerstand des Kollektorkreises (2.3.2)
i_{S2}	Augenblickswert des sekundären Transformatorstrangstromes / Strang 2 (3.1.1)	R_i	Innenwiderstand (3.1.8)
		R_{on}	Bahnwiderstand (2.9.1.1)
i_{S3}	Augenblickswert des sekundären Transformatorstrangstromes / Strang 3 (3.3.1)	R_{thJC}	innerer Wärmewiderstand (2.9.2)
		R_{thCA}	äußerer Wärmewiderstand (2.9.2)
i_μ	Augenblickswert des Magnetisierungsstromes (7.3.1)	R_1	Wirkwiderstand der Ständerwicklung (8.3.2.3)
k	Maschinenkonstante (8.1.1)		
L	Induktivität (2.2.3.2)	R_2'	Wirkwiderstand der Läuferwicklung, umgerechnet auf die Ständerseite (8.3.2.3)
L_d	Glättungsinduktivität (3.1.3)		
L_K	Kommutierungsinduktivität (3.1.7)	r	differenzieller Widerstand (2.9.1.1)
M	Drehmoment (8.1.1)	S	Scheinleistung (3.1.10)

S_P	Scheinleistung der Transformator-Primärseite (3.1.4)	U_d	Gleichspannung, allgemein (3.1.5)
S_S	Scheinleistung der Transformator-Sekundärseite (3.1.4)	U_{di}	Gleichspannungs-Mittelwert / ideelle Gleichspannung (3.1.1)
S_T	Transformator-Bauleistung (3.1.4)	$U_{di\alpha}$	(ideeller) Gleichspannungs-Mittelwert bei Teilaussteuerung (3.1.5)
s	Schlupf (8.3.1.2)		
T	Periodendauer (2.9.1)	$U_{d\alpha}$	Gleichspannungs-Mittelwert bei Teilaussteuerung (3.1.8)
T_a	Ausschaltzeit (5.2.2)		
T_e	Einschaltzeit (5.2.1)	U_F	Durchlassspannung (2.2.2)
t_a	Anstiegszeit (2.6.5.2)	U_h	Spannung am Hauptblindwiderstand (8.3.2.3)
t_c	Schonzeit (3.1.9)	U_i	induzierte Spannung / induzierte Gegenspannung (8.1.1)
t_{dq}	Abschaltverzugszeit (2.6.5.2)		
t_{fr}	Durchlasserholzeit (2.2.3.1)	U_L	Lastspannung (5.2.1)
t_{fq}	Abschaltfallzeit (2.6.5.2)	U_P	Effektivwert der primären Transformatorspannung (3.1.4)
t_{gd}	Zündverzugszeit (2.6.2.3)		
t_{gr}	Durchschaltzeit (2.6.2.3)	U_q	Gegenspannung / Quellenspannung (3.1.5)
t_{gt}	Zündzeit (2.6.2.3)		
t_{off}	Ausschaltzeit (2.9.1.2)	U_R	Sperrspannung (2.2.2)
t_{on}	Einschaltzeit (2.9.1.2)	U_S	Effektivwert der sekundären Transformatorspannung (3.1.1)
t_q	Freiwerdezeit (2.6.2.4)		
t_{rr}	Ausräumzeit / Sperrverzögerungszeit (2.2.3.2)	U_{St}	Steuerspannung (2.6.3)
		U_T	Thyristorspannung (2.6.1)
t_{tq}	Schweifzeit (2.6.5.2)	U_0	Schleusenspannung (2.9.1.1)
U_B	Spannung / Betriebsspannung (2.3.2)	u	Augenblickswert einer Spannung (2.2.3.2)
		u	Überlappungswinkel (3.1.7)
U_{BE}	Basis-Emitter-Spannung (2.3.1)	u_D	Augenblickswert der Diodensperrspannung (3.1.1)
$U_{(B0)}$	Nullkippspannung (2.6.1)		
$U_{(BR)}$	Durchbruchspannung (2.6.1)	u_d	Augenblickswert der ungeglätteten Gleichspannung (3.1.1)
U_{CB}	Kollektor-Basis-Spannung (2.3.1)	u_F	Augenblickswert der Durchlassspannung (2.2.3.1)
U_{CE}	Kollektor-Emitter-Spannung (2.3.2)	u_{F0}	statische Durchlassspannung (2.2.3.1)

Verzeichnis der wichtigsten Symbole

u_K	Augenblickswert der Kommutierungsspannung (3.1.7)	$X_{2\sigma}'$	Streublindwiderstand der Läuferwicklung, umgerechnet auf die Ständerseite (8.3.2.3)
u_L	Augenblickswert der Spannung an der Glättungsdrossel (3.1.3)	Z_{thCA}	äußerer transienter Wärmewiderstand (2.9.2)
u_R	Augenblickswert der Sperrspannung (2.2.3.2)	Z_{thJC}	innerer transienter Wärmewiderstand (2.9.2)
u_{S1}	Augenblickswert der sekundären Transformator-Strangspannung / Strang 1 (3.1.1)	z	Zahl der Läuferzähne (8.5.5)
u_{S2}	Augenblickswert sekundären der Transformator-Strangspannung / Strang 2 (3.1.1)	α	Steuerwinkel (2.6.3)
		α	Schrittwinkel (8.5.4)
		α_{max}	Steuerwinkelgrenzwert (3.1.9)
u_{S3}	Augenblickswert sekundären der Transformator-Strangspannung / Strang 3 (3.3.1)	γ	Löschwinkel (3.1.9)
		δ	Dämpfungsgrad (6.1)
u_0	Anfangsüberlappung (3.1.7)	Θ	Stromflusswinkel (2.9.2)
$\ddot{u}$	Transformator-Übersetzungsverhältnis (3.1.3)	ϑ_A	Umgebungstemperatur (2.9.2)
		ϑ_C	Gehäusetemperatur (2.9.2)
W_{off}	Ausschalt-Verlustenergie (2.9.1.2)	ϑ_J	Sperrschichttemperatur (2.9.2)
		λ	Leistungsfaktor (3.1.10)
W_{on}	Einschaltverlustenergie (2.9.1.2)	v_G	Abschaltverstärkung (2.6.5.2)
		τ	Zeitkonstante (5.3.1.1)
X_h	Hauptblindwiderstand (8.3.2.3)	Φ	magnetischer Fluss (8.1.1)
X_N	Netzreaktanz (3.7.3)	Φ_2	magnetischer Fluss, mit Läuferwicklung verkettet (8.3.2.3)
X_T	Transformatorreaktanz (3.7.3)	φ_1	Phasenverschiebungswinkel (3.1.10)
$X_{1\sigma}$	Streublindwiderstand der Ständerwicklung (8.3.2.3)	ω	Kreisfrequenz (2.6.3)

Literatur

Anke, D.: Leistungselektronik. 2. Aufl., Oldenbourg-Verlag, München 2000

Beuth, O., Beuth, K.: Leistungselektronik. Elektronik 9. 1. Aufl., Vogel-Verlag, Würzburg 2003

Brosch, P. F.: Moderne Stromrichterantriebe: Antriebssystem, Leistungselektronik, Maschinen, Mechatronik und Motion Control, Arbeitsweise drehzahlveränderbarer Antriebe mit Stromrichtern und Antriebsvernetzung. 5. Aufl., Vogel-Verlag, Würzburg 2007

Jäger, R., Stein, E.: Übungen zur Leistungselektronik. 1. Aufl., VDE-Verlag, Berlin 2001

Kloss, A.: Oberschwingungen: Netzrückwirkungen der Leistungselektronik. 2. Aufl., VDE-Verlag, Berlin 1996

Michel, M.: Leistungselektronik. Einführung in Schaltungen und deren Verhalten. 4. Aufl., Springer-Verlag, Berlin 2008

Probst, U.: Leistungselektronik für Bachelors: Grundlagen und praktische Anwendungen. 1. Aufl., Hanser-Verlag 2008

Schröder, D.: Leistungselektronische Bauelemente. 2. Aufl., Springer-Verlag, Berlin 2006

Schröder, D.: Leistungselektronische Schaltungen: Funktion, Auslegung und Anwendung. 2. Aufl., Springer-Verlag, Berlin 2008

Specovius, J.: Grundkurs Leistungselektronik: Bauelemente, Schaltungen und Systeme. 2. Aufl., Vieweg-Verlag, Wiesbaden 2008

Sachverzeichnis

Abbremsen 327
abschaltbare Leistungshalbleiter 188
abschaltbarer elektronischer Schalter 190
Abschalteigenschaft 42
Abschaltfallzeit 45
Abschaltverstärkung 44
Abschaltverzugszeit 44
Abschaltvorgang 42
adaptive Regler 289
aktive Oberschwingungskompensation 167
aktiver Oberschwingungskompensator 245
analoge Regler 288
Anfahrwiderstände 323
Anfangsüberlappung 95, 103, 104
Anker 279
Ankerkreiswiderstand 280
Ankerstrom 279
Ankerwicklung 278
Anlaufmoment 320, 330
Anode 7, 28
Anodenkurzschlüsse 42
Anstiegszeit 45
Antisättigungsdiode 17
Antisättigungsschaltung 17
Arbeitsmaschine 307
ASCR 39
Asymmetrischer Halbbrücken-Durchflusswandler 272
asynchron 298
asynchroner Anlauf 297
Asynchronmaschine 308
Asynchronmaschine mit gepulstem Läuferwiderstand 323

Asynchronmaschine mit Schleifringläufer 321
Asynchronmotor 296, 298
Atome 2
Aufmagnetisieren 269
Ausgangskennlinienfeld 14
Ausräumladung 11
Ausräumstrom 11, 34, 193, 195, 199, 203, 237, 277
Ausräumzeit 11, 12
Ausschaltverlustleistung 12, 16, 27
Ausschaltzeit 56
äußerer Wärmewiderstand 57
Aussteuerung mittels Zweipunktregelung 195, 200, 202, 208
Aussteuerungsgrad 194
Auswerteelektronik 331

Bahnwiderstand 8, 54
Basis 12
Basisstrom 13
Bauleistung 74, 139, 148
Belastung 117, 119
Belastung mit Gegenspannung 82
Belastungskennlinie 100
Beschaltung 65
Bestromung der Wicklungen 329, 330, 339
Betriebsfrequenz 252, 255
Betriebskennlinien 282, 283, 294, 299
Bi-Level-Ansteuerung 340
bipolare Ansteuerung 335
bipolarer Transistor 12
Blindleistung 106, 107, 110
Blindleistungsaufnahme 105, 160

Blindleistungsbedarf 154, 182, 257
Blindleistungskennlinie 109
Blindleistungsstromrichter 163, 245, 247
Blindleistungsverhalten 132, 178
Blockbestromung 340
Blockbetrieb 220, 234, 303
blockförmige Ausgangsspannung 259
blockförmige Kurvenform 314
blockförmige Ströme 329
Blockschaltbild 286
Boost converter 197
Boost-buck converter 200
Bremsbetrieb 311
Brems-Chopper 291, 311, 315
Bremsung 315
Brückenschaltung 125
Buck converter 192

Choppen 311
Chopper 192
Chopperansteuerung 340
Computerkompatibilität 49
CoolMOS-Transistoren 22, 26
Cosinus-Spur 333

Dämpferwicklung 297, 301
Dämpfungsgrad 251
Darlington-Schaltung 18
Defektelektron 3
Diac 39
differenzieller Widerstand 53, 55
Diffusionsstrom 6
digital arbeitende Regler 288
Diode 7
Diodenkennlinie 8
Diodensperrspannung 70
Direktumrichter 263, 318
Doppelt gespeiste Asynchronmaschine 325, 326
Dotierung 4
Dotierungsgrad 5, 8
Drain 20

Drehmomentbildung 308
Drehrichtungsumkehr 289, 290
Drehschwingungen 297
Drehstromantriebe 278, 296
Drehstrom-Asynchronmotor 298
Drehstrom-Brückenschaltung 146
Drehstrom-Mittelpunktschaltung 136
Drehstrommotor 296
Drehstrom-Reluktanzmotor 300
Drehstromschalter 170
Drehstromsteller 170, 184, 319
Drehstrom-Synchronmotor 297
Drehstromwicklung 296, 297
Drehwinkel 333, 344
Drehzahlgeber 287, 291
drehzahlgeregelter Gleichstromantrieb 286
Drehzahlistwert 287, 291
Drehzahlregelung 286, 310, 321
Drehzahlregelung mit unterlagerter Stromregelung 288
Drehzahlsollwert 287, 291
Drehzahlverstellung 290, 314
Drehzahlverstellung durch Direktumrichter 318
dreieckförmiger Strom 276
dreieckförmiger Stromverlauf 202
Dreieckschaltung 184
Drei-Level-Wechselrichter 219, 225, 226, 305
Dreiphasen-Wechselwegschaltung 184
dreiphasiger Pulswechselrichter 224
dreiphasiger Spannungs-Pulswechselrichter 221
dreiphasiger Spannungs-Wechselrichter 213
Dreipuls-Mittelpunktschaltung 135, 136, 141
Dreipunktverhalten 225
Durchbruchspannung 7, 9, 30
Durchflusswandler 267, 271
Durchlasserholzeit 10
Durchlasskennlinie 30, 52, 65

Durchlassrichtung 7
Durchlassspannung 7, 9
Durchlassstrom 9
Durchlassverluste 51, 52
Durchlassverlustleistung 15, 54
Durchlasswiderstände 66
Durchschaltzeit 32
Dynamik der Regelung 289
dynamische Blindleistungskompensation 163, 246
dynamische Vorgänge 65
dynamisches Betriebsverhalten 311

Eckfrequenz 306
Effektivwert 53
e-Funktion 218
Eigenfrequenz 251, 254
Eigenleitung 3, 8
Ein- und Auschaltverluste 52
Eingangskapazität 26
eingeprägte Gleichspannung 259
einkristalline Halbleiter 2
einphasiger Spannungs-Wechselrichter 210
einpolig gesteuert 129
einpulsige Stromrichterschaltung 67
Einraststrom 29, 43
Einsatzspannung 23
Einschaltdauer 193
Einschaltverhältnis 183, 184, 194
Einschaltverluste 33
Einschaltverlustleistung 10, 15
Einschaltzeit 56, 193
Einschwingvorgang 171, 172
Einständerausführung 337
Einständermotor 337
Eintakt-Durchflusswandler 267, 271
elektrische Antriebstechnik 278
elektrischer Bezugspunkt 222
elektrisches Ventil 7
Elektronenleitung 3
Elektronenschale 2
Elektronenstrom 13
Elektronikmotor 327, 329

elektronisch kommutierte Maschine 327
elektronisch kommutierter Motor 278, 329
elektronische Schalter 9, 172, 173, 189
elektronischer Wechselstromschalter 170
Emitter 12, 25
Entmagnetisierung 272
Entmagnetisierungsstrom 269, 271, 272
Entmagnetisierungswicklung 269
Erregerfluss 279
Erregerstrom 279, 287
Erregerwicklung 278, 279, 297
Ersatzschaltbild 309
Erwärmung 51

Feldeffekt-Leistungstransistor 19
Feldeffekt-Transistor 21
feldorientierte Regelung 308, 309, 311
Feldschwächbereich 281
Feldschwächung 306
Feldstrom 6
Filter 237, 296
Flansch 49
Flicker 184
Flüssigkeitskühlung 61
Flyback converter 274
Folgeimpuls 148
Folgesteuerung 161, 162
forward current 9
forward voltage 9
freie Elektronen 3, 20
Freilaufdiode 15, 160, 191
Freilaufkreis 207, 212, 234
Freiwerdezeit 34, 40, 103, 190, 252, 255
Fremdatome 4
fremderregte Gleichstrommaschine 278
Frequenzthyristoren 34, 231

Frequenzumrichter 258, 301
Frequenz-Zeit-Hochlauframpe 345
Full-bridge push-pull converter 273
Fünfschenkel-Transformator 138

Gate 20, 25, 28, 34, 38
Gate-Drain-Kapazität 23
Gate-Source-Kapazität 23
Gebersysteme 330, 331
Gegenspannung 317
Gegenstrombremsbetrieb 299
Gegentakt 205, 211, 238
Gegentakt-Durchflusswandler 271
Gegentaktwandler 274
Gehäuseformen 49
Gehäusetemperatur 57
Generatorbetrieb 297, 298, 299
geradzahlige Harmonische 187
geradzahlige Oberschwingungen 154
Geräuschentwicklung 234
Germanium 2
gesteuerte Schaltung 67, 78
gesteuerte Sechspuls-
 Brückenschaltung 149
Gitter 2
Glättung der Gleichspannung 70
Glättungsdrossel 72, 80, 113, 322
Glättungsinduktivität 72, 80, 113
Gleichrichterschaltungen 67
Gleichspannungsänderung 98, 100, 145
Gleichspannungsanteil 78
Gleichspannungs-Zwischenkreis 258, 259, 302
Gleichstromantriebe 278
Gleichstromleistung 74, 75, 126
Gleichstromlücken 283, 289
Gleichstrommotor 278
Gleichstrom-Reihenschlussmaschine 293
Gleichstrom-Reihenschlussmotor 295
Gleichstromsteller 192, 283, 289
Gleichstrom-Zwischenkreis 261

gleichzeitige Zündung 66
Grundfrequenz 220
Grundschwingung 164, 224
Grundschwingungs-Blindleistung
 107, 110, 111, 163, 180, 245, 248
GTO-Thyristor 41

halbgesteuerte Dreiphasen-
 Wechselwegschaltung 187
halbgesteuerte Schaltung 174
halbgesteuerte Sechspuls-
 Brückenschaltung 151, 152, 153, 154, 155
halbgesteuerte Zweipuls-
 Brückenschaltungen 129
halbgesteuerten Schaltungen 132
halbgesteuerter Drehstromsteller 187
Halbschrittbetrieb 334, 342
Haltemoment 330, 338
Haltestrom 29, 33, 44, 47
Hauptanschluss 38
Hauptimpuls 148
Helligkeitsschwankungen 184
Hochlaufgeber 287
Hochsetz-Gleichstromsteller 197, 204
Hochsetzsteller 197, 235, 241
Hochsetz-Tiefsetz-Gleichstromsteller 200
Hochsetz-Tiefsetz-Steller 200
höherfrequente Oberschwingungen 182
höherpulsige Schaltungen 159
Hybridmotor 338
Hystereseband 237

IGBT 24, 26
IGCT-Thyristor 46
impulsförmiger Durchlassstrom 58
Impulsfrequenz 59
Impulskette 35, 36, 149
Impulsketten 171, 177, 187
Induktionserwärmungsanlagen 250
induktive Blindleistung 105

Sachverzeichnis

induktive Gleichspannungsänderung 99
induzierte Gegenspannung 83, 120
Inkrementalgeber 331
Innenwiderstand 100
innerer Wärmewiderstand 57
integrierte Schaltkreise 35, 184, 221, 238
integrierte Schaltung 18
Intelligente Leistungsmodule 48
intrinsic 8
Inversdiode 22, 26
Invers-Gleichstromsteller 200
Inversionsschicht 21
I-Umrichter 261, 313
I-Wechselrichter 209, 226
I·R-Kompensation 306

Jochfluss 138

Käfigläufer 296, 298
Käfigläuferwicklung 298
Kathode 7, 28, 34
Kennlinien-Steuerung 306, 307
Kettenimpulse 35, 83
Kippdrehzahl 299
Kippen des Wechselrichters 89, 102, 103
Kippmoment 299
Kollektor 12, 25
Kollektorstrom 13
Kommutierung 92, 99, 143, 145, 188, 229
Kommutierungsblindleistung 111, 112, 163
Kommutierungsdauer 94
Kommutierungsdrossel 126, 159, 168
Kommutierungseinbrüche 168
Kommutierungsinduktivität 92, 98, 112, 143, 144, 145
Kommutierungskondensatoren 229
Kommutierungskreise 92

Kommutierungsspannung 92, 188, 262
Kommutierungsstrom 92
Kommutierungsvorgänge 231
Konstant-Spannungsbetrieb 339
Kristallgitter 2, 4
kritische Spannungssteilheit 31
kritische Stromsteilheit 31, 92, 169, 182
Kühlkörper 49, 51, 57
Kühlung 49, 50, 51, 61
kundenspezifische integrierte Schaltkreise 221
Kunststoffgehäuse 49
Kurzimpuls 35, 171
Kurzschlussringe 298
Kurzschlussschutz 313
Kurzschlusswicklung 297

Langimpulse 35, 83, 149, 171, 177, 187
lastgeführter Wechselrichter 250, 315, 326
läuferflussorientierte Regelung 309
Läuferflussregelung 310
Läuferkäfig 297
Läuferlagegeber 328, 330
Läuferschlupf 321, 322
Lawineneffekt 7
Leerlaufdrehzahl 299
Leerlaufwinkelgeschwindigkeit 281
Leistungsfaktor 108, 110, 180, 237, 297, 317
Leistungs-Halbleiterbauelemente 2
Leistungssteuerung 183
Leistungstransistor 12
Leiterspannungen 216
Leitungsinduktivitäten 51
lichtgezündeten Thyristor 40
Light Controlled Thyristor 40
Loch 3
Löcherdiffusion 27
Löcherleitung 3
Löcherstrom 13

Löschschaltung 188, 189, 190
Löschwinkel 103, 105, 252, 255
Lückbetrieb 113, 116, 117, 119, 121,
  122, 149, 194, 195, 199, 202, 271
lückender Gleichstrom 113
lückfreier Betrieb 116, 119, 121,
  122, 194, 195, 199, 202
Lückgrenze 115, 121, 237
luftspaltflussorientierte Regelung
  311

magnetische Eisensättigung 281
magnetische Sättigung 271
magnetisches Drehfeld 296, 302
Magnetisierungsstrom 269, 309
Majoritätsträger 4
Maschine mit Widerstandsläufer 319
maschinengeführte Wechselrichter
  250
MCT 46
Mehrständermotor 337
Metallboden 49
Mikroprozessor 35
Mikroprozessorschaltungen 221,
  286, 288
Mikroschrittbetrieb 335, 343
Miller-Kapazität 23
Mindesteinschaltzeit 195
Minoritätsträger 4
Modulationsfrequenz 184
Module 51
Modultechnik 50, 51
MOS-FET 21
MOS-gesteuerter Thyristor 46
Motor in Gleichpolbauweise 338
Motorbetrieb 299

natürliche Kühlung 61
natürlicher Zündzeitpunkt 135, 139
Nenndrehzahl 281
Nennmoment 282
Netzfilter 241
netzgeführte Direktumrichter 263
netzgeführte Stromrichter 67

netzparallel betriebener selbstgeführter Stromrichter 261, 291, 311
Netzrückwirkungen 163
Netzspannungseinbrüche 92, 182
Netzspannungs-Grundschwingung
  169
Netzspannungsschwankungen 184
Netzspannungsstabilisierung 248,
  249
Netzthyristoren 34, 231
N-Gebiet 5
N-Kanal-Feldeffekt-Transistor 21
N-leitend 4
Nullkippspannung 29
Nutzbremsung 204, 286, 312

Oberschwingungen 74, 105, 164
Oberschwingungsbelastung 157
Oberschwingungsblindleistung 107,
  180, 245
Oberschwingungsgehalt 71, 113,
  149, 154, 156, 157, 159, 164, 213,
  234
Oberschwingungsspektren 165
ohmsche Gleichspannungsänderung
  99
Optimierung 288, 289
optoelektronische Koppler 35

Parallelschaltung 65
Parallelschwingkreis-Wechselrichter
  250
Pendelmomente 283, 304
Periodendauer 202
permanente Magnete 278
Permanentmagnet 297
permanentmagneterregte Synchronmotoren 301
permanentmagneterreger Läufer 328
Permanentmagnetläufer 333
P-Gebiet 5
Phasenabschnittsteuerung 36, 78,
  181, 182

Phasenanschnittsteuerung 174, 175, 184
Phasenfolgelöschung 229, 262
PIN-Diode 8
PI-Verhalten 288
P-leitend 4
PN-Übergang 5, 7
Polpaarzahl 327, 336
Polzahl 297, 299
Positionierantrieb 330
Positionieraufgaben 344
proportional-integrales Zeitverhalten 288
Pufferkondensator 209
Pulsbetrieb 232
Pulsbreitensteuerung 195, 199, 202, 208, 236, 237, 240, 340
Pulsfolgesteuerung 195, 199, 202, 208
Pulsfrequenz 195, 207, 220, 224, 241, 248
Pulsung 233, 234, 248
Pulsung der Wicklungsströme 314
Pulswandler 192
Pulswechselrichter 259
Pulsweitenmodulation 222, 304
Pulszahl 136, 248
Push-pull converter 271
PWM 304

Quasisättigung 16

Raumzeiger 302, 308, 309
Raumzeiger-Modulation 305
Raumzeiger-Ortskurve 301, 302, 303, 304, 305
RC-Beschaltung 12, 63
RCD-Beschaltung 17, 24, 27, 46
RCT 40
rechteckförmige Kurvenform 80
Referenzspannungen 222
Regeldynamik 289
Regelung des Löschwinkels 317
Reglerparameter 288

Reihenschaltung 65
Reihenschlussmotor 295
Reihenschwingkreis 166, 254
Reihenschwingkreis-Wechselrichter 250, 254
Rekombination 4, 27, 45
Reluktanz-Schrittmotor 338
Resolver 332, 333
Resonanzerscheinungen 229
reverse current 9
reverse voltage 9
rückwärts leitende Leistungshalbleiter 193
Rückwärts-Basisstrom 17
Rückwärtsleitfähigkeit 26
Rückwärtsrichtung 9, 26, 30
Rückwärts-Sperrkennlinie 30
Rückwärts-Sperrspannung 193, 199
Rückwärtssteuerstrom 44
Rückwirkungskapazität 23
Rundlauf 304
Rundlaufgüte 234

safe operating area 15
Saugdrossel 158, 159
Saugkreise 166
Schaltfrequenz 52, 195, 235
Schaltnetzteile 267
Schaltnetzteil-IC 196, 271
Schaltschema der Transistoren 215
Schaltverluste 24, 52, 55, 56, 193, 195, 199, 203, 220, 248
Scheibenmagnet-Schrittmotor 338
Scheinleistung 105, 110, 111
Schleifringläufer 298
Schleusenspannung 53, 55
Schlupf 300, 309
Schlupfkompensation 312, 313
Schlupfleistung 321
Schmelzsicherung 62, 66
Schnellschalter 62
Schonzeit 103, 105, 190, 252, 255
Schraubstutzen 49
Schrittmotor 278, 333

Schrittwinkel 333
Schutzmaßnahmen 62
Schweifstrom 27, 45
Schweifzeit 45
Schwenksteuerung 213
Schwenkverfahren 213
Schwermetalldotierung 42
Schwingkreis 191
Schwingkreis-Umrichter 250
Schwingungspaketsteuerung 182, 183, 184
Sechspuls-Brückenschaltung 145, 146
Sektorsteuerung 181
Selbsterregung 229
Selbstgeführte Stromrichter 188, 209
Selbstoptimierung 288, 289
Sensorik 49
Servoantriebe 289
Shortung 42
sicherer Arbeitsbereich 15
Sicherheitszeit 205, 211, 213
Siedekühlung 62
Silizium 2
Single transistor forward converter 267
Single-ended push-pull converter 272
Sinusbestromung 340, 343
sinusbewertete Pulsbreitensteuerung 240, 304, 243
sinusbewertete Pulsweitenmodulation 304
sinusförmige Ströme 329
Sinus-Spur 333
Smart-Power-Elemente 48
soft recovery 12
Sollwert 287, 291
Source 20
Spannungs-Frequenz- Kennlinien 306, 307
Spannungsoberschwingungen 167
Spannungs-Pulswechselrichter 218, 326

Spannungs-Wechselrichter 209, 259
Spannungs-Zeit-Flächen 303
Sparschaltung 174
Speed Up-Diode 19
Sperrrichtung 6
Sperrschichtkapazität 31
Sperrschichttemperatur 57
Sperrstrom 6, 13
Sperrverluste 51
Sperrverzögerungsladung 11, 12, 34, 193
Sperrverzögerungsstrom 193, 195, 199, 203, 237, 277
Sperrverzögerungszeit 11, 12, 34
Sperrwandler 274
Ständer-Drehfeld 297
Starteinrichtung 253
statische Spannungsaufteilung 65
Stellbereich 322
Stellglieder 278
Stellungsgeber 316
Sternschaltung 184, 185
Steueranschluss 38
Steuerbereich 187
Steuerblindleistung 105, 107, 160, 162, 163, 180, 259, 303, 322
Steuerelektrode 28
Steuerkennlinie 81
Steuersatz 35, 78, 285
Steuerspannung 34, 222
Steuerstrom 29, 42, 46
Steuerumrichter 266, 319
Steuerung der Ständerspannung 319
Steuerung durch Zweipunktregelung 236, 237, 240, 340
Steuerverfahren 195
Steuerverluste 52
Steuerwinkel 36, 78, 174, 212
Steuerwinkelgrenzwert 102, 103
Störstellen 4
Störunterdrückung 296
Strangspannungen 216
Strangzahl 336
Streuinduktivitäten 92

Strombegrenzung 288, 292, 313
Stromflussdauer 132
Stromflusswinkel 132
Stromgeber 287, 292
Strom-Grundschwingung 132, 165
Stromistwert 287, 292
Stromoberschwingungen 72, 164
Strom-Pulswechselrichter 232
Stromregler 291
Stromrichterantriebe 278
stromrichtergespeiste Gleichstrommaschine 278
Stromrichtermotor 315
Stromrichterschaltungen 188
Stromrichterventil 188
Stromsteilheit 92
Stromverstärkung 13
Strom-Wechselrichter 209
Strom-Wechselrichter 226, 227, 229, 261
Substrat 20
Suppressor-Dioden 64
Symmetrierung 272
Symmetrierung der Leiterspannungen 249
symmetrische Belastung 149, 243
symmetrische Blindleistungskompensation 246
symmetrische Einspeisung 243
Symmetrischer Halbbrücken-Durchflusswandler 272
symmetrischer Schaltungsaufbau 66
synchrone Drehzahl 299, 321
Synchronmotor 297

Tailladung 27
Tailstrom 27
Taktfrequenz 195
Tastgrad 194
Tastverhältnis 270, 272, 325
Teilaussteuerung 139, 149, 175, 177, 183, 187
Temperaturkoeffizient 66
Temperatursensor 48

thermische Generation 4
thermische Ionisation 4
thermisches Ersatzschaltbild 57, 58
Thyristor 28, 34
Thyristor mit Löschschaltung 190
Thyristordiode 38
Thyristor-Löschung 188, 190
Thyristorsperrspannung 136, 141, 142, 148
Thyristortriode 37
Tiefpassfilter 169
Tiefsetz-Gleichstromsteller 192, 203, 204
Tiefsetzsteller 192, 241
Totzeit 82, 289
Trägerspeichereffekt 34
Transformator-Baugröße 72
Transformator-Bauleistung 72, 74, 75, 126
Transformator-Scheinleistung 75
Transformator-Strangspannung 80, 130
Transformator-Strangströme 138
transiente Wärmewiderstände 59
Transistor 12
trapezförmige Kurvenform 265
trapezförmiger Strom 276
trapezförmiger Stromverlauf 202
Trapezumrichter 264, 319
Treiberschaltung 24
Triac 38, 296
Two transistors forward converter 272

Überkopfzündung 29
Überlappung 144
Überlappungen 227
Überlappungswinkel 93, 102, 104, 112, 143,
Übersetzungsfaktor 194, 198, 202
Übersetzungsverhältnis 74, 77, 83, 138, 141
Überspannungen 63, 65
Überspannungsableiter 64

Überspannungsschutz 46
Überstromschutz 62, 313
Übertrager 35
Ultraschallbereich 220
Umgebungstemperatur 57
Umkehrstromrichter 284, 287
Umkehrung der Leistungsrichtung 238, 318
Ummagnetisierung 272
Umrichter 258, 302
Umrichter mit Gleichstromzwischenkreis 313
Umrichter mit Spannungszwischenkreis 301
Umrichter mit Stromzwischenkreis 313
ungeglättete Gleichspannung 80
ungesteuerte Gleichrichterschaltung 67
ungesteuerte Sechspuls-Brückenschaltung 149
ungesteuerte Zweipuls-Brückenschaltung 126
unipolare Ansteuerung 335
Universalmotor 295
untersynchrone Stromrichterkaskade 321, 323, 325
U-Umrichter 258, 259, 301, 302
U-Wechselrichter 209

Valenzelektronen 2, 3
Verluste 51
Verlustenergie 56
Verlustleistung 51
Verschiebungsfaktor 108, 179
verstärkte Luftkühlung 61
Verzerrungsleistung 105, 107, 110, 111, 180, 245
Vierquadrantenbetrieb 204, 284, 286
Vierquadranten-Gleichstromsteller 204, 209, 289
Viertelschrittbetrieb 342
Vollaussteuerung 116, 130, 135, 136, 147, 148, 175, 183, 187

Vollbrücken-Durchflusswandler 273
vollgesteuerte Schaltung 123, 125
vollgesteuerte Sechspuls-Brückenschaltung 151
vollgesteuerter Drehstromsteller 187
Vollschrittbetrieb 334, 336, 337, 340
Voltage-Vector-Control-Verfahren 224
Voreilwinkel 252
Vormagnetisierung 138, 273
Vorwärts-Basisstrom 17
Vorwärtsrichtung 9, 28
Vorwärts-Sperrkennlinien 30
VVC-Verfahren 224, 304

Wärmeabfuhr 49
Wärmekapazität 58, 62
Wärmeleistung 59
Wärmespeicherfähigkeit 58, 62
Wärmestrom 57
Wärmeübergang 49
Wärmewiderstand 57
Wärmezeitkonstante 183
Wechselrichter 67, 302
Wechselrichter mit Dreipunktverhalten 219, 225, 305
Wechselrichter mit Zweipunktverhalten 225, 305
Wechselrichterbetrieb 88, 89, 102, 126, 141, 154
Wechselrichter-Gegenspannung 89, 103, 127, 285, 321
Wechselrichterkippen 317
Wechselrichtertrittgrenze 103, 264, 265, 285, 317
Wechselspannungsanteil 78
Wechselstrom-Reihenschlussmotor 278
Wechselstromschalter 170
Wechselstromsteller 170, 174, 295
Wechselstromumrichter 250, 258, 259, 261
Wechselstrom-Zwischenkreis 267
Wechselwegpaar 171

Sachverzeichnis

Welligkeit 71, 72, 82, 113, 114, 136, 146, 149
Widerstandsgerade 16
Windkraftanlagen 261, 326, 327
Winkelgeschwindigkeit 280, 281
Wirbelströme 138, 250
Wirkleistung 72, 105, 110
Wirkstrom 313
Wirkungsgrad 307, 311

Zeitkonstante 212
zeitlicher Mittelwert 53
Zeitverhalten 288
Zener-Dioden 64
Zickzackschaltung 138
Zündung 42
Zündverzugszeit 32
Zündzeit 32
Zweigpaar 132
zweigpaar-halbgesteuert 132
zweigpaar-halbgesteuerte Zweipuls-Brückenschaltung 133
Zwei-Level-Wechselrichter 225, 226, 305
Zweipuls-Brückenschaltung 123, 125
Zweipuls-Mittelpunktschaltung 68, 123
Zwischenkreis 258
Zwischenkreis-Gleichspannung 259
Zwischenkreis-Gleichstromumrichter 267
Zwischenkreiskondensator 290, 291, 311
Zwischenkreistaktung 317
Zwischenkreisumrichter 258
Zwischenkreis-Wechselstromumrichter 258
Zwischenspeicher 203, 277
zwölfpulsige Gesamtspannung 157
zwölfpulsige Gleichspannung 158
zwölfpulsige Welligkeit 159
Zwölfpuls-Schaltungen 156, 159

Notizen

Notizen

Notizen

Notizen

Notizen

Notizen

Notizen

Notizen

Notizen

Rainer Kassing

Physikalische Grundlagen der elektronischen Halbleiterbauelemente

Die elektronischen Halbleiterbauelemente spielen eine wichtige Rolle als Basiselemente der Mikroelektronik und Computertechnik. Der Autor stellt hier die Zusammenhänge zwischen den quantenmechanischen und thermodynamischen Grundlagen und ihrer Anwendung in der Halbleiterelektronik dar. Das interdisziplinär ausgerichtete Buch spricht daher sowohl den Studenten und Dozenten der Physik als auch der Elektrotechnik an. Es kann vorlesungsbegleitend, aber auch zum Selbststudium genutzt werden.

Behandelt werden unter anderem die quantenmechanischen Grundlagen und ihre Anwendungen auf Halbleiter, dynamische Prozesse, der MOS-Kondensator, der Metall-Halbleiterkontakt, der Feldeffekt-Transistor sowie der Bipolar-Transistor. Es folgen ein Vergleich der verschiedenen Bauelemente, die Störstellenanalyse und Quanteneffekte.

Es wird besonderer Wert darauf gelegt, daß gerade diejenigen Zusammenhänge ausführlich dargestellt werden, die für die Entwicklung neuer Bauelementegenerationen entscheidend sind, indem sie einerseits ein grundsätzliches Verständnis vermitteln sowie andererseits die Möglichkeit zu eigener Entwicklungsarbeit eröffnen.

1997, VIII, 277 Seiten,
141 Abb., 4 Tabellen, Kt,
ISBN 978-3-89104-598-5
Best.Nr. 315-00949   € 19,90*

* Preisänderung vorbehalten

AULA-Verlag, Industriepark 3, 56291 Wiebelsheim
E-Mail: vertrieb@aula-verlag.de, www.verlagsgemeinschaft.com